화재감식과 조사

화재감식과 조사

발 행 일　　2016년 09월 19일

지 은 이　　정 지 일
펴 낸 이　　손 형 국
펴 낸 곳　　㈜북랩
편 집 인　　선일영　　　　　　　　　　편 집　　이종무, 권유선, 안은찬, 김송이
디 자 인　　이현수, 이정아, 김민하, 한수희　　제 작　　박기성, 황동현, 구성우, 양수연
마 케 팅　　김회란, 박진관
출판등록　　2004. 12. 1(제2012-000051호)
주　　　소　　서울시 금천구 가산디지털 1로 168, 우림라이온스밸리 B동 B113, 114호
홈페이지　　www.book.co.kr
전화번호　　(02)2026-5777　　　　　　　　　팩 스　　(02)2026-5747

ISBN　　　　979-11-5987-107-8 13430(종이책)　　979-11-5987-108-5 15430(전자책)

이 도서의 국립중앙도서관 출판예정도서목록(CIP)은 서지정보유통지원시스템 홈페이지(http://seoji.nl.go.kr)와
국가자료공동목록시스템(http://www.nl.go.kr/kolisnet)에서 이용하실 수 있습니다.
(CIP제어번호 : CIP 2016022255)

과학적 조사 기법으로 화재의 원인을 명확하게 밝히는

화재 감식과 조사

정지일 **지음**

북랩 book Lab

추천의 말

한국특수직능교육재단 / 대한민간조사협회
회장 하금석

사회의 발전과 기술의 고도화로 인해 화재의 발생위험과 더불어 원인도 다양해지는 추세에 있습니다. 실제, 우리 주변에는 과거와 달리 복합적인 요인에 의해 발생하는 화재의 빈도가 지속적인 상승세에 있다는 것은 쉽게 알 수 있을 것입니다.

또한 화재 현장의 과학수사는 전문지식과 현장에 대한 경험을 기반으로 하기 때문에 가장 어려운 분야 중 하나로 손꼽힙니다.

이러한 변화에 입각하여 화재 감식 분야의 전문성을 확보하는 일은 무엇보다도 중요한 일이며, 전문지식과 기술을 보유한 전문화된 화재감식요원의 배출은 시대적 요구라고 볼 수 있습니다.

날로 다양해지고 복잡해지는 새로운 화재에 대한 대응과 원인 규명이 명확해질수록 궁극적으로 국민의 소중한 인명과 재산을 지키는 첩경이 될 것이라 생각합니다.

　방화를 포함한 화재의 피해는 막대한 재산 피해는 물론이고 형용할 수 없을 만큼의 큰 심리적인 고통이 수반되는 중대한 사안입니다.

　또한, 방화 범죄로 인해 발생하는 다양한 문제가 사회적 이슈가 되고 있는 상황에서 화재 관련 지식과 정보과 공유될 수 있는 서적의 출판은 전문성을 제고할 수 있는 좋은 기회라고 생각합니다.

　실무에서 화재가 발생하면, 소방, 경찰, 국과수, 전기, 가스 등 관련 공사 및 기관의 현장 조사 요원이 각 법령과 제도에 입각하여 조사를 하게 되는데, 아무리 많은 경험과 지식을 축적하고 있더라도 전문서를 출판한다는 것은 전문가들도 쉽게 해낼 수 없는 대단히 어려운 일임이 자명합니다.

　책을 집필한다는 것 자체는 책에 실린 내용보다 많은 내용을 인지하고 연구하고 있다는 것을 전제로 이루어지기 때문입니다. 또한, 많은 지식과 경험을 갖추더라도 이것을 공적으로 공개할 수 있을 정도의 정리가 이루어지기까지는 대단한 노력과 시간이 수반되기 마련입니다.

　책의 많은 부분에서 화재 감식에 대해 진정성 있게 관심을 가지고 전문가적 열정과 혼신을 다한 노력의 결과물이 탄생할 수 있음에 발간하기까지 많은 시간과 연구에 박수를 보냅니다.

　화재 감식에 관심을 가지고 연구와 노력을 지속하고 있다는 것 자체가 격려받을 일이고 전문화와 대중화에 기여하는 긍정적인 부분으로 생각하고 전문 분야의 책을 집필한 숭고한 열정과 피땀 어린 노력에 감사함을 금할 길이 없습니다.

필자 정지일은 공업화학을 전공한 공학도로 화재의 분석과 통찰을 갖추었으며, 각고의 노력으로 국제공인 화재 조사 자격인 CFEI(미국 화재·폭발 조사관 자격)를 취득한 인재입니다.

다소 실무적인 경험 부분에서는 결여되는 측면이 있을 것이나, 연구한 이론적이 부분은 상당히 높은 지식과 화재에 대한 깊이 있는 분석이 돋보입니다. 또한 이론과 실무만을 다룬 다른 전문서적과는 달리 이 책은 후반부에 법률적인 부분을 다루어 화재에 대한 폭넓은 이해와 접근이 가능하도록 구성되어 있습니다.

따라서 PIA민간조사자 제도가 법제화 되면 화재 감식 분야에 지침서로 충분히 활용할 수 있을 것입니다. 나아가 국가 수사기관, 과학수사를 공부하는 학생 및 화재조사 연구자들의 지식 함양에도 도움이 될 것입니다.

앞으로 경찰 과학수사에 큰 힘이 될 것으로 예상되는 바, 앞으로 유능한 전문가가 될 수 있도록 열렬한 응원을 보냅니다.

끝으로 화재 감식 분야의 발전과 관련 분야에 종사하는 모든 분들에게 도움이 되기를 바라며, 나아가 화재 원인의 명확한 분석과 대책, 예방에 기여하기를 기원합니다.

| 머리말

　현대 기술의 발달과 고도화는 화재 현장의 복잡·다양한 변화를 동반하고 있습니다. 이에 따라 필연적으로 화재 원인 조사의 어려움과 실패가 초래되고 있고, 반면에 이러한 추세에 발맞추어 전문화와 과학화를 통해 원인을 면밀하게 분석하는 방법과 기술의 발달도 동반하여 발전하고 있습니다. 또한, 광범위한 지식이 요구되는 화재감식분야는 화학, 유기화학, 열역학, 유체역학, 건축학, 연소공학, 전기공학 등이 서로 연관된 학문으로 복잡하고 어려운 것이 사실입니다.

　기본적으로 화재는 예측이 어렵고 발생 시 막대한 피해와 치명적인 결과를 초래합니다. 게다가 화재의 발생 요인은 복잡하여 원인을 밝히는 일은 대단히 난해한 일이기 때문에 화재 감식은 무엇보다도 중요하다고 생각합니다. 원인을 명확히 밝혀 책임 유무를 가리고, 나아가 예방할 수 있는 대책 마련의 중대성은 그 의미가 무엇보다도 큽니다.

　필자는 이 책을 통해 화재 감식 분야가 알려지고, 관련 분야를 연구하는 분들에게 미약하나마 도움이 된다면 더할 나위 없이 기쁠 것입니다.

　이 책은 국내에 출판된 대부분의 전문서와 경찰, 소방의 전문 교육 교재, 나아가 외국의 원서와 번역된 전문서 등의 내용을 적극 참고하여 화재 감식에 대한 전범위에 걸친 이해와 통찰이 반영되도록 노력했습니다. 또한, 화재 전반에 대한 학문적 이론과 현장 조사 시 필요한 실무적인 내용, 더불어 화재 관련 법률이 고스란히 담겨 있습니다. 화재감식분야를 처음 접하는 분들에게 기본적인 내용전달은 충분히 가능할 것이라 판단합니다.

　그러나, 화재 현상에 대해 일반론적으로 선행된 연구와 결론을 실었기 때문에 접근하는 방법과 관점에 따라 해석과 결론은 상이할 수 있음에 유의하기 바랍니다.

사실, 이 책을 집필하는 동안에도, 새롭고 다양한 최신의 국제연구논문을 보면 기존에 발표된 학문의 틀을 뒤집는 내용들을 많이 접할 수 있었음을 인정합니다. 그러므로 책에 실린 내용은 절대적인 가치가 아님은 분명하고, 특히, 화재감식 분야 자체가 학문적으로 대단히 난해하기 때문에 그만큼 고정적이지 않다고 볼 수 있습니다.

　다양한 서적과 논문, 현장에서 습득할 수 있는 여러 경험과 지식 등의 연구들이 교류되고자 하는 노력이 지속적으로 이루어지는 환경 하에 화재감식분야의 업데이트가 가능할 것이라 생각합니다. 이러한 상황이 제대로 된 정보와 지식을 취할 수 있는 유일한 방법이라 봅니다.

　저자가 바라보는 시선이, 화재감식을 해석하는 전지적인 시점이 될 수는 없는 법입니다. 따라서 책을 읽는 독자들의 다양한 시선이 과학적인 분석과 발전에 기여할 것이라 생각합니다. 때문에 객관적이고 비판적인 관점에서의 접근은 필요하다고 보고 있고, 언제든 수용할 자세가 되어 있습니다. 항상 겸손한 태도를 바탕으로 다양한 의견을 경청하도록 하겠습니다.

　또한, 이 책에 실린 내용이 화재 감식 분야의 전부가 절대 아니며 전반적인 내용에 불과하며, 보다 자세하고 전문적인 내용은 부재함을 전제합니다. 필요하다면 항상 다른 전문서적을 참고할 것을 권장하며, 필자도 동일한 태도를 견지합니다.

　화재현장은 항상 불확실성을 전제로 합니다. 어느 분야에서든 절대적인 진리는 존재하지 않습니다. 선입견을 품고 예단하지 않고 항상 섬세하게 관찰하여 예리하게 분석하는 과학적인 접근은 언제나 강조해도 지나침이 없습니다.

이론적인 내용은 필자의 전공과 유사한 부분이 상당하여 해석에 큰 어려움이 없었으나, 실무적인 내용은 경험이 미천하여 부족함이 이루 말할 수 없다는 것이 솔직한 필자의 생각입니다. 그리고 다양한 분야에서의 전문가가 존재하고 필자를 훨씬 초월하는 식견과 안목을 갖춘 저명한 분들은 각계에 산재하고 계실 것이 자명합니다.

필자는 이 책을 초석으로 하여 항상 학습을 게을리하지 않고, 연구에 정진하여 화재 감식과 조사의 전문화에 기여할 것이고 나아가 국내 수준을 넘어 국제적으로 인정받을 수 있는 화재조사 체계와 과학적 분석기법의 도입, 법률의 개선에 있어 선구자가 될 수 있도록 최선을 다해 경주할 것입니다.

화재 감식에 있어 과학에 근거하지 않고 조사관의 경험과 감을 바탕으로 한 직관적이고 주관적인 판단은 비과학적인 논리에 입각하여 도출한 결론입니다. 이는 강하게 비판받아 마땅한 행태입니다. 필자는 이러한 태도를 적극적으로 견제합니다.

또한, 화재현장에서 내리는 결론은 과학적이고 객관적인 접근과 철저한 관찰, 나아가 실증 가능한 이성적인 결론 도출은 필수적입니다. 이것이 결여된 화재조사는 사상누각에 불과하다는 점을 분명히 하고 이러한 태도를 적극적으로 유지할 것입니다. 초심을 잃지 않고 화재감식분야의 발전에 기여할 수 있도록 성심을 다할 것을 약속합니다.

앞서 언급했듯이, 이 책에는 화재 분야를 이미 선도한 전문가들의 경험과 지식이 고스란히 담겨 있습니다. 일일이 거론하기 어려울 만큼 많은 부분에서 인용하였음은 부정할 수 없습니다. 또한, 이에 대한 노력과 숭고한 정신에 감사의 마음을 전합니다.

책이 발간되는 데에 있어 최초의 동기부여가 되었고, 화재 감식에 대해 어렵지 않게 접근할 수 있도록 물심양면으로 도움을 아끼지 않은 스승과 같은 현 은평경찰서 이승훈 경위님, 실제 화재 현장을 접할 수 있도록 배려해 주시고 항상 관심과 응원을 아끼지 않아 주셨던 퇴임하신 前 서울지방경찰청 화재감식팀장 김상현 경감님, 수사 관련 노하우를 아낌없이 전수해주신 서울지방경찰청 형사과/강력계 윤광호 경위님을 비롯하여 이외에도 화재조사학회의 前 국과수 화재감식요원 1호인 김윤회 수석 부회장님, 서울지방경찰청 이상준 이사님, 화재감식학회 회장 김광선 교수님, 전기안전공사 충북지역본부 김형일 부장님, 강북소방서 송영진, 강남소방서 심웅수, 중랑소방서 이상열 화재조사관님께 감사의 마음을 전합니다.

위에 언급한 분들과의 인연이 없었다면, 필자의 화재감식분야에 대한 이해는 더욱 부족했을 것입니다.

아울러, 어려운 상황 속에서도 책의 그림을 맡아준 동문 김탄학님과 책이 세상에 나올 수 있도록 함께한 파트너인 북랩 출판사의 모든 관계자께도 감사의 뜻을 전합니다.

이 책이 경찰, 소방, 각 공사 및 관련 기관, 업계 나아가 학계, 연구기관 등 화재현장에서 구슬땀을 흘리는 많은 분에게 도움이 될 수 있기를 진심으로 바라며 머리말을 마칩니다.

목 차

Chapter 1 연소이론

Chapter 4   화재패턴의 이해

Chapter 5   전기화재

Chapter 6 방화

Chapter 7 화재감식관련 과학수사 실무

Chapter 8 화재조사 관련 법률

1

연소이론

1 기초과학

1.1 개요

연소는 다양한 관점에서 접근하고 관찰하여 분석해야 올바른 결론에 도달할 수 있으며, 이것을 실험적으로 증명할 수 있어야 과학적으로 설득력을 갖출 수 있다. 이것이 화재를 논할 수 있는 근본적인 바탕을 마련하는 것이자, 시작점이다. 본서에서는 연소현상과 화재를 이해할 수 있도록 기본 개념 위주로 다루었고, 후반부는 과학수사 교육 시 사용되는 메뉴얼을 반영한 직접적인 실무내용을 실었다.

화재 역학은 화학, 유기화학, 열역학, 유체역학, 건축학, 연소공학, 전기공학 등이 서로 연관된 학문으로 복잡하고 어려운 것이 사실이다. 또한, 어느 한 분야에만 편중되어서 연구할 경우, 분석에 한계가 있을 수 있다. 따라서 연소현상과 화재의 확산을 이해하고 설명하기 위해서는 끊임없는 연구와 노력이 불가피하다.

한편, 일상에서 흔히 접할 수 있는 화학적 변화의 하나인 연소는 가연물(탄소화합물)이 발화점 이상의 온도에서 산소와 만나 열을 동반한 급격한 산화 반응을 하고, 물과 이산화탄소, 혹은 일산화탄소 등 연소 생성물을 배출하는 과정이다.

폭발의 경우는 급격한 압력의 팽창에 기인하는데, 이를 유발하는 원인이 물리적인 요인이나 화학적인 요인이냐에 따라 조사의 방향성은 완전히 달라 질 수 있다는 점을 유념해야 하겠다.

쉽게 보면, 단순히 가연물이 불에 타는 현상으로 볼 수 있지만, 이것이 최초 발생하고 확산되는 메커니즘을 설명하기 위해서는 과학적으로 분석하고 학문적으로 이해하기 위한 깊이 있는 연구가 선행되어야 한다. 그래야만 현장에서의 경험과 더불어 전문성이 접목되어 화재현장의 원인 분석에 있어 통찰력을 갖출 수 있다.

1.2. 기본 물질

물질을 구성하는 기본 단위를 원자(atom), 한 종류의 원자로 구성된 순물질을 원소(element)라 한다. 원자는 중심에 원자핵(nucleus)와 주위를 둘러싸고 있는 음의 전하를 가진 전자(electron)으로 구성되어 있으며, 원자핵은 다시 양의 전하를 갖는 양성자(proton)과 전하를 띠지 않는 중성자(neutron)로 이루어져 있다.

사실, 원자가 단일하고 불가분한 최소한의 입자가 아니고 복잡한 구조를 가진다는 것이 밝혀졌으며, 이제는 소립자라고 하는 한 무리의 입자가 물질의 궁극입자로 연구되고 있다. 그러나 화학 원소로서의 특성을 유지하는 입자로는 원자가 가장 작은 단위로 해석한다.

자연 상태에서 원자 상태로 존재하는 물질은 대단히 드문데, 이는 원자핵 주위에 존재하는 전자 중 최외각의 전자(전자껍질)의 빈자리로 인해 불안정한 상태가 되고, 이로 인해 다른 전자를 주고받는 등의 결합이나 공유를 통해 안정한 상태를 유지하려고 하기 때문이다.

현재, 화학 원소는 약 100여 개 가량 있다는 것을 밝혀냈으며, 대부분은 우주에서 자연 상태로 존재한다. 특정한 조건에 가속기 속에서 입자를 빛의 속도와 가깝게 가속한 뒤 충돌시키거나 핵융합 반응 등을 이용하여 연구실에서 인공적으로 새로운 원소를 만들어 내기도 한다.

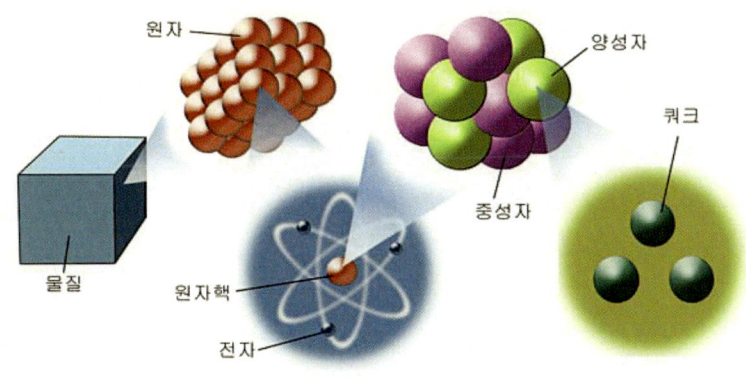

[그림 1 - 1] 물질의 구성

1.3. 물질의 분류

혼합물(mixture)은 물리적 방법으로 2가지 이상의 서로 다른 물질로 분류할 수 있고, 순물질(substance)은 동일 물질로 구성되어 있다. 혼합물은 다시 균일(homogeneous) 혼합물과 불균일(heterogeneous) 혼합물로 나뉜다. 균일혼합물은 전체 조성이 동일하여 마치 한 종류의 물질만으로 구성되어 있는 것처럼 보인다.

화합물(compound)는 2가지 이상의 원소들이 일정한 질량비로 화학적인 결합을 하여 생긴 물질이고, 이 경우 화합물은 각 구성원소의 특성을 잃고, 그 자체의 특성을 지닌다. 예컨대, 증류수에 소금을 용해시키면 소금물이 되고 이 혼합물은 균일한 용액이 된다. 이때, 균일혼합물인 용액(solution)은 녹이는(증류수) 물질 용매(solvent), 용해된(소금) 물질 용질(solute)로 구성된다. 또한, 석회와 모래가 혼합된 경우는 불균일 혼합물로서, 각 성분의 입자들이 독립된 형태로 분리된 상태로 존재한다.

1.4. 물리적 성질과 화학적 성질

모든 물질은 물리적·화학적 성질을 가지고 있다. 물리적 성질(physical property)은 일반적으로 물질의 색, 온도, 밀도, 압력 등 물리적 상태가 관찰 가능한 성질로, 물질 내의 원자 비율이 변하지 않는 범위 내에서 측정 및 관측되는 것들이다.

반면에, 화학적 성질(chemical property)은 말 그대로 화학반응을 일으킬 때의 특성으로 물질이 그 조성을 변화시키는 반응을 일컫는다. 산 - 염기 반응, 극성, 이온화, 등이 화학적 성질의 예로 볼 수 있다.

동일한 조건이라도 물리·화학적 성질이 온전히 동일할 수는 없으므로, 이러한 특성의 차이를 이용하면 물질을 확인하는 작업이 가능하다. 또한, 연소를 해석함에 있어 물질 고유의 물리·화학적 성질을 이해하는 것은 발화원인 추적에 있어 잠재적 정보가 될 수 있으므로 중요하다.

1.5. 기초수학과 물성

1.5.1. 측정단위와 SI(System International Unit)

단위는 과학적 고찰의 가장 기본적인 바탕이다. 국가마다 사용하는 단위가 통일되지 않아 단위의 혼란을 유발하거나 환산하는 과정에서 발생하는 미세한 차이가 큰 오류로 나타내기도 한다. 때문에, 1960년 10월 국제도량형회의(CGPM)에 의해 국제 표준 단위로서 미터법을 기준으로 한 SI단위계(System International Unit)가 채택되어 사용되어 오고 있다. 우리나라에서도 국가표준기본법 규정에 의거 SI단위를 법정 단위로 채택하고 있다.

SI단위는 크게 독립된 차원을 갖는 7개의 기본 단위와 관련된 양들을 연결시키는 대수관계에 의해 기본 단위를 조합시킨 유도단위로 나눌 수 있다.

[표 1 - 1] SI기본단위계

SI 기본 단위	
• 길이 : 미터(m)	• 온도 : 켈빈(K), 절대온도
• 무게 : 킬로그램(kg)	• 물질량 : 몰(mol)
• 시간 : 초(s)	• 광도 : 칸델라(cd)
• 전류 : 암페어(A)	

자연과학에서의 측정은 주어진 성질(물리적인 양)을 결정하는 정량적인 비교과정으로 일반적으로 길이의 단위(Meter), 질량의 단위(Kilogram), 시간의 단위(Second)를 많이 사용한다. 통상적으로 MKS - m, kg, sec로 표기하고 외국어로는 "MKS system of units"로 표기한다.

1) 길이(length), 면적(area), 부피(volume)

길이는 물체의 한쪽 끝에서 다른 끝까지의 공간적 거리로 정의할 수 있으며, 크기와 에너지 전달의 정도를 정량적으로 표현하기 위해 길이에 대한 기준을 표준화하여 표현하는 것이 중요하다.

면적은 평면의 크기를 나타내는 양으로 흔히 넓이라 한다. 2차원 공간의 직선이나 평면은 평면적이라 하고 어떤 대상이 평면에서 차지하는 양을 결정하기 위한 2차원적인 척도로 쓰인다.

부피는 물체가 점유하거나 구획실 내부에 포함된 총 공간을 나타내는 3차원적인 척도로 정의할 수 있으며, 화재학에서 여러 변수를 결정하는데 자주 사용하는 아주 중요한 물리량 중 하나이다.

SI 기준으로 길이의 표준 단위는 m, 부피는 m^3, 즉 입방미터(세제곱미터)를 사용한다. 일상에서 흔히 사용하는 부피의 단위 l(liter)는 $1cm^3$와 같은 의미이다. 예전엔 평방미터를 사용하였지만 현재는 m^2(제곱미터)를 면적의 단위로 사용한다.

2) 질량(mass)과 무게(weight)

일상에서 무게와 질량을 혼동해서 사용하는 경우가 잦은데, 사실 물리적인 의미는 완전히 다르다. 질량은 물질의 고유 양을 측정한 것이고, 무게는 어떤 계 내의 중력의 영향을 받아 나타내는 것이다. 따라서 중력의 차이에 의해 무게는 가변적인 특징을 가진다는 차이가 있다. 예를 들어, 몸무게 100kg인 사람이 달(지구 중력의 약 $\frac{1}{6}$)에서는 중력의 차이로 인해 약 16.66kg으로 측정되나, 질량은 지구에서나 달에서나 동일하다. 질량의 SI 기준 기본 단위는 킬로그램(kg)이다.

3) 시간(time)

시각과 시각 사이의 간격 혹은 그 단위를 가리키는 용어로서, 시간 단위는 모든 단위계에서 동일한 것을 사용하는데 1분(min)은 60(s)이고, 1시간(hr)은 60(min)이며, 보통은 min, s를 사용한다. 화학반응속도, 열 방출속도, 소화 약제 방출속도 등은 모두 단위 시간당 질량, 열, 부피에 기초하여 표현한다.

4) 밀도(density)와 비중(specific gravity)

밀도의 정의는 단위 부피당 질량이다.

$$밀도 = \frac{질량}{부피}, \text{ or } D = \frac{m}{V}$$

비중은 한 물질의 밀도와 기준 물질의 밀도 사시의 비를 의미한다.

$$\bullet \ 비중 = \frac{어떤\,물질의\,밀도}{기준\,물질의\,밀도}$$

* 기준 물질은 액체의 경우, 4℃의 물(밀도=$0.997g/cm^3$,)이고, 기체는 공기(밀도=$1.29g/l$)이다.

5) 온도(temperature)

온도는 물체가 갖는 열을 정량화하는 방법으로, 이를 통해 우리는 뜨겁고 차가운 정도의 차이를 감지할 수 있다, 결국 온도라는 지표는 에너지(열)를 측정하는 수치의 척도로 이해할 수 있다.

일반적으로 온도는 섭씨(Celsius)를 많이 사용하지만, 국가에 따라 화씨(Fahrenheit)를 사용하기도 하며 켈빈(Kelvin), 랭킨(Rankine)은 절대온도를 나타낸다.

SI단위 계에서 기본 단위는 K이며, 섭씨온도와 동일한 온도 등분을 갖고 있지만 절대영도(-273℃)를 시작점으로 한다. 각 온도가 갖는 눈금의 차이를 보면 표기의 차이를 쉽게 이해할 수 있다(물의 끓는점/어는점 기준).

[표 1-2] 온도의 눈금 비교(물 기준)

	℃	K	°R	°F
물의 끓는점	100	373	672	212
물의 어는점	0	273	492	32
절대온도	-273	0	0	-460

온도 표기의 차이로 인한 불편함을 아래의 온도변환공식을 통해 변환하여 사용하여 해소할 수 있다.

- ℃ = (°F - 32) / 1.8
- °F = ℃ × 1.8 + 32
- K = ℃ + 273.15
- °R = °F + 459.76

6) 압력(pressure)

단위 면적당 수직 방향으로 가해지는 힘을 압력이라 한다.

$$압력 = \frac{가해지는 힘}{단위 면적} \text{ or } P = \frac{F}{A}$$

압력은 모든 면에 수직으로 작용(압축응력)하고, 한 점에 작용하는 압력의 세기는 방향에 관계없이 동일하고, 정지 유체에 가해진 압력은 모든 방향으로 균일한 크기로 전달된다(파스칼의 원리). 국제단위로는 $Pa(kg/(m{\cdot}s^2)) = (N/m^2)$ 을 쓴다.

7) 에너지(energy)

물리적인 일을 할 수 있는 능력으로서 에너지의 크기는 물체가 할 수 있는 일의 양을 의미하며, 열에너지, 화학에너지, 운동에너지, 위치에너지, 전기에너지 등과 같이 여러 형태로 존재한다. 단위는 일의 단위와 같이 줄(J:joule)을 사용한다.

1J은 어떤 물체에 1N의 힘을 가하여 1m 이동 시에 행해진 일로 정의한다. 일률 또는 동력(power)를 의미하는 와트(W)는 1J/s를 의미한다. 1cal는 1g의 물을 1℃ 올리는 데 필요한 에너지를 의미하고, 이는 4.18J에 해당한다.

2 물질의 기본성질

모든 물질은 압력·온도 등 조건에 따라서 고체·액체·기체의 상태로 존재하고 조건의 변화에 따라 상변화(phase change)가 나타날 수 있다. 이때 방출하거나 흡수하는 열을 잠열(latent heat)이라 한다.

에너지의 변화에 따라 물질이 상변화를 일으킬 때는 밀도의 변화를 수반하는데 일반적으로 고체, 액체, 기체 순으로 밀도가 낮아진다. 분자의 밀도가 높을 때는 열을 방출하고 밀도가 낮을 경우 열을 흡수하려는 경향을 나타낸다.

예컨대, 여름철의 높은 기온에 노출된 인체는 몸의 열을 방출하기 위하여 땀을 많이 흘리는데 이때, 분비된 액체 상태의 땀이 증발하면서 상변화(기화)를 일으키고 여기서 소모되는 잠열(상변화에 사용된 에너지)은 신체의 열을 흡수한다. 이러한 원리로 인체는 체온을 조절하고 항상성을 유지한다.

2.1. 현열과 잠열(sensitive heat & Latent heat)

• 현열 : 상변화 없이 온도변화 과정에서 흡수되거나 방출된 열(온도계로 측정 가능)
• 잠열 : 온도변화 없이 흡수되거나 방출된 열이 상변화 과정에 사용된 열(온도계로 측정 불가)

[표 1 - 3] 현열과 잠열의 차이

현열(온도변화 ○, 상변화 ×)	잠열(상변화 ○, 온도변화 ×)
• Q = $m \cdot c \cdot \Delta t$ • Q : 현열(㎉) • m : 질량(㎏) • c : 비열(㎉/㎏ · ℃) • Δt : 온도차(℃)	• Q = $m \cdot \gamma$ • Q : 잠열(㎉) • m : 질량(㎏) • γ : 기화(증발)잠열, 융해잠열(㎉/㎏)

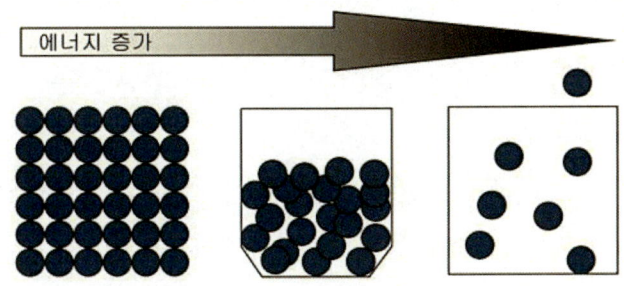

[그림 1 - 2] 에너지의 증가에 따른 밀도의 변화

기체 → 고체로 상(phase)변화가 일어날 때는 주변의 열을 방출하려는 경향을 보인다. 고체 → 기체로 상(phase)변화가 일어날 때는 주변의 열을 흡수하려는 경향을 보인다. 따라서 물이 기체 상태로 변화하여 수증기가 될 때는 주변의 열을 흡수하고 반대로, 고체 상태인 얼음이 될 때는 열을 방출하게 된다.

2.2. 상(Phase)에 따른 성질

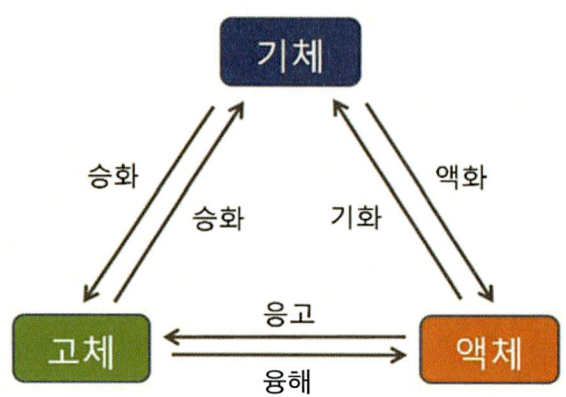

[그림 1 - 3] 물질의 상변화 현상

2.2.1. 기체(Gas)

기체는 기본적으로 확산성을 띄며, 고체와 달리 일정한 모양과 부피가 없으며, 구성하고 있는 각 분자 혹은 원자는 서로의 간격이 넓어 자유롭게 운동하는 성질을 가지며, 따라서 액체에 비해 밀도가 낮아 압축이 용이하다. 이러한 기체의 성질에 따른 법칙은 다음과 같다.

1) 보일(Boyle)의 법칙

일정한 온도, 밀폐된 요건에 맞추어 기체의 압력을 증가시키면(기체를 압축할 경우) 부피는 감소하고, 압력을 감소시키면 부피는 팽창한다.

2) 샤를(Charles)의 법칙

일정한 압력, 밀폐된 요건 하에 기체의 온도를 상승시키면 기체의 부피는 팽창하고, 온도를 낮추면 부피는 감소한다.

$$V = V_0 \times (1 + \frac{t}{273})$$

3) 보일 - 샤를의 법칙(Boyle - Charles' Law)

온도가 일정할 때, 기체의 압력은 부피에 반비례(보일의 법칙)하고, 압력이 일정할 때, 기체의 부피는 온도의 증가에 비례(샤를의 법칙)한다는 법칙을 조합하여 온도·압력·부피와의 관계를 설명할 수 있다.

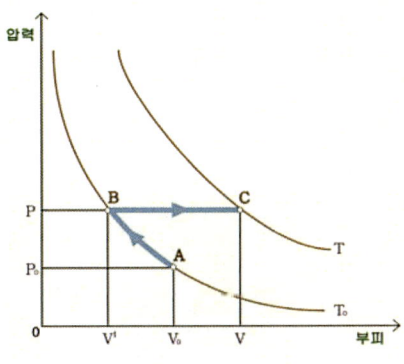

[그림 1 - 4] 보일 - 샤를의 법칙

이상기체가 압력과 부피, 온도가 변화하여 A → C 지점으로 이동을 가정하고, ① 일정 온도 하에서의 과정(A → B), ② 일정 압력 하에서의 과정(B → C)으로 나눠 살펴볼 수 있다.

① 일정 온도 하에서 부피가 감소할 경우, 압력은 증가한다.
② 일정 압력 하에서 부피가 증가할 경우, 온도는 증가한다.
　기체의 부피는 절대온도(K)에 비례하고 압력에 반비례한다.

$$\frac{P_0 V_0}{T_0} = \frac{PV}{T} = 일정$$

위의 경우는 이상기체를 가정할 경우 만족하며, 실제기체의 경우 근사적으로 성립한다.

예컨대 에어스프레이나 부탄가스와 같이 압축된 기체가 용기에 내장된 제품을 장시간 계속적으로 사용할 때 용기가 차가워지는 현상은, 압축된 기체를 분출하면서 내부의 압력이 감소하게 되지만 용기의 부피는 그대로 유지되기 때문에 나타나는 현상이다. 다시 말해, 부피가 일정하게 유지되는 환경 하에서 압력이 감소할 경우, 온도는 낮아지는 원리로 설명 가능하다.

4) 단열압축(adiabatic air compression, 斷熱壓縮)

물체가 열의 출입을 수반하지 않은 상태에서 부피가 감소하고, 온도가 상승하는 현상을 말한다. 기체의 부피를 변화시키는 방법은 두 가지가 있는데. 단열상태에서 압력을 이용하거나, 열을 가하는 방법이다(보일 - 샤를(Boyle - Charles)의 법칙).

단열상태에서 압력을 가해 부피를 줄일 경우, 기체 내부온도는 상승한다. 이는 압축 과정에서 외부의 힘이 기체에 일을 해주었기 때문이다.

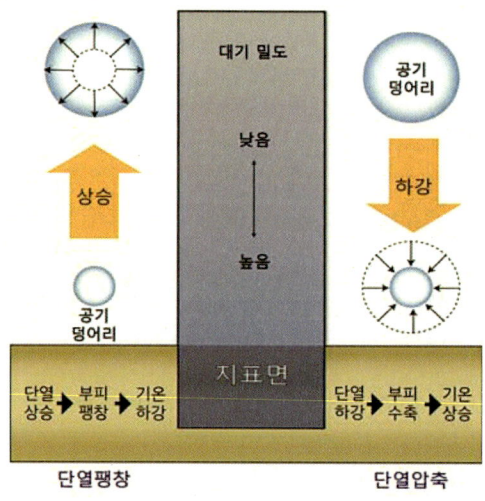

[그림 1 - 5] 단열 압축과 팽창

5) 단열팽창(adiabatic expansion, 斷熱膨脹)

물체가 열의 출입을 수반하지 않은 상태에서 부피가 증가하고, 온도가 하강하는 현상이다. 단열압축은 물체가 열교환 없이 팽창할 때 나타나는 현상으로 단열팽창 시, 갑자기 부피가 커지고 이 과정에서 자체 에너지가 소모되면서 온도가 내려간다.

단열상태에서 팽창하면, 부피가 증가한 만큼 공기에서 온도가 내려가면서 공기의 온도가 이슬점 이하로 떨어지고, 수증기가 물로 바뀌면서 구름을 생성하는 원리다.

6) 아보가드로의 법칙(Avogadro' Law)

같은 온도와 압력 하에서 모든 기체는 같은 부피 속에 같은 수의 분자가 존재한다는 법칙이다. 다시 말해, 모든 기체의 1mol은 동일한 수의 분자를 포함한다는 것으로, 기체 분자들은 화학적, 물리적 특성을 배제하면, 같은 온도와 압력 하에서 기체 시료가 차지하는 부피는 기체의 몰(mol) 수(분자수)에 비례한다는 의미이다. 즉, 분자의 몰(mol) 수(분자수)를 2배로 높이면 부피도 2배가 된다는 원리이다.

또한, 기체를 이해하는데 결정적인 공헌을 한 아보가드로를 기려 어떤 물체 1mol이 가진 입자들의 수를 아보가드로수(Avogadro's number)라 명명하고, 그 수는 6.022×10^{23} 개/mol이다.

따라서 보일, 샤를, 아보가드로 법칙에서 언급된 변수들을 종합하면 아래와 같은 이상기체 상태방정식을 도출할 수 있다.

$$PV = nRT$$

- P : 기체의 압력
- V : 부피
- T : 온도
- n : 몰(mol)수
- R : 이상기체[1]상수(8.31J/mol · K)

▌LPG 용기의 폭발 방지장치

일상에 주로 많이 사용하는 LPG 용기의 경우 외부로부터 열이 전달되어 내부의 압력이 상승하는 경우, 폭발을 방지하기 위해서 밸브를 통해 가스를 소량 분출하여 용기 내부의 압력을 낮춰 폭발하지 않도록 자동으로 조절한다. 다만, 압력을 인식하는 밸브가 용기가 수직으로 세워져 있을 때만 정상작동하고 외력에 의해 기울어지거나 눕혀지는 등의 변화가 있으면 압력의 변화를 제대로 감지하지 못해 정상 작동하지 않을 가능성이 높다.

---

7) 밀도와 분자량

분자량과 밀도는 아보가드로의 법칙을 이용해서 계산이 가능하다. 다시 말해, 같은 부피의 기체는 같은 수의 분자를 갖고 있으므로 온도와 압력이 동일한 조건에서 같은

---

1) 이상기체 : 계(system)를 구성하는 입자의 부피가 0에 수렴하고, 입자 간 상호 작용이 없어 분자 간 위치에너지가 작용하지 않으며, 분자 간 충돌이 완전탄성충돌인 가상의 기체를 의미한다.

부피의 기체의 무게는 분자의 무게에 비례한다.

$$\frac{\text{기체 } A\text{의 밀도}}{\text{기체 } B\text{의 밀도}} = \frac{\text{기체 } A\text{의 분자량}}{\text{기체 } B\text{의 분자량}} = \frac{\text{기체 } A\text{의 } mol\text{중량}}{\text{기체 } B\text{의 } mol\text{중량}}$$

2.2.2. 액체(Liquid)

액체(액체상태)는 거의 일정한 부피를 가진 비정형의 성질(=물, 기름)을 가지며, 그 형체는 용기 모양에 따라 변화하며, 압축해도 부피의 변화가 거의 없다. 기체와 액체의 총칭을 유체(fluid)라 하며, 그 운동법칙은 유체역학이라는 학문으로 체계화되어 있다. 액체는 분자 간에 응집력이 작용하고 있어, 기체와는 상반되는 특유의 현상을 나타낸다. 이러한 액체의 성질을 보면 다음과 같다.

1) 증발, 비등, 끓는점

액체 어느 온도 이상으로 가열되어 표면으로부터 기화하는 현상을 증발이라 하고, 그 증기압이 주위의 압력보다 커져서 액체 표면 뿐만 아니라 내부에서도 증기를 발생하면서 기화하는 현상을 비등(Boiling : Ebullition)이라 한다. 액체가 비등하고 있는 동안 온도는 일정하고, 이때 온도를 끓는점(Boiling Point)이라 한다. 비등점이 낮을수록 증발이 용이하고, 낮은 온도에서 인화의 가능성을 높게 볼 수 있다.

[표 1 - 4] 물질의 끓는점과 기화열

물질	끓는점(℃)	기화열(㎈/g)
질소	- 195.8	47.7
산소	- 183.0	50.8
암모니아	- 33.4	327
에틸알코올	78.3	204
벤젠	80.1	94.0
물	100.0	539
수은	356.6	70.6
납	1750	205
금	2808	410
구리	2566	1128

2) 포화증기압(saturation vapor pressure)

일정한 공간에서 액체가 증발하면, 대기가 가질 수 있는 수증기의 능력은 한계가 있는데, 기화가 어느 정도까지 진행되면 평형상태에 도달한다(더 이상 기화하지 않음). 이 때의 증기압을 포화증기압이라 하고 증기압은 온도가 상승하면, 함께 상승하고 물질별로 증기압은 상이하다.

3) 모세관현상(capillary phenomenon, 毛細管現象)

물을 종이나 헝겊과 같은 섬유에 노출시켰을 때, 외력이 작용하지 않더라도 저절로 스며드는 현상을 말한다. 이는 분자 간의 응집력²⁾에 기인한다.

4) 비중(specific gravity, 比重)

어떤 물질의 단위 부피의 질량을 밀한다(액체의 경우, 표준물질로서 보통 물의 밀도인 1(4°C일 때) g/cm^3을 기준으로 한다). 물과 기름이 혼재하는 경우 비중이 낮은 기름이 물 위로 뜬다. 이처럼 물과 기름이 섞이지 않는 이유는 밀도 차이 때문이다. 비중이 1보다 작은 액체는 물보다 가벼우므로 물과 접촉하면 수면 위로 떠오른다. 인체의 경우 뼈의 비중은 2.01, 근육은 1.085, 지방은 0.92.

2.2.3. 고체(Solid)

구성 원자·분자가 일반적으로 일정한 규칙으로 배열되어있는 것이 기체, 액체와는 다른 특징이다. 전단응력(shearing stress)³⁾이 가해지더라도, 모양이 변화하는 방식으로 탄성력이 생성되어 외력을 버텨낼 수 있다. 이러한 차이점에 기인하여 기체와 액체를 모두 일컬어 유체(流體: Fluid)라 한다. 외형적으로 단단한 특징을 가져 별도의 용기가 없더라도 형태와 부피를 유지한다. 물질을 구성하는 결정구조를 가지는지에 따라 결정성/비결정성(비결정질) 고체로 구분한다.

고체가 가열될 경우 각각의 물질에 따라서 일정한 온도 즉, 융점에 달하면 융해되기 시작하여 최종적으로 전부가 액체로 되어 온도가 상승한다. 융해하는 1g의 물질이

---

2) 응집력이란 원자, 분자 또는 이온 사이에 작용하여 고체나 액체 따위의 물체를 이루게 하는 인력(引力)을 통틀어 이르는 말이다. 액체 또는 고체에서 물질을 구성하고 있는 원자·분자 또는 이온 간에 작용하고 있는 인력, 분자를 구성하는 원자는 화학 결합력에 의해 강력히 결합되어 있고 이 분자들은 다시 응집력에 의하여 액체나 고체를 구성한다.

3) 전단응력[shearing stress] : 물체의 어떤 면에서 어긋남의 변형이 일어날 때 그 면에 평행인 방향으로 작용하여 원형을 지키려는 힘

필요로 하는 일정한 열량을 융해열 또는 융해잠열이라한다. 얼음의 융해열은 융점 0℃에서 약 80cal/g이다.

1) 녹는점(melting point)

녹는 물질이 순수한 물질일 경우, 아래의 그래프와 같이 녹는 동안 가열하여도 일정하게 유지되는 온도 구간이 존재하며, 고체와 액체가 공존할 때의 온도를 녹는점이라한다.

가열곡선에서 녹는점에서 일정 온도를 유지하는 까닭은 상변화(고체 → 액체)를 위해 흡수한 열을 사용하기 때문이다. 또한, 순수한 물질이 아닌 혼합물이거나 압력의 변화와 같은 환경의 변화에 따라 녹는점은 차이가 날 수 있다.

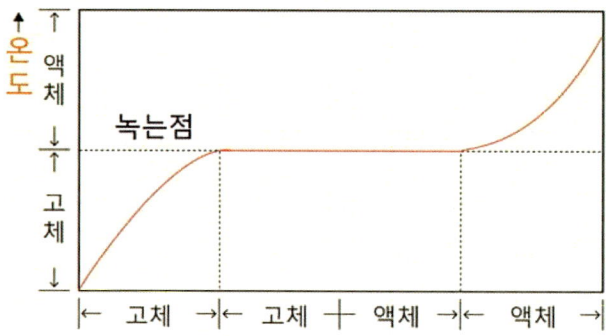

[그림 1 - 6] 그래프 물질의 녹는점과 가열곡선(heating curve)

결정성(crystalline solid) / 비결정성(amorphous solid)

- 물질의 입자가 규칙적으로 배열되어 있을 경우 결정성 고체라 하고, 불규칙하여 원자들의 위치에 장거리 질서가 존재하지 않으면 비결정성 고체로 구분한다. 고체의 대부분은 혼합물 상태로 존재하는 것이 많은데, 순수한 물질의 고체는 결정성인 경우가 많다. 고체가 결정인지 아닌지는 주로 X선 회절법에서 회절현상이 명확하게 나타나는지 여부를 통해 판단하며, 이때 X선 회절상이 명확하게 나타나지 않는 물질이 비결정성 고체이다.
- 비결정성 고체의 대표적인 예로 유리와 폴리스틸렌 같은 플라스틱 중합체 등이 있는데, 이러한 물질들의 특징은 원자 간의 질서, 혹은 결합이 약해서 쉽게 깨지거나 부서지며, 큰 어려움 없이 형태의 변형이 가능하다.

2) 어는점(freezing point)

일반적으로 액체 상태에서 고체 상태로 되는 온도를 의미한다. 보통의 경우, 이러한 상변화로 인해 분자구조가 유동성을 가진 액체에서 고체상태가 되면서 밀도가 높아지고 단단한 구조가 된다. 빙점이라고도 하며, 순수한 물질의 어는점과 녹는점은 항상 같은 값을 가진다. 물질마다 어는점은 다르므로 물질의 특성으로 해석할 수 있다.

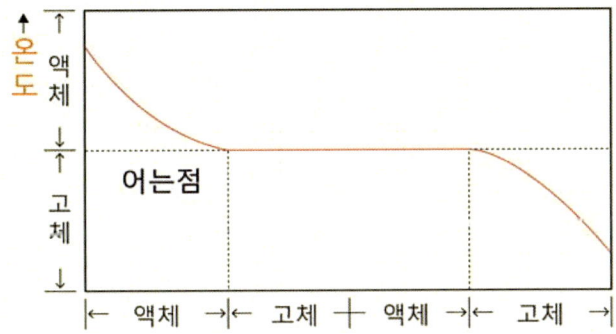

[그림 1 - 7] 그래프 물질의 어는점과 냉각곡선(cooling curve)

위의 그래프와 같이 온도를 계속 하강시켜 액체가 고체로 변화하는 냉각상태가 지속되더라도 온도가 변하지 않고 일정하게 유지되는 냉각곡선이 존재한다. 이는 상(phase)의 변화(액체→고체) 시, 방출된 열에너지가 응고되는데 모두 사용되면서 온도의 변화가 일시정체 상태에 머무는 것이다. 이후 상변화가 완료되어 고체 상태가 되면 냉각에 따른 온도는 낮아지게 된다.

3 연소의 의의

연소(combustion)란 물질의 화학반응 중에서 산소(공기 중의 산소 포함)와 반응하여 격렬한 빛과 열을 수반하는 산화반응으로서의 자기 지속적(self - sustaining process)이고, 연쇄적인 과정으로 정의할 수 있다. 이러한 과정에서 발열반응이 증가할수록 온도는 상승하고 분자의 활동도 동시에 증대되며 이로 인해 에너지 준위가 높아져 열 복사선을 방출하게 된다.

또한, 환경적 요인이 충족되어 연소가 지속된다면, 온도는 더욱 상승하게 되고 이에 따라 열 복사선의 방출도 증가한다. 이때 발생하는 파장은 짧은 단파의 형태로 우리가 눈으로 식별할 수 있는 가시광선과 같은 파형으로 나타나기도 하며, 이러한 이유로 연소 시 빛이 발생하는 것을 볼 수 있다. 연소의 특징을 살펴보면 다음과 같다.

① 연소는 발열을 수반하는 산화 반응이어야 한다. 따라서 쇠가 공기 중의 산소에 의해 산화되는 것과는 구별되며, 산화 반응에 의한 온도 상승으로 수반되는 열복사 빛이 아닐 경우 연소의 범주에 포함할 수 없다.

② 연소작용과 산화작용의 차이는 산화 속도의 차이 및 급격한 산화 반응으로 인한 강한 빛과 높은 온도를 동시에 수반한다는 점이다.

③ 발광다이오드(LED)의 경우 칼륨 비소 등의 화합물에 전류를 흘려 빛을 발산하는 반도체 소자로 이는 연소가 아니라 화학적 발광으로 볼 수 있다. 또는, 효소가 작용하는 호흡과 같이 생체 내에서의 느린 산화 반응, 질소와 산소가 반응하는 흡열 산화 반응, 음식물이 공기 중에 노출되어 산폐되는 현상 등은 산화 반응의 범주에 속하지만 연소 반응과는 구별되는 개념이다.

④ 산화 발열로 물질 자신이나 생성물의 온도가 적색을 띠는 약 500~600℃ 정도 이상에 달했을 때는 연소라 부른다. 빛은 기본적으로 가시광선, 자외선, 적외선 등 다양하게 나눌 수 있지만 육안으로 식별 가능한 빛은 일반적인 스펙트럼에 의거(빛의 성분을 파장의 순서로 나열) 적, 등, 황, 녹, 청, 자, 백색(백열 1,300℃이상)이다.

정리하자면, 가연물(고체·액체·기체의 상)에 충분한 에너지와 산소가 공급되어 열과 빛을 발하며 발생하는 급격한 산화 + 발열(약 500~600℃정도 이상) + 자기 지속적·연쇄적 반응이라 정의할 수 있다.

3.1. 산화반응(oxidation reaction)

산화(oxidation)는 분자, 원자 등이 전자를 잃고, 산화수가 증가하는 것으로 전기적으로 중성인 분자 혹은 원자가 전자를 잃으면 양이온이 된다. 양성자와 전자의 수가 같은 원자는 전기적으로 중성이라 하고, 그때 산화수는 0이다. 예를 들어 원자가 어떠한 이유로 전자를 잃거나 스스로 내놓게 되면 전기적으로 중성이 아니라 양성자의 수가 더 많은 양이온이 된 것이고 화학식으로 산화수는 원소기호 우측 상단에 +를 붙여 표기한다.

결국, 산화 - 환원반응은 전자를 주고받는 화학반응이고, 이러한 과정에서 전자를 잃는 것을 산화, 전자를 얻는 것을 환원(reduction)이라 한다. 일반적으로 산화와 환원은 동시에 일어나는 불가분적 관계이다. 따라서, 산화 - 환원반응(oxidoreduction 또는 oxidation - reduction reaction), 약어로 redox 반응이라 한다.

이러한 반응에서 자신은 환원되면서 상대 물질을 산화시키는 역할을 하는 물질을 산화제라고 한다. 연소 반응에서는 산소(O_2)가 대표적이며, 산화제는 ① 상대에게 산소를 주거나 ② 상대로부터 수소를 빼앗거나 ③ 상대에게서 전자를 빼앗으려는 힘이 있고 이러한 반응의 결과로 자신의 산화수는 감소하면서 환원된다.

[표 1 - 5] 산화제

화학식	산화제	용도
O_2	산소	연소, 음식물 대사
O_3	오존	생수 소독, 유해 화합물의 파괴
Cl_2	염소	수돗물 제조, 폐수처리

연료 중의 주된 가연 성분은 탄소 원자(C), 수소 원자(H)이며, 이렇게 탄소와 수소로만 이루어져 있는 유기화합물을 통틀어 탄화수소(hydrocarbon)라 한다. 탄화수소는 구조에 따라 분류할 수 있는데, 고리 모양의 탄화수소, 사슬 모양의 탄화수소, 그리고 단일, 이중, 삼중 결합이 있는지 여부에 따라 세분화할 수 있다. 이외에 고리 모양 화합물의 특수한 것으로 방향족 탄화수소가 있다.

연소 반응(combustion reaction)은 이것이 열분해하여, 탄소(C)와 수소(H)가 공기의 산소(O)와 결합하여 연소하는 것으로, 연소의 기초적인 반응은 다음과 같다.

완전연소

- C의 완전연소 : $C + O_2 \rightarrow CO_2 + 97000 kcal/kmol$

- H_2의 완전연소 : $H_2 + \dfrac{1}{2}O_2 \rightarrow H_2O + 57000 kcal/kmol$

C의 산화수는 0, O의 산화수는 0인데 반해, CO_2에서는 +4, O의 산화수는 -2인 사실에서 C는 산화되고 O는 환원되고 있음을 알 수 있다.

- $C + \dfrac{1}{2}O_2 \rightarrow CO + 29400kcal/kmol$

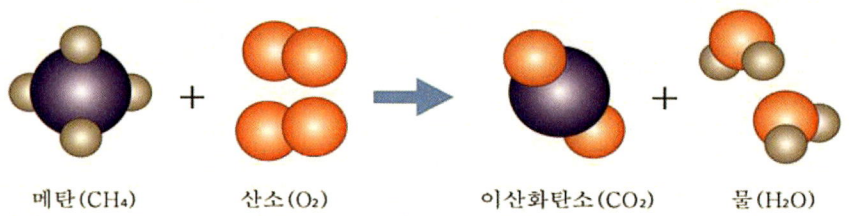

[그림 1 - 8] 메탄의 연소반응

- 메탄(LNG)의 연소

  $CH_4 + 2CO_2 \rightarrow CO_2 + 2H_2O$ (수소 : 탄소 = 4 : 1 - 1 : 0.25)
- 경유(diesel fuel)의 연소

  $C_{17}H_{36} + 26O_2 \rightarrow 17CO_2 + 18H_2O$ (수소 : 탄소 = 36 : 17 = 1 : 0.47)

메탄(CH₄) 1㏖과 산소(O₂) 2㏖이 반응하여 이산화탄소(CO₂) 1㏖과 수증기(H₂O) 2㏖이 생성됨을 의미하고 이 경우 연소 생성물에서 더 이상 탈 것이 없으므로 완전연소한 것이다.

위 두 연소를 비교하면 LNG(메탄)은 수소 1에 대한 탄소 수의 비가 0.25이기 때문에 1분자가 연소하기 위해서는 산소 2분자가 필요하다. 반면 경유는 수소 1에 대한 탄소 수의 비가 0.47이며 결국, 1분자가 연소하기 위해서는 산소 26분자가 필요하다고 볼 수 있다. 따라서 같은 연소조건을 가정하면, 수소에 대한 탄소의 수에 대비하여 산화제(산소)가 필요하므로 완전연소하기 어렵다고 해석할 수 있다.

이렇듯, 경유를 연료로 사용함에 있어 완전연소가 화학적으로 어렵기 때문에 발생하는 연소 생성물이 최근 이슈화되고 있는 미세먼지의 원인으로 지목되고 있다.

반면에, LNG의 경우 기체 상태에서 액화시켜 가정에 공급하거나 연료로 사용한다. 액화하는 과정에서 강한 압력이 필요하여, LPG와 같이 휴대용 용기에 저장하여 사용하는 것은 어려움이 따르지만 액화되어 있던 LNG가 기체 상태에서 탄화하여 완전연소의 가능성이 높아 상대적으로 매연 저감의 효과가 있다. 다만, 사용상 부주의는 폭발사고를 야기할 수 있으므로 각별한 주의를 요한다.

3.2. 파장과 에너지

"연소(combustion)란 물질의 화학반응 중에서 산소(공기 중의 산소 포함)와 반응하여 <u>격렬한 빛과 열을 수반하는 산화반응</u>으로서의 자기 지속적(self - sustaining process)이고, 연쇄적인 과정이다"라고 정의하였다. 또한, 이러한 과정에서 "발열반응이 증가할수록 온도는 상승하고 분자의 활동도 동시에 증대되며 이로 인해 <u>에너지 준위가 높아져 열 복사선을 방출하게 된다</u>"라고 연소의 전개와 확산에 대한 부분도 언급하였다. 나아가 여기서 발생하는 열 복사선을 통해 에너지는 전달되고 이것이 화재 확산의 주요 메커니즘으로 작용한다. 따라서 파장과 에너지를 이해하는 과정은 연소의 해석에 있어 빼놓을 수 없는 부분 중의 하나이다.

결국, 물질의 화학반응인 연소에서 빛을 동반·발산하는 작용을 우리가 식별할 수 있는 이유는 전부는 아니지만 다양한 종류의 파장 중 일부인 가시광선이 식별되어 나타나는 것으로 볼 수 있다. 복사선[4] 역시 연소 반응에서 발생하는 파장의 한 종류이다. 연소의 전개와 화재의 확산에 있어 복사의 개념은 대단히 주요한 부분이고, 때문에 빛의 기본적인 성질과 에너지, 그리고 파장에 따른 차이를 이해하는 것은 필요하다.

---

[4] 복사선[輻射線, radiation, Strahlen] : 물체로부터 방출된 전자기파는 각각의 파장 영역에 따라 명칭이 붙어 있다. γ(감마선)선, X선, 자외선(UV, ultraviolet rays, 진공 자외선, 근자외선), 가시광선, 적외선 (근적외선, 원적외선) 등은 모두 복사선이다. 그것보다도 긴 파장에 속하는 전자기파는 보통 복사선이라고는 부르지 않고 전자기파 혹은 단지 전파라고 총칭된다. (화학대사전, 2001. 5. 20. 세화)

3.2.1. 파장의 정의

파장(波長, wavelength)은 공간에 퍼져 있는 파동(波動, wave)의 1주기 동안에 진행하는 길이, 다시 말해 고점인 마루와 마루, 저점인 골과 골 사이의 거리를 의미하는 물리적 양이다. 길이의 단위로 정의하고 SI단위는 미터(m)이다.

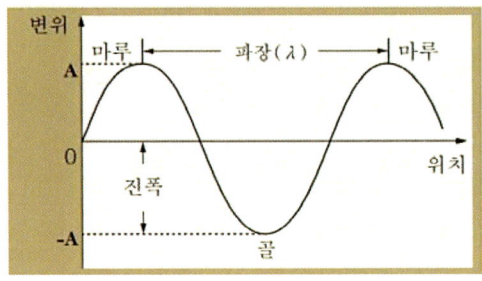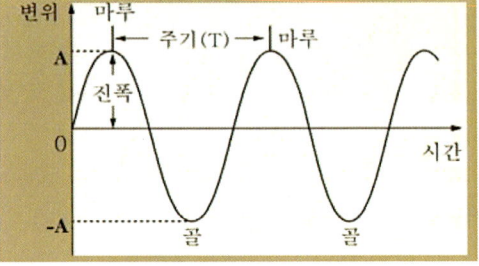

[그림 1 - 9] 그래프 파동

- 진폭(A) : 진동의 중심에서 최대 변위의 크기(m)
- 파장(λ) : 같은 위상을 가진 서로 이웃한 두 점 사이의 거리 또는 한 주기 동안 파동이 진행한 거리(m)
- 주기(T) : 매질의 한 점이 1회 진동하는데 걸린 시간(s)
- 진동수(f) : 매질의 한 점이 1초 동안 진동한 횟수(Hz)

3.2.2. 주기와 진동수의 관계

$$T = \frac{1}{f} \text{ or } f = \frac{1}{T}$$

주기는 파동이 1회 진동하는데 걸리는 시간이고, 진동수는 1초 동안 진동하는 횟수이므로 주기와 진동수는 역수의 관계에 있다.

3.2.3. 파동의 속력(v)

$$v = \frac{\lambda}{T} = f\lambda$$

• T : 파동의 주기   • λ : 파장   • f : 진동수

파동의 속도는 파동이 단위 시간 안에 이동한 거리이다. 파동은 매질의 한 점이 한번 진동하는 동안에 한 파장의 거리를 진행하므로 파동의 속도는 파장을 주기로 나누어 구할 수 있다.

파동은 종류와 매질에 따라 전파속도가 상이하다. 그러므로 일반적으로 이러한 성질을 이용하여 파원으로부터의 거리 측정이 가능하다.

3.2.4. 파장과 에너지

플랑크 상수에 의하면 빛은 파동으로서 진동수(f)를 가지고, 광자라는 입자로도 볼 수 있으므로 광자가 갖는 에너지와 진동수의 비가 플랑크 상수와 같다. 이는 물질의 이중성(파동이자 입자)을 연결시키는 역할을 하기도 한다.

아인슈타인의 광양자설을 토대로 파장과 에너지와의 관계를 정의하여 나타내면 다음과 같다.

$$E = hf = \frac{hc}{\lambda}$$

• E : 에너지   • h : 플랑크 상수[5] $(6.626 \times 10^{-34}\,J{\cdot}s\,)$
• f : 진동수   • c : 진공 중의 광속도$(299,792,458\text{m/s} \fallingdotseq 3 \times 10^{8}\text{m/s})$
• λ : 파장(lambda)

파장과 관련된 에너지는 플랑크 상수에 진동수를 곱한 값이다. 파동의 속력은 진동수×파장으로 정의되므로 파장이 커지면 진동수는 감소하고, 파장이 작아지면 진동수는 증가한다. 따라서 파장이 길수록 진동수와 에너지가 작아지고 파장이 짧을수록 진동수와 에너지는 커진다.

---

[5] 플랑크상수[Planck constant] : 흑체복사의 파장에 따른 세기 분포를 이론적으로 설명하기 위해 1900년 M.플랑크가 도입한 양자역학의 기본적인 상수 중 하나로 h로 표시한다.

즉, 자외선이 가시광선에 비해 상대적으로 파장의 에너지가 크다고 볼 수 있다. 자외선에 장시간 노출되면 피부에 손상을 입게 되는 것도 같은 이치이다.

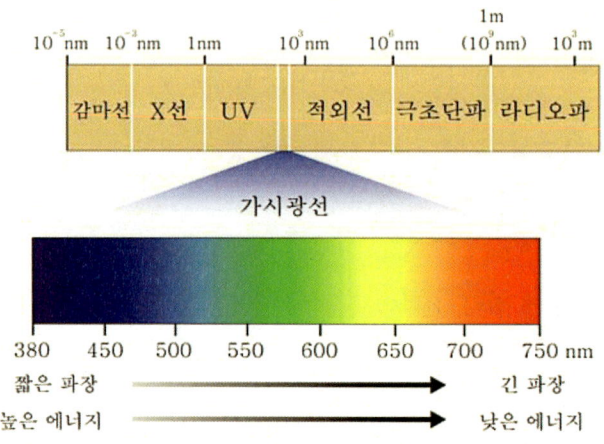

[그림 1 - 10] 파장의 길이에 따른 빛의 분류와 가시광선 스펙트럼

가시광선의 스펙트럼에서 알 수 있듯이, 만약 연소하고 있는 불빛이 붉은색과 파란색이 존재한다면, 상대적으로 파장이 짧은 파란색이 진동수와 에너지 준위가 높으므로 방출하는 온도도 상대적으로 높을 것으로 분석할 수 있다.

또한, 파장의 분류에서도 볼 수 있듯이, 연소 시 발생하는 복사선이 γ(감마선)선에 가까울수록 생성되는 에너지의 준위도 높고, 적외선에 가까울수록 에너지 준위는 낮다고 볼 수 있으며, 발생하는 복사선의 비중이 γ(감마선)에 가까운 파장을 많이 방출할수록 연소 시 발생하는 열에너지 준위가 높고 복사열 전달이 용이할 것으로 볼 수 있다. 화재와 직접적으로 인접하지 않은 곳에서의 다른 곳으로의 확산 가능성과 분석에 적용할 수 있는 중요한 부분이다.

화재 발생 시 생성되는 파장은 물질과 환경 그에 따른 반응에 따라 변화할 수 있다는 점에 유의하고, 화재현장이 물리적으로 해석되지 않는 부분은 이러한 복사선의 영향으로 전이·전파되었을 가능성을 항상 염두에 두어야 한다. 화재 감식은 연소현상을 해석하여 원인을 분석하는 것이므로 다양한 시각에서 접근해야 설득력 있는 결론을 도출할 수 있으며, 예단하는 것은 절대 금물이다.

4 연소의 요소

4.1. 연소의 3요소

연소는 가연물(연료), 점화원(열원, 착화 에너지), 산소공급원(산화제) 이렇게 3요소가 존재하는 조건이어야 정상연소로써 화학적 반응을 지속할 수 있으며, 이 중 한 가지 요소라도 부재할 경우 연소 반응을 개시할 수 없어 연소 자체가 발생하지 않는다.

첫 번째 요소인 가연물은 불에 탈 수 있는 재료를 의미하고, 보편적으로 고체연료(나무, 종이, 숯 등), 액체연료(석유, 알코올 등), 기체연료(천연가스(LNG), 프로판가스(LPG) 등)로 나누어 볼 수 있다. 연소성은 구성 물질이 동일하다면, 일반적으로 입자가 작은 상태인 기체, 액체, 고체 순으로 좋다.

두 번째 요소인 점화원은 발화점 이상의 온도가 필요하다는 의미로, 발화점이란 열에 의해 스스로 불이 붙는 온도로서 연소를 위해서는 발화점 이상으로 온도를 높일 수 있는 열원, 다시 말해 에너지가 필요하다는 뜻이다.

세 번째 요소인 산소공급원은 일정량의 산소가 존재해야만 연소를 시작할 수 있다는 의미다.

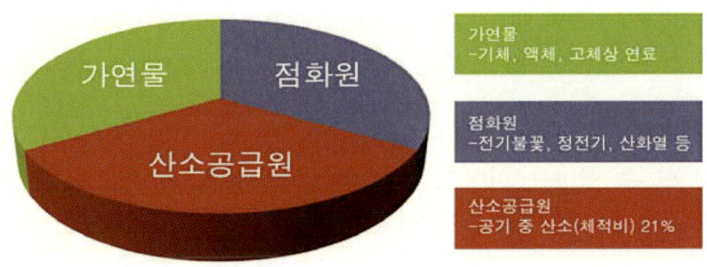

[그림 1 - 11] 연소의 3요소

4.2. 연소의 4면체

연소는 앞서 설명한 연소의 3가지 요소가 적절히 공급되었을 때 개시가 가능하다. 이후에 순조로운 자가지속적 연쇄반응을 동반할 때를 연소의 4요소라고 말한다. 연쇄 반응은 반응생성물이 다시 반응물로 작용하는 등의 생성과 소멸을 거듭하는 과정인데, 이 반응이 유효하지 않다면, 화재는 확대되지 않고 소멸한다. 이 연소의 4요소 가운데, 한 가지라도 완전히 제거할 경우 연소반응은 일어나지 않거나 중단된다. 이를 소화라고도 표현한다. 연소의 요소와 화학반응을 이해하면 이를 이용하여 역으로 화재를 진압하는 원리로 적용할 수 있다.

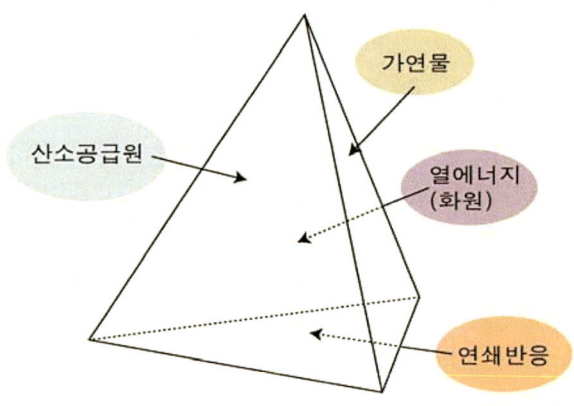

[그림 1 - 12] 연소의 4면체(fire tetrahedron)

4.3. 가연물(combustible)

쉽게 불에 탈 수 있다는 의미로 불에 잘 타는 성질, 혹은 그러한 성질을 가지고 있는 물질을 의미한다. 보통, 고체, 기체, 액체 가연물로 분류하고 목재, 섬유, 고무, 플라스틱 물질 등의 유기화합물이 대부분인데, 이들의 공통적 특징이 구성 물질이 탄소를 포함한다는 점이다. 반면에 무기물은 탄소를 포함하지 않는다. 다만, 철이나 알루미늄 등도 산화가 용이한 분체 상태가 되면 가연물이 될 수 있다. 유염 연소가 일어나기 위해서는 가연물이 기체 상태이어야 하고 열에너지는 고체나 액체가 기체로 변할 때 소요되는 필수적인 에너지다. 가연물의 조건은 다음과 같다.

① 열전도율이 적어 발화가 용이하다.
② 산소와의 친화력 및 결합력이 좋아 산화 반응이 잘 일어나며, 연소열이 크다.
③ 부피는 작고 표면적은 넓어 반응이 잘 일어나는 물질이다.
④ 연쇄반응을 잘 일으키는 물질이라 연소의 지속적 유지가 가능하다.
⑤ 활성화 에너지(역치[6])가 낮아 발열량이 크므로 상대적으로 낮은 에너지 준위만으로도 쉽게 활성화 상태에 도달할 수 있다.

$$SO_2 + \frac{1}{2}O_2 = SO_2 + 23.5kcal \; : \text{발열반응}$$

$$H_2O + \frac{1}{2}O_2 = H_2O_2 - 26kcal \; : \text{흡열반응}$$

하지만, 모든 물질이 가연물로 연소하는 것이 아니다, 물질의 특성에 따라 산화 반응을 하지만 발열반응이 아닌 흡열반응을 하거나, 더 이상 산소와 결합하지 않는 산화 반응이 완전히 종료된 물질(CO_2, SO_2, MgO, Fe_2O_3 등), 주기율표 상 0족 원소인 불활성 기체(He, Ne, A(아르곤) 등) 등은 가연물이 될 수 없다.

또한, 연소 시에는 다량의 열이 급속하게 발생될 것이 요구되므로, 발열반응을 동반하더라도 반드시 연소되는 것은 아니다. 그러므로 Ag(은), Hg(수은) 등과 같이 산화 시 상대적으로 발열이 적은 물질은 가연물로서는 부적합하다고 볼 수 있다. 그리고 고체 가연물의 경우는 일반적으로 수분함량이 낮아 건조도가 높은 경우 상대적으로 연소가 잘 일어난다.

---

6) 역치 : 자극에 대한 반응을 일으키는 데 필요한 최소한의 자극의 세기

4.3.1. 가연물의 분류

4.3.2. 상(phase)에 따른 가연물

1) 가연성 기체

열전도도가 낮아 공기와 접하고 있는 가연성 기체에 열이나 불씨를 가하면 쉽게 인화하면서 폭발을 동반한 확산연소 형태로 나타난다. 폭발한계의 하한계가 10 vol% 이하거나 폭발한계의 상·하한의 차이가 20 vol% 이상인 물질을 뜻한다. 다음은 폭발한계 농도표이다.

[표 1 - 6] 가연성 기체와 폭발한계

분류	명칭	분자식	폭발한계(vol %)	
			하온	상온
무기화합물	수소	H_2	4.00	74.20
	이황화탄소	CS_2	1.25	50.00
	황화수소	H_2S	4.30	45.50
	시안화수소	HCN	5.60	40.00
	암모니아	NH_3	15.50	27.00
	일산화탄소	CO	12.50	74.20
	황화카르보닐	COS	11.90	28.50
포화탄화수소	메탄	CH_4	5.00	15.00
	에탄	C_2H_6	3.00	12.50
	프로판	C_3H_8	2.12	9.35
	부탄	C_4H_{10}	1.86	8.41
	펜탄	C_5H_{12}	1.40	7.80
	헥산	C_6H_{14}	1.18	7.40
	헵탄	C_7H_{16}	1.10	6.70
	옥탄	C_8H_{18}	0.95	–
불포화 탄화수소	아세틸렌	C_2H_2	2.50	80.00
	에틸렌	C_2H_4	2.75	28.60
	프로필렌	C_3H_6	2.00	11.10
고리 모양 탄화수소	벤젠	C_6H_6	1.40	7.10
	톨루엔	C_7H_8	1.27	6.75
	o - 크실렌	C_8H_{10}	1.00	6.00
	시클로헥산	C_6H_{12}	1.26	7.75
산소 화합물	산화에틸렌	C_2H_4O	3.00	80.00
	에틸에테르	$(C_2H_5)_2O$	1.85	36.50

	아세트알데히드	CH_3CHO	3.97	57.00
	푸르푸랄	C_4H_3OCHO	2.10	–
	아세톤	$(CH_3)_2CO$	2.55	12.80
	에틸알코올	C_2H_5OH	3.28	18.95
	메틸알코올	CH_3OH	6.72	36.50
	아세트산아밀	$CH_3CO_2C_5H_{11}$	1.10	–
	아세트산에틸	$CH_3CO_2C_5H_5$	2.18	11.40
	아세트산	CH_3COOH	5.40	–
질소 화합물	피리딘	C_5H_5N	1.81	12.40
	메틸아민	CH_3NH_2	4.95	20.75
	디메틸아민	$(CH_3)_2NH$	2.80	14.40
	트리메틸아민	$(CH_3)_3N$	2.00	11.60
할로겐 화합물	염화비닐	C_2H_3Cl	4.00	21.70
	염화에틸	C_2H_5Cl	4.00	14.80
	염화메틸	CH_3Cl	8.25	18.70
	염화에틸렌	$C_2H_4Cl_2$	6.20	15.90

2) 가연성 액체

인화점이 65℃ 이하로 쉽게 인화하는 성질을 가진 액체로써, 석유류, 알콜류가 대표적이다. 증발과정과 반응과정이 긴밀하게 이루어져 액체 표면에서 증발한 증기가 산소와 반응하여 가스 연소와 유사한 형태로 완전연소하므로 잔해(제)를 남기지 것이 특징이다.

3) 가연성 고체[7]

종이, 천, 목재, 석탄, 고무, 수지, 황 등의 일반 가연물 및 연료류, 금속류의 일부가 여기에 속한다. 목조건물, 가구, 도장물품 등도 포함된다. 이들의 물질은 흔히 화재시의 출화(出火)물건이 되며, 고체에 불을 붙였을 경우 그 중심축을 따라서 254㎜/s 이상의 속도로 불꽃이 지속되면서 연소할 수 있는 고체를 말한다.

---

7) 가연성고체[flammable solid, 可燃性固體] (산업안전대사전, 2004. 5. 10. 도서출판 골드)

4.3.3. 연소성에 따른 가연물

1) 폭연성 가연물

개방된 대기 하에 혼합가스 및 증기가 폭발한계에서 착화하여 연소할 경우 연소가스가 자유로이 팽창하여 화염속도가 늦고, 압력과 폭발음이 거의 발생하지 않으며, 전파속도가 음속보다 느린, 보통 0.3m/sec 정도의 양상을 띄는 것을 폭연이라 한다. 이 폭연성 가연물에는 주로 위험물 제5류[8]에 속하는 물질이 대부분이고, 한정된 공간에서 밀폐된 상태로 폭발한계 내에 있는 혼합가스 혹은 증기가 해당되기도 한다.

2) 인화성 가연물

가연물이 불씨(화원)에 의해 착화되어 연소할 수 있는 가능성 및 용이성을 인화성이라 하고, 인화성 물질은 쉽게 착화한 후 신속하게 연소로 진행될 수 있는 고체·액체·가스 혹은 증기를 모두 포함한다. 분진 또는 분말 형태의 금속(천공, 절삭 등으로 생긴 부스러기) 또는 셀룰로오스, 밀가루 등의 유기물질은 인화성 고체 가연물에 속하고 이로 인해 실생활에서 화재가 발생하기도 한다.

3) 이연성 가연물

기본적으로 불에 잘 타는 성질을 지닌 물질을 의미하고, 고체상으로써 눈에 띄는 압력을 수반하지 않아 일반 가연물과 인화성 가연물의 중간 형태로 연소한다. 환원성 물질이며, 상온에서 고체이고, 특히, 산화제와 접촉하면 마찰이나 충격으로 급격히 폭발할 수 있는 가연물이다. 종이 더미, 얇은 천, 대팻밥 등 착화가 용이한 가연물이 대표적이다.

4) 난연성 가연물

연소속도가 상대적으로 일반적인 가연물보다 느리고, 불이 잘 붙지 않는 성질을 가진 가연물로 조기 착화가 용이하지 않고, 착화되더라고 발염현상을 나타내지 않아 연소의 확대속도가 지연된다. 자연물 보다 가공된 상태의 물질이 많으며, 종이나 목재에 여러 가지 종류의 염(鹽)을 첨가하면, 탄소생성량이 증가하면서, 착화 시까지의 시간적인 지연이 가능한 반면, 여기서 발생되는 가스 생성물에 의해 질식될 위험이 있다. 난연(難然)화를 위한 방염은 지속적 증가추세에 있고, 이를 통해 화재의 초기 진압에도 효과적으

---

8) 제5류 위험물은 자기연소를 하며, 연소속도가 대단히 빠르고, 가열·충격·마찰 등으로 인한 폭발의 위험이 있고, 자연발화의 가능성이 매우 높다.

로 대처할 수 있다. 건축자재·내장재·커튼·벽지 등의 방염처리를 위해 사용되는 물질들이 대표적이다.

5) 훈소성 가연물

훈소는 유염착화에 이르기에는 온도가 낮거나 산소가 부족한 경우 연소가 소극적으로 지속되는 현상을 말한다. 화염 없이 주로 백열과 연기를 발생하며, 화재 심부에서 가연물의 표면을 따라 서서히 화학반응이 지속되는 연소의 특징을 가지며 연소가 가연물의 안쪽에서 서서히 전파되고 장시간 동안 발견하지 못할 수도 있다. 이러한 상태가 지속되다가 갑작스런 다량의 산소의 공급이나 온도의 상승하는 등의 외부환경의 급격한 변화에 의해 유염연소로 변화할 수 있다. 훈소의 불완전연소과정에서는 다량의 일산화탄소를 발생하므로 인체에 대단히 치명적인 결과를 초래할 수 있으므로 고도의 위험성을 내포하고 있는 화재 형태이다. 목재 등의 훈소 현상의 경우 불꽃을 유발하지 않고 심부로 국부적으로 진행되는 경향으로 인해 한 곳만 움푹 파인 형태로 타들어간 모습을 보이기도 한다. 그 외에 자연 섬유의 직물류, 목재, 뜸이나 모기향, 건초더미가 타는 것과 같은 것들이 훈소성 가연물의 대표적인 예다.

6) 특수가연물[9]

소방기본법
제15조(불을 사용하는 설비 등의 관리와 특수가연물의 저장·취급)
② 화재가 발생하는 경우 불길이 빠르게 번지는 고무류·면화류·석탄 및 목탄 등 대통령령으로 정하는 특수가연물(特殊可燃物)의 저장 및 취급 기준은 대통령령으로 정한다.

위와 같이 소방기본법에 규정되어 있는 가연물을 의미하며, 자세한 내용은 아래와 같다.

〈개정 2005.10.20〉

특수가연물

품명	수량
면화류	200킬로그램 이상
나무껍질 및 대팻밥	400킬로그램 이상

---

9) 소방기본법 체15조 특수 가연물

넝마 및 종이 부스러기		1,000킬로그램 이상
사류(絲類)		1,000킬로그램 이상
볏짚류		1,000킬로그램 이상
가연성고체류		3,000킬로그램 이상
석탄·목탄류		10,000킬로그램 이상
가연성 액체류		2세제곱미터 이상
목재가공품 및 나무 부스러기		10세제곱미터 이상
합성수지류	발포시킨 것	20세제곱미터 이상
	그 밖의 것	3,000킬로그램 이상

비고

1. "면화류"라 함은 불연성 또는 난연성이 아닌 면상 또는 팽이 모양의 섬유와 마사(麻絲) 원료를 말한다.

2. 넝마 및 종이 부스러기는 불연성 또는 난연성이 아닌 것(동·식물유가 깊이 스며들어 있는 옷감, 종이 및 이들의 제품을 포함한다)에 한한다.

3. "사류"라 함은 불연성 또는 난연성이 아닌 실(실부스러기와 솜털을 포함한다)과 누에고치를 말한다.

4. "볏짚류"라 함은 마른 볏짚·마른 북더기와 이들의 제품 및 건초를 말한다.

5. "가연성 고체류"라 함은 고체로서 다음 각목의 것을 말한다.

   가. 인화점이 섭씨 40도 이상 100도 미만인 것

   나. 인화점이 섭씨 100도 이상 200도 미만이고, 연소열량이 1그램당 8킬로칼로리 이상인 것

   다. 인화점이 섭씨 200도 이상이고 연소열량이 1그램당 8킬로칼로리 이상인 것으로서 융점이 100도 미만인 것

   라. 1기압과 섭씨 20도 초과 40도 이하에서 액상인 것으로서 인화점이 섭씨 70도 이상 섭씨 200도 미만이거나 나목 또는 다목에 해당하는 것

6. 석탄, 목탄류에는 코크스, 석탄가루를 물에 갠 것, 조개탄, 연탄, 석유코크스, 활성탄 및 이와 유사한 것을 포함한다.

7. "가연성액체류"라 함은 다음 각목의 것을 말한다.

   가. 1기압과 섭씨 20도 이하에서 액상인 것으로서 가연성 액체량이 40중량퍼센트 이하이면서 인화점이 섭씨 40도 이상 섭씨 70도 미만이고 연소점이 섭씨 60도 이상인 물품

   나. 1기압과 섭씨 20도에서 액상인 것으로서 가연성 액체량이 40중량퍼센트 이하이고 인화점이 섭씨 70도 이상 섭씨 250도 미만인 물품

   다. 동물의 기름기와 살코기 또는 식물의 씨나 과일의 살로부터 추출한 것으로서 다음의 1에 해당하는 것

   (1) 1기압과 섭씨 20도에서 액상이고 인화점이 250도 미만인 것으로서 「위험물안전관리법」 제20조 제1항의 규정에 의한 용기 기준과 수납·저장기준에 적합하고 용기 외부에 물품명·수량 및 "화기엄금" 등의 표시를 한 것

   (2) 1기압과 섭씨 20도에서 액상이고 인화점이 섭씨 250도 이상인 것

8. "합성수지류"라 함은 불연성 또는 난연성이 아닌 고체의 합성수지제품, 합성수지반제품, 원료합성수지 및 합성수지 부스러기(불연성 또는 난연성이 아닌 고무제품, 고무반제품, 원료고무 및 고무 부스러기를 포함한다)를 말한다. 다만, 합성수지의 섬유·옷감·종이 및 실과 이들의 넝마와 부스러기를 제외한다.

7) 위험물[10]

〈개정 2014. 11. 19. 〉

위험물 및 지정수량

위험물			지정수량
유별	성질	품명	
제1류	산화성고체	1. 아염소산염류	50킬로그램
		2. 염소산염류	50킬로그램
		3. 과염소산염류	50킬로그램
		4. 무기과산화물	50킬로그램
		5. 브롬산염류	300킬로그램
		6. 질산염류	300킬로그램
		7. 요오드산염류	300킬로그램
		8. 과망간산염류	1,000킬로그램
		9. 중크롬산염류	1,000킬로그램
		10. 그 밖에 총리령으로 정하는 것 11. 제1호 내지 제10호의 1에 해당하는 어느 하나 이상을 함유한 것	50킬로그램 300킬로그램 또는 1,000킬로그램
제2류	가연성고체	1. 황화린	100킬로그램
		2. 적린	100킬로그램
		3. 유황	100킬로그램
		4. 철분	500킬로그램
		5. 금속분	500킬로그램
		6. 마그네슘	500킬로그램
		7. 그 밖에 총리령으로 정하는 것 8. 제1호 내지 제7호의 1에 해당하는 어느 하나 이상을 함유한 것	100킬로그램 또는 500킬로그램
		9. 인화성고체	1,000킬로그램
제3류	자연발화	1. 칼륨	10킬로그램
		2. 나트륨	10킬로그램
		3. 알킬알루미늄	10킬로그램

---

10) 위험물 안전관리법 제2조 위험물

제 2 류	성 물 질 및 금 수 성 물 질	4. 알킬리튬	10킬로그램
		5. 황린	20킬로그램
		6. 알칼리금속(칼륨 및 나트륨을 제외한다) 및 알칼리토금속	50킬로그램
		7. 유기금속화합물(알킬알루미늄 및 알킬리튬을 제외한다)	50킬로그램
		8. 금속의 수소화물	300킬로그램
		9. 금속의 인화물	300킬로그램
		10. 칼슘 또는 알루미늄의 탄화물	300킬로그램
		11. 그 밖에 총리령으로 정하는 것 12. 제1호 내지 제11호의 1에 해당하는 어느 하나 이상을 함유한 것	10킬로그램, 20킬로그램, 50킬로그램 또는 300킬로그램

제 4 류	인 화 성 액 체	1. 특수인화물		50리터
		2. 제1석유류	비수용성액체	200리터
			수용성액체	400리터
		3. 알코올류		400리터
		4. 제2석유류	비수용성액체	1,000리터
			수용성액체	2,000리터
		5. 제3석유류	비수용성액체	2,000리터
			수용성액체	4,000리터
		6. 제4석유류		6,000리터
		7. 동식물유류		10,000리터

제 5 류	자 기 반 응 성 물 질	1. 유기과산화물	10킬로그램
		2. 질산에스테르류	10킬로그램
		3. 니트로화합물	200킬로그램
		4. 니트로소화합물	200킬로그램
		5. 아조화합물	200킬로그램
		6. 디아조화합물	200킬로그램
		7. 히드라진 유도체	200킬로그램
		8. 히드록실아민	100킬로그램
		9. 히드록실아민염류	100킬로그램
		10. 그 밖에 총리령으로 정하는 것 11. 제1호 내지 제10호의 1에 해당하는 어느 하나 이상을 함유한 것	10킬로그램, 100킬로그램 또는 200킬로그램

제 6 류	산 화 성 액 체	1. 과염소산	300킬로그램
		2. 과산화수소	300킬로그램
		3. 질산	300킬로그램
		4. 그 밖에 총리령으로 정하는 것	300킬로그램
		5. 제1호 내지 제4호의 1에 해당하는 어느 하나 이상을 함유한 것	300킬로그램

비고

1. "산화성고체"라 함은 고체[액체(1기압 및 섭씨 20도에서 액상인 것 또는 섭씨 20도 초과 섭씨 40도 이하에서 액상인 것을 말한다. 이하 같다)또는 기체(1기압 및 섭씨 20도에서 기상인 것을 말한다)외의 것을 말한다. 이하 같다]로서 산화력의 잠재적인 위험성 또는 충격에 대한 민감성을 판단하기 위하여 국민안전처장관이 정하여 고시(이하 "고시"라 한다)하는 시험에서 고시로 정하는 성질과 상태를 나타내는 것을 말한다. 이 경우 "액상"이라 함은 수직으로 된 시험관(안지름 30밀리미터, 높이 120밀리미터의 원통형유리관을 말한다)에 시료를 55밀리미터까지 채운 다음 당해 시험관을 수평으로 하였을 때 시료액면의 선단이 30밀리미터를 이동하는데 걸리는 시간이 90초 이내에 있는 것을 말한다.

2. "가연성고체"라 함은 고체로서 화염에 의한 발화의 위험성 또는 인화의 위험성을 판단하기 위하여 고시로 정하는 시험에서 고시로 정하는 성질과 상태를 나타내는 것을 말한다.

3. 유황은 순도가 60중량퍼센트 이상인 것을 말한다. 이 경우 순도측정에 있어서 불순물은 활석 등 불연성물질과 수분에 한한다.

4. "철분"이라 함은 철의 분말로서 53마이크로미터의 표준체를 통과하는 것이 50중량퍼센트 미만인 것은 제외한다.

5. "금속분"이라 함은 알칼리금속·알칼리토류금속·철 및 마그네슘외의 금속의 분말을 말하고, 구리분·니켈분 및 150마이크로미터의 체를 통과하는 것이 50중량퍼센트 미만인 것은 제외한다.

6. 마그네슘 및 제2류제8호의 물품중 마그네슘을 함유한 것에 있어서는 다음 각목의 1에 해당하는 것은 제외한다.
   가. 2밀리미터의 체를 통과하지 아니하는 덩어리 상태의 것
   나. 직경 2밀리미터 이상의 막대 모양의 것

7. 황화린·적린·유황 및 철분은 제2호의 규정에 의한 성상이 있는 것으로 본다.

8. "인화성고체"라 함은 고형알코올 그 밖에 1기압에서 인화점이 섭씨 40도 미만인 고체를 말한다.

9. "자연발화성물질 및 금수성물질"이라 함은 고체 또는 액체로서 공기 중에서 발화의 위험성이 있거나 물과 접촉하여 발화하거나 가연성가스를 발생하는 위험성이 있는 것을 말한다.

10. 칼륨·나트륨·알킬알루미늄·알킬리튬 및 황린은 제9호의 규정에 의한 성상이 있는 것으로 본다.

11. "인화성액체"라 함은 액체(제3석유류, 제4석유류 및 동식물유류에 있어서는 1기압과 섭씨 20도에서 액상인 것에 한한다)로서 인화의 위험성이 있는 것을 말한다.

12. "특수인화물"이라 함은 이황화탄소, 디에틸에테르 그 밖에 1기압에서 발화점이 섭씨 100도 이하인 것 또는 인화점이 섭씨 영하 20도 이하이고 비점이 섭씨 40도 이하인 것을 말한다.

13. "제1석유류"라 함은 아세톤, 휘발유 그 밖에 1기압에서 인화점이 섭씨 21도 미만인 것을 말한다.

14. "알코올류"라 함은 1분자를 구성하는 탄소원자의 수가 1개부터 3개까지인 포화1가 알코올(변성알코올을 포함한다)을 말한다. 다만, 다음 각목의 1에 해당하는 것은 제외한다.
    가. 1분자를 구성하는 탄소원자의 수가 1개 내지 3개의 포화1가 알코올의 함유량이 60중량퍼센트 미만인 수용액
    나. 가연성액체량이 60중량퍼센트 미만이고 인화점 및 연소점(태그개방식인화점측정기에 의한 연소점을 말한다. 이하 같다)이 에틸알코올 60중량퍼센트 수용액의 인화점 및 연소점을 초과하는 것

15. "제2석유류"라 함은 등유, 경유 그 밖에 1기압에서 인화점이 섭씨 21도 이상 70도 미만인 것을 말한다. 다만, 도료류 그 밖의 물품에 있어서 가연성 액체량이 40중량퍼센트 이하이면서 인화점이 섭씨 40도 이상인 동시에 연소점이 섭씨 60도 이상인 것은 제외한다.

16. "제3석유류"라 함은 중유, 클레오소트유 그 밖에 1기압에서 인화점이 섭씨 70도 이상 섭씨 200도 미만인 것을 말한다. 다만, 도료류 그 밖의 물품은 가연성 액체량이 40중량퍼센트 이하인 것은 제외한다.

17. "제4석유류"라 함은 기어유, 실린더유 그 밖에 1기압에서 인화점이 섭씨 200도 이상 섭씨 250도 미만의

것을 말한다. 다만 도료류 그 밖의 물품은 가연성 액체량이 40중량퍼센트 이하인 것은 제외한다.

18. "동식물유류"라 함은 동물의 지육 등 또는 식물의 종자나 과육으로부터 추출한 것으로서 1기압에서 인화점이 섭씨 250도 미만인 것을 말한다. 다만, 법 제20조제1항의 규정에 의하여 총리령으로 정하는 용기기준과 수납·저장기준에 따라 수납되어 저장·보관되고 용기의 외부에 물품의 통칭명, 수량 및 화기엄금(화기엄금과 동일한 의미를 갖는 표시를 포함한다)의 표시가 있는 경우를 제외한다.

19. "자기반응성물질"이라 함은 고체 또는 액체로서 폭발의 위험성 또는 가열분해의 격렬함을 판단하기 위하여 고시로 정하는 시험에서 고시로 정하는 성질과 상태를 나타내는 것을 말한다.

20. 제5류제11호의 물품에 있어서는 유기과산화물을 함유하는 것 중에서 불활성고체를 함유하는 것으로서 다음 각목의 1에 해당하는 것은 제외한다.

　가. 과산화벤조일의 함유량이 35.5중량퍼센트 미만인 것으로서 전분가루, 황산칼슘2수화물 또는 인산1수소칼슘2수화물과의 혼합물

　나. 비스(4클로로벤조일)퍼옥사이드의 함유량이 30중량퍼센트 미만인 것으로서 불활성고체와의 혼합물

　다. 과산화지크밀의 함유량이 40중량퍼센트 미만인 것으로서 불활성고체와의 혼합물

　라. 1·4비스(2-터셔리부틸퍼옥시이소프로필)벤젠의 함유량이 40중량퍼센트 미만인 것으로서 불활성고체와의 혼합물

　마. 시크로헥사놀퍼옥사이드의 함유량이 30중량퍼센트 미만인 것으로서 불활성고체와의 혼합물

21. "산화성액체"라 함은 액체로서 산화력의 잠재적인 위험성을 판단하기 위하여 고시로 정하는 시험에서 고시로 정하는 성질과 상태를 나타내는 것을 말한다.

22. 과산화수소는 그 농도가 36중량퍼센트 이상인 것에 한하며, 제21호의 성상이 있는 것으로 본다.

23. 질산은 그 비중이 1.49 이상인 것에 한하며, 제21호의 성상이 있는 것으로 본다.

24. 위 표의 성질란에 규정된 성상을 2가지 이상 포함하는 물품(이하 이 호에서 "복수성상물품"이라 한다)이 속하는 품명은 다음 각목의 1에 의한다.

　가. 복수성상물품이 산화성고체의 성상 및 가연성고체의 성상을 가지는 경우 : 제2류제8호의 규정에 의한 품명

　나. 복수성상물품이 산화성고체의 성상 및 자기반응성물질의 성상을 가지는 경우 : 제5류제11호의 규정에 의한 품명

　다. 복수성상물품이 가연성고체의 성상과 자연발화성물질의 성상 및 금수성물질의 성상을 가지는 경우 : 제3류제12호의 규정에 의한 품명

　라. 복수성상물품이 자연발화성물질의 성상, 금수성물질의 성상 및 인화성액체의 성상을 가지는 경우 : 제3류제12호의 규정에 의한 품명

　마. 복수성상물품이 인화성액체의 성상 및 자기반응성물질의 성상을 가지는 경우 : 제5류제11호의 규정에 의한 품명

25. 위 표의 지정수량란에 정하는 수량이 복수로 있는 품명에 있어서는 당해 품명이 속하는 유(類)의 품명 가운데 위험성의 정도가 가장 유사한 품명의 지정수량란에 정하는 수량과 같은 수량을 당해 품명의 지정수량으로 한다. 이 경우 위험물의 위험성을 실험·비교하기 위한 기준은 고시로 정할 수 있다.

26. 동 표에 의한 위험물의 판정 또는 지정수량의 결정에 필요한 실험은 「국가표준기본법」에 의한 공인시험기관, 한국소방산업기술원, 중앙소방학교 또는 국민안전처장관이 지정하는 기관에서 실시할 수 있다.

4.4. 점화원

가연물이 산소와의 연소 범위 내에서 불이 발생하거나 발생할 수 있는 에너지를 잠재적으로 가진 물체 또는 물질을 의미하며, 최소한의 열에너지 정도로 설명 가능하다. 실무에서는 발화원, 착화원, 화원 등의 용어로 병용해서 사용하곤 하는데, 최초 발화에 이르게 된 점화에너지를 통칭하는 것이라 보면 된다. 이러한 점화 에너지는 물질에 따라 그 값이 다르지만 일반적으로 온도가 클수록 연소 범위가 확대되고 이로 인해 화재의 위험성도 증가한다.

점화원의 종류는 에너지에 따라 크게 기계적·전기적·화학적·열적·광학적 에너지로 분류할 수 있다. 결국, 가연성 물질이 존재할 때, 착화될 수 있는 에너지(근원)이며, 실제 모든 화재가 점화로 이어지는 주원인은 에너지(열)에서 비롯된다.

[표 1 - 7] 점화원의 분류

에너지에 따른 구분	종류
기계적 점화원	충격·마찰, 단열압축 등
전기적 점화원	저항, 정전기, 아크, 낙뢰 등
화학적 점화원	연소열, 자연발열, 분해열, 용해열, 중합열, 발효열, 흡착열 등
열적 점화원	고온의 표면/물체, 나화, 복사열, 등
광학적 점화원	적외선, 레이저 등

4.4.1. 기계적 점화원(기계적 에너지)

기계적 열에너지는 기본적인 매커니즘이 마찰이나 압축에 의해 생성된다. 서로 마주하는 두 표면의 운동은 마찰열을 발생시키고, 이것이 고조되면 많은 열과 나아가 스파크를 만들기도 한다.

1) 충격·마찰(friction)

마찰은 물리적으로 한 물체가 다른 물체와 접촉한 상태를 가정하여, 접촉면을 기준으로 물체가 이동할 때 그것을 저지하려는 현상을 말하는데, 이때 생기는 저항 때문에 열이 발생한다.

다시 말해 두 물체가 마찰되면 운동에 대한 저항현상으로 인해 발생하는 열(운동에너지 → 열에너지)이며, 일반적으로 제동장치(자동차 브레이크 패드), 회전체(롤러)와 벨트 사이의 마찰, 기계 자체의 회전에 의한 마찰 등이며, 금속의 충돌 시 불꽃을 유발하는 충격열도 있는데, 이는 순간적인 열로 발생 즉시 소멸되는 경향이 강해 연소한계에 있는 가연성 혼합기의 경우에만 착화의 가능성이 높고 일반 가연물에 점화에너지로 작용하기에는 한계가 있어 보인다. 다만, 넓은 의미로 마찰에 발생하는 열은 그것이 강하게 발생하고, 또 누적되면 발화원으로 충분히 작용할 수 있다. 예컨대, 버스와 같이 질량이 큰 경우, 제동할 때, 브레이크에 걸리는 힘과 마찰은 상당하다. 실제 이로 인해 화재를 발생하는 경우도 종종 있다.

2) 단열압축열

밀폐된 기체를 단열상태(열교환이 없는 상태)에서 압축할 때 발생되는 열로, 냉장고나 에어컨 등의 냉각 장치가 그 예이다. 냉매 가스의 압축공정을 통해 발생되는 열을 라디에디터 및 실외기로 냉각하고, 이 압축된 액상의 냉매 가스가 다시 순환하면서 기화열(상이 변하면서 열을 흡수)을 이용하는 원리이다.

또한, 자동차의 엔진 중 디젤엔진은 압축 착화 방식을 이용하는데, 공기를 흡입시켜 압축하면, 이때 강한 압축열(500 - 600℃)이 발생하는데, 여기에 고압의 연료를 분사시켜 자연 착화시키는 원리이다.

3) 핵에너지(Nuclear energy)

원자핵 반응에서 방출되는 에너지로, 핵분열과 핵융합이 핵반응에 속한다. 원자의 구조와 원자적 현상을 취급하는 물리학 이론인 양자역학에서 다루므로 기계적 에너지의 범주로 보았다. 최근, 잇따른 원자력 발전 사고에서 볼 수 있듯이 핵분열로 발생하는 에너지는 다른 어떤 반응보다 강력하여 잘 사용하면 인류에 윤택함을 줄 수 있으나, 사고가 한 번 발생하면 불가역적인 엄청난 피해를 가져온다는 점에서 양면성을 지니고 있다고 볼 수 있다.

4.4.2. 전기적 점화원(전기적 에너지)

전기적 원인에 의한 점화원은 다양한 형태를 나타내는데, 전기기기 자체는 물론이고, 접속기구, 배선 등은 통전 상태가 지속되고, 발화여건만 갖춰지면 쉽게 발열 및 자기작용에 의해 화재로 이어질 수 있다. 전기는 일상에서 필수적으로 사용되므로 전기로 인한 화재의 발생빈도는 대단히 높고 점진적 증가추세에 있다. 일반적으로 전기적 열원은 2000℃ 이상의 엄청난 고온을 발생시킬 수 있는 능력이 있다.

1) 저항열(Resistance heat)

도체에 전기가 흐를 경우, 내부에 전류의 흐름을 방해하는 전기저항에 따른 줄열이 발생하고 이로 인해 전기 에너지의 일부가 열로 변하면서 발생한다. 과전류, 과부하, 불완전접촉 등에 의한 발열이 이에 속하고, 전기장판, 다리미 등이 저항열을 이용한 전열기구에 속한다.

줄열(Joule's heating)은 전류의 일로 인해 생성된 열이고 전기저항이 R(Ω)인 물체에 I(A)의 전류를 t초 동안 흘렸을 때 발생하는 열량, 즉 줄열의 양인 Q(J)은 아래와 같다.

$$Q = RI^2t$$

결국, 저항과 전류의 제곱을 곱한 값에 비례하여 열이 생성되는 것으로 해석할 수 있다.

2) 정전기

마찰전기라고도 한다. 두 물이 접촉하였다가 분리될 때, 그 물질 표면에 축적되는 전하를 의미하며, 보통 건조하고 접지가 불량할 경우 발생빈도가 높고, 충분한 양의 전하량이 축적될 경우 불꽃방전이 일어나 불꽃을 유발한다.

3) 아크(Arc)열

전기합선(電氣合線)에 의해 순간적으로 발생하는 고온의 전기불꽃을 의미하며, 도체 외부의 절연체의 손상 및 파괴에 의해 충전부의 방전으로 전류가 끊길 때 발생하며, 아크(Arc)의 온도는 매우 높아 여기서 방출된 열에 의해 가연성 및 인화성 물질을 점화시킬 수 있다.

스파크는 불꽃이나 불똥을 의미하는데, 짧은 시간 동안 전류가 공기 중에 방전되어 생기는 전기적 아크 또는, 공기 중에 떠다니는 연소되거나 작열하고 있는 고체의 미세한 조각으로 정의할 수 있다. 두 유동하는 물체 간의 극도의 마찰접촉, 전기적인 문제들로 인해 도체들이 극도로 가열되거나 용융될 때, 고체 연료의 연소에 의해 발생된 잔해가 공기 중에 부유할 때 발생 가능하다.

전기적인 부분에서 스파크와 아크의 구분은 스파크는 컨덕터 간에 흐르는 전류의 초기 흐름에 의해 발생하지만, 아크는 안정적인 전기 흐름을 토대로 발생한다고 한다. 또한, 전기적인 스파크는 일시적으로 보나, 아크는 상당한 시간 간격 동안 방출되며 지속된다고 한다.

4) 낙뢰

구름에 축적된 전하가 반대전하(다른 구름 혹은 지상)로의 급격한 방전현상을 일컬으며, 천재지변의 하나로 벼락이라고도 한다. 직접 불꽃을 제공하기도 하며, 전선에 전압이상을 일으켜 절연파괴를 일으킬 수 있고 산악지대의 나무나 돌 같이 저항이 큰 물질에서 다량의 열을 발생하기도 한다.

5) 유전열(Dielectric heating)

물질을 구성하고 있는 분자는 불규칙적인 (+)와 (-) 극성을 지니는데, 여기에 전기장을 가하면 (+)와 (-)가 반복적으로 방향을 바꾸게 되면서 분자들끼리 충돌하고, 이로 인해 물질 내부의 방향도 바뀌며, 마찰열을 발생하는 것이다. 전자레인지의 경우가 유전가열을 이용한 대표적인 예이다.

6) 유도열(Induction heating)

도체 주위에 변화하는 자기장이 존재할 경우, 전위차가 발생하고, 이로 인해, 전류의 흐름이 생긴다. 이것을 전자유도현상이라고 하는데, 유도열은 이를 이용한 것으로, 일반적으로 사용하는 인덕션(전기렌지)이 대표적이다. 이는 조리기구 자체를 직접 가열하는 것이 아니라 자력선이 조리용 냄비의 바닥면을 통과할 때, 전자유도작용 발생에 의해, 와전류가 생성되고 이 때문에 냄비의 바닥면이 가열되는 원리다.

4.4.3. 화학적 점화원(화학적 에너지)

화학적 열에너지는 연소반응에서 가장 흔한 에너지원이다. 가연물은 산소와 접촉하면 산화가 일어나는데 이 과정에서 항상 많은 열을 수반하기 때문이다. 또한, 화학물질을 많이 다루는 산업현장, 연구실에서의 화재 발생 가능성은 높고, 실제 공장에서 화재로 인해 인명·재산의 막대한 피해가 유발되기도 한다.

1) 연소열

가연물이 산소와 결합하여, 연소하면서 완전히 산화되는 과정에서 외부로 발생하는 열을 의미하며, 발열량은 구성하는 원자의 종류·수·배열에 따라 발열량(發熱量)은 상이하다. 산소와 결합하여 이산화탄소가 생성되는 경우가 대표적이며, 가연물 1몰이 완전연소할 때 발생하는 연소열(㎉/㎏)은 메탄 - 212.8, 메틸알코올 - 173.7, 은 - 68.4이다.

2) 자연 발열

어떤 물질이 외부로부터 열을 공급받지 않는 상태임에도 불구, 스스로 내부의 화학적·생물학적 반응에 의하여 발생되는 열로 온도가 상승하는 현상을 의미한다. 자연 발열에 의하여 물질의 온도가 발화점 이상에 도달하면, 자연 발화하게 되는데, 산화 반응의 온도, 발열 속도, 공기의 상태에 따른 습도, 풍속 등에 영향을 받는다.

3) 분해열

둘 이상의 화합물이 주위의 온도·압력·반응 조건 등에 의하여 화학반응을 일으켜 둘 이상의 물질로 분해할 때 발생하는 열을 의미한다. 위험물안전관리법에 정의되어 있는 제5류 위험물·폭약·아세틸렌·산화에틸렌 등이 분해열을 발생하는 대표적인 물질이다. 이들은 상온·상압 조건 하에 안정한 상태로 존재할 수 있으나, 온도·압력의 상승에 따라 분해를 시작하게 되면, 많은 열을 외부로 방출하여 가연물 주변에 연소할 수 있는 강한 활성화 에너지를 공급하게 되므로, 폭발을 유발하는 등의 화재의 위험성이 대단히 높아진다.

4) 용해열

어떤 물질이 액체에 용해될 경우, 방출되는 열을 의미하는데, 일반적으로 화학물질을 다루는 실험실에서 많이 이루어진다. 일상에서는 용해열이 쉽게 와 닿지 않을 수 있으나, 실험실, 랩(Lab)실 등에서 다루는 반응성이 큰 기체·액체 또는 고체가 다른 기체·액체 또는 고체와 혼합되어 용해될 때, 맹렬한 반응을 일으킬 수 있다.

5) 중합열

같은 종류의 분자가 둘 이상 결합하여 조성이 동일한 원분자의 배수(倍數)의 분자량을 갖는 새로운 화합물이 되는 반응을 의미한다. 중합열을 발생하는 물질은 고분자 석유화학제품인 염화비닐 모노머(Vinyl chloride monomer)[11], 에틸렌 모노머(Ethylene monomer) 등이 있다. 이들은 한 장소에 장기간 저장할 경우, 서로 중합 반응을 일으키기도 한다. 저분자량의 물질을 중합하여, 고분자 화합물을 만드는 제조과정에서 외부로 방출되는 열을 중합열이라 한다.

6) 발효열

미생물 자신이 보유하고 있는 효소를 이용해서 유기물을 분해시키는 과정을 발효라고 하는데, 이 과정에서 발생하는 열을 의미한다. 건초(乾草)의 경우, 열전도도가 낮아 대량으로 집적하였을 경우, 열 축적이 용이하다. 여기에 적당한 수분이 공급되는 상태가 되면, 내부 미생물의 발효작용으로 열을 축적하게 되고, 자연 발화할 가능성이 있다.

7) 흡착열

목탄, 활성탄 등과 같이 다공성(多孔性)이고 비표면적[12]이 큰 탄소분말류가 제조나 분쇄 과정 직후 주변의 기체를 흡수하면서 발생하는 열을 의미한다. 이들은 발열 물질이 퇴적되면 급격히 연소를 하지 않고, 내부에서 연기를 발생시키고, 불완전 연소하며, 탄소가스를 발생하는 경향이 있다. 하지만 내부온도가 지속적으로 상승하면, 발화하는 경우도 있다.

4.4.4. 열적 점화원(열에너지)

1) 고온의 표면/고온의 물체

일반적으로 물체가 고온의 상태가 되기 위해서는 화염의 안에 있거나 근처에 노출되어 가열되거나, 마찰, 혹은 전류의 흐름에 의한 발열 등의 원인이 존재한다. 이러한 물체의 열전달에 의해 주변의 가연물이 발화에 이를 수 있다. 예컨대, 300W의 소비전력을 가진 할로겐램프의 유리면의 온도는 대략 180 ~ 200℃에 이르는 것으로 알려져 있고, 전기레인지의 가열면의 온도는 최대 약 800℃까지 오르는 것으로 알려져 있다. 이러한 고온의 물체 및 표면이 가연물에 직접 혹은 복사 형태로 전달되면, 발화의 가능성은 높아지고, 전달이 용이할수록 발화에 이르는 시간은 단축된다.

---

11) 모노머(monomer)는 고분자화합물 등을 구성하는 단위가 되는 저분자량의 물질을 의미한다.
12) 비표면적은 어떤 입자의 단위질량 혹은 부피당 전표면적을 뜻한다. 따라서 비표면적은 입자의 크기 및 모양에 따라 다르다. SI단위로는 m^2/kg로 표기한다.

이렇듯, 열전도에 의하여 달구어진 금속류가 여기에 해당하며, 온도가 높은 보일러의 고온부, 적열상태로 오랜 시간 달궈진 난로의 표면, 용융된 금속의 열팽창, 소각로의 가열된 몸체 등이 실제 예로, 점화원이 될 수 있으며, 일반적인 가연물의 발화온도를 초과한다.

2) 나화(裸火)

문자 그대로 해석하면, 벌거벗은 불꽃을 의미하며, 성냥, 초, 라이터, 가스레인지 등의 점화가 모두 나화 상태의 불꽃이다. 일반적인 화기 사용 시 공급되는 열적 에너지로 화재를 발생시키는 대표적인 점화원 중 하나다.

3) 복사열

복사열 자체는 직접적인 발화원으로 보기는 영향력 사체가 크다고 보긴 어렵지만, 화재에서 발생한 강력한 복사열이 동시에 원거리에 있는 화재에 대해 발화원으로 작용할 수 있다는 사실을 간과할 수 없다.

4.5. 산소공급원

4.5.1. 산화제

가연물이 점화원과 결합할 경우, 열과 빛을 생성하는 산화작용이 동반되는데, 이 산화작용은 말 그대로, 대기 중의 산소가 없으면 불가능하다. 다시 말해, 가연물과 산화제가 적당한 비율과 농도로 혼합되어야만 비로소 착화하여 연소반응을 일으킬 수 있고, 연소로 발생한 열이 주위 가연물의 미연소 부분을 가열하여 연소조건을 만들기 때문에 지속적인 연소 반응이 일어난다. 연소 환경에 따라 다소 차이가 있지만, 가연성 물질이 연소하는데 지배적인 역할을 담당한다.

또한, 가연물 자체가 산화제를 함유하고 있어 외부의 산소공급 없이도 자체적으로 산소를 소비하면서 연소하는 경우도 있다. 그리고 불연성이지만 내부에 산소를 포함하고 있어 다른 물질을 산화시키는 경우도 있다. 산소공급원은 지연성[13] 가스, 산화제, 공기, 자기반응성(연소성) 물질 등으로 나눌 수 있다.

---

13) 지연성은 물질을 잘 연소(燃燒)시키는 성질이다.

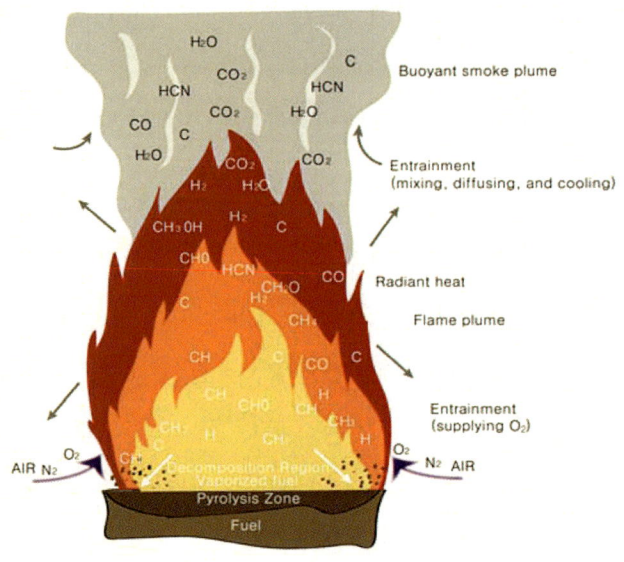

[그림 1 - 13] 연소성상(Properties and state of combustion)과 산화반응

    연소 시 가연물로부터 열분해 된 가연성 증기가 유입되는 공기 중의 산소에 의해 산화 반응하고 연소 생성물이 화염과 함께 생성된다. 이들은 연소와 함께 발생하는 열에 의해 부력을 받아 상승성을 띤다. 이렇듯, 연소는 기본적으로 열의 방출과 여러 강도의 빛을 동반한 급격하고 자발적인 산화 과정을 뜻한다.

4.5.2. 공기의 조성

일반적으로 공기는 질소, 산소, 미량의 기타 물질로 이루어져 있다.

[표 1 - 8] 공기의 조성

질소(N_2)	78.03%	헬륨(He)	0.000524%
산소(O_2)	20.95%	메탄(CH_4)	0.0002%
아르곤(Ar)	0.94%	크립톤(Kr)	0.000114%
이산화탄소(CO_2)	0.03%	수소(H_2)	0.00005%
네온(Ne)	0.0018%	일산화질소(NO)	0.00005%
크세논(Xe)	0.0000087%		

위의 조성은 고도 20~25㎞까지는 거의 불변한다. 이 밖에 미세 고체 입자, 수증기, 강수 입자, 오존, 아황산가스, 암모니아 등의 미량이 포함되어 있지만, 이들의 함유량은 고정치가 아니라 환경, 조건에 따라 일부 변화할 수 있다.

대부분의 화재에서 주요 산화제는 공기 중의 산소이고, 산소는 공기 중의 약 20~21% 정도를 차지한다. 산화제는 직접 연소될 수 있는 것이 아니라, 산소처럼 연소를 도와주는 역할을 한다.

▌산소 농도와 연소와의 관계

1. 상온(약 20℃)이라면, 대부분의 물질은 15% 정도의 산소 농도에서 착화가 가능하다.
2. 산소 농도가 제한되면, 유염연소 보다는 표면에서 연소가 지속되는 훈소가 일어나는 비중이 커진다.
3. 높은 온도라면, 상당히 낮은 산소농도에서도 유염연소의 유지 가능성이 높다.
4. 표면연소가 일어나고 있는 경우라면, 낮은 산소농도와 주위환경이 상대적으로 낮은 온도 준위를 갖더라도 연소를 유지한다.

4.5.3. 최소산소농도(minimum oxygen for combustion(MOC))

최소산소농도는 화염을 전파하기 위해 최소한 요구되는 산소를 말한다(불꽃(화염) 연소를 위해 필요한 최소한의 산소 농도). 연소의 3요소 중 하나인 산화제로 작용하는 산소의 농도를 조절하면 가연물이나 나머지 요소와 무관하게 폭발 및 화재를 사전에 방지할 수 있는 유용한 정보가 되므로 중요도가 높다.

$$MOC = 연소\,시\,필요한\,산소의\,mol\,수(산소의\,mol\,수) \times 연소하한계(LFL)$$

최소산소농도 값은 공기와 가연물 중에 존재하는 산소의 부피를 vol%의 단위로 나타내며, 실험 데이터가 충분하지 못한 경우, 연소반응식 중 산소의 양론계수와 연소하한계(LFL)의 곱으로 표현한다.

4.5.4. 산소의 결핍과 과잉의 메커니즘

1) 산소의 결핍(산소의 결핍 상황을 가정 하에 구획실 화재의 진행 양상)

밀폐된 실내에서의 화재를 가정하면, 실내에는 제한된 산소량이 존재하므로 부족한 산소로 인해 발연하면서 연소를 지속할 것이다. 이후에 한계량인 16% 이하로 산소가 소진되어도 소화되지 않고 급격한 온도 상승도 없이, 대류현상도 없이, 내부는 연기로 꽉 차고 연소가 더 이상 일어나지 않을 것처럼 보일 것이다. 헌데, 실제 이 과정에서도 훈소를 통해 가연물은 지속적으로 예열되고 있는 상황이고 이때 어떠한 이유로 개폐가 이루어져 산소의 공급이 일시 원활해지면 급속하게 화염을 일으킬 것이다. 결국, 산소 농도가 부족한 상황 하에서도 표면연소의 지속된다는 것이다. 이는 백드래프트의 원리와 유사하다.

2) 과잉산소(Oxygen - rich Atmosphere)

160mmHg 이상의 산소분압 환경을 과잉 산소 상황이라 말하며, 이는 화재 발생의 요인이 된다. 이러한 고압산소 환경 하에서는 대기 중에서 화염이 훨씬 더 격렬하게 발생해 일반화재와 구별한다.

3) 과잉산소 상태에서의 연소의 특징

① 대기 중에서 발생하는 화염의 전파 속도보다 빠르고 온도도 훨씬 높다. 다시 말해 정상 산소 농도에서 타는 물질은 더 강렬하게 연소하며 즉각 인화할 가능성이 높아진다(일반적으로 금속 불씨가 날아 섬유와 같은 가연물을 발화시키기는 어려우나, 고압산소의 환경에서는 착화 가능성이 있다).

② 고체 가연물의 인화온도는 대기 중에서 보다 낮아질 수 있으며, 몇 가지 석유화학물질들은 자연발화가 일어나기도 한다.

③ 고압 산소 탱크와 같이 밀폐된 작은 공간이 있다면, 화염전파속도와 온도가 높아 내부 압력의 급격한 상승으로 폭발할 수 있다.

④ 정산 산소 농도에서는 소방방호복의 기능에 문제가 없지만, 높은 산소 농도에서는 착화가능성이 높아지며 높은 산소 농도 환경에서 발생한 화재는 진화에 어려움과 동시에 작업 중 소방관에게 위해가 될 수 있는 잠재적 위험요소이다.

4.6. 연쇄반응(chain reaction)

연소가 개시된 이후라도 연쇄반응이 동반되지 않는다면 소화된다. 때문에 연소에 있어 연쇄반응[14]은 빼놓을 수 없는 중요한 요소이고, 연소의 4면체라는 주제로 앞서 언급하였다. 화학반응에서는 하나의 반응으로부터 생성되는 에너지이거나, 생성물질이 다른 분자에 작용하여 반응을 일으키고 이러한 같은 과정이 반복하여 연쇄적으로 진행되는 것을 의미한다.

미국 화재조사관 협회(NAFI)

- 설립목적 : 화재·폭발·방화의 조사 ·분석업무 종사자의 지식 및 기술증진 및 체계화된 교육과정 및 자격제도 운영
- 소재지 : 미국 플로리다주 Sarasota (1961년 설립)
- 회원자격 : 변호사, 소방관, 연구원, 공무원, 군인, 화재조사관, 손해사정인, 학생 등 화재조사 및 예방업무에 관련된 사람
- 주요 활동
  - Fire, Arson, Explosion 의 원인조사에 대한 교육프로그램 운영
  - 정기간행물 "The National Fire investigator" 발간
  - 전문 자격증 제도 운영(CFEI, CFII, CFVI)
  - 화재폭발 조사 관련 분야 학술 활동

* 국내에서도 NAFI에서 운영하는 전문 자격증제도 중의 하나인 CFEI 취득자의 화재사건과 관련한 법정 증언능력을 인정하고 있다.

우리가 일반적으로 말하는 메탄(CH_4)의 유염연소의 연쇄반응을 살펴보면 다음과 같다. 메탄의 완전한 산화로 인해 열과 빛의 형태로 에너지를 방출하고 반응에 대한 산물로 CO_2, H_2O를 생성한다. 연소반응이 일어날 때, CH_4와 O_2분자는 유리기[15]를 형성하기 위해 분해된다. 유리기는 산소와 결합하거나 연소물질을 형성하여 더 많은 유리기

---

14) NFPA921 2014 edition 5.1.2.4에서는 Uninhibited chemical chain reaction[순조로운 화학연쇄반응]을 아래와 같이 서술하고 있다. 연소는 연료의 빠른 산화 열, 빛 및 다양한 화학적 부산물을 생성하는 화학반응의 복잡한 집합이다. 자가적으로 유지되는(self - sustained) 연소는 발열반응이 최초 발화원이 없는 상태에서 증기를 생성하고 발화를 일으키기 위해 발열반응으로부터 충분한 초과열이 연료로 다시 복사될 때 발생한다.

15) 유리기[free radical]는 중간체[intermediate] 유형의 하나로 하나 또는 그 이상의 짝을 이루고 있지 않은 전자를 포함하고 있는 안정한 분자들의 일부분이나 자유전자를 말한다. 안정적인 유리기들도 존재하지만 대부분 불안정하고 반응성이 매우 크다. 화학적으로는 점으로 표기한다(예 $CH_3\cdot$, $HO\cdot$, $Cl\cdot$).

를 생성하고 산화 반응의 속도가 증가시키고 CH_4, C, H_2와 같은 가연물을 형성하는 원소와 결합한다.

메탄의 연소과정에서 CO_2, HCHO(포름알데하이드, Formaldehyde)가 발생하는데 이는 가연물인 동시에 인체에 치명적인 해를 입히는 독성물질이다. 이는 100% 완전연소는 일어나지 않아 발생하는 것이다. 또한, 화학적으로 복잡한 가연물이 연소될수록 연쇄 반응과정에서 더 많은 유리기와 생성물을 형성하고 이는 또 다른 가연물인 동시에 독성물질이다.

여기서 충분한 열에너지는 가연물과 산소가 존재하는 연소반응에서 자가지속적 연쇄반응을 시작하게 하는 요소이다.

한편, 연소는 가연물이나 산소가 고갈되거나 연쇄반응이 더 이상 일어나지 않을 때까지 지속하며 연소에서 발생하는 높은 열과 급속한 연쇄반응은 철이 녹슬거나 하는 등의 느린 산화 반응과 분명히 구분된다. 다만 표면 연소의 경우, 유염연소에서 나타나는 급격한 화학적 연쇄반응 없이 가연물의 표면에서 산화 반응한다. 석탄이나 장작 등의 연소가 이에 해당한다. 고체 탄소가 적열 상태에서 표면에서 산소와 함께 산화·발열 반응하며 화염을 내지 않고 연소하는 현상이기 때문이다. 이렇듯, 불꽃을 일으키지 않는 무염연소이기 때문에 유염연소에서 나타나는 급격한 화학적 연쇄반응 자체가 없다. 그러나 축열 조건에 따라 무염 → 유염연소로 전환될 수 있다.

5 연소의 분류

연소는 급격한 연소 반응 시에 발생한 불꽃의 발생 유무에 따라 유염연소(flaming, 有熖燃燒)와 무염연소(flameless combustion, 無熖燃燒)로 분류할 수 있고, 연소속도에 의해 정상연소, 비정상연소(폭발, 폭굉 등)로 산화 정도에 따라 완전연소, 불완전연소, 가연물별로 고체(표면, 증발, 분해, 자기연소), 액체(증발, 분해연소), 기체(확산, 예혼합연소)로 분류할 수 있다. 다만, 연소 시에는 가연물 자체가 탄화하기보다는 열 분해에 의해 발생한 증기가 연소를 지속하는 연료가 되므로 분류의 경계가 다소 모호한 면이 있다. 다만, 연소현상의 이론적 설명을 위해 다음의 분류는 필요하다.

[표 1 - 9] 연소의 종류 및 특성

화염의 유무	무염연소(작열연소)	
	유염연소	
연소속도 (온도, 압력 등의 조건의 변화)	정상상태연소	
	비정상상태연소	폭발
		폭굉
산화정도	완전연소	
	불완전연소	훈소
가연물 (연소물질에 따른 분류)	고체 : 분해, 자기, 증발, 표면연소	
	액체 : 등심, 분무, 분해, 액면, 증발연소	
	기체 : 예혼합연소, 확산연소	

5.1. 화염의 유무에 따른 분류

1) 유염연소(flaming combustion)

말 그대로 불꽃을 발생하는 연소이다. 때문에 불꽃연소라고도 하며 유염연소는 기본적으로 고체나 액체연료의 기체 또는 증기로 전환되어야 발생할 수 있다. 즉, 기체 상(phase)의 형태에 있는 연료와의 산화 관계에서 발생한다. 또한 연소의 3요소 외에 급격한 화학적 연쇄반응이 동반될 때 형성될 수 있으며, 생성 및 발산하는 에너지가 높은 고에너지 화재이다. 형태적으로 불꽃형상을 나타내므로 불꽃형태(flaming mode)라고도 한다.

2) 무염연소(flameless combustion)

다기공성인 고체물질(숯, 철 분진(쇳가루) 등)이 연소할 때, 연료의 표면에서 산화 과정을 겪는 현상을 의미하며 불꽃을 생성하는 유염연소와 달리 빛만을 발산하는 연소이다. 유염연소를 일으키는 급격한 화학적 연쇄반응은 없기 때문이다. 또한, 물체의 표면으로부터 중심부로 깊숙이 타들어가는 현상적 특징을 갖는다. 이 때문에 심부연소(deep seated combustion)라고도 하며, 이러한 연소적 특징을 훈소(smoldering), 작열연소(glowing combustion)라고 표현하기도 한다. 모두 동의어적 개념이다.

5.2. 연소의 속도에 따른 분류

1) 정상상태연소(steady state combustion)

일상에서 사용하는 가스레인지의 연소 양상처럼 일정량의 가연성 기체에 공기를 서서히 보내면서 착화 에너지를 가해 산소에 접촉해 있는 부분의 가연성 기체가 이상적인 확산연소를 일으키는 경우로, 외부 환경의 변화가 없을 경우를 가정하면 연소상태에 문제가 발생하지 않고 열효율이 높으며 화재의 위험성도 낮다.

결국, 시간에 따른 특성이 일정하게 유지되는 연소를 말하는 것이며, 이에 따라 연소에 필요한 산소의 공급이 일정 속도를 유지하여 정상적으로 연소가 유지된다는 의미이다.

2) 비정상상태연소(unsteady state combustion)

가연물에 공기의 공급이 원활하지 않을 경우, 밀폐된 공간 속에서 점화되면 연소로 인해 가스의 비약적 생산과 이로 인한 팽창, 압력으로 인해 연소속도에 추진력을 얻고 급격하게 연소되면서 결국 폭발과 같은 양상으로 나타나기도 한다.

결국, 시간에 따른 특성이 정상상태를 벗어나 일정하게 유지되지 않는다는 것을 말하며, 산소의 공급이 결핍 혹은 과잉되거나 온도, 압력 등의 변화로 인해 연소의 속도가 일정하게 유지되지 않는 상태로 진행되는 비정상적인 연소형태이다.

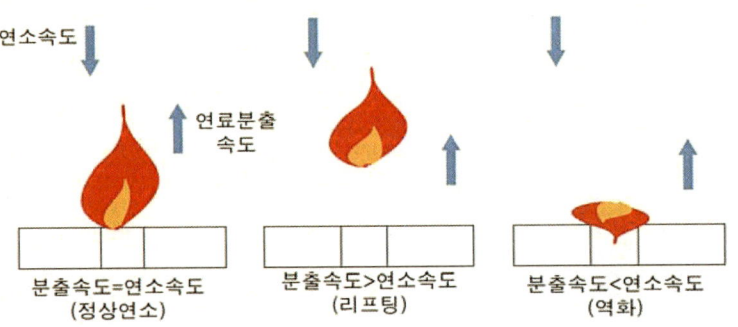

[그림 1 - 14] 정상연소와 이상연소 현상

3) 리프팅(lifting)

역화 현상과는 달리 가스의 연소속도보다 가연성 기체의 분출 속도가 상대적으로 커서 화염이 정상연소 범위를 완전히 벗어나 일정한 수준의 거리를 유지하면서 연소하는 현상을 말하며 이때 발생한 화염을 부상화염(浮上火焰)이라고도 표현한다.

리프팅의 원인을 정리하자면 아래와 같다.

① 가연성 기체의 압력이 정상수준 이상으로 월등히 높아 분출 속도가 빨라질 경우

② 공기 조절이 불량(공기의 유입 과다)로 인해 분출 속도가 비약적으로 상승할 경우

③ 가연성 기체의 분출 통로가 외부 요인으로 인해 협소해져 압력이 증가함에 따라, 분출 속도가 상향될 경우

4) 역화(back fire)

가연성 기체를 연소시킬 때 발생하는 현상으로 화염이 정상방향이 아닌 역방향으로 진행되는 현상을 말하며, 가스의 분출 속도 보다 연소속도가 빠르거나 일정한 연소 속도 하에서도 분출 속도가 느릴 때 발생할 수 있다. 일상에서 사용하는 가스레인지를 연상해서 생각하면 쉽게 이해할 수 있다.

5) Blow off

리프팅(Lifting) 현상이 발생한 상태에서 분출속도가 더욱 증가하여 연소 범위를 완전히 벗어나 최종적으로 화염이 소화되는 현상이다.

5.3. 산화정도에 따른 분류

1) 완전연소(complete combustion/perfect combustion, 完全燃燒)

완전연소는 연소가 완료되고 남겨진 연소 생성물 가운데 가연물이 전혀 남아있지 않은 상태를 뜻한다.

실제 가연물이 완전히 연소되기 위해서는 이론공기량보다 많은 실제 공기량 및 산소량이 요구되며, 고체 가연물의 완전연소에 필요한 산소량은 액체·기체에 비해 많고, 상온에서 기체 상태로 존재하는 가연물의 경우에는 완전 연소하는 비율이 높다. 또한, 연소의 온도가 높을 경우 완전히 산화되어 연소생성물이 CO_2외에 발생하지 않는 완전연소의 가능성이 높다.

$$\boxed{\text{완전연소} : C + O_2 \ \rightarrow \ CO_2 + 97.2kcal}$$

2) 불완전연소(incomplete combustion)

불완전연소는 가연물이 완전히 연소할 만큼의 충분한 양의 산소가 공급되지 않을 경우 발생하며, 연소 시 온도도 낮고 이로 인해 가연성 원소가 완전히 산화되지 못하여 CO 등의 연소생성물이 발생하는 연소이다.

화재 현장에서의 불완전연소는 일산화탄소와 다량의 연기, 그을음 등을 다량 배출하면서 훈소상태가 지속되고 이는 백트래프트(Back draft)의 가능성을 내포한다.

- 불완전연소 : $C + \dfrac{1}{2}O_2 \ \rightarrow \ CO + 29.2kcal$
- 불완전 연소의 반응식(주성분이 메탄(CH4)인 LNG) : $CH_4 + 1.5O_2 \rightarrow CO + 2H_2O$

메탄(CH$_4$) 1mol과 산소(O$_2$) 1.5mol이 반응하여 일산화탄소(CO) 1mol과 수증기(H$_2$O) 1mol이 생성됨을 의미하고, 이 경우 연소생성물인 일산화탄소가 포함되어 있으므로 불완전연소 반응이다.

불완전 연소의 발생가능성은 다음에 의존한다.
① 공급되는 연료와 공기의 혼합이 원활히 이루어지지 않았을 때
② 공기의 양이 적거나 연료가 많아 균형이 맞지 않을 때
③ 연소생성물의 배기가 불량할 때
④ 화염이 상대적으로 온도가 현격히 낮은 외부환경에 노출되어 온도가 급격히 떨어질 때

3) 훈소(smoldering)

다기공성 가연성 물질에서 발생하는 것으로 유염 착화에 이르기에는 온도가 낮거나 산소가 부족한 경우 연소가 소극적으로 지속되는 현상을 말한다. 화염 없이 주로 백열과 연기를 발생하며, 화재 심부에서 가연물의 표면을 따라 서서히 화학반응이 지속되는 연소의 특징을 가지며 연소가 가연물의 안쪽에서 서서히 전파되고 장시간 동안 발견하지 못할 수도 있다. 이러한 상태가 지속하다가 갑작스러운 다량의 산소 공급이나

온도의 상승하는 등의 외부환경의 급격한 변화에 의해 유염 연소로 변화할 수 있는 여지는 있다.

훈소의 불완전연소과정에서는 다량의 일산화탄소를 발생하므로 인체에 대단히 치명적인 결과를 초래할 수 있으므로 고도의 위험성을 내포하고 있는 화재 형태이다. 목재 등의 훈소 현상의 경우 불꽃을 유발하지 않고 심부로 국부적으로 진행되는 경향으로 인해 한 곳만 움푹 파인 형태로 타들어간 모습을 보이기도 한다. 또한, 훈소 반응 시 소량의 산소 공급만으로도 연소가 지속되며 작열하는 부분의 반응 온도는 약 400~1000℃로 우리가 일상에서 흔히 사용하는 알루미늄(약 600℃), 구리(약 1000℃)와 같이 융점이 낮은 금속을 충분히 용융시킬 수 있다.

연소는 일반적으로 대기 중의 산소 농도가 16% 이하에서 저하되고, 농도 감소가 지속적으로 이루어질 경우 연소가 멈추고 스스로 소화된다. 그러나 목재 등 천연고분자 물질의 경우에는 훈소 과정을 거쳐 2차적으로 화재로 이어지는 경우가 있어 보관 시 각별한 주의를 요한다.

훈소의 일반적인 특징은 다음과 같다.
① **반응속도가 상대적으로 느리다** : 훈소의 반응 속도는 일반적으로 15㎜/min 정도로 상대적으로 연소속도가 늦다.
② **발연량이 많다** : 훈소는 불꽃을 동반한 급격한 반응이 아니므로, 화열의 배출이 상대적으로 적지만, 연기생성량이 많은 특징을 갖는다.
③ **독성물질이 발생한다** : 일반적으로 완전연소 시 연소생성물은 CO_2, H_2O 등이 주를 이루지만, 훈소 상태에서는 CO, 포름알데히드, 방향족 탄화수소 등이 배출되기 때문에, 독성물질이 많이 발생하며, 이에 따라 연소 시 냄새를 동반한다.
④ **연기의 입자가 크다** : 훈소의 특성상, 불꽃과 같은 고온의 장을 통과하지 않고, 계(System)외로 배출되기 때문에 발생하는 연기의 입지가 크다. 때문에, 훈소가 예견되는 시설에서는 열 감지가 아닌, 광전식감지기가 유리하다.

⑤ **연기의 단층화 현상이 나타난다** : 생성되는 열기층의 온도가 낮은 편이기 때문에, 이로 인해 생성되는 부력도 상대적으로 낮다 따라서, 약한 부력에 의해 연기의 단층이 발생한다.

[그림 1 - 15] 훈소의 일반적인 예

훈소의 유염 연소 전환과 축열

훈소는 환경 및 조건의 변화에 따라 유염 연소의 전환 가능성이 있으며 기본적으로 산소와 온도 조건이 충족될 경우이다. 이러한 관점에서 축열이란 온도인자를 지속적으로 상승시킬 수 있는 요인으로 열의 생성이 발산 속도보다 빠를 때 일어난다(발열>방열). 훈소의 유염 연소 전환의 요소인 축열은 다음의 인자에 영향을 받는다.

● **산소**

산소의 공급은 연소에 필수불가결적 요소이다. 때문에 환기와 같은 주변의 변화로 인해 공기의 흐름이 조성되면 공기가 함유한 산소의 공급으로 유염 연소로 전환되는데 있어 결정적인 역할을 한다.

● **물질의 열전도율**

물질의 열전도율이 낮을수록 주변으로 전달되는 열에너지가 낮다는 의미이므로 축열에 유리하며 유염 연소로 전환될 수 있는 온도에 도달하기 용이하다. 그러나 열전도율이 높다면, 훈소 반응 시 생성되는 열 손실 크기 때문에 유염 연소로 전환될 가능성이 낮다.

● **수분과 습도(건조도)**

일반적을 가연물의 함수율이 높고 주변의 습도가 높다면, 연소시 발생하는 열이 수분이 증발되면서 상변화에 쓰이는 기화열로 소모되기 때문에 축열에 불리한 요소이다.

5.4. 연소물질에 따른 분류

연소물질에 따라서 다양한 연소형태를 나타내므로 아래와 같이 분류할 수 있다.

[표 1 - 10] 연소의 분류(연소공학, 이해평 외)

기체연소	예혼합연소	착화 이전에 연료가스와 공기가 미리 혼합되어 있는 가연성 혼합기를 만들어 그것에 착화되어 연소	분젠버너, 가솔린엔진
	확산연소	연료가스와 공기가 혼합하면서 연소하는 현상	촛불
액체연소	심지연소	연료를 심지로 빨아 올려 심지 표면에서 증발시켜 확산연소를 유도	석유난로, 램프
	분무연소	연료유를 기계적으로 수 마이크론 내지 수백 마이크론의 무수한 기름방울로 미립화함으로써 증발 표면적을 비약적으로 증가시켜 연소	경질유나 중유의 공업상 연소, 보일러의 기름
	분해연소	비짐과 점도가 높고 방사나 대류에 의해 기름 연료 표면이 가열되어 증발이 일어나며, 발생한 연료 증기가 공기와 접촉하여 유면의 상부에서 확산연소	중유
	액면연소	화염으로부터 방사나 대류에 의해 기름 연료 표면이 가열되어 증발이 일어나며, 발생한 연료 증기가 공기와 접촉하여 유면의 상부에서 확산 연소되는 것	경질유(등유, 경유)
	증발연소	가연성 액체를 가열했을 때 열분해를 일으키지 않고 그대로 증발한 증기가 연소	소용량 보일러, 연소기
고체연소	분해연소	공기가 발생한 가연성 가스와 혼합하여 확산연소하는 과정	목재, 종이, 플라스틱
	증발연소	액체나 고체 연료가 가열되어 발생한 가연성 가스가 착화되어 불꽃을 내고 이 불꽃의 열에 의해 액체나 고체의 표면이 더욱 가열되면서 즐발을 촉진시켜 계속 연소하는 현상	알코올, 에테르, 유황, 나프탈렌, 양초
	표면연소	고체표면에서 산화반응을 통해 연소되는 현상	석탄
	승화연소	열분해 없이 고체물질이 승화를 통한 가연성증기를 발생하여 산소와 혼합되어 연소하는 현상	나프탈렌, 장뇌, 유황
	작열연소	무염연소의 형태로 가연성 증기 발생유무에 따라 표면연소, 훈소로 구분	표면연소(코크스, 목탄), 훈소(셀룰로오스와 같은 고분자 물질)
	자기연소	공기 중의 산소를 필요로 하지 않고 자신이 분해되면서 연소되는 방식	화약, 폭약과 같은 제5류 위험물

5.4.1. 기체연소

모든 물질은 상(phase)에 따라 고체, 액체, 기체로 분류할 수 있고 이들은 압력, 온도 등의 조건에 따라 변화한다. 또한, 상(phase)과 조건에 따라 연소하는 형태와 특성은 상이하게 나타난다. 일부의 물질을 제외하고 일반적으로 대부분 물질은 기체 상태로 연소된다. 다시 말해 일부의 물질만을 제외하면 가연물은 열분해 또는 용해, 증발 등의 상변화 과정을 거쳐 상이 변화하여 연소하며, 연소방식으로는 예혼합연소, 확산연소가 있다. 이러한 방식은 독립적으로 진행되는 것이 아니라 복합적으로 병행하여 일어난다고 보는 것이 합리적이다.

> **가연성가스(combustible gas)**
>
> 가연성 가스는 산소 또는 공기와 혼합하여 착화하면 빛과 열을 발산하며 연소하며 대표적으로 수소, 메탄(CH_4), 프로판(C_3H_8, C_3H_6, C_4H_{10}, C_4H_8)등이 있으며 그 종류는 매우 다양하다. 상온·상압에서 기체 상태지만 압력을 가하여 액화(liquefy)가능한 물질도 있다. 이러한 가압 상태에서의 부피는 물질에 따라 다르지만 일반적으로 약 1/800 정도가 된다. 용기 내에서 이것과 적당한 양의 공기와 혼합되고 착화원이 존재하는 환경에서는 급격히 연소하는 즉, 폭발현상을 야기하는 물질이다.

1) 예혼합연소(premixed combustion)

증기를 포함한 기체연료와 공기가 미리 혼합된 예혼합기(premixed combustible mixture)가 착화되어 연소하는 현상을 의미한다. 예혼합기가 연소하기 위해서는 공기와 기체연료의 혼합비가 가연한계(적당한 농도범위)에 있어야 가능한데, 이처럼 연소 범위 내에 있는 혼합기를 가연혼합기(combustible mixture)라 한다.

기체연료와 산소 이미 골고루 섞여 있는 상태이기 때문에 확산단계가 요구되지 않고 화염의 길이가 매우 짧고 강력하다. 화학적 폭발이 이에 해당하고, 액체나 고체도 안개·분진 등의 미립자 상태에서는 예혼합연소 가능하다.

자동차의 가솔린 엔진은 연료를 증기 상태로 주입해 혼합시킨 뒤 점화플러그를 통해 착화시켜 강력한 추진력을 얻는 원리로 작동하는데, 이는 예혼합연소의 예로 볼 수 있다. 또한, 라이터, 버너, 가스레인지 등은 실생활에서 유용하게 사용하기 위해 공기와 가연물의 혼합비율을 통해 적절한 화력을 만드는 예혼합연소장치이다. 즉, 연료가스가 스위치에 의해 노즐(nozzle)에서 분출되면 주위의 공기를 동반한 혼합기가 형성되고 위로 상승하여 말단부위에서 불꽃을 내며 연소하는 형태인 것이다.

2) 확산연소(diffusion combustion)

확산(diffusion)은 농도차가 있는 유체의 입자들이 스스로의 운동성을 통해 농도가 높은 곳에서 낮은 곳으로 퍼져나가는 화학적 현상이다. 물통에 잉크를 몇 방울 떨어뜨리면 국부적으로 이염되다가 결국, 전체로 확산되어 균일한 색상을 띠게 되는 현상이 그 예이다.

여기서 볼 수 있듯이, 확산연소(diffusion combustion)란 가연성 기체와 공기가 혼합되지 않은 별개의 공급 상태에서 혼합하면서 연소하는 현상을 의미한다.

기체 상태의 가연물이 존재할 때 대기 중의 산소를 따라 확산되면서 결합하는 산화과정으로써 산소의 공급이 원활하지 못하면 화염이 길어지고, 원활할 경우 화염이 짧고 강력해지는 특징이 있다. 화염은 기체분자의 확산이나 난류확산에 의해 연료가스와 공기가 혼합되어 가연혼합기가 현성된 지점에 생성된다. 가연물이 고체든 액체든 상의 형태를 막론하고 증발이나 분해를 통해 가연성 가스를 발생하고 이것이 공기와 혼합하여 확산되어가는 과정을 확산연소로 볼 수 있다. 이렇듯 화재 시에 나타나는 연소형태는 대부분이 기체 상태의 가연물이 연소하는 것으로 확산연소의 범주에 해당한다. 예혼합연소의 경우는 실제 화재 시 주로 예혼합된 상태에서 높은 연소성으로 급격한 연소가 발현되는 폭발의 형태로 발생한다.

3) 액체연소

(1) 가연성 액체(combustible liquid)

액체상태의 연료 중 인화성 물질인 석유계 연료 가솔린, 경유, 등유, 알코올계인 메틸, 에틸알코올 등이 이에 해당한다. 상온에서 액체로 유동성을 갖고 있으며, 유출 시에는 구배가 높은 쪽에서 낮은 쪽으로 흐르면서 확산된다. 증기압이 높은 가연성 액체는 표면의 가연성 증기로 인해 인화될 경우 폭발의 위험성도 내재하여 있다. 또한 이러한 가연성 액체의 한 종류인 석유류는 액체 상태이기 때문에 사용과 취급이 용이하고, 열량이 높으며, 불순물이 적어 재를 거의 발생하지 않는다. 따라서 내연기관의 연료나 화학공업의 원료로 주로 많이 사용한다.

액체연료의 연소는 휘발성 연료와 비휘발성으로 분류가능하다. 하지만 이들은 결국 액체 자체가 연소하는 것이 아니라 먼저 증발되어 가연성 증기를 형성하고 이것이 공기 중의 산소와 함께 연소되는 것이다. 이때, 연소시 발생하는 열로 인하여 가연성 증기의 생성이 촉진됨에 따라 연소의 범위는 넓어지고, 연소속도는 증가하여 확산되는 것이다. 또한, 휘발성 액체는 외부의 열에너지에 의해 쉽게 증발되어 연소할 수 있지만, 비휘발성 액체는 열분해를 위해 높은 온도가 요구된다. 이러한 특징 때문에 액체연료의 연소를 증발연소, 분해연소라 표현한다.

① 가연성 액체(석유류)의 특성

[표 1 - 11] 가연성 액체의 연소특성

연료	인화점[16]	자연발화온도
에탄올(70%)	16.6℃ (61.88℉)	363℃ (685.40℉)
가솔린(석유)	- 43℃ (- 45℉)	246℃ (495℉)
경유	> 62℃ (143℉)	210℃ (410℉)
항공유	> 60℃ (140℉)	210℃ (410℉)
등유(파라핀 기름)	> 38° - 72℃ (100° - 162℉)	220℃ (428℉)
식물성 기름	327℃ (620℉)	
바이오디젤	> 130℃ (266℉)	

석유류를 대기 중에 가열했을 때 액체 표면에서 발생하는 가연성 증기에 착화원을 근접시키면 가연성 증기가 연소하게 되며 인화성액체는 이러한 가연성 증기를 발생시키는 물질이다. 휘발유(gasoline)의 경우 인화점이 상온 약 20℃보다도 훨씬 낮은 약 - 40℃이하이므로 착화원이 있다면 쉽게 발화할 수 있다. 또한 인화점이 상온 이상인 가연성 액체류도 입자가 작은 상태인 분무(mist)된 형태, 혹은 다공성 물질에 흡수된 상태로 표면적이 넓어진 상태가 된다면 인화 가능성은 높아진다.

② 착화성
발화점은 가연물을 가열할 때 점화원 없이 가열된 열만 가지고 스스로 연소가 시작되는 최저온도를 말하며, 물질을 가열하는 용기의 재질, 표면상태, 가열속도 등에 영향을 받는다. 착화성이 좋다는 의미는 그만큼 불이 잘 붙는다는 말이지만 궁극적으로 위험성의 척도는 인화성 여부에 의존한다.

---

16) 가연물을 가열할 때 가연성 증기가 연소 범위 하한에 달하는 최저온도

- 높은 압력이 가해지는 경우
- 발열량이 클 경우
- 화학적 활성도가 클 경우
- 산소와의 친화력이 좋아 산화 반응에 용이한 물질인 경우

③ 증기 비중(vapor specific gravity)

액체나 고체에서 발생한 증기의 분자량을 공기의 분자량으로 나눈 값이다. 따라서, 1을 기준으로 이상이면 공기보다 무겁고, 미만이면 가볍다. 석유류의 증기는 대체적으로 공기보다 무거운 특성을 갖는다. 이러한 특성 때문에 기체연료인 LNG는 공기에 비해 분자량이 가볍기 때문에 공기 중에 부양하고, 반면에 액체연료인 원유의 분별증류를 통해 얻는 LPG는 공기보다 무거워 지표에 체류하는 경향을 보인다.

따라서 액체류의 증기는 구획실(compartment) 내가 상단부만 국한적으로 통풍이 잘되는 환경이라면, 하단부에 체류하며 존재할 수 있고 만약 착화원이 존재한다면 연소·폭발의 가능성이 있다.

④ 비점(boiling point)

액체의 증기압이 대기압과 같아지면 비등하고 증발이 활발하게 일어나는 상태가 된다. 이때의 온도를 비점이라 한다. 다시 말해 비점이 낮다는 것은 기화하기 쉽다는 의미이고 가연성 기체나 증기는 공기와 혼합되면 인화성을 갖는 폭발성 혼합가스를 형성하기도 한다. 결국, 비점이 낮은 인화성 액체류의 위험성이 높다는 뜻이고 비점이 비교를 통해 위험성을 상대적으로 예측할 수 있다.

5.4.2. 액체연소

1) 심지연소(=심화연소, 등심연소, wick combustion)

심지라는 말에서 유추할 수 있듯이 면섬유나 끈 등으로 구성된 심지로부터 액체연료를 모세관현상을 이용해 흡수시켜 연소하는 현상을 의미한다. 즉, 액체연료를 심지에 스며들게 한 상태에서 화염으로부터 대류나 복사열로 증발시켜 기화되면서 연소하는 형태이다. 비점이 낮은 알코올, 휘발유, 시너, 등의 액체 가연물은 작은 착화원으로부터 쉽게 연소가 시작되지만, 상대적으로 비점이 높은 등유, 경유 등은 화열과 근접해야 연소가 잘 된다. 하지만, 가연물의 온도를 상승시키면 액면에서도 쉽게 연소할 수 있다. 그리고 심지 연소의 속도는 액체 가연물이 잘 스며들 수 있는 재질인지 여부와 증발량을 좌우할 수 있는 심지의 길이와 굵기에 의존한다.

2) 분무연소(spray combustion)

액체 가연물을 수 μm에서 수백 μm의 유적(액적, droplet)으로 미립화(mist phase)하여 표면적을 비약적으로 증대시켜 연소시키는 것을 의미한다. 액체의 연소성을 높이기 위해 연료를 분무하여 공기와 혼합하여 연소시키는 것이다. 이는 자동차 엔진의 실런더 내에 분사되는 연료의 메커니즘과 동일하다.

결국, 분사된 액체가연물은 매우 작은 입자(particle) 상태로 미립화(매우 잘게 쪼개짐)되어 단위질량당 표면적을 확대시켜 액체상태임에도 기체 가연물과 유사한 원리로 연소되도록 하는 것이다. 따라서 미립화된 액체의 입경이 작을수록 최소 착화 에너지가 작고 연소속도도 빠르다. 만약 산소와 충분한 비율로 혼합되면 폭발로 발전할 수 있다.

길이의 단위

[표 1 - 12] 길이의 단위

명칭	길이	표기
밀리미터(millimetre)	10^{-3}m	mm
마이크로미터(micrometre)	1×10^{-6}m	μm
나노미터(nanometre)	10^{-9}m	nm

3) 분해연소(decomposing combustion)

가연성 액체가 낮은 휘발성, 높은 끓는점 때문에 쉽게 액면에서 연소하지 못하고, 열분해가 선행되어 석출된 탄소에 의해 연소하는 현상을 의미한다. 즉, 높은 온도에서 가열을 통해 휘발성 성분인 가연성 증기를 만드는 열분해(thermal decomposition) 후에 이를 통해 연소하는 것이다. 따라서 열분해에 필요한 온도조건(열)과 시간이 소요되므로 증발연소보다는 속도도 늦고, 일어나는 것 자체가 상대적으로 어렵다.

4) 액면연소(pool combustion)

복사나 대류에 의해 화염으로부터 연료 표면에 전달된 열이 증발되어 발생한 증기에 의해 연소되는 현상으로, 공기와 접촉하여 액면 상단부에서 확산 연소한다.

5) 증발연소(evaporative combustion)

증발연소는 액체 가연물이 열에 의해 증발되면서 발생한 증기가 연소하는 것으로, 액체 표면에서 증발한 가연성 증기가 대기 중의 공기와 혼합되면서 형성된다. 다시 말해 가연물 자체가 연소하는 것이 아니라 가연물의 표면에 형성되는 포화증기 또는 휘발성분 등이 공기와 혼합되어 연소 범위 내에 도달하였을 때 인화되어 연소되는 것이다. 만약, 연소의 증발 속도가 연소속도보다 빠른 경우에는 불완전 연소로 변화할 수 있다. 일반적으로 증발연소는 독립적으로 이루어지는 것이 아니라 확산연소와 함께 동반하여 발생한다.

증발 효과로 인해 형성된 포화증기는 표면에 가까운 쪽이 농도가 높고 멀수록 낮으며, 온도가 하강할 경우 증발 속도는 감속하고, 증기압도 더불어 낮아져서 착화층은 표면 부근으로 이동하는 경향성을 나타낸다.

5.4.4. 고체연소

가연성 고체

가연성 고체도 다른 연소와 마찬가지로 기본적인 원리는, 여러 과정을 거쳐 승화 또는 기화하는 등의 상변화 내지는 가연성증기가 생성되고, 공기 중의 산소와 결합하여 확산연소 내지는 예혼합연소로 진행되는 것이다.

가연성 고체의 연소는 고체 상태에서 주변의 산화제와 표면연소를 하는 경우, 혹은 용융 혹은 열분해 되어 생성된 산화물과 흡착된 산화제와 연소하는 경우 등이 있다. 일상에서 통상 접하는 가연성 고체의 대부분은 승화 또는 기화로 생성된 가연성 증기가 연소하는 것이다.

1) 분해연소(decomposing combustion)

단순히 열로써는 용해되지 않는 고체 가연물이 연소되는 방식으로 고체가 열에 의해 분해되면서 발생하는 가연성 증기가 대기 중의 산소와 혼합되면서 연소하는 현상이다.

증발온도보다 분해되는 온도가 낮아 열분해에 용이한 고체물질에서 상대적으로 잘 일어나며, 가연물의 열분해(pyrolysis)는 연소와는 구분되는 반응으로 산소가 없는 공간에서도 열전달에 의해 분해되어 가연성 증기를 발생한다. 실제 물질의 연소과정에서는 열분해를 통해 생성된 가연성 증기가 확산 연소하는 것과 열분해 후 남은 부분의 표면연소가 동시에 발생한다.

분해연소에서는 열분해가 중요한 작용 기제이므로 일반적으로 높은 온도가 동반되지 않아 가열상태가 미흡하다면 착화되지 않을 가능성이 높다. 또한 생성된 가연성 증기는 연소 범위 및 농도를 가져야 함과 동시에 생성된 화열이 미반응 부분으로 전이되어 열분해를 지속해야 분해연소가 일어난다.

2) 증발연소(evaporative combustion)

고체 가연물의 융점이 열분해 온도보다 낮아 열전달에 의해 액체 상(phase)으로 먼저 변하는 물질이 연소하는 현상이다. 이처럼 용융되어 액체 상태로 변화한 후의 연소는 증발연소와 동일한 패턴을 띤다. 파라핀의 연소(양초), 열가소성 합성수지와 같은 플라스틱 소재가 그 예이다.

■ 고분자물질(polymer)의 연소특성

화합물을 분자량[17]을 기준으로 나눠볼 때, 500 이하를 저분자, 10000 이상을 고분자물질이라 한다. 일반적으로 화재에서 고분자물질이 대부분의 가연물이 되고, 천연고분자와 합성고분자로 분류할 수 있다.

천연고분자물질(natural polymer material)은 자연 상태에서 존재하는 물질로 천연고무, 탄화수소, 셀룰로오스, 양모나 비단의 폴리펩티드(polypeptide) 등이 대표적이다. 합성고분자물질(natural polymer material)은 분자량이 매우 작은 단위체(모노머, monomer)를 반복적으로 결합시켜 사슬 모양이나 그물 모양으로 만든 물질로 분자량이 매우 크다. 첨가중합, 축합중합 등의 합성 방법이 있으며 합성수지, 합성고무, 합성섬유 등이 그 예이다.

합성수지는 열에 대한 성질에 따라 열가소성(가열에 의해 유동성이 생성), 열경화성수지(가열해도 용융되지 않고 어느 정도 온도 준위 이상에서 열 분해되는 수지)로 분류할 수 있다.

다수의 고분자 물질은 가열에 의해 열 분해되고 폴리에틸렌과 같은 고분자가 분해되어 모두 가연성 증기가 되는 것이 아니라 셀룰로오스나 폴리염화비닐과 같이 상당한 양이 탄화해서 잔류물이 남는 것도 있다.

---

3) 표면연소(surface combustion)

표면연소는 산소와 접하게 되는 표면에서만 고체 상태 그대로 일어나는 연소로 화염 없이 산소와 접촉하는 표면에서 제한된 형태로 나타난다. 가연성 고체가 공기와의 접촉표면이나 기공 내부에서 확산된 산소 또는 산화성 기체와 표면반응을 일으키면서

---

17) 분자량(=분자질량)은 원자 질량 단위로 나타낸 분자의 질량이다. 탄소 12를 기준으로 한 상대적 질량이므로 상대분자질량이라고도 한다. 물질의 몰 질량은 분자질량과 같은 값을 가지며 단위는 g/mol로 나타낸다.

빛과 열을 발생하는 연소방식이다. 다른 종류의 연소에 비해 연소속도가 매우 느린 것이 특징이며, 목재나 석탄 등이 이에 해당한다. 목탄을 연소시킬 때 일부 화염이 발생하거나 연기가 생성되는 이유는 완전하게 열 분해된 목탄이 아니므로 남아있던 가연성 기체가 연소하거나 연기가 되기 때문이다.

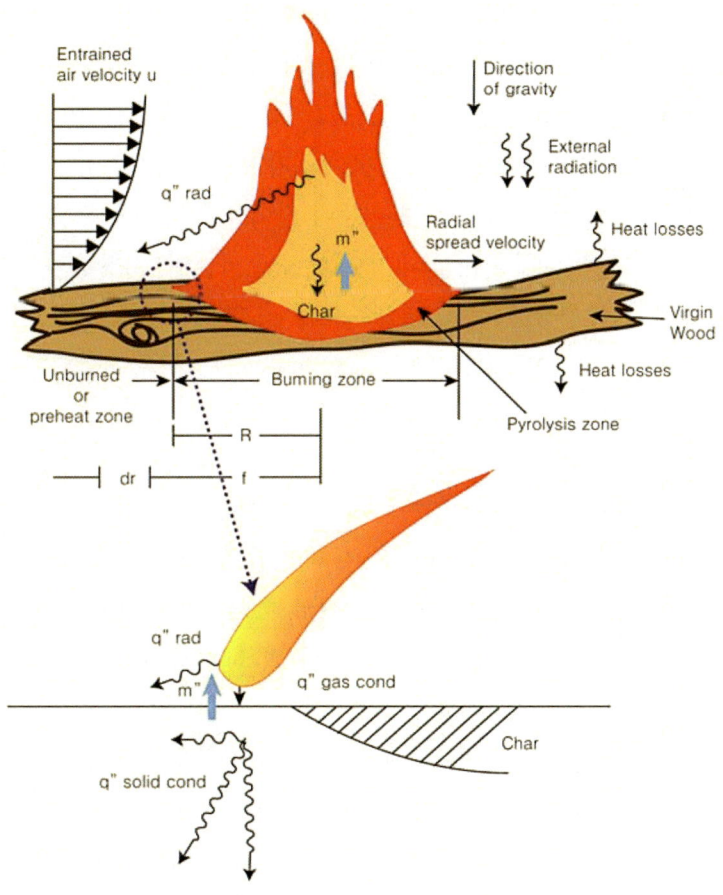

[그림 1 - 16] 목재의 수평확산 메커니즘

고체 표면의 분자나 원자 또는 이온 간에는 강한 인력인 화학결합력과 상대적으로 약한 인력인 반데르발스 힘(van der Waals force)이 작용하고 이로 인해 대기 중의 산소를 흡착하게 된다. 따라서 산소에 대한 친화력을 가진 고체나 액체가 고체의 표면에 존재하면 산소와의 산화 반응으로 산화물을 생성한다. 이것이 표면 연소의 화학반응 개시이다.

고체 표면을 따라 연소의 확대가 일어나는 상황에서 화염선단 부근의 연소현상은, 화열의 열전달에 의해 아직 기화되지 않은 부분의 고체 표면의 온도가 상승하고 가연성증기를 방출하면서 진행된다. 따라서 연소의 확대는 화열로부터의 열 이동과 전달, 고체의 기화(가연성 증기의 생성), 화염의 연소 등이 밀접하게 연관되어 있는 복합적인 관계에 있다.

화염에서 발생한 열의 이동은 화염부근 기체의 유동 상태에 의존한다. 무풍상태를 가정하고, 하방향으로 연소가 확대될 때는 연소가스는 화염 선단 전방으로 흐르지 않지만, 상방향으로 연소가 확대될 때는 연소가스가 미연소 고체 표면을 따라 흐르기 때문에 화염선단 전방으로 고체로의 열 이동이 상이하게 나타난다. 또한, 상방향으로의 연소확대속도가 하방향에 비해 상대적으로 훨씬 빠르며, 하방향의 연소확대 속도는 어느정도 일정하나 상방향의 연소확대속도는 조건과 환경에 따라 변화할 수 있지만 초기에는 적어도 점진적 증가추세를 보인다.

4) 승화연소(sublimate combustion)

고체 가연물이 열전달에 의해 가열되었을 때, 열분해와 용융하지 않고 그대로 표면에서 승화되어 발생한 가연성 증기가 대기 중의 산소와 혼합되어 나타나는 연소 형태다. 따라서, 승화 연소는 고체 가연물의 물질의 상변화가 액체와 같은 다른 형태를 생략하고 곧바로 승화(sublimation)되는 과정에서 발생한 가연성 증기가 연소된다.

고체의 승화 원리는 삼중점이라는 개념을 통해서 이해 가능하다. 고체도 액체와 마찬가지로 일정한 증기압을 갖는데, 액체에서 기체로 상변화하는 기화와 마찬가지로 고체도 주어진 온도에서 포화증기압과 같아질 때까지 승화가 진행된다. 또한 고체의 증기압은 물질에 따라 상이하며, 같은 물질일 경우에는 온도가 높아질수록 증가한다.
물질의 상태가 특정한 온도, 압력에서 고체, 액체, 기체의 상(phase)이 모두 평형을 이루어 공존하는 상태인 삼중점(triple point) 이하의 온도와 압력에서 고체는 융화[18]되지 않고 승화를 통해 기체가 된다.
실생활에서 드라이아이스와 같은 현상인데, 일반적으로 실온·실압의 환경이 삼중점의 압력과 온도보다 낮아 삼중점 이하의 조건이 조성되기 때문이다.

---

18) 융화 : 열에 녹아서 아주 다른 물질(物質)로 변화(變化)함

드라이아이스의 삼중점은 -55.6℃, 5.28kg/㎠이다. 삼중점은 기체(탄산가스), 액체(액체탄산), 고체(dry ice)가 공존할 수 있는 온도와 압력을 말한다. 삼중점 이하의 압력에서는 기체와 고체의 2상만 존재하는데, 대기압 하에서는 -78.9℃에서 승화한다. 이때 승화잠열로서 137 kcal/kg을 흡수한다. 또 기화한 탄산가스가 0℃까지 승온하는 데는 16kcal/kg의 열을 흡수하므로 결국 143kcal/kg의 열량을 흡수하는 셈이다. 이에 비하여 얼음은 0℃에서 융해 잠열을 80kcal/kg 흡수하므로 냉각력을 비교하면 드라이아이스가 얼음의 약 2배 정도나 된다.

승화연소는 상변화(고체 → 기체)를 통해 생성되는 가연성 증기를 기반으로 연소되는 특수한 경우이기 때문에 사실 실질적인 예를 찾기는 어렵다. 다만, 나프탈렌, 유황, 장뇌[20] 등이 그 예가 될 수 있다.

5) 작열 연소(glowing combustion)

열 분해에 의해 가연성 증기를 발생하지 않고 그 물질 자체가 연소하는 현상으로서 표면연소와 훈소로 나누어 설명할 수 있다. 사실, 자세한 화학적 반응을 분석하기 이전 무염 연소한다는 부분의 공통점으로 인해 외관적 형태상 구분이 어렵다. 다만, 가연성 기체의 발생 유무와 이에 따른 유염 연소로의 전환에 착안점을 두고 해석해볼 필요가 있다.

표면연소는 가열되었을 때, 가연성 기체를 발생하지 않고 가연물이 산소와 접하는 부분에서 부분적으로 작열하는 연소 현상으로 볼 수 있다.

반면에, 훈소는 조건에 따라서는 유염 연소로 전환이 가능하나 가연성 기체를 발생하는 가연물의 온도나 압력, 산소의 결핍, 등의 조건으로 인해 유염 연소를 발생시키는 연쇄반응의 부재로 인해 산소와 접하는 표면 경계에서 작열하며 무염 연소하는 현상으로 이해할 수 있다.

---

19) 드라이아이스 동결법[dry ice freezing] (식품과학기술대사전, 2008. 4. 10. 광일문화사)
20) 장뇌[camphor] : 강한 방향성 냄새를 지닌 밀랍(beeswax)과 같거나 흰색 또는 투명한 고체 지방족 고리화합물 모양의 케톤의 일종이다. 무색투명한 유연성 고체 또는 판상결정으로 승화성이 있다. 알코올, 에테르, 이황산탄소(CS_2)에는 잘 녹으나 물에는 잘 녹지 않는 용해성을 갖는다. 인화성이 강하며, 가열 시 인화성 증기를 쉽게 방출하며 연소범위는 0.6~3.5%를 형성한다. 또한 연소 시 짙은 검은색 연기를 발산한다. 아시아에서 발견되는 큰 상록수인 녹나무에서 발견되고 주로 흥분제나 방충제로 이용한다.

[표 1 - 13] 표면연소와 훈소의 차이

구분	작열연소(glowing combustion)	
	표면연소(surface combustion)	훈소(smoldering combustion)
가연물	코르크, 목탄 등 가연성 증기를 발생하지 않는 가연물	나무, 식물성 섬유, 종이 등 셀룰로오스 같은 고분자 물질
가연성 증기 발생유무	가연성 증기의 미발생	가연성 증기의 발생
원인	가연성 증기의 부재	낮은 온도, 산소의 결핍 등으로 인한 무염연소
연기	훈소 대비 상대적으로 매우 적음	연기 발생 多
연소방식	무염연소(화염 없는 작열연소)	좌동(左同)
연소형태	심부연소	좌동(左同)
유염연소 가능성	가능성 부재	조건에 따라 발생 가능
화학반응	표면반응	표면반응

이러한 분류에 따라서, 표면연소는 가연물 자체가 가열되더라도 증발, 승화, 나아가 열분해 등의 가연성 기체를 발생시키는 일련의 과정이 없어 가연물의 연소로 온도가 상승하거나 산소가 충분히 공급되더라도 유염 연소로의 전환 가능성을 배제할 수 있다.

하지만, 훈소는 가연성 기체의 발생이 분명 존재하며, 다만 온도, 압력, 산소의 결핍 등 주위 조건에 의해 그 속도가 저하되어 작열연소의 형태로 나타나기 때문에, 온도의 상승, 산소의 충분한 공급 등의 상황으로 전환되어 조건이 충분히 충족된다면 유염연소로 전환될 수 있다는 점에 기인하여 그 차이를 구분할 수 있다.

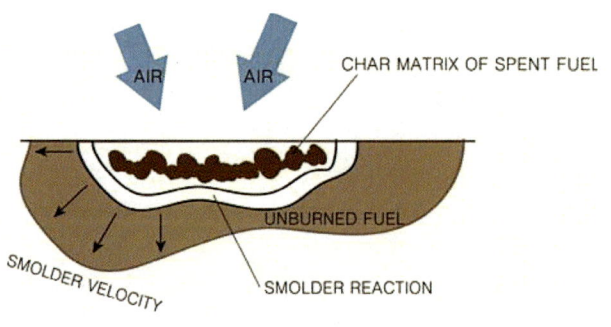

[그림 1 - 17] 훈소의 원리

유염 연소의 경우라면 화염의 형성으로 인해 가연물에서 발생하는 가연성 증기가 복사열에 의해 열분해를 촉진하여 심부보다는 가연물의 표면으로의 진행양상을 보인다.

반면에, 작열 연소는 심부로 타들어가는 심부화재(deep seated fire)의 형태로 진행·확산 되는데, 화염이 없는 상태로 상대적으로 낮은 열에너지를 발산하며 연소하는 연쇄반응 이다. 이처럼 낮은 온도 때문에 표면보다는 심부로 확산하려는 경향을 띠는데 이는 가연물의 표면은 심부에 비해 산소의 공급은 원활할 수 있으나 대기에 의한 냉각효과 때문에 오히려 불리하고 심부를 향해 진행하는 것이 유리한 조건이기 때문이다. 이러 한 이유로 작열 연소는 심부를 향해 빠르게 진행하는 특성을 보인다.

[표 1 - 14] 유염연소와 작열연소의 차이

구분	유염연소(flaming combustion)	작열연소(glowing combustion)
화염유무	유	무
화학반응	기상반응	표면반응
연소확산속도	빠름	느림
연소의 진행	표면으로의 확산 경향	심부로의 확산 경향
산소 조건	높은 산소 비율	낮은 산소 비율
온도	높음	낮음
방출열량	높음	낮음
CO, CO_2 농도	CO_2 발생이 많음	CO 발생이 많음

저산소 상황에서 천연고분자 물질의 연소[21](목재류 등)

나무의 주성분은 종류에 따라 약간의 차이가 있으나 셀룰로오스(cellulose, 섬유소), 헤미셀룰로오스(hemicellulose), 리그닌(lignin)이 주성분이고, 수지(resin), 유지(oil and fat), 정유(essential oil)와 미량의 탄닌, 색소 등을 함유하고 있다.

[표 1 - 15] 각 성분 함유량에 따른 분류

각 성분 함유량에 따른 분류(%)	셀룰로오스 (cellulose)	헤미셀룰로오스 (hemicellulose)	리그닌(lignin)
침엽수	50	20	30
활엽수	50	30	20

---

21) 화재조사 이론과 실무, 이승훈

[표 1 - 16] 셀룰로오즈 함유량에 따른 분류

셀룰로오즈 함유량에 따른 분류(%)	셀룰로오스(cellulose)
면섬유	90~100
무명	90 이상
아마(Linum usitatissimum)	80
황마(jute)	65

정리하자면, 나무의 약 50% 가량은 셀룰로오스로 이루어져 있고, 이 셀룰로오즈의 화학식은 $C_6H_{10}O_5$이며, 이를 몰 분자량 당 성분으로 계산해 보면, 탄소 72g, 수소 10g, 산소 80g 이다. 따라서 셀룰로오스의 총 몰 분자량 162g 중 약 절반가량이 산소로 이루어져 있음을 알 수 있다. 탄소(C)와 수소(H)는 자체만으로도 연소가 잘 이루어지는 물질인데 셀룰로오스는 이를 충분히 함유하고 있고, 열분해 시 발생되는 산소(O)는 외부의 산소농도가 16%이하가 되더라고 지속적인 연소를 할 수 있도록 지원하는 역할을 하기 때문에 연쇄작용에 의한 폭팔적 유염연소는 발생하지 않더라도 훈소는 지속될 수 있다. 결국, 훈소는 천연고분자 물질이 주성분인 가연물(목재, 면섬유, 식물섬유, 종이 등)을 이용한 경우에 발생 가능성이 높다고 판단할 수 있다.

6 폭발(explosion)

정지상태에 있던 물질이 급격히 팽창하는 현상을 일컫는 말로, 빛과 소리, 압력 등을 동반하는 급격한 연소 내지는 파열현상으로 볼 수 있다, 폭발의 발생은 파괴나 화재로 이어지는 돌발적 현상이기도 하며, 구체적으로 보면 어떤 시스템이 화학적 혹은 물리적인 변화를 일으키면서 발생한 에너지가 변화하면서 기계적인 일을 생성하는 급작스러운 과정이다. 기체상태의 엔탈피 변화에 의해 폭발반응과 압력상승이 일어나기 때문이다.

물리적 폭발은 연소 반응을 생략한 압력의 급격한 변화를 의미하고, 화학적 폭발은 연소를 동반한 급격한 화학적 변화를 의미하는 것으로 구분할 수 있다. 폭넓은 의미에서 폭발은 연소의 한 형태로 볼 수 있으나 정상연소의 형태를 벗어난 비정상 연소의 범주에 속한다고 보는 것이 합당하다. 결국, 폭발은 연소현상의 한 형태나 정상연소의 형태를 벗어나 심한 연소를 폭발으로 간주한다(화학반응론적 관점).

폭발의 과정을 살펴보면, 가연성 가스, 증기 및 분진 등이 적당량의 산소와 혼합하고 있는 혼합가스가 연소 범위에 있을 때 점화원에 의해 빠른 속도로 연소하여 체적이 급격하게 팽창함으로써 굉음과 파괴력을 발생한다. 폭발은 매우 빠른 속도로 이루어지기 때문에 온도가 일반연소 대비 현격한 차이를 보이며, 이때 생기는 압력은 대게 주위에 공기의 진동과 소음을 야기하므로 일반연소와는 차이가 있다.

6.1. 폭발의 원인과 조건

폭발은 화학적 발열반응이 기본 토대이고, 강력한 에너지에 의해서 연료 용기와 같은 구조물이 가열되고 압력의 급격한 상승으로 폭발로 이어진다. 증발(액체→기체), 승화(고체→기체)로 변하는 일종의 상변화가 응축상태에서 기상으로 변할 때 나타난다.

폭발의 현상은 화학반응론적 관점에서 연소의 연장선상에서 해석할 수 있으므로, 결국, 폭발은 연소를 거쳐 진행된다. 따라서, 폭발이 일어나는 조건은 연소의 조건이 선행되어야 발생한다. 다시 말해 폭발물은 산소와 화합하는 가연물이거나 물질 자신이 산소를 함유하고 있어야 한다. 아니면, 산소화합물이 혼합되어 있어야 한다.
연소의 반응열, 생성가스 등이 빠르게 다량으로 발생하여, 압력의 급격한 상승이 동반되어야 한다. 또한, 연소 반응의 속도 증가는 가연물에 따른 기체의 발생에 따라 동반 상승하는 경향을 보인다. 대부분의 폭발이 산화 반응이기 때문이다. 다만, 협의의 의미에서 화학반응 배제하고 단순히 압력의 상승만으로 폭발에 이르는 물리적 폭발의 경우는 논외로 한다.

6.2. 연소 · 폭발한계(Flammable · Explosive limit)

폭발한계는 연소 · 폭발 · 가연 범위 또는 한계라고 하며, 어떤 연소물이 일정한 온도와 압력 속에서 산화제의 공급이 원활하여, 연소가 지속될 수 있는 농도의 최대치, 가연성 가스가 폭발을 일으킬 수 있는 농도 범위를 의미한다.

휘발성 가스, 인화성액체 또는 가연성 고체의 증기를 공기나 산소와 혼합할 때, 불이 붙어 연소하는 혼합비율의 한계를 뜻하며, 이 혼합비율에 따라 화재의 확대 가능한 농도범위를 용적단위(%)로 표시해서 연소 · 폭발범위라 한다. 이 농도의 범위가 낮은 쪽을 폭발 하한계, 높은 쪽은 폭발 상한계라 한다.

연소 · 폭발한계(Flammable · Explosive limit)에 영향을 주는 요인은 다음과 같다.

① 온도의 영향
일반적으로 온도의 상승에 따라 폭발 하한계 값의 변화는 거의 없지만, 폭발 상한계 값이 상승하므로 연소 범위를 넓히는 경향이 있다. 반면에, 온도가 낮아지면 연소 범위는 상대적으로 좁아진다.

② 압력의 영향
가연성 혼합가스를 압축을 통해 압력을 상승시키면, 분자동도가 증대되고, 반응속도가 촉진되면서, 열이 발생한다. 따라서, 압력이 높아지면 따라 폭발한계는 넓어진다.

③ 불활성기체의 영향
일반적으로 이산화탄소, 질소 등의 불활성 물질이 혼입되면, 폭발범위는 축소되고, 연소 자체가 잘되지 않는다.

④ 산소의 영향
폭발 하한계에는 영향을 주지 않으나, 상한계는 산소의 농도 증가에 따라 급격히 상승한다. 또한, 산소 외에 염소 등 다른 산화제가 존재하는 분위기에서는 폭발범위는 공기보다 넓어진다.

⑤ 용기의 크기와 모양
폭발범위에 있는 가연성 가스도 직경이 5㎝ 이하의 작은 배관 속에 있다면, 연소의 유지가 어렵다. 이는 관의 벽을 통한 냉각효과 때문이다.

가스명칭	폭발한계(vol %)			
	공기와의 혼합		산소와의 혼합	
	하한계	상한계	하한계	상한계
수소	4	75	4	95
아세틸렌	2.5	81	2.3	100
에틸렌	2.7	36	2.9	80
메틸아세틸렌	1.7	16		
프로파디엔	2.16	14.8		
프로필렌	2.4	11	2.1	53
프로판	2.1	9.5	2.25	57
비닐아세틸렌	2	100	1.7	100
1·3부타디엔	2	12		
부틸렌	1.6	10	1.8	58
이소부틸렌	1.8	9.6		
부탄	1.85	8.5	1.8	49
이소부탄	1.8	8.4	1.8	48

가연성 가스의 폭발한계는 공기 중에서의 폭발한계와 순수한 산소 중에서의 폭발한계로 구분하며, 순수한 산소 중에서의 폭발한계는 공기 중에서의 폭발한계보다 범위가 높다.

6.3. 위험도(degree of hazard : H)

가연성 가스가 화재를 일으키는 위험성의 척도로 폭발 상한계와 폭발 하한계 값으로 부터 도출한다. 위험도가 클수록 화재의 위험성이 높아지며, 산출식은 다음과 같다.

$$H = \frac{U - L}{L}$$

- H : 위험도
- U : 폭발 상한계(vol %)
- L : 폭발 하한계(vol %)

위의 식을 통해 폭발 하한값이 낮고 폭발 상한 값이 높을 수록 위험도는 증가한다는 것을 알 수 있다(폭발 범위의 확대).

6.4. 폭연(deflagration)과 폭굉(detonation)

폭발은 세분화하여, 폭연과 폭굉으로 구분할 수 있다. 폭연은 단순한 의미에서 폭발적 연소라고 해도 무방하고, 폭발성 매체 속으로 전해지는 화염의 속도가 그 내부로 전해지는 소리의 속도보다 작은 경우를 의미한다. 반면에, 폭굉은 전파 속도가 초음속에 해당하며 충격파(shock wave)의 일종으로 전파 속도가 상대적으로 빠르다.

6.4.1. 폭연(deflagration)

폭연이란 폭굉과 달리 반응하지 않은 물질으로 화염의 전파 반응이 아음속(음속보다 느림)일 경우이다. 진행속도는 가스 조성에 따라 다르지만 대체로 0.1~10m/sec 정도이고, 이 반응 영역을 연소파(combustion wave)라고 하며, 열 분자 확산 또는 난류 확산에 의존하는 폭발형식이다.

개방된 대기 중에서 폭발한계(연소한계) 내의 혼합가스가 발화할 경우 연소가스가 자유로이 팽창한다. 이러한 현상으로 만일 혼합가스가 밀폐된 용기 또는 폐쇄된 곳에 존재한 연소열에 의해 급격히 팽창하면서 고압을 형성하여 파괴하게 되는데, 이를 가스폭발이라 한다. 폭굉에 비해 화재로의 파급효과는 크지만 파괴력은 상대적으로 낮다.

폭연은 폭굉으로의 전이가 가능한데, 가연물의 종류에 따라 개방된 공간에서도 쉽게 일어나지만 화염의 가속이 용이한 관로나 덕트에서는 더욱 발생 가능성이 높다.

6.4.2. 폭굉(detonation)

폭굉이란 폭발범위 내의 어떤 농도상태에서 반응속도가 급격히 증가하여 반응하지 않은 물질으로 화염의 전파 반응이 초음속(음속보다 빠름)일 경우를 말한다.

이 과정에서 발생하는 충격 파동이 파동선단에 큰 파괴력을 갖는 압축파를 형성하고 화염면에서 전파속도가 스스로 가속되며, 반응성이 급격히 증가하는 폭발현상임과 동시에 대단히 격렬하게 나타나는 파괴적인 형태이다. 이는 파장이 짧은 단일 압력파로서 폭굉파(detonation wave)가 작용하여 상당히 큰 힘을 받기 때문이다. 강력한 압력과 충격파의 형성을 위해서는 초단시간 내에 에너지의 방출이 급격하게 일어나야, 가능하다. 폭굉은 가연성 가스와 공기가 혼합하는 경우에 넓은 공간에서의 발생가능성은 낮으나 길이가 긴 배관 등에서는 발생할 수 있다.

[표 1 - 18] 폭연과 폭굉의 차이

차이	폭연(deflagration)	폭굉(detonation)
전파	• 음속보다 느린 아음속 • 0.1 ~ 10m/s의 진행속도(기체의 소성이나 농도에 따른 차이)	• 음속보다 빠른 초음속 • 1000 ~ 3,000m/s 이상의 빠른 진행속도
반응 영역	연소파(combustion wave)	폭굉파(detonation wave)
화재로의 전이 및 파급 가능성	높음	낮음
특징	• 에너지방출속도는 물질전달속도에 의존 • 상대적으로 낮은 충격파 압력 • 조건의 변화에 따라 폭굉으로의 전이 가능성 존재	• 강력한 초기 압력과 충격파 형성을 위해 초단시간 내에 에너지 방출이 이루어져야 함 • 상대적으로 높은 압력 상승(폭연의 10배 이상) • 온도의 상승은 열에 의한 전파보다 충격파의 압력에 기인

화염의 전파속도와 압력의 급상승은 폭연에서 폭굉으로 전이되는 원인이 된다. 화염의 전파속도가 증가하여 열방출 속도가 상승하면 이로 인해, 충격파를 발생하고 충격파는 단열압축[22]을 일으키고 결국, 폭굉으로 전이된다.

폭발이 발생했을 때, 음속(340m/s)을 기준으로 따라 폭굉/폭연으로 구분하지만, 이론적 이해가 필요할 뿐, 실제 생활에서 두 개념의 경계는 사실상 모호하고 철저히 분별하는 것은 큰 의미가 없다고 볼 수 있다. 따라서 구분하는 것 자체보다는 폭발을 야기한 원인을 분석하고 예방을 위한 대책을 수립하는 것이 훨씬 더 중요하고 생각한다.

---

22) 단열상태에서 압력을 가해 부피를 줄일 경우, 기체 내부온도는 상승, 이는 압축 과정에서 외부의 힘이 기체에 일을 해주었기 때문

6.5. 폭발의 종류

[표 1 - 19] 폭발의 분류

분류	폭발	
폭발원에 따른 분류	물리적 폭발	
	화학적 폭발	산화폭발
		분해폭발
		중합폭발
		촉매폭발
물질 상태에 따른 분류	기상폭발	가스폭발
		분해폭발
		분무폭발
		분진폭발
	응상폭발	수증기폭발
		보일러폭발
		증기폭발

6.5.1. 폭발원에 따른 분류

1) 물리적 폭발

화학 반응 및 변화를 수반하지 않는 고압 기체의 방출 형태가 급속하게 나타나면서 폭발로 이어지는 현상으로 볼 수 있다. 따라서 기계적 폭발이라고도 하며 대부분 기화 현상에 의한 것이 많다. 용기 내부의 압력이 수용 범위 이상 높아지면, 일부가 비산되는 경우도 있고, 내부의 결함 부분이 있으면 파열되기도 하는 등의 형태로 나타나곤 한다.

2) 화학적 폭발

화학반응에 의한 고압기체의 방출에 의해 나타나며, 일반적으로 가연성 기체와 공기(산화제)가 혼합되어 있는 상태에서 착화원에 의해 폭발한다. 이때, CO_2, 수증기 및 기타 생성물 발생되는 경우가 대부분이다.

화학적 폭발은 주로 가연성 가스, 증기, 분진 등이 공기와의 혼합물, 산화성 또는 환원성 고체 및 액체 혼합물이나 또는 화합물의 반응에 의해 발생하는 산화 폭발(explosive by oxidation), 물질의 구성분자의 결합이 안정적이지 못해 발생하는 분해반응에 의한 발열로 폭발하는 현상인 분해폭발(explosive by decomposition), 중합 시 발생하는 반응열에 의해 폭발하는 중합폭발(explosive by polymerization), 혼합 가스에 빛이 조사될 때, 수소, 염소 등과 같은 촉매에 의한 폭발인 촉매폭발(explosive by atalyst)로 나눌 수 있다.

6.5.2. 물질의 상태에 따른 분류

폭발 물질의 물리적 상태에 따라 기상폭발과 응상폭발로 분류할 수 있고, 일반적으로 응상이란 고상 및 액상을 말하며, 기상에 비하여 밀도가 $10^2 \sim 10^3$배에 달하므로 폭발의 양상에 차이가 있다.

1) 기상폭발(gaseous phase explosion)

가연성 가스가 산소와 혼합되어 혼합기체 상태로 점화되는 가스폭발이나 액체의 미세한 액적의 분무폭발, 고체 분말의 분진폭발, 또는 분해폭발이 기상폭발에 속한다.

① 가스폭발(gas explosion)

가연성 가스가 가연물의 연소 범위 내에 있고 발화원이 존재할 때 발생될 수 있다. 하지만, 가연성 가스와 지연성 가스의 혼합기체가 존재할 때 항상 폭발로 이어지는 것은 아니고, 조성조건(혼합기체 중 가연성가시의 농도범위 조건)이 만족되고 착화원(에너지 조건)이 존재하는 등의 폭발의 조건이 충족되어야 한다. 가연성 가스는 주로 연료 사용되는 LPG, LNG, 암모니아 등이 있고, 점화에너지로는 전기 불꽃이나 고온 표면, 충격마찰, 단열압축 등이 있다. 이는 연소의 일반 점화원과 크게 다르지 않다.

1. 플래시 화재(flash fire)

공기와 분산된 기화성 물질의 혼합물이 착화원에 의해 발생된 화재로 갑작스럽고 격렬하게 진행하는 화재이다. 높은 온도와 짧은 시간, 화염면의 빠른 이동 등이 특징이다. 일반적으로 누출된 LPG가 기화(플래시증발)되면서 발생한다. 착화 시 폭발음이 발생할 수 있으나 강도는 그리 강하지 않은 것으로 알려져 있다.

2. 액면화재(pool fire)

액면화재는 액상에 의해 발생하는 화재로, LPG가 누출 후 액상으로 남아 있을 경우 LPG에 착화되면 발생할 수 있다. 고농도의 LPG가 연소되는 것이므로 주위의 공기 부족으로 인한 검은 연기를 유발하는 것이 특징이다.

3. 제트화재(jet fire)

제트화재는 가연성 기체가 고압으로 누출되면서 착화 시 불기둥을 이루는 것을 의미하며, 누출 시 생성되는 압력으로 인하여 화염이 높은 운동량을 지니고 있는 것이 특징이다. 때문에 화재의 직경은 작지만 길이는 액면화재에 비해 상대적으로 길다.

② 분해폭발(decomposition explosion)

분해폭발은 에틸렌, 산화에틸렌이나 용접에 사용되는 사세틸렌 등과 같은 가스가 어떤 조건에서 분해하는 경우 큰 발열을 동반하고 분해에 의해 생성된 가스가 열 팽창되고 이때 생기는 압력 상승과 이 압력의 방출에 의해 폭발이 일어난다. 분해폭발에서는 지연성 가스가 전혀 없는 조건에서도 발생 가능하다. 분해폭발을 일으키는 가스는 대부분 가연성 가스로서 공기와 혼재할 때 가스폭발의 위험도 가지고 있어, 분해폭발은 가스폭발의 특수한 경우로 취급되기도 한다.

③ 분무폭발(mist explosion)

가장 대표적으로는 압력이 충분히 높은 유압설비에서 배관파손이나 이음부 결함 등으로 가연성 액체가 분출되어 공기 중에 현탁[23]하여 존재할 때 점화원이 주어지면서 발생하는 폭발이다. 분출한 가연성 액체의 온도가 인화점 이하로 존재할 경우에도 폭발이 일어나는데, 이는 착화 에너지에 의해 일부의 액적[24]이 가열되어 그의 표면에 가연성 혼합기체가 형성되고 이것이 연소하기 시작하여 이 연소열에 의해 액적 주위에는 가연성 혼합기체가 형성되면서 순차적으로 연소반응이 진행되어 이것의 가속화로 인해 폭발이 발생하는 것이다. 고압의 기계유, 윤활유 등에서 빈번하게 발생한다.

---

23) 현탁[suspension, 懸濁] : 액체 속에 고체의 미립자가 분산된 것 또는 그 현상
24) 액적液滴] : 떨어나 맺힌, 물의 작은 덩이

④ 분진폭발(dust explosion)

가연성 고체 미분(일반적으로 크기가 100미크론 이하의 물질)이 공기 중에 부유하고 있을 때, 점화원이 주어지면서 폭발하는 현상이다. 탄광의 분진폭발이나 밀가루, 사료분 등의 폭발이 대표적이며, 유황, 탄소, 각종 의약품, 목분, 코르크분, 지분(종이), 섬유 부스러기 등과 정전기 착화가 용이한 플라스틱 분말, 산화 반응열이 큰 알루미늄, 마그네슘 분말 등이 분진 폭발의 위험성을 갖고 있다. 또한 분진폭발은 단위 용적당 발열량이 크고 단위 부피 당 탄화수소의 양이 많기 때문에 역학적 파괴효과는 가스폭발 이상일 수 있다.

(1) 분진폭발의 조건

폭발성 분진 + 미분(미립자) 상태 + 지연성 가스(공기)와 교반 및 운동 발생 + 착화원의 존재

(2) 분진폭발의 원리

입자 표면 온도가 열에너지에 의해 상승 → 입자표면 분자의 기체 상태 입자 방출(열분해 또는 건류[25] 작용) → 공기와 혼합 → 폭빌성 혼합기의 생성 → 착화 → 화염에 의해 생성된 열에 의해 다른 분말의 분해 촉진 → 확산 전파

(3) 분진폭발에 영향을 미치는 요소

a. 분진의 화학적 성질과 조성 : 분진의 발열량이 크고 휘발성분의 함유량이 높을수록 폭발성이 좋고 폭발이 쉽다.

b. 표면적 : 분진의 표면적이 입자 부피 대비 클 경우 열의 발생속도가 방열 속도보다 커서 폭발 가능성이 커진다. 평균 입경[26]과 밀도가 작은 미립자 분진일수록 분산이 잘되고 폭발이 용이하다.

c. 수분 : 일반적으로 수분의 존재는 분진의 부유성을 억제하고 대전성을 감소시켜 폭발성을 낮추는 효과가 있고 마그네슘, 알루미늄 등은 물과 반응하여 수소를 발생하는 물질이므로 위험성이 증대된다.

d. 정전기 : 분진폭발의 착화원은 대부분 정전기에 의한 것이므로 겨울철과 같이 습도가 낮아 정전기 발생이 촉진되는 환경이라면, 폭발의 가능성이 높아진다.

e. 온도 : 두터운 분진층이 형성되어 있다면 낮은 발화온도에도 폭발에 이를 수 있다.

f. 불활성기체 : CO_2, N_2를 사용하여 O_2의 함량을 8~11 vol % 이하로 낮출 경우, 분진의 농도와 관계없이 화염의 전파를 방지할 수 있다. 다만, 금속분말, 가연성 기체나 증기가 존재할 경우는 더 낮은 산소 농도가 요구된다.

---

25) 건류[dry distillation, 乾溜] : 공기를 차단한 상태에서 석탄, 목재 등의 고체 유기물을 가열분해해서 휘발분과 탄소질 잔류분으로 나누는 조작을 말한다.
26) 입경[particle size, 粒徑] : 입자의 직경 또는 크기(철도 관련 큰 사전, 백남욱, 이상진)

2) 응상 폭발(condensed phase explosion)

용융금속이나 슬러지 같은 고온물질이 물속에 투입되었을 때 그 고온물질이 갖는 열이 저온의 물에 짧은 시간에 전달되면 일시적으로 물은 과열상태로 되고 조건에 따라서는 짧은 시간 내 순간적으로 급격하게 비등한다. 이러한 상변화에 따라 폭발이 나타나는 것이 응상 폭발의 한 예로 이를 수증기폭발(phreatic explosion of molten salt)이라한다. 수증기폭발은 고온의 물질의 투입속도가 빠르고 용기의 단면적은 작을수록 잘 일어난다.

또한, 보일러 파이프가 파손되는 경우 대기압 하에서 비점 이상으로 과열되어 평형상태에 있던 물이 순간적으로 대기압으로 방출되면서 평형상태가 파괴되고 상변화가 일어나게 된다. 이러한 현상을 보일러폭발(boiler explosion)이라 한다. 이때 고압의 100℃이상 가열된 물을 폭발수(explosive water)라고 한다. 내용물이 가연물인 경우, 기화에 의해 액체 입자를 포함하는 증기가 대량으로 대기에 방출되어 화염원으로부터 착화되어 화구를 형성하게 된다.

이러한 급격한 상변화에 따른 폭발은 액체의 급속한 기화 현상에 의해 부피가 팽창하고 이로 인해 고압이 형성되면서 일으키기도 한다. 즉, 물, 유기액체 또는 액화가스 등의 액체가 과열상태가 될 때 증기화하여 폭발하는 것이다. 이 현상을 증기폭발(vapor explosion)이라 한다.

6.5.3. 탱크 화재 시 일어나는 현상

① 보일오버(Boil - over)
② BLEVE(Boiling Liquid Expanding Vapor Explosion)
③ 증기운폭발(Unconfined Vapor Cloud Explosion)

1) 보일오버(Boil - over)

상부가 개방된 유류 탱크 내에서 화재가 발생할 경우, 장시간 조용히 연소하다가 탱크 내에서 연소하던 유류가 급격히 분출하는 현상이다.

화재의 진행과 함께, 고온층이 액면 강하 속도에 따라 점차 탱크 바닥으로 하강하는데 이는, 유류의 표면 연소 시, 생성되는 잔류물의 밀도가 존재하는 유류에 비해 밀도가 높기 때문이다.

이때, 수분이나 수분+유류의 에멀전이 존재하면 "열파(Heat Wave)"라고 불리는 고온층에 의해 가열되고, 비등(수분의 급격한 증발)하게 되면서 급격한 부피의 팽창으로 인해, 폭발적으로 유류와 함께 분출된다. 보일오버를 야기하는 유류의 밀도는 아주 작은 물질과 점성 잔류물을 모두 포함하는 광범위한 비점을 갖는 물질로 구성된다. 이러한 특성은 대부분의 원유에서 나타나며 합성 혼합물에서도 생길 수 있다. 또한, 고요히 연소하다가 급격하게 분출하는 보일오버의 특성상, 석유류 저장탱크 화재에서 가장 경계해야 할 것 중의 하나이다.

2) BLEVE(Boiling Liquid Expanding Vapor Explosion, 블레비 현상)[27]

블레비(BLEVE)란 인화점이나 비점이 낮은 인화성 액체(유류)가 가득 차 있지 않은 저장탱크 주위에 화재가 발생하여 저장탱크 벽면이 장시간 화염에 노출되면 윗부분 온도가 상승하여 재질의 인장력이 저하되고 내부의 비등현상으로 인한 압력상승으로 저장탱크 벽면이 파열되는 현상을 말한다.

저장탱크가 파열되면 탱크 내부압력은 급격히 감소되고 과열된 액화가스가 급속히 증발하면서 탱크 조각이 비산하게 된다. 이러한 현상을 블레비라 하고, 블레비 현상으로 분출된 액화가스의 증기가 공기와 혼합하여 연소 범위가 형성되어서 공 모양의 대형화염이 상승하는 형상을 화이어볼(Fire ball)이라 한다.

블레비의 발생과정은 프로페인 등 액화 가스탱크의 외부에서 화재가 나면 탱크가 가열되어 내부의 액체에 높은 증기압이 발생하고, 그 증기압이 탱크의 내압을 초과하게 되면 결국 탱크는 파열에 이르게 된다. 이때 파열이 발생하는 지점은 탱크의 기상부와 면하는 부분이다. 그것은 액상부와 면하는 지점이 외부에서 화염에 의한 열을 받는다 해도 그 열을 내부의 액상으로 효과적으로 전달시키나 기상부와 면하는 지점은 액체보다 낮은 기체의 열전도율로 인해 열을 효과적으로 전달하지 못하고 축적하여 결국 높아진 내압을 견디지 못하면 국부적인 가열에 의한 강도 저하에 따른 파열이 일어나기 때문이다. 파열이 발생하면 탱크 내부에 액화된 상태로 저장되어 있던 가스는 빠르게 기화하면서 파열 점을 통해 외부로 확산된다. 확산된 가스는 주변의 공기와

---

27) 블레비[BLEVE] (두산백과)

혼합되어 폭발성 혼합기를 형성하고 존재하는 화염을 착화 에너지로 하여 다시 폭발하게 된다.

블레비에 영향을 주는 인자로는 저장된 물질의 종류와 형태, 저장용기의 재질, 내용물의 물질적 역학상태, 주위온도와 압력상태, 내용물의 인화성 및 독성여부가 있다. 블레비 현상의 발생은 저장탱크에 설치된 안전장치로만 압력상승을 낮출 수 없으므로 감압시스템에 의한 탱크로의 들어오는 화열을 억제하고, 저장탱크를 지하에 설치, 저장탱크 외벽에 단열조치, 저장탱크 표면에 냉각살수장치를 설치, 그리고 계속적인 화염발생의 방지 목적으로 저장탱크 내용물의 긴급이송에 대한 조치를 취해야 한다. 또한 저장탱크의 가연물 누출 시 가연물의 체류를 방지하기 위하여 가연물 유도구를 설치하는 등의 예방대책이 필요하다.

요약하자면, 고압 상태인 액화 가스용기가 가열되어 물리적 폭발이 순간적으로 화학적 폭발로 이어지는 현상이다. 탱크의 증기폭발과 이것에 계속하여 발생하는 가스폭발을 총칭한다.

BLEVE의 발생단계

주위에서 화재발생 → 열에 의한 탱크 벽의 가열 → 액의 온도증가 및 탱크내의 압력 증가 → 금속의 온도는 상승 및 구조적 강도의 상실 → 탱크의 파열 및 폭발

3) 증기운폭발 (Unconfined Vapor Cloud Explosion, UVCE)

대기중에 대량의 가연성 가스나 인화성 액체가 유출되어 그것으로부터 발생되는 증기가 대기중의 공기와 혼합하여 폭발성인 증기운(vapor cloud)을 형성하고 이때 착화원에 의해 화구(fire ball)형태로 착화 폭발하는 형태를 말한다.

저장탱크에 화재가 발생하면 화재로 인한 복사열이 주위로 전달된다. 화재 탱크 인근에 다른 저장탱크가 있을 경우 이 저장탱크가 복사열을 받아 저장 액체의 온도가 증가하게 되고 이로 인하여 증기의 방출이 많아져 다량의 증기가 탱크 외부로 누출되게 된다.

이렇게 누출된 증기는 바로 확산되지 않고 구름과 같이 뭉쳐져 있게 되는 경우도

있는 데 이를 "Vapor Cloud"라 하며 Vapor Cloud가 화재탱크의 화염과 연결되게 되면 화염이 Vapor Cloud를 타고 인접 탱크로 전파되어 화재가 확대되게 된다. 저장탱크 화재가 단시간 내에 소화되지 않을 경우 Vapor Cloud에 의하여 인접한 모든 탱크에 화재가 발생하는 대형사고로 발전하게 되기도 한다. 개방된 대기 중에서 발생하기 때문에 자유공간 중의 증기운폭발(Unconfined Vapor Cloud Explosion)이라고 부르며 UVCE라 한다.

7 화재플럼(fire plume)

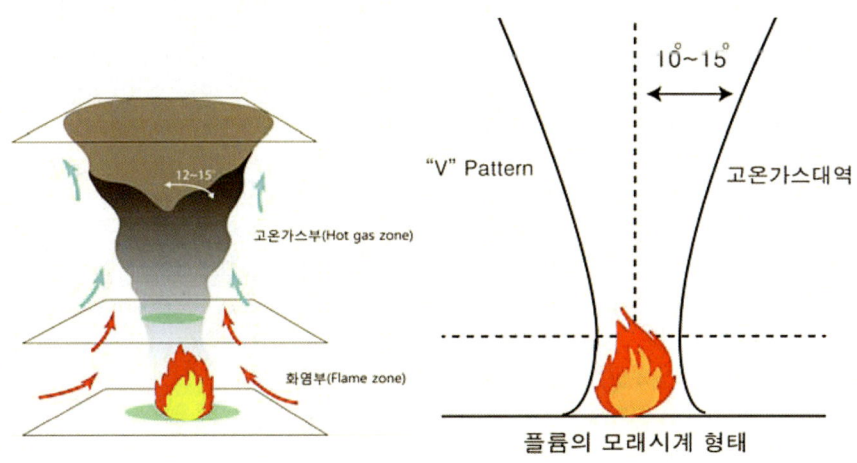

[그림 1 - 18] 화재플럼의 형태

가연물이 발화하여 화염이 발생하면 열기에 의해 주변의 온도가 상승하고, 이렇게 화염 주변의 뜨거워진 공기는 분자활동이 활발해져, 체적이 팽창하게 되고, 이로 인해 밀도는 낮아진다. 따라서 주변 공기에 비해 큰 부력(buoyancy)을 발생시키고, 이 때문에 화염과 고온의 가연성 증기, 가스, 연기. 등은 상승하게 된다. 따라서 상부에는 고온의 가스 하부에는 화염이 존재하는 기둥 형태의 모습을 보인다. 이 경우 상승작용에 의해 하단부는 기압이 낮아지게 되어 화염의 중앙 방향으로 주변의 공기가 유입되는 흐름이 생성된다. 하단부의 공기 유입과 상단부의 확산으로 인해 화염부와 고온가스 부의 경계 부분에서 약간 오목한 형태를 보이며, 이 모습은 흡사 모래시계와 유사하다.

7.1. 화염의 생성과 이동 및 확산

화재의 성장 속도와 형태는 연소물질과 주변 환경 간의 복잡한 관계에 영향을 받고, 제한된 공간에서 발생한 연소라 가정하면, 가장 먼저 발화 후 상부 천장의 온도를 높이고, 다량의 연기와 가연성 증기, 연소가스 등을 생성하면서, 복사열로 인해 주변 가연물로 화재가 확산해 가면서 급속하게 성장하는 과정을 거친다. 따라서 화재의 성장 형태와 진행방향을 파악하고, 발화원, 발화부의 위치를 역추적할 수 있는 단서(소잔형태)를 유심히 관찰하여야 한다.

또한, 플럼은 공간에 따라 공기 인입의 차이가 있기 때문에 형성되는 모양에 영향을 받게 된다. 구조물이 없어 물리적인 제약을 받지 않는 위치에서는 공기의 유입이 균형적이므로 축대칭성 모양을 갖는다. 그러나 일부가 벽과 같은 구조물에 의해 물리적인 제약이 따른다면 대칭적 구조가 아닌 공기의 유입방향으로 비대칭적 확산형태를 나타낼 것이다.

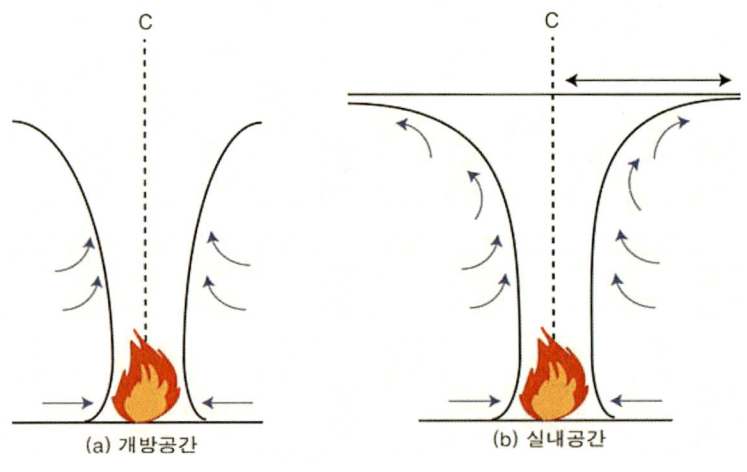

[그림 1 - 19] 개방/제한된 공간에서의 이동과 확산

7.2. 개방된 공간에서의 이동과 확산(a)

화염과 염기의 발생량은 가연물의 종류와 양, 그리고 산소의 공급 여부에 의해 결정되고, 발생된 화염과 연기는 가열에 의해 생성된 부력의 영향으로 기류를 따라 상승하는 방향으로 이동을 시작한다. 하지만, 개방된 공간이라면, 무한정 상승하지 못하고,

일정부분 화염부(열원)으로부터 분리되는 지점에서 주변 온도에 의해 냉각되어, 부력의 영향권을 벗어나서 상승방향으로의 확산은 중단되고 수평 방향으로 넓게 퍼지는 양상을 보인다. 흡사 굴뚝의 연기가 계속해서 상승하다 어느 시점부터는 수평 방향으로 넓게 퍼지는 형상을 생각하면 된다.

7.3. 제한된 공간에서의 이동과 확산(b)

구획실 화재의 화염과 연기의 이동 및 확산은 개방된 공간과는 큰 차이를 보이는데, 상승하는 원리는 동일하나 공간적 제약이 따르는 제한된 공간이라는 특성상, 천장에 최초로 막히지만 계속된 부력의 영향으로 천장을 따라서 수평 방향의 확산 양상을 보인다. 이는 내부의 구조, 벽면의 자재, 방화 시설의 유무 등에 따라 차이를 보인다. 천정부에 층을 이루며 수평 이동은 화염(열원)으로부터의 거리가 멀수록 온도는 낮아지나, 출입문이나 창문 등을 통한 개구부로 배출된 화염과 연기는 외부의 온도보다 상대적으로 높아 다시 상승하게 된다.

7.4. 천장제트흐름(celling jet flow)

천장제트흐름은 고온의 연소생성물이 부력에 의해 힘을 받아 천정면 아래에 얇은 층을 형성하는 비교적 빠른 속도의 기체 및 증기와 같은 가스 흐름을 의미한다. 수직 방향으로 주로 형성되는 플럼이 구획실 내의 천장과 접하면 고온의 가스흐름은 더이상 수직 방향으로의 확산에 물리적 제약을 받아 수평 방향으로의 확산성을 갖는다. 이러한 굴절현장으로 천정면에 층을 형성하는 기류가 형성된다. 결국, 부력에 의한 상승성 +구획실의 천장의 물리적 제한+굴절과 확산에 의해 천장제트흐름이 형성되는 것이다.

천장제트흐름은 화재 발생 초기에 주로 형성되며, 천장제트는 건물 및 구획실 내의 내장재와 만나면 일부 열손실이 발생한다. 고온의 화원부로부터 거리가 멀어지기 때문에 형성된 영역의 온도는 플럼과의 거리에 반비례한다. 상승작용을 이끄는 부력 및 압력도 플럼과의 거리에 따라 감소한다. 그러나 화재 초기에만 적용되고 화재가 구획실 전체로 확산 기조에 있다면 복사열전달로 인해 구획실 전체의 온도가 거의 균일하게 높아진다.

7.5. 연소의 확산 속도

화염이 생성되어 주변으로 확산되는 연소가스의 부양성(부력에 의한 상승)은 화염(열원=열에너지가 형성된 부분)으로부터 수직면 위의 방향으로 집중되어 있다. 따라서 최초 발화지점보다 상승작용에 의해 출화지점의 열의 이동과 확신이 빠르고, 이러한 대류의 영향으로 상대적으로 수평방향과 수직 하부 방향으로의 확산은 완만한 형태를 나타낸다. 실험적인 자료를 토대로 비율을 살펴보면, 수평 방향의 확산속도를 1이라고 보면, 수직은 20, 하단방향은 0.2 수준으로 큰 차이를 보이는 것을 알 수 있다.

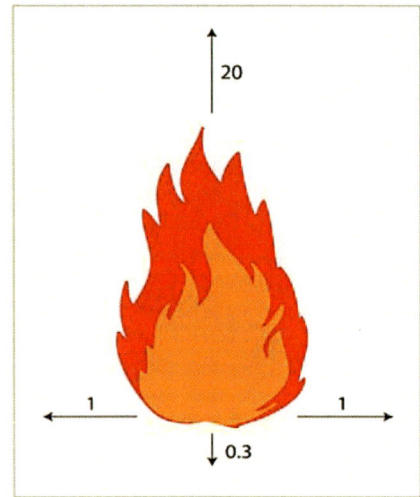 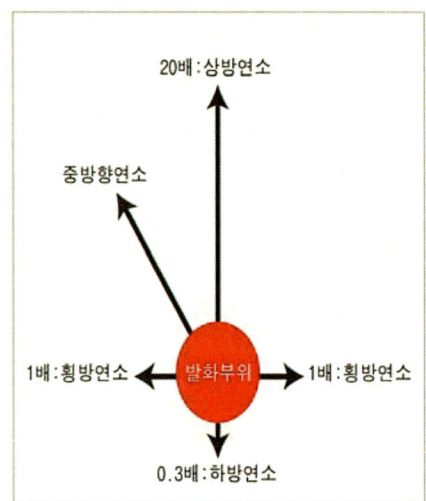

[그림 1 - 20] 연소의 확산속도

[표 1 - 20] 연소의 확산 속도

수평면의 연소	수직면의 연소
화염 주변의 미연소지역에서 화염의 복사열에 의한 열분해가 일어난다. 수직연소 대비 매우 느리나, 외부환경에 의해 속도는 변화할 수 있다.	수직가연물의 중앙에 화염이 발생하였을 경우에는 수평 방향이나 아래 방향보다는 점 위의 방향으로의 연소속도가 매우 빠르다. 화점의 윗부분은 뜨거운 공기에 의해 화염이 미치기 전에 이미 가연물이 예열되어 있기 때문이다. 위 방향으로는 수평 방향에 비하여 약 20배 이상 빠른 연소속도의 양상을 보인다.

8 연소생성물(combustion product)

[표 1 - 21] 연소생성물

연소생성물		
연기와 그을음	연소가스	화염과 열

연소생성물은 주로 화재 발생 시 생성되고, 열, 화염, 연소가스, 연기 등을 의미한다. 열과 화염은 시각적으로 식별이 가능하나, 시간의 지속과 연소의 확대에 따라 열방출률이 증가하면 형태가 매우 유동적이라 확산을 예측하기가 어렵다. 연소 시 생성되는 물질은 연소의 종류 및 가연물에 따라 다르며, 여러 가지 혼합물의 형태인데 일반적으로 주된 물질은 CO(일산화탄소), 이산화탄소(CO_2), 수증기, SO_x 등이다. 이 외에도 액체나 고체연료의 연소에서는 상대적으로 낮은 완전연소 비율로 인해 매연발생이 많고, 석유와 같은 액체연료나 석탄과 같은 고체연료의 경우는 유기물 분해 시 점성을 지닌 검정색 액체인 타르(tar)가 생성되기도 한다.

완전연소에서는 CO_2, H_2O, N_2, O_2, 등이 많이 함유되고, 불완전 연소에서는 CO의 생성이 추가적으로 많이 일어난다. 연소하는 물질에 따라 발생되는 연소생성물은 매우 다양하고 복잡하지만, 대표적인 연소가스는 CO, HCN(시안화수소), H_2S(황화수소), SO_2(이산화황), NH_3(암모니아), HCl(염화수소), NO_x(질소산화물), $COCl_2$(포스겐), HCHO(포름알데히드), HF(불화수소) 등이다.

화염은 사람이 시각적으로 식별이 가능한 요소이지만 열은 근접하여 접촉하게 되어 감지하기 전에 눈으로는 확인이 불가능하다. 그러므로 실내의 화재 발생 시 발생되는 열로 인해 화염에 직접적으로 노출되지 않더라도 화상을 입을 수도 있다. 또한, 연소가스와 연기는 연소생성물 가운데 가장 많은 비중을 차지하며, 확산속도 또한 열보다 빠르다. 때문에 화재경보기는 열 감지식 보다는 연기 감지식이 40초 이상 더 빨리 화재발생 시 감응하는 것으로 알려져 있다.

한편, 연소가스와 연기는 연소생성물 중에 가장 위험하다고 볼 수 있는데, 인체는 호흡을 해야 생존이 가능한데, 연소생성물로 인해 호흡이 곤란해지기 때문에 치명적이다. 실제로 화재 현장에서 발생하는 인명사고의 사상자는 이로 인해 발생한다. 또한, 연소의 진행과 함께 산소의 농도가 감소하고 연소반응의 산물인 CO_2의 농도는 상승한다. 인체는 항상성 유지를 위해 산소의 공급이 필수적이므로 산소 농도가 현격히 낮아진 연기를 흡입하게 되면 산소결핍에 따른 질식 상태에 이른다. 통상 산소 농도가 18% 이하만 되더라도 인체에 영향이 나타나며 6%이하에 노출되면 의식을 잃고 사망할 수 있다.

[표 1 - 22] O_2 농도의 감소에 따른 O_2Hb(%)와 CO 농도의 증가에 따른 COHb(%)의 영향

O_2Hb(%) =O_2 농도의 감소	COHb(%) =CO 농도의 증가	영향
70~100	0~30	수 초 내 무의식, 치명적, 사망
50~70	30~50	수 분 내 무의식, 사망 가능
40~50	50~60	신경쇠약, 질식, 실신
20~40	60~80	마비, 매스꺼움, 두통
10~20	89~90	피로감
0~10	90~100	없음

[표 1 - 23] 공기 중의 CO_2 농도(%)와 인체에 미치는 영향

공기 중의 CO_2 농도(%)	인체에 미치는 영향
0.04	일반적인 대기 중의 농도
1	호흡속도의 증가
2	호흡속도의 30~50% 증가와 지속적인 노출 시 두통과 피로감 동반
3	일상 호흡속도의 2배 이상 증가 동작의 이상 유발과 두통 및 심박수와 혈압의 증가 야기
4~5	극심한 두통, 충혈, 안면홍조, 혈압상승, 등의 증상과 호흡 속도의 4배 이상 증가로 인해 중독 증세 유발 및 호흡곤란
6	피부혈관의 확장, 구토
7~8	정신활동의 장애, 15분 이내 무의식 상태 가능성
10 이상	10분 이내 무의식 상태 및 사망

8.1. 연기와 그을음(smoke and soot)

연기는 물질이 연소할 때, 공기 중에 부유하고 있는 고체 및 액체 미립자(가연성 가스에서 유리된 탄소입자와 시커먼 상태의 고체상의 매연, 미연소물질의 응축액체 입자 등)와 열분해 또는 연소할 때 발생하는 가스의 혼재하고 있는 형태의 혼합물로 정의할 수 있다. 좁은 의미로는 연소되는 물질로부터 눈으로 식별 가능한 휘발성생성물로 볼 수 있다.

연소에 의해 생성된 고온의 연소가스로서 연기 입자의 크기는 0.01~10㎛이며, 무염 연소의 경우 1㎛ 정도의 크기로 입자가 작은 편이고, 불완전연소의 경우 1㎛ 이상으로 상대적으로 크다. 소방법에서는 화재에 의해 발생하는 연소생성물로 정의하고 있고, 일반적으로 상승기류에 흡입된 공기 등도 연기로 간주한다.

가연물은 일반적인 유기물로 대부분 탄소와 수소로 구성되어 있고, 이때 탄소가 이론적으로 완전연소하면 CO_2만을 발생하고, 불완전 연소하면 CO_2이외에도 CO 등 다양한 유해 생성물이 발생한다. 여기서 발생하는 O_2(산소)의 결핍과 CO의 발생은 각각 결핍으로 인한 질식사와 중독으로 인한 인체에 치명적인 피해를 입힌다.

일반적으로 화재의 성격과 연소시간에 따라 그 종류는 매우 다양하게 나타나며, 가연물의 열분해에 따라서도 다양하게 나타나는데 대체로 탄소수가 많은 연료는 짙은 검은 연기를 유발하는 경우가 많다. 또한, 인화성 액체류의 연소 시에는 특유의 냄새와 더불어 독성을 지니고 있다. 화재 현장에서 발생하는 연기와 그을음은 생리적인 악영향과 함께 식별 가능한 시야를 현저히 저하시켜 행동방해 및 피난 곤란을 유발하는 등의 큰 장애요소로 작용하여 문제를 야기한다.

8.1.1. 연기의 생성과 구조

가연물 연소 시 발생하는 연기는 화재의 성격과 시간에 따라 그 종류가 다양하다. 연기의 생성 메커니즘은 기본적으로, 다음과 같다.

연기의 생성 과정

① 가연물의 연소
② 발생한 열이 고체 가연물을 가열
③ 뜨거운 가연성 증기 생성
④ 이렇게 형성된 증기가 화염위로 상승
⑤ 가스의 밀도가 주변부의 공기보다 낮아 위로 상승하는 운동 지속(상승방향 운동)
⑥ 지속적 공기 유입
⑦ 주변부 공기가 상승하는 유체의 흐름에 휩싸여 혼합작용(기류형성)

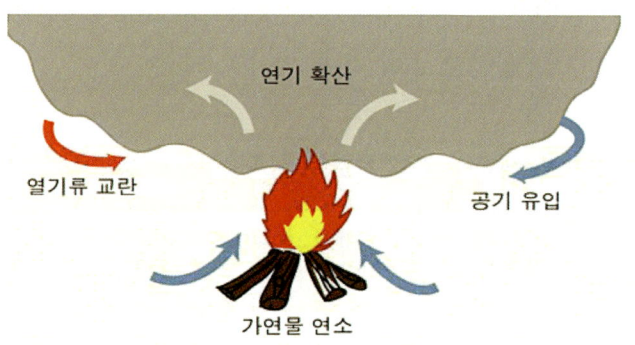

[그림 1 - 21] 연기의 생성

이렇게 형성된 연기의 구조는 ① 연소 중인 가연물에 의해 발산되는 뜨거운 증기와 가스, ② 미연소 분해물과 응결체, ③ 상승하는 화염기둥에 휩싸이거나 가열된 공기로 나눠 설명할 수 있다.

또한, 공기가 휘말려가는 속도는 다음의 요소에 변화에 의존한다. ① 불의 둘레, ② 불에 의한 방출열, ③ 실질적으로 형성되는 불 위에 있는 고온의 가스 기둥의 높이 (하층부부터 상층부까지 형성되는 연기와 뜨거운 가스층의 하부까지의 거리)

8.1.2. 연기의 특성과 색상

연기의 색상은 연소되는 물질, 함유된 성분, 온도, 농도, 등의 요인에 의해 다르게 나타나고 특성 또한 변화한다. 일반적으로 고온의 기류를 포함하여 인체에 열적 손상을 야기할 수 있으며 독특한 냄새를 갖는 것이 많고, 마취성·자극성 가스를 함유한 독성을 갖는 물질이 존재한다. 그리고 탄소화합물이 대부분이므로 연소 시 그을음과 같이 검은색 계통이 많아 피난에 악영향을 미친다.

[표 1 - 24] 연기의 색과 연소물질

연기의 색	연소물질
백색	완전 백색의 연기는 질소족인 인이 탈 때 주로 발생
수증기 포함	습기가 많거나 수분을 가진 물질이 높은 온도의 연소물질과 접촉했을 때 증발하면서 발생
황색 또는 홍갈색	폭발물·셀룰로이드 등 니트로셀룰로오스기를 갖는 물질에서 발생
회색	주로 마른 풀이나 짚이 탄화할 때 발생
흑색	화재 시 대부분을 차지하는 연기 색상으로 고무·석유·석탄 등이 탈 때나 불완전연소 시 발생가능성이 높음

비교적 저온 상태인 그을리는 정도의 연소단계에서는 액적이 대부분이기 때문에 백색 또는 청백색의 연기가 발생한다. 온도가 상승하여 유염연소 단계에 도달하면 유리탄소[28]가 발생하여 검은색 연기가 생성된다. 또한 상대적으로 저온에서는 연소 시 발생하는 가스가 냉각이 용이하여 미세한 물방울로 응결하기도 한다. 이러한 입자가 다량 생성되어 혼합된 상태로 존재할 경우 연기의 농도는 짙고 가시적으로 검게 보인다.

8.1.3. 연기의 확산속도

연기의 확산속도는 수평 방향과 수직 방향으로 나눠 볼 때, 현격한 차이가 있으며, 이는 연소의 확산 형태와 유사하다. 수평 방향의 경우 약 0.5m/s 정도로 인간의 보행속도 약 1.1m/s 정도 보다 늦지만, 수직 방향은 초기 상태일 때도, 1.5m/s 수준으로 상대적으로 빠른 속도를 보인다. 따라서 화재 대피 요령은 부득이한 경우가 아니라면, 수평, 수직 하단 방향으로의 이동이 효과적이다.

---

28) 유리탄소[free carbon] : 화합해 있지 않고 단체(單體)로서 존재하는 탄소의 총칭. 탄화계 연료가 연소할 때 공기 부족 등의 경우 발생하는 미연 흑연, 즉 그을음(금속용어사전, 금속용어사전편찬회, 1998. 1. 1., 성안당)

그러나 이 수치의 묘사는 화재 초기 상황에 대한 부분이고 실제 구획실 내에서의 연기의 확산은 기대 수준 이상이므로 당사자는 생리적·심리적으로 상당한 충격에 휩싸이기 마련이다.

결국, 실질적으로 연기 속에 노출될 경우의 보행속도는 연기의 농도에 따른 가시거리와 연기가 시각을 자극하는 정도, 실내의 밝기 수준(lux), 내부 구조에 대한 이해도에 따라 결정된다.

[표 1 - 25] 가시거리에 따른 감광계수와 상황 변화

감광계수[29)(m^{-1})	가시거리(m)	상황
0.1	20~30	연기감지기가 작동할 수준
0.3	5	건물 내부에 익숙한 사람이 피난에 지장을 느낄 수준
0.5	3	어두움을 느낄 정도의 수준
1.0	1~2	거의 앞이 보이지 않은 정도의 수준
10	0.2~0.5	최성기 단계의 화재에서의 연기농도로 유도등 식별이 난이한 정도의 수준
30	-	출화실에서 연기가 분출될 때의 농도로, 구획실 전체에 걸쳐 연기가 확산되어 가시가 불가한 수준

8.1.4. 연기의 유해성

연기의 유해성은 화학적, 생리적, 심리적 요인 등 다양하게 작용한다.

1) 산소의 결핍 유발

2) CO(일산화탄소) 중독, 그 외에 독성물질 유발(유독가스 중독)

3) 고온의 열기에 의한 손상

4) 탄소 입자(그을음, soot)에 의한 자극

5) 심리적 스트레스와 충격으로 인한 행동 및 판단장애 유발

---

29) 감광계수 : 연기 속에서 투과량에 대한 광학적 농도로써, 단위 체적당 포함되는 연기에 의한 빛의 흡수 단면적으로 나타내며(1/m (=m^2/m^3)) 이를 통해 빛의 감소량 측정이 가능하다.

8.1.5. 연기의 이동

실내에서 연기의 이동 양상은 다음과 같다. 최초 연소지점에서 발생한 연기는

① 열분해 증기 및 가스류와 함께 상승해 천정부에 도달

② 점진적으로 증가한 열 기류의 응축

③ 천정 상부에 층류를 이루며 전역으로 확대

④ 열 기류가 벽면과 접촉하면서 하강

⑤ 실내 전체가 열과 연기로 포화상태 진입

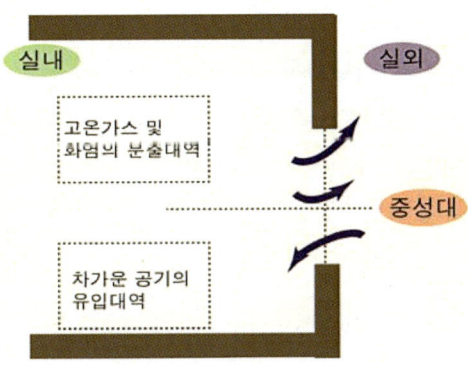

[그림 1 - 22] 개구부(vent)와 공기 유입 유출 분포도

이후에, 실내에 연기가 확산될 수 있는 개구부(vent)가 형성되면, 다른 구역 혹은 외부(옥외)로 확산되어 간다(출화). 개구부의 상부는 열 기류가 유출되고, 하부로는 공기가 유입된다. 또한, 상승기류로 인하여 저층부에서는 외부 공기가 유입되는 방향으로 압력이 작용하고, 반대로 상층부에서는 공기가 바깥으로 빠져나가려는 방향으로 압력이 작용하여, 건물의 중간쯤 되는 지점은 "중성대"라고 불리는 압력이 0이 되는 지점이 생긴다. 이 중성대[30]를 기점으로 공기가 유·출입한다. 이로 인해, 연기의 확산 및 연소의 진행이 지속적으로 이루어져, 연기의 농도와 실내 온도는 상승하게 된다.

---

30) 중성대의 압력
  • 천정방향 정압 : 실내 > 실외
  • 바닥방향 정압 : 실내 < 실외
  • 천정 - 바닥의 약간 아래 중간 지점 정압(중성대) : 실내 = 실외

화재 발생 시 연소열에 의해 내부의 온도는 높아지고, 밀도는 감소하여, 중력의 반대방향으로 부력을 발생하여, 상승하는 현상을 의미한다. 이러한 특징으로 인해, 고층건물에서 화재가 발생했을 경우, 저층에서 최상층으로의 연기이동이 손쉽게 이루어지는 것이다. 건물의 온도가 내부<외부일 경우에는 역방향으로 이동하기도 하는데, 이를 역굴뚝효과라고 한다. 굴뚝 효과는 연돌효과(Chimney effect), 드래프트효과(Draft effect)라고도 한다.

이 밖에도 연기의 이동과 관련된 현상을 보면, 부력은 화재에 의해 생성된 고온의 연기가 밀도가 감소함에 따라 발생한 압력에 의해 작용하는 힘으로 정의할 수 있으며, 이 효과는 연소지점으로부터 격리될수록 감소한다. 팽창은 부력과 더불어 연소에 의해 방출되는 에너지가 공기의 이동을 유발하는 현상이다. 바람은 화재현장에서 직접적으로 압력이 작용하는 현상으로 화재구역의 확산이나 지연에 큰 역할을 한다.

8.2. 연소가스

8.2.1. 연소가스의 정의

일반적으로 가연물이 연소 현상에 의해 기체 상태로 공기 중에 부유(浮游)하고 가스를 의미하며, 연소생성기체라고도 한다. 온도가 하강하여 냉각되었을 때, 타르나 검은 그을음의 형태로 잔존한다. 연소가스의 양과 종류는 물질의 성분에 따라 상이하며, 산소의 공급량과 연소온도에도 영향을 받는다. 따라서 불완전연소 시에 공기 중의 산소의 결핍으로 인해 발생량이 많아진다. 또한 화재가 최성기에 이르면 온도와 압력으로 인해 화학적 활성도가 가장 높은 상태가 되기 때문에 이때 독성이 가장 강한 연소가스가 발생하는 것으로 알려져 있다.

연소가스는 인체에 소량만 흡입되어도 치명적인 손상을 초래하는데, 연소의 특성상 고온의 기체 상태로 확산성이 매우 좋고, 호흡기로의 유입도 쉽다. 때문에 고온의 연소가스는 기도를 포함한 호흡기 전반에 열상을 동반할 가능성이 높다.

그러나 화재 발생 시 피난자의 사망 사유의 대부분은 열에 의한 인체의 피해보다는 연소가스가 포함하고 있는 독성물질에 의해 사망에 이르는 것이 일반적이다. 보통의 화재에서 발생하는 연소가스의 검거나 짙은 색은 일차적으로 시야를 방해해 시각적인 장애를 유발한다. 때문에 화재 현장을 보면, 출입구를 위치적으로 근거리에 두고도 방향감각을 상실하여 사망한 소사체를 어렵지 않게 볼 수 있다. 이는 시각적인 장애가 1차적으로 작용하고, 연소가스의 유독성에 심리적으로 극도의 공포가 야기되어 이성을 상실하여 판단에 현격한 문제를 유발하는 패닉(panic)현상에 의한 것이다.

또한, 화재 현장에서 구조되더라도 연소가스 및 화재현장에 노출되었던 사람(피난자, 소방관 모두 포함)은 화재 당시에 겪었던 시각적인 장애와 열, 호흡곤란, 유독물질 등의 유해성으로 입은 상해와 같은 극도의 한계 상황에 대한 기억이 심리적 공포를 유발하여 일상생활이 곤란한 경우가 생길 수도 있다. 이를 외상 후 스트레스 증후군(PTSD, post traumatic stress disorder)이라고 하는데, 이는 연소가스로 생성되는 유독물질로 인한 피해 형태의 한 부류이다.

8.2.2. 연소가스의 위험성

화재 현장에서 고온의 연소과정에 의해 발생하는 기체는 독성가스가 대부분이며, 소량만을 흡입하더라도 인체에는 치명적인 손상을 초래할 수 있기 때문에 그 위험성은 대단히 크고, 실제 화재 현장에서 발생하는 많은 사상자는 이 유독가스에 의해 발생한다. 연소가스의 위험성은 우선, 연소가스 자체로 연기와 더불어, 시각에 상당한 장애를 주고, 이로 인해, 출구 및 대피로를 찾지 못해 위험에 노출될 수 있다. 그리고 이 시각적 곤란함으로 인해 극도의 심리적 공포감이 조성될 수 있고, 이는 극한 상황에서 비이성적 행동양식을 발현시키는 계기가 되기도 한다. 침착하고 차분한 행동을 통한 대피가 무엇보다도 중요한 상황에 심리적 불안감은 안타까운 상황을 초래하기도 한다. 또한, 직접 이 연소가스를 흡입했을 경우, 생리적 장애, 호흡 곤란 및 인체에 치명적인 악영향을 미친다.

[표 1 - 26] 연소가스의 위험성

연소가스의 위험성		
시각적 장애 (대피 곤란 유발)	심리적장애 (비이성적 행동 양산)	생리적 장애 (인체의 손상 초래)

8.2.3. 연소가스의 종류

연소가스의 종류는 대단히 광범위하여, 정형화하여 일률적으로 설명하기에는 무리가 있다. 물질이 연소할 때, 연소조건에 따라서 연소가스 생성되는 성분과 종류가 천차만별이다.

특히, 합성고분자 물질의 구성은 화학적 결합형태가 복잡하고, 여러 종류의 화합물이 복합적으로 존재하기 때문에 천연재료인 목재만 하더라도 연소 시 200여 종 이상의 연소가스가 발생하는 것으로 알려져 있다. 또한 연소가스에는 많은 종류의 지방족 또는 방향족 탄화수소가 포함되어 있는데 연소된 부유분진 중에는 방향족 탄화수소만 200~400여 종류에 달하며, PVC(폴리염화비닐)은 약 70여 가지 이상의 독성가스가 발생하는 것으로 알려져 있다. 이처럼 연소 시에 연소가스는 유독가스의 형태로 동시다발적으로 발생하기 때문에 그 위험성이 대단히 높다.

일반적으로 불완전연소에 따른 연소가스인 CO(일산화탄소)가 가장 큰 위험 요인으로 작용하나, HCN(시안화수소), CH_2CHCHO(아크롤레인), HCHO(포름알데히드) 등도 비교적 강한 독성을 지니고 있다. 결국, 연소가스는 건축자재 및 내장재, 구획실 내에 배치된 구조물(천연, 합성 고분자물질) 등이 탄화하면서 방출되는 분해생성물로 볼 수 있다. 또한 동일한 물질을 연소시키더라도 온도와 압력, 산소의 공급 등 주위 환경에 따라 연소생성물은 달라질 수 있다는 점을 유념해야 한다.

[표 1 - 27] 화재 시 발생하는 유해가스(연소물질과 생성가스) (연소공학 이해평 외)

연소물질	연소생성가스
PVC, 방염수지, 불소수지류 등의 할로겐 화합물	수소의 할로겐화물(HF, HCl, HBr, 포스겐 등)
질소성분이 함유된 모직, 비단, 피혁 등	시안화수소
합성수지, 레이온 등	아크롤레인
나무, 종이 등	아황산가스
페놀수지, 나무, 나일론, 폴리에스테르수지 등	알데히드류(RHCO)
멜라민, 나일론, 요소수지 등	암모니아
탄화수소류 등	일산화탄소 및 탄산가스
셀룰로이드, 폴리우레탄 등	질소산화물

1) 일산화탄소(CO, carbon monoxide)

산소가 부족할 경우 불완전연소로 인해 많이 발생하는 가스로, 연탄을 주 연료로 하던 시절 가스 사고의 대명사라고 할 만큼 많은 피해를 주었던 유독 성분이다. 현재도 화재 현장에 주로 많이 발생하는 연소가스 중의 하나다. 무색, 무취의 기체로 300℃ 이상의 열분해 시 발생한다. 일산화탄소는 산소에 비해 헤모글로빈과의 결합력 및 친화도가 200배 이상 높아, 체내에 유입되면 허파에서 헤모글로빈과 결합하여 산소의 공급을 차단하는 역할을 하므로, 인체에 치명적인 결과를 초래한다. 때문에 화재 중독사의 주원인이 되며, 치사농도는 0.4%일 때 1시간, 1.0%일 때, 1분, 1.5% 이상의 농도에서는 몇 번의 호흡만으로도 사망에 이를 수 있다.

2) 이산화탄소(CO_2, carbon dioxide)

유기물이 완전 연소할 때 발생하는 가스로, 무색·무취의 성질을 띠며 탄산가스로도 불린다. 그 자체로는 독성이 없으나 호흡속도를 증가시켜 독성가스의 흡입을 촉진하는 효과가 있어, 산소 결핍을 초래한다. 질식 효과가 우수해 소화약제로 많이 쓰인다.

[표 1 - 28] 이산화탄소의 농도와 생리적 반응

CO_2 농도(%)	생리적 반응
2	불쾌감이 있으며, 호흡심도가 50 증가
4	눈의 자극, 현기증, 두통, 혈압상승
8	호흡곤란
9	구토, 실신
10	시력장애, 1분 이내 의식 상실
20	중추신경마비, 단시간 내 사망

3) 암모니아(NH_3, ammonia)

유독성 가스로 상온에서 눈, 코, 인후 및 폐에 큰 자극을 주고, 흡입 시, 점액질과 기도조직에 심한 손상을 일으킨다. 질소와 수소로 이루어진 화합물이며, 냉매제로 많이 쓰이므로 화재 시 누출에 각별히 유의해야 한다. 증기는 기체에서 비중이 0.6, 발화점 651℃, 폭발범위 15~28%, 독성의 허용농도는 50ppm이다. 암모니아는 질소화합물로(나무, 페놀수지 등)이 연소할 때 주로 생성된다.

4) 염화수소(HCl, hydrogen chloride)

일상생활에서 많이 쓰이는 폴리염화비닐(PVC)의 연소 시 발생하는 가스로, 무색이며, 상온에서 자극적인 냄새를 유발하는 하므로 눈과 호흡기에 악영향을 준다. 공업적으로 염소와 수소의 반응을 통해 생성하며, 염소가 함유된 유기물에서 많이 발생한다. 녹는점은 -114℃, 끓는점은 -85℃, 비중은 기체일 때, 1.268, 액체일 때, 1.265이다. 물에 잘 녹는 성질이 있어 부피로 500배, 무게로는 100g, 물에 81.31g 녹는다.

5) 이산화황(SO$_2$, sulfur dioxide)

유황이 함유된 물질이 연소할 때 발생하며, 아황산가스라고도 한다. 무색이나 자극적인 냄새를 유발한다. 독성이 매우 강해 공기 중에 0.003% 이상이 누출되면 식물이 괴사하고, 0.012%에서 인체에 치명적인 손상을 초래한다. 공기보다 무겁고(분자량 64), 녹는점은 -75.5℃, 끓는점은 -10℃이다. 석유, 석탄에 함유되어 있는 유화화합물의 연소로 인해 산성비의 원인이 되기도 한다. 아황산가스에 의한 화재는 대기오염의 주범이 되기도 하는데, 1952년 영국 런던에서 7일간 발생한 스모그로 인해 4천명 이상의 사망자가 발생하였다. 이는, 스모그에 함유된 아황산가스에 의한 호흡장애와 질식이 주요 원인이었다.

6) 아크롤레인(CH$_2$CHCHO, acrolein)

아크릴알데히드라고도 하며, 석유제품이나 유지류 등이 탈 때 주로 발생하고, 무색의 액체로 자극성 냄새가 있고 맹독성이다. 1ppm 정도의 농도에서도 사람은 견디기 힘들며, 10ppm의 농도 이상에 장시간 노출될 경우 거의 즉사한다. 강한 자극성을 이용하여, 과거 최루가스에 사용된 사실이 있다.

7) 시안화수소(HCN, hydrogen cyanide)

상온에서 무색이며, 청산가스로 널리 알려진 물질로 수용성의 액체이다. 천연물질이지만 나일론, 폴리아크릴니트릴 중합체, 울, 실크, 폴리우레탄 등의 합성물질 중 질소를 함유한 물질이 연소할 때, 발생하는 독성물질로, 이때 생성되는 독성은 일산화탄소에 비해 20배 정도 강한 것으로 알려져 있다. 비중 0.69, 인화점 -17.8℃, 발화점 537℃, 폭발범위는 6~10%, 수분이 2%이상 함유되어 있거나, 알칼리 등이 포함되어 있으면 폭발의 우려가 크다.

시안화수소의 독작용은 세포의 호흡을 정지시키는 기작으로 위해를 주고, 0.3%의 농도에서 거의 즉사하는 치명적인 물질이다.

8) 질소산화물(NO_x)

질소산화물은 기본적으로 산소와 질소로 이루어진 화합물이다. 질소산화물의 총칭으로 보통 NO_x로 표기한다. 연료의 연소 시 고온에서 대기 중의 질소의 일부가 산소와 반응하여 생성되는 물질로 대표적으로 일산화질소 및 이산화질소 등이 있으며, 셀룰로오스, 직물류 등과 같이 고분자물질이 많이 함유된 것들이 연소할 때 발생 빈도가 잦다. 고농도로 존재하는 환경에서는 호흡기와 시각에 자극을 주어 두통, 기침, 구토 등의 증상을 유발할 수 있고, 지속적으로 노출되면 호흡촉진, 부정맥 등이 나타나고 심해지면 폐수종, 혈압상승 등이 나타나 의식을 잃게 된다.

9) 포름알데하이드(HCHO, formaldehyde)

탄소가 포함된 물질이 불완전 연소할 시 잘 발생하고, 자극성 냄새와 무색의 성질을 띠는 기체로, 화학식에서 알 수 있듯이, 분자 구조에 따라 발생량의 차이는 있을 수 있지만 모든 유기화합물에 걸쳐 발생할 수 있다. 산불이나 담배 연기 또는 자동차 매연에서도 발견된다. 생산 단가가 저렴해 도료, 방부제, 접착 등의 용도로 건축자재에 널리 사용된다. 때문에 새집증후군의 원인이 되기도 하고 화재 시에는 인체에 치명적인 영향을 미친다. 폴리에틸렌, 폴리프로필렌, 셀룰로오스 등에서 많이 발생하며 강한 산화제 및 알칼리 물질과 결합 시 연소가 개시된다.

10) 황화수소(H_2S, hydrogen sulfide)

상온에서는 무색 기체로 존재한다. 특유의 달걀 썩는 냄새가 나며, 유독성이다. 따라서 고농도의 가스를 많이 흡입하면 세포의 내부호흡을 정지시켜 중추신경 마비로 인한 실신, 호흡정지 또는 질식 증상을 일으킬 수 있다. 또한 점막에 산으로 작용하여, 눈이나 호흡기계통을 자극하여 심한 통증을 유발한다. 가죽, 고무 같은 물질이 탈 때 주로 생성되며, 500ppm 이상에 노출되면 위험하고, 1,000ppm 이상에 이르면 사망하는 것으로 알려져 있다.

녹는점은 -82.9°C, 끓는점은 -59.6°C이다. 에탄올, 이황화탄소 등에 녹는다. 비중은 공기가 1일 때 1.1895로 공기보다 무겁다. 공기 중에서는 청색 불꽃을 내며 타서 이산화황이 된다. 400°C에서 분해되고 1700°C에서는 완전히 성분 원소로 분해된다. 발화점이 260°C로 낮고, 발화 범위가 부피 백분율로 4.3~44%로 넓기 때문에 폭발에 주의해야 한다.

11) 포스겐(COCL$_2$, phosgene)

특유의 자극성 냄새가 있는 유독한 질식성 기체로, 무색이며, 독성이 매우 강해 500mg/m^3 이상의 농도의 포스겐을 단 몇 회 흡입하는 것만으로도 수 시간 내에 사망에 이른다고 알려져 있다. 이는 체내의 세포 속 수분이 포스겐과 만나 염산을 만들어 치명적인 손상을 유발하기 때문이다(폐수종 肺水腫, pulmonary edema).

일반적인 물질의 연소 시에는 잘 발생하지 않으나 염소가 함유되어 있는 화합물이 화염과 접촉할 때 생성 가능성이 있다. 물에 잘 용해되지 않으며 염화카르보닐, 옥시염화탄소라고도 불린다.

9 　화염(flame)과 열(heat)

9.1. 화염(flame)

화염(flame)은 기본적으로 연소생성물로서 연소가스가 빛을 내는 것을 말하며, 훈소와 같이 불꽃을 생성하지 않는 무염연소와 대비되는 개념이다. 지속적이고 충분한 공기 중의 산소의 공급과 높은 온도, 압력 조건이 가해지면 가연성 기체를 연소시키면서 빛과 열의 형태로 에너지가 발생하는 불꽃이 생성된다. 또한, 충분한 가연성 기체와 산소의 혼합은 화염의 온도를 높이고, 발광을 감소시키는데, 이는 탄소가 완전 연소하는 비율이 높기 때문이다.

화재 발생 시 고체 가연물의 연소는 높은 온도 상승을 동반하고 이는 주변에 인접한 가연물로 복사 형태로 전달된다. 이러한 열전달로 인해 가연물의 가열이 이루어지고 이 과정에서 고온의 가연성 증기가 생성 및 확산된다. 가연성 증기와 산소의 혼합과, 순조로운 자가지속적 연쇄반응으로 형성된 화염과 연소가스는 주변에 비해 상대적으로 높은 온도 준위로 인해 밀도가 낮아 상방향으로의 이동성을 나타낸다. 이렇게 상승하는 유체의 흐름이 조성되어 주변부 공기는 기류에 휩싸여 화염과 가스와 혼합되면서 공급된다. 이러한 환경적 요인이 뒷받침되면 화염은 지속적으로 유지된다.

반면에, 화염의 온도가 낮게 형성되면 공기를 혼입하는 유체의 흐름이 상대적으로 약화되고 불완전연소로 이어진다. 이 경우 불완전연소의 부산물인 그을음을 형성하는 입자들이 생성되기도 한다.

9.1.1. 화염의 분류

화염은 공기가 과잉되고 수소가 연소되어 육안으로 식별이 어려운 불휘염(non - luminous flame), 연료가 분해되면서 생긴 미세한 탄소입자가 발광하는 휘염(luminous flame), 상대적으로 낮은 온도에서 연료의 부분 산화로 인해 불꽃을 생성하는 냉염으로 분류할 수 있다.

불휘염은 수소나 일산화탄소가 많이 포함되어 있는 연료가스에 다량의 공기를 공급하여 연소할 때 완전연소하면서 그을음이 거의 발생하지 않는 투명한 무색 청색의 화염을 말한다.

휘염은 석탄과 중유가 연소할 때 생기는 주황색 또는 노랑색 계열의 색으로 발광하는 화염을 말하는데, 탄소의 작은 입자가 화염 속에서 부유하면서 작열하여 빛을 발하는 것이다. 이 온도에 상응하는 강한 방사 에너지를 내기 때문에 피가열물로의 방사 전열량이 매우 크다. 그러나 산소의 공급이 결핍되면 탄소 미립자의 일부는 연소하지 않고 그을음이 생성된다.

냉염은 온도 범위가 약 470~700K 정도로 상대적으로 낮다. 탄화수소·에테르·알코올류 등의 연료가 불완전 연소되면서 산화반응을 일으켜 생성되는 aldehyde류의 복사에 의한 것이다. 수소·일산화탄소·메탄 등의 연소 시에는 냉염을 발생하지 않는다.

또한, 화염은 연료의 화학적 조성에 따라 결정되는 특정 파장대에서 방출되는 복사에너지와 연소 과정에 포함된 가스상 물질의 흐름[31]으로도 볼 수 있는데, 이러한 유체의 흐름에 따라 난류(와류) 화염(tuebulent flame), 층류화염(laminar flame)으로 구분할 수 있다.

일반적인 유체역학적 관점에서 유체의 흐름을 나타내는 층류/난류의 개념은 레이놀드수를 기준으로 판단한다.

---

31) NFPA921 기술된 내용 중

레이놀드수(Reynolds number)는 차원이 없는 수로, 관(pipe)에서 흐르는 유체를 기준으로 레이놀즈수가 2,300 미만인 경우 층류로 본다. 2,300 이상일 때 유동이 층류에서 난류로 전이(transition)되는데 이 지점을 임계 레이놀즈수(critical Reynolds number)라 한다. 이때, 유체의 흐름은 관성의 작용에 비하여 점성작용이 작아져 소용돌이(eddy)가 발생하여 흐름이 층류에서 난류로 변화한다. 이후 4,000을 초과하는 값을 가지면 전부 난류로 전환된 것으로 간주된다. 난류는 유체의 소용돌이가 시간적·공간적으로 불규칙적인 변동을 나타낼 때를 말한다.

이러한 차이에 기인하여 층류의 경우 유체 간의 분자가 규칙적으로 정연하게 평균화된 균일한 흐름 형태이고, 각 분자 상호 간의 위치가 흐름에 따라 변화하지 않는 상태이다. 따라서 유속 상대적으로 유속이 늦다. 실제, 층류는 자연 상태에서는 매우 희귀하며, 분젠 버너와 같이 인위적으로 화열을 생성하는 기기에서 주로 볼 수 있다. 화재현장에서 발생하는 화염은 초기에 발생하는 최초의 일부 상황을 제외하면, 난류의 형태로 생성 확산되며 따라서 예측이 쉽지 않다.

반면에, 난류는 불규칙적인 여러 소용돌이가 존재하고 층류에 비해 물체에 미치는 저항 또한 크다. 난류는 유체의 가장자리가 굴곡이 있고 유속이 빠르며 유체의 점성이 작을 때 발생 가능성이 높다. 이러한 난류의 특성으로 난류의 정도가 큰 화염의 생성은 화재 시 격렬한 소리를 수반하기도 한다.

$$N_R = \frac{\rho \cdot V \cdot d}{\mu} = \frac{\text{관성에 의한 힘}}{\text{점성에 의한 힘}} = \frac{Inertial\ force}{Viscous\ force}$$

$$\mu = \frac{V \cdot d}{\upsilon}$$

- N_R : 레이놀즈수
- V : 유체의 평균유속(m/s)
- υ : 동점성계수(m^2/s)
- ρ : 유체의 밀도(kg · s^2/m^4)
- D : 관의 직경(m)
- μ : 점성계수(kg · s^3/m^2)

한편, 유체의 흐름인 층류와 난류는 담배 연기를 통해서도 이해해 볼 수 있다. 담배연기는 유심히 살펴보면 처음에는 곧게 뻗는 흐름을 유지하며 상승하는 방향으로 이동하다 어느 정도의 위치가 되면 예측이 어려운 와류를 형성하게 된다. 처음 곧게뻗는 흐름을 층류, 불규칙적인 변동을 동반하는 흐름을 난류로 볼 수 있다.

9.2. 열(heat)

물리학의 가장 기본적인 법칙 중의 하나인, 열역학 제1법칙인 에너지 보존의 법칙 이해와 접근에서 열에 대한 개념을 이해할 수 있다. 이 법칙은 화학, 열, 역학적 에너지 등이 서로 같은 종류의 물리적 양을 가지며, 계(system) 내인 자연에서는 형태는 변하더라도 총량은 변하지 않고 보존된다는 개념이다.

다시 말해, 화재 시 가연물이 연소하면서 소모되는 에너지는 소멸하지 않고 존재한다는 것이다. 이는 여러 가지 형태로 변환·생성되고 이 중 하나의 형태가 열(heat)이다. 열은 결국 에너지의 한 형태이기 때문에 일로 변할 수 있으며, 반대로 열이 일로 변할 수도 있다. 이러한 에너지의 변화와 열 생성 및 전달은 화재의 확산에 지대한 영향을 미칠 뿐만 아니라 재실하고 있는 사람의 인체에 손상을 유발한다.

[표 1 - 29] 열 스트레스 조건 하에서의 인내의 한계 시간

노출온도(℃) / 상대습도(%)	한계 시간
49℃ / 10%	~10일
49℃ / 50%	~2일
49℃ / 100%	~10분
100℃ / 0~100%	~10분

9.3. 열전달

열전달이란 열에너지가 공간의 한 위치에서 다른 위치로 이동하는 현상을 통칭하여 일컫는다. 이는 발열체(높은 온도)에서 발생한 열이 낮은 온도의 물질(상대적으로 낮은 온도)로 이동·확산하는 형태를 일컫는 말로, 매체(媒體)를 통한 열전달 현상인 전도, 매체와 함께 이루어지는 순환적인 형태의 대류, 매체에 의존하지 않는 열전달 현상인 복사의 방법이 있다.

열은 외부의 에너지가 작용하지 않는 상태에서는 높은 온도에서 낮은 온도로 이동하는 경향성을 가진다. 따라서 자연적인 환경 하에서는 이러한 온도의 차이가 발생하지 않는 열평형 상태가 될 때까지 지속된다. 일반적으로 열역학적 확률의 최대값(≒열전달)

은 온도가 균일한 열 평형상태에 도달하는 것이다. 결국, 열평형상태는 어떠한 고립된 (닫힌) 물질계(system)를 가정하면, 평형 속도를 배제하고 전체가 열적으로 평형하여 열 과정이 더 이상 일어나지 않는 정지 상태를 의미한다.

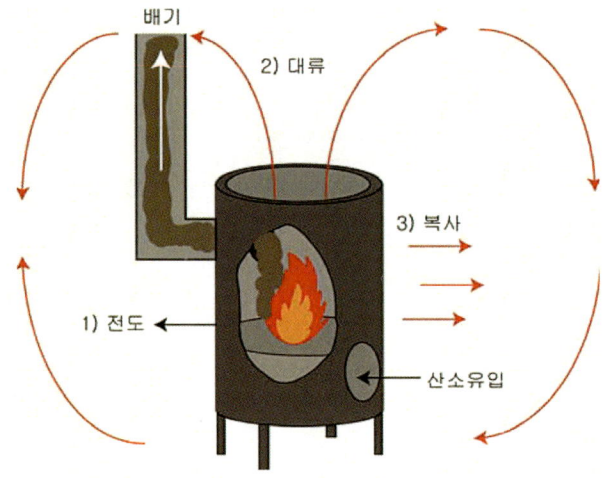

[그림 1 - 23] 난로의 전도, 대류, 복사

9.3.1. 전도(conduction)

고온의 물체와 열전도체의 직접 접촉에 의해 이루어지는 전달 형태로 물체의 고온부에서 저온부로 이동하는 현상이다. 가령, 기다란 금속막대의 한쪽 끝을 가열하면 최초에는 금속의 가열부의 온도만 상승하나 지속적으로 열에 노출되면 열전달에 의해 가열부의 반대편도 온도가 상승하는 현상이 이에 해당한다. 이렇듯 전도는 온도 구배 (temperature gradient)가 존재할 때 물질을 통한 열전달 현상이다.

실생활에 사용하는 흔히 금속냄비에서 음식을 조리할 때, 급격히 온도가 상승하여 뜨거워지고 가열을 멈추면 쉽게 차가워지는 현상은 열전도도가 높은 데에 기인한다. 반면에, 뚝배기의 경우에는 온도의 상승이 더디나, 가열을 멈춘 후에도 보온성이 높아 쉽게 냉각되지 않고, 뜨거운 상태를 오래 유지하는 현상은 상대적으로 열전도도가 낮다고 보면 된다. 이러한 이유로 냄비는 음식을 가열하는 부분은 열전도도가 좋은 물질을, 반대로 손잡이 부분은 열전도가 낮은 목재나 플라스틱 재질로 제작한다. 이러한 차이를 원인을 전도의 의미로 해석할 수 있다. 전도는 전기나 열 따위를 한 곳에서 다른 곳으로 잘 전하는 물체인 양도체의 경우 쉽게 일어나며, 부도체의 경우에는 열전도가 잘 일어나지 않는다. 가연물이 열전도율이 높을 경우 연소 확률이 그만큼 높아지므로 화재의 위험성은 가중된다.

전도를 조금 더 미시적 관점에서 접근하면, 입자 간의 상호 작용에 의하여 보다 에너지가 많은 입자에서 에너지가 적은 입자로의 에너지의 직접적 전달로 볼 수 있고, 고체, 액체, 기체 모두에서 일어날 수 있다. 고체의 경우는 격자 내부 분자의 진동과 자유전자의 에너지 이동에 의한 것이고, 기체나 액체 같은 유체는 분자들의 불규칙하고 비정형적인 움직임에 의해 충돌과 확산하는 과정에서 일어나는 것이다.

fourier의 열 전도법칙에 의하면

$$\text{전도열전달률} \propto \frac{\text{면적} \cdot \text{온도 차}}{\text{두께}} = -kA\frac{(T_1 - T_2)}{L} = kA\frac{(T_2 - T_1)}{L} = k\frac{A\triangle T}{\triangle x}$$

$$Q_{cond} = -kA\frac{dT}{dx}$$

- k : 물질의 열전도도(thermal conductivity) (kcal/mh℃)
- A : 물체의 표면적(m^2)
- L : 두께(m)

$$\text{온도구배} = \frac{dT}{dx}$$

*열전도량은 열전달 면적, 열전도율, 물체의 온도 차이, 시간에 비례하고, 열의 전달 거리에 반비례한다.

$$a = \frac{\text{전도되는 열}}{\text{저장되는 열}} = \frac{conducted\ heat}{stored\ heat} = \frac{k}{\rho C_p} \quad (m^2/s)$$

- α : 열확산율(thermal diffusivity)
- C_p : 비열
- ρ : 밀도

[표 1 - 30] 물질의 열적 특성(출처:Qunintiere,1998)

물질	열전도도(k) $(W.m-k)$	비열(c) $(kJ/kg-K)$	밀도(p) (kg/m^2)	열확산도(a) (m^2/s)	열관성(kpc) (kW^2-s/m^4-k)
Copper	387	0.380	8940	1.14×10^{-4}	1300.0
Steel (mild)	45.8	0.460	7850	1.26×10^{-5}	160.0
Brick (common)	0.69	0.840	1600	5.2×10^{-7}	0.93
Concrete	0.80~1.4	0.880	1900 ~2300	5.7×10^{-7}	2.0
Glass (plate)	0.76	0.840	2700	3.3×10^{-7}	1.7
Gypsum plaster	0.48	0.840	1440	4.1×10^{-7}	0.58
PMMA	0.19	1.420	1190	1.1×10^{-7}	0.32
Oak	0.17	2.380	800	8.9×10^{-8}	0.32
Yellow pine	0.14	2.850	640	8.3×10^{-8}	0.25
Asvestos	0.15	1.050	577	2.5×10^{-7}	0.091
Fiber nsulating	0.041	2.090	229	8.6×10^{-8}	0.020
Polyurethane foam	0.034	1.400	20	1.2×10^{-6}	9.4×100^{-4}
Air	0.024	1.040	1.1	2.2×10^{-5}	3.0×10^{-5}

열 관성

관성(inertia)은 질량 효과에 대하여 정의는 값으로, 물체에 가해지는 외부의 힘이 0이라 가정하면 자신의 운동 상태를 지속하려는 성질을 의미한다.

이러한 개념을 열 문제의 관점에서 접근하여 해석하면, 열이 가해졌을 때 온도의 변화에 저항하는 성질을 열 관성(thermal inertia)이라 할 수 있고, 질량, 비열이 큰 값을 가질수록 열 관성도 비례하여 커져 열에 대한 온도의 변화가 적어진다.

9.3.2. 대류(convection)

유체[32]의 이동에 의해 열이 전달되는 것으로 보통 하단부를 가열하면 대류에 의해 유체 전체의 온도가 상승한다. 유체 내부의 일정 부분의 온도가 상승하여 주위보다 높아지면 그 주위의 유체는 팽창하고, 이로 인해 밀도는 낮아지며, 온도가 낮은 다른 부분의 유체가 그 부분으로 유입되는 과정이 지속되는데, 이러한 일련의 순환 작용에 의해 열이 이동되는 현상을 대류라 한다.

대류는 온도, 밀도, 부력에 차이에 의해 생기는 열전달메커니즘으로, 이러한 요인이 부재하여 매체의 순환적인 이동이 어려운 경우 전도와 복사의 형태로 열전달이 이루어진다. 그러나 화재 현장의 현소 현상에서 열전달은 어느 한 현상이 독립적으로 나타나는 것이 아니라 복합적으로 이루어지므로 분리해서 보는 것은 비합리적이고, 영향력이 컸던 요인을 규명하는 것이 바람직하다.

대류는 가열로 발생한 밀도 차이에 의해 유체의 이동이 자연스럽게 이루어져 열이 전달될 때를 자연대류(natural convection, free convection), 가압을 통해 강제적인 유체의 흐름을 유도하여 열을 전달하는 것을 강제대류(forced convection)라 한다. 다층건물 건물의 화재 발생 시, 위층으로 열을 전달하여 화재가 확산되는 형태가 대류의 예로 볼 수 있다.

대류는 뉴튼의 냉각법칙(Newton's law of cooling)[33]에 의해

$$Q_{conv} = hA(T_s - T_\infty) \quad (kcal/h, \ W)$$

- h : 대류열전달계수(kcal/m2h℃)
- A : 대류열전달 발생 면적
- T_s : 물체 표면 온도
- T_∞ : 표면에서 멀리 떨어진 거리의 유체의 온도

---

32) 유체 : fluid 액체와 기체의 총칭, 변형이 쉽고 흐르는 성질을 가지며, 형태가 정형화되지 않는다.
33) 뉴튼의 냉각법칙[Newton's law of cooling] : 시간에 따른 물체의 온도변화는 그 물체의 온도와 주위 물체의 온도 차에 비례한다.

[표 1 - 31] 대류 열전달계수

대류 열전달계수	
유체 상태 및 대류 형태	$h\,(W/m^2 \cdot ℃)$
공기 중의 2m/s 풍속	~10
공기 중의 35m/s 풍속	~75
공기 중의 부양성 흐름	5~10
기체의 강제대류	25~250
기체의 자연대류	~2
난류성 액면화재	~20
비등과 응축	2,500~1,000,000
액체의 강제대류	50~20,000
액체의 자연대류	10~1,000
천장에 영향을 주는 화재플럼	5~50
층류성 성냥불	~30

9.3.3. 복사(radiation)

열방사(熱放射), 온도복사라고도 칭한다, 온도 차이가 나는 물질 사이에 중간물질 (매개체)없이 열이 전달되는 현상이다. 이때 전달되는 열을 복사열(Radiant heat)이라 한다. 복사에 의한 열 전달방식은 대류나 전도와는 달리 열을 중개하는 매개가 없어도 빛과 동일한 속도(복사선)로 순간적으로 고온체에서 저온체로 전달되는 특징을 가진다.

다시 말해 물질이 원자나 분자의 구조가 변화하면서 광자 혹은 파장(물질과 빛의 이중성)의 형태로 방출되는 에너지라 볼 수 있다. 이러한 성질 때문에 빛과 동일하게 반사판을 이용하여 복사열의 방향을 전환할 수 있다.

고온물체 부근에 저온 물체가 위치하면 복사선의 일부를 흡수하여 열로 변한다. 주위의 공기가 찬 곳에 난방기기를 설치할 경우 주위에 훈기(薰氣)가 도는 것을 느낄 수 있는 것은 이 때문이다. 또한, 태양과 지구 사이의 공간은 대기가 존재하지 않고, 거의 진공상태임에도 태양열이 지구까지 도달하는 것은 이 복사선의 형태로 전달되는 효과로 설명할 수 있다.

구획실화재에서 발생할 수 있는 플래쉬오버(flash over)의 주원인은 천정부에 체류하면서 강한 복사열을 방사하는 고온가스층이 주원인인데, 이 복사열이 미연소 가연물을 연소할 수 있는 형태로 변하도록 에너지원이 되기 때문이다. 이러한 복사에너지원이 주변 가연물에 전달되어 가연성 증기를 충분히 생산한 상황에서 산소의 공급이 원활할 경우 급격히 화염에 휩싸이는 현상이 발현될 수 있다.

복사에너지의 방사는 Stefan - Boltzmann 법칙에 의해

$$E_b = \sigma T^4 \quad (W/m^2)$$

- E_b : 흑체 복사열속
- σ : Stefan - Boltzmann상수($\sigma = 5.6697 \times 10^{-8} \ W/m^2 \cdot K^{-4}$)
- T : 절대온도(K)

온도 T인 물체로부터 방사되는 최대 복사 열 속은 흑체[34]와 같은 이상적인 복사체만이 Stefan - Boltzmann 법칙에 의해 설명 가능하다.

실제 화재에서 발생하는 복사 열 속은

$$Q_{rad-\geq n} = \epsilon \sigma T_s^4$$

화재의 발생 시, 물체로부터의 복사는 반사와 흡수에 의해 최대값으로 생성되지는 않고 감소되는데 이와 같은 최대값에 대한 실제값의 비율을 방사율(emissivity), ϵ이라고 한다. 화염의 방사율은 연료 및 연소생성물 등의 가스나 화염의 두께에 따라 달라지는데, 가스로부터 화염이 복사하여 나타나는 복사 주파수의 모든 스펙트럼은 화염에서 생성되는 탄소 입자에 따라 변화하기 때문이다.

---

34) 흑체[black body] : 온도에 의하여 정해지는 열 · 빛을 완전히 방사 또는 흡수하는 이상적 열 방사체이다.

화염의 방사율[35]은

$$\epsilon = 1 - \exp(-\chi l)$$

- ε : 방사율
- l : 화염의 두께
- χ : 화염의 흡수계수(absorption coefficient)

*화염의 흡수계수는 화염의 성질로서 화염을 관통하여 복사하는 용이성을 나타낸다.

임의의 표면과 주위 표면 사이의 단위 시간당 복사열 전달량은

$$Q_{rad} = \epsilon \sigma A \left(T_s^4 - T_{sur}^4 \right)$$

$$Q_{rad} = h_r A \left(T_s - T_{sur} \right) \quad (kcal/h, \; W)$$

*h_r : 복사열 전달율

복사열의 흡수, 투과, 반사는

흡수율(α) + 투과율(τ) + 반사율(ρ) = 1

*흑체(black body)의 경우

$Q_{\in c} = Q_{abs}$ (입사되는 복사 에너지 = 흡수되는 복사 에너지)

실제, 물체에서 흡수율은 방사율과 크기가 서로 다르다.

* 표면에 입사된 모든 복사에너지를 완전히 흡수하는 물체를 흑체라 한다(흡수율(absorptivity)=1).

---

35) 방사율은 0 ~ 1 사이의 값을 갖는다.

화재이론

1 화재

화재의 사전적 의미는 "불이 나는 재앙 또는 불로 인한 재앙"으로 정의하고 있다, 따라서, 불이 원인으로 발생하는 재해를 의미한다. 법적인 의미를 살펴보면, 형법상 화재는 불을 놓아 매개물에 독립하여 연소되는 것(독립연소설[36])로 보고 있다.

민사상 고의 또는 중과실로 인하여 타인에게 손실을 입히는 화재를 불법행위(일반적인 불법행위의 요건보다 엄격하게 해석)의 요건에 해당하는 화재로 본다.

화재는 과학적으로 봤을 때, 연소 현상이라는 관점에서 빛과 열을 발생하는 산화 발열현상으로 정의되는데, 물질이 연소하면서 반응열이 크고 그 결과로 빛과 열을 수반하는 급격한 산화반응으로 해석할 수 있다.

1.1. 화재의 정의에 대한 규정

[소방방재청훈령 화재 조사 및 보고규정 제2조 제1호]의 내용을 보면 화재를 다음과 같이 기술하였다. "사람의 의도에 반하거나 고의에 의해 발생하는 연소 현상으로써 소화시설 등을 사용하여, 소화할 필요가 있거나 화학적인 폭발현상을 말한다."

화재의 요소

- 사람의 의도에 반하거나 고의에 의한 발생
- 소화가 요구되는 연소 현상(폭발 포함)
- 소화 시설 또는 이와 동등한 효과를 발휘하는 물건 혹은 물질의 사용이 요구

---

36) 독립연소설 : 불이 방화의 매개물을 떠나서 독립하여 연소를 계속할 수 있는 상태에 달하면 기수가 되며, 목적물이 화력으로 인한 손괴의 대소는 불문한다는 설이다. 이 설의 논거는 방화죄의 본질이 공공의 안전을 위태롭게 하는 범죄, 이른바 공공위험범이라는 점에 근거를 두고 방화죄의 기수시기를 정하는 표준도 범인의 행위가 공공의 위험을 주체화하는 상태를 야기시켰을 때를 기준으로 하고, 결국 불이 점화물로부터 목적물에 옮겨져 목적물 자체가 독립하여 연소를 계속할 수 있는 상태에 이르면 공공의 위험은 발생하는 것이므로 이때를 방화죄의 기수시기로 보는 것이다.

1.2. 화재의 위험성

화재는 기본적으로 통제 불능의 연소과정으로 확산·발전해가면서, 많은 피해를 입힐 뿐만 아니라, 예측이 대단히 난해하다. 폭발을 동반한 화재의 경우 급속도로 확산되고, 짧은 시간 내에 큰 피해를 야기하기 때문에 화재는 항상 위험성을 동반하고 있다. 게다가 화재로 인해 발생하는 유해물질은 환경문제를 야기하기 때문에, 예방 대책이 무엇보다 중요하다. 또한, 방화로 인한 화재의 경우, 엄청난 인명 및 재산 피해를 유발하고, 공공의 안전에 위험을 초래하며, 나아가 사회 질서를 무너뜨리는 심각한 범죄이다.

[표 2 - 1] 화재로 인한 피해와 위험성

화재로 인한 피해와 위험성	• 인명피해 - 사상자 발생 • 재산피해 - 민·형사상의 책임(손해 배상) • 환경문제 - 유해물질 발생(폐기물 발생 및 자연훼손) • 사회문제 - 사회질서 혼란 야기(방화)

1.3. 인간의 피난행동 특성

화재의 발생 시 인간은 열과 연기에 대한 두려움과 거부반응으로 인해 본인의 의도와 무관하게, 위험 상황을 탈피하려는 심리작용으로 피난행동 특성을 보인다. 화재현장 감식 시, 이러한 피난행동 특성이 없이, 부자연스럽게 소사자[37]가 발생한 경우라면, 범죄에 대한 수사가 반드시 필요하다.

[표 2 - 2] 인간의 피난행동 특성

인간의 피난행동 특성	귀소본능
	퇴피본능
	지광본능
	추종본능
	좌회본능

---

37) 소사자는 화재 당시 불에 타서 사망하거나, 화재의 연소과정에서 발생하는 일산화탄소와 같은 연소가스 내지는 연기의 양면작용으로 사망한 자를 말한다.

1) 귀소본능(歸巢本能)

화재현장에서 무사히 피난했음에도 불구, 다시 들어가려는 경향을 말한다. 이러한 행동은 내부에 가족이나 사람이 있다거나, 귀중품 같은 중요한 물건을 두고 나온 것을 뒤늦게 깨달았을 때 나타난다. 실제, 이 경우 치명적인 사상을 당한다.

2) 퇴피본능(退避本能)

화재로 인해 발생한 화염과 열, 연기 등을 피해 발화지점으로부터 멀리 피하려는 경향을 말한다. 화재 초기에는 진압을 위해 노력하지만 화염이 걷잡을 수 없이 확산되면 피하려고 하는 본능이기도 하다. 만약 퇴로가 없다면, 발화지점으로부터 떨어진 비교적 온도가 낮고 오염이 되지 않은 화장실, 책상 밑, 창문 주변으로 몸을 낮게 움츠리는 행동을 보인다. 화재 현장에서 이러한 퇴피본능을 나타내는 소사자 및 동물이 있다면, 최초 발화부와 떨어져 있을 가능성이 있고 이를 통해 확산된 지점이라는 것을 유추할 수 있다.

3) 지광본능(指光本能)

화재의 영향으로 건물 내부의 전기 설비 문제를 야기하여, 정전으로 암흑이 되고, 연기로 인해 시야 확보가 전혀 되지 않아, 공간지각능력을 상실하게 될 경우, 한 치 앞도 내다볼 수 없어 사람이 느끼는 공포감은 극에 달한다. 이때, 방향성 없이 조그만 불빛이라도 따라가려는 본능이 발현되는 것을 지광본능이라 한다.

4) 추종본능(追從本能)

화재 현장과 같은 혼란스러운 상황에서는 주장이나 생각이 뚜렷한 사람을 추종하게 되기 마련이다. 그렇지 않더라도, 탈출을 위해 피난구를 찾는 행동을 먼저 실행에 옮긴 사람이 있으면 무의식중에 집단으로 행동하는 경향을 보인다. 생명을 담보로 탈출해야 하는 절박한 상황에 처하게 되면 이성적 판단의 시간적 여유가 결여되기 때문에 지푸라기라도 잡는 심정으로 선행하는 사람을 따르기 마련이다.

5) 좌회본능(左回本能)

좌회 본능의 의미 그대로 왼쪽으로 돌아가려는 행동특성을 말한다. 대부분 사람은 위험 상황에서 탈피하다 갈림길이 나오면, 좌측길을 선택할 확률이 더 높다고 한다. 육상, 스케이트 같이 트랙을 도는 스포츠에서 좌측 방향으로 회전할 때의 기록과 그 반대방향으로 돌 때의 기록이 실제 상이하게 나타나는 것도 좌회본능 때문으로 생각된다. 이는 심장이 좌측에 있기 때문에 무의식적으로 심장을 보호하기 위해 발현되는 본능으로 보는 측면도 있고, 왼손잡이보다 오른손잡이가 상대적으로 많아서 이러한 특성이 나타난다고 보는 견해도 있다. 하지만 과학적으로 분명하게 증명된 사실은 없다. 결국, 중요한 점은 이러한 인간의 피난 특성을 고려하여, 피난로를 설정하여, 피해를 최소화하려는 노력과 연구가 진행될 필요가 있다는 것이다.

> **패닉(Panic)현상**
>
> 패닉 현상은 화재현장에서 느끼는 극심한 혼란상황을 뜻하는 말로, 연기에 의한 시계의 제한, 유독가스에 의한 호흡장애 등으로 인해 생명에 위협을 받는 상황에서 느끼는 공포감 때문에 비이성적행동 양식을 보이는 현상을 의미한다.

1.4. 화재에 의한 사상자

화재의 소화활동, 대피 행동 및 여러 가지 행동으로 인해 화재 현장에서 사망 또는 부상을 당한 사람을 화재에 의한 사상자라 한다. 단, 화재와 직접적 연관이 없는 병에 의한 사망은 제외한다. 일반적으로 화상을 입으면, 최초에 극도의 불안과 공포로 의식이 분명치 않고, 심한 통증을 느끼며, 흥분상태가 가중되며, 이후에 맥이 없어지고, 호흡이 얕아지면서 의식을 잃고 통증을 느끼지 못하는 단계가 되어, 소변, 설사, 토를 동반한 신체 작용을 동반하면서 끝내, 경련과 함께 사망에 이르게 된다.

1.4.1. 화재시체(火災屍體)

소사체 또는 탄화사체 등을 포함하여, 화재로 인하여 사망한 시체를 의미한다.

1.4.2. 소사

화재로 인한 화염에 의해 사망하거나, 그와 동시에 연소과정에서 발생하는 유독가스의 양면작용으로 사망에 이른 것을 의미한다. 따라서 단지 화상만 작용하여 사망한 화상사와는 구분되는 개념이다.

소자자의 특징은 다음과 같다.

① 소사자 전신에 걸친, 1~3도 화상 흔적을 보인다.

② 기도의 중간인 기관에서 폐 부분까지 그을음이 흡착되어 있다(화재 당시 생존하면서 호흡한 증거, 사망 후, 화재에 노출되었다면 기도 내에 이물이 없음).

③ 본능적으로 화재에 의해 발생하는 열과 유독가스, 연기 등으로 인해 인상을 찡그리는 행동으로 사후에 코 옆으로 짧은 주름이 생긴다.

④ 화재 당시 생존했다가 일산화탄소 중독으로 사망한 경우, 선홍색 시반이 형성된다.

⑤ 피부에 기포가 형성되며, 가슴과 배의 일부가 소실될 경우, 내장이 보이기도 한다. 하지만, 표면이 화염에 탄화하면서, 경화되어 있는 경우가 많다(인체의 동물성 지방이 가장 많이 저장되어 있는 복부가 가연물로 연소하는 형태를 보인다).

⑥ 탄화의 진행으로 인해 근육이 수축하는데, 마치, 권투선수의 자세와 유사하다 해서 권투가 자세 혹은 투사형 자세라고도 한다.

⑦ 두개골과 그 밑 경뇌막의 경우, 외상으로 인한 손상은 혈종이 뼈보다도 뇌경막 쪽에 형성되고 붉은 벽돌색과 같이 빨간 기미를 띠고 있는 반면, 화상혈종은 뼈 부근에 혈액 덩어리가 붙어 있는 것이 많다.

1.4.5. 화재사 관찰 및 소사체의 식별사항

화재사 현장 관찰 및 소사체의 식별사항은 다음과 같다.

1) 화재건물의 각 구획 및 벽체의 연소상황

화재의 전반적인 진행 양상과 소사자와의 논리적 연관성을 유추한다.

2) 소사자의 발생장소와 문 등 개폐 및 사건 상황

① 소사자의 위치

화재의 원인과 발화부의 위치를 고려, 머리의 방향이 출입구나 피난구 방향인지 실내 측인지를 파악한다.

② 소사자의 자세

엎드린 자세, 누운 자세, 옆으로 누운 자세, 앉은 자세 등의 소사체가 취한 형태를 통해 당시 화재 상황을 추정한다.

③ 소사자의 착안 사항

나체, 하의 착, 평상복장, 잠옷 등 소잔의복과 유류의 취향을 파악하여 소사자의 화재와의 연관성 및 특이점 파악한다.

④ 소사자의 지참품

라이터, 소화기, 귀중품 등 라이터의 소지는 화재를 유발한 착화원으로서의 가능성을 보여주고, 소화기는 진압활동 중 화재의 확산으로 사망에 이르렀을 가능성, 귀중품과 같은 재산을 지키기 위한 일련의 행동으로 화재 현장에 다시 들어가거나, 피난이 지연되면서 화재로 인해 사망에 이르렀을 경우가 있으므로 여타의 가능성을 관계자의 증언을 통해 확인할 수 있다.

⑤ 소사자 반출 후의 신체 하면과 주위 상황

하면에 있는 물건의 종류, 연소의 유무, 상층으로부터의 낙하물건 등의 확인, 소사체의 전반적인 연소상황도 유심히 관찰한다.

3) 현장 상황과 시체 주변에 대하여 사진 촬영 실시하여 증거를 남긴다.

사체에 대한 검사는 위에 언급한 내용으로는 단정할 수 없으므로, 섣부른 판단은 절대 금물이다. 화재사건 현장에서 사체에 대한 잘못된 판단은 사건 전체에 오류를 불러올 수 있으므로 반드시 전문 법의학자, 검시관 등의 전문가의 조언을 듣고 반드시 부검을 통해 이를 증명하여야 한다.

1.4.5. 사망원인 및 인체에 나타나는 다양한 반응

1) 화상사

화염에 의해 화상을 당한 이후, 그 상황에서 2차적 조건에 의해 사망에 이른 것을 의미한다.

2) 질식사

산소의 공급이 차단되어 호흡 곤란으로 인해 사망에 이른 것을 의미한다. 산소의 공급 차단의 원리에 따라 내·외 질식사로 나눈다.

외질식사는 유독가스로 인해, 구토를 유발하고, 그로 인해 기도를 막아 사망에 이른 것을 말한다. 내질식사[38]는 산소에 비해 친화력이 높은 일산화탄소의 영향으로 혈액 내 산소의 농도를 현저히 떨어뜨려, 사망에 이른 것을 의미한다.

---

[38] 일산화탄소 중독사는 체내에 산소를 운반하는 역할을 하는 헤모글로빈이 일산화탄소와 결합하여, 산소의 공급을 차단하는 과정으로 체내 조직이 산소를 공급받지 못해 사망에 이른 것이다.

[표 2 - 3] 일산화탄소와 헤모글로빈 농도에 따른 증상

COHb 포화도	증상
10% 이하	증상없음
10~20%	가벼운 두통, 앞머리의 압박감, 과동한 운동 시 호흡곤란
20~30%	욱신거리는 두통, 귀 울림(耳鳴), 정서불안, 흥분, 판단력 감퇴
30~40%	심한 두통, 속이 미식거리는 증상, 구토, 의식장애, 보행 및 시각장애
40~50%	심한 의식장애, 심한 보행 장애, 호흡곤란
50~60%	호흡 및 맥박의 증가, 의식상실, 경련, 실금
60~70%	의식불명, 미약한 호흡, 혈압강하
70~80%	심각한 의식불명, 경련, 반사저하
80~90%	급격한 사망

3) 쇼크사

화재로 인해 발생하는 극심한 주변의 변화로 인해, 인체가 극도의 신경자극(스트레스)과 충격을 받아 사망에 이른 것을 의미한다.

4) 생활반응

생존 당시 인체가 나타내는 갖가지 변화와 반응을 의미하며, 이를 통해 인체가 손상된 후 화재에 노출되었는지, 화재로 인해 사망했는지 여부를 판단할 수 있는 단서가 된다.

5) 출혈

살아있는 사람의 경우, 혈액이 순환하기 때문에, 혈관 내는 상당히 높은 압력이 작용한다. 만약, 외부의 자극에 의해 손상되었을 경우, 혈액이 분출되는 현상을 나타낸다. 이에 반해 사후출혈은 혈관 부근에서 혈액이 흘러나오는 정도의 수준이다.

6) 피하출혈

살아있는 사람이 둔기에 맞는 등의 외력이 작용하여 손상을 입으면, 피부의 손상이 발생하지 않더라도 내부의 모세혈관이 파괴되면서, 피부 내로 출혈하면서 응고된다. 반면에, 사체는 이와 같은 응혈 현상이 없다.

7) 창상개구

생체 조직은 탄력성을 지니고 있어, 피부나 근육이 예리한 흉기에 상처를 입는 등의 물리적 자극이 있다면, 벌어지는 현상이 생기는 데 반해, 사체는 탄력성을 상실하여 나타나지 않는다.

8) 발적종창

살아있는 사람이 상처를 입으면 그 부위에 동맥혈이 증가하여 충혈되고, 이로 인해 붉은 종기가 형성된다.

9) 화상포

화염이나 열로 인해 피부가 자극을 받으면 물집이 생기는 데 반해, 사체는 화열에도 물집반응이 일어나지 않는다. 사후의 **수포는** 부풀기는 하나, 수포 내에 일반적으로 발생하는 세포 안에 단백질 성분을 갖는 묽은 액체는 고이지 않는다.

10) 미세포말

익사나 소사로 사망하면, 입에서 하얗고 **빽빽한** 점액성의 거품을 유발하는데, 사체를 물속에 넣거나 태우면 이러한 증상은 발현되지 않는다.

11) 화상

생존 시 열기에 의한 생활반응으로, 고온의 물질로 인해 받는 인체 손상을 말한다.

① 1도 화상
표피에만 국한되고, 모세혈관의 충혈로 인해 종창과 더불어 홍반만 나타난다. 수포는 형성되지 않고 표피는 벗겨질 수 있다.

② 2도 화상
표피와 함께 진피도 손상을 입는 화상으로, 수포와 홍반이 같이 발생한다.

③ 3도 화상
피하지방을 포함한 피부 전층이 손상되는 경우로, 조직이 응고성 괴사에 상태가 되므로 괴사성 화상이라고도 한다. 외견상 회백색을 보이고, 수포가 발생하지 않는다.

④ 4도 화상
피부의 세포조직과 인체 내부까지 손상을 입어 검게 타는 탄피층이 형성되며, 4도 화상까지 진행된 경우, 사후에 입은 손상인지 생존 시에 입은 손상인지 여부를 판별하기 매우 어렵다.

다양한 사망원인 및 인체에 나타나는 반응이 명확히 규명되면 어떠한 이유로 사망했는지를 밝혀 원인을 추적할 수 있고, 이는 화재 발생과 사망 혹은 부상과의 상관관계를 통해 인과관계를 유추할 수 있는 근거가 될 수 있다. 다만, 화재 시 발생할 수 있는 인체의 반응 정도로 참고할 수 있는 사항이며, 정확한 판단은 반드시 전문 법의학자, 검시관 등 전문가의 견해에 따라야 한다. 따라서 화재의 인과관계에 있어 인체에 나타나는 반응을 통해 예단하는 것은 견제해야 한다. 화재 현장에서 잘못된 판단은 사건 전체의 오류로 결부될 수 있기 때문에 신중함을 요한다.

2 화재의 분류

화재를 분류하자면 가연물, 대상물, 원인, 소손[39) 정도로 나눌 수 있다. 현행 화재 분류 체계를 통한 화재의 체계적인 이해는 예방 대책 수립과 정책 결정에 영향을 줄 뿐만 아니라 화재 감식에 있어서 가장 기본적인 바탕이다. 감식은 원인을 규명하고 그에 따른 과학적 증거 수집에 목적이 있기 때문에, 특징을 알아야 효과적 감식이 가능하다. 화재의 분류 체계는 다음과 같다.

[표 2 - 4] 화재의 분류

화재의 분류	가연물별	일반화재(A급 - 백색) 유류화재(B급 - 황색) 전기화재(C급 - 청색) 금속화재(D급 - 무색) 가스화재(E급) 식용유화재(Kitchin Fire)(K급)
	대상물별	건조물화재 차량화재 위험물화재 선박 · 항공기화재 임야화재 기타화재
	원인별	실화 방화 자연발화

---

39) 소손[Damage by burning]은 불에 타서 못 쓰게 된 것을 의미한다.

		재발화 천재지변 원인미상
	소실정도별	전소 반소 부분소 즉소

2.1. 가연물별 화재의 분류

국내의 소방기분은 A, B, C 체계로만 분류하나, 미국 기준은 D, K까지 세분화하여 분류하브로 분류기순을 주가하였다. 가스화재는 국내의 경우, 유류화재와 묶어 B급으로 보기도 하나, E급으로 분류하는 국가도 있다. 사실, 이 등급 분류 자체보다 가연물별 원인물질과 특징을 이해하는 것이 감식에 있어 무엇보다 중요하다.

1) 일반화재

일상생활에 흔히 존재하는 면류, 종이, 고무, 석탄, 목재 등의 일반 가연물, 폴리에스테르 등의 합성고분자 물질이 가연물로 발생하는 화재이고, 연소 후 재를 남겨 보통화재라고도 한다. 화재를 소화 시, 다량의 물과 같은 수용액으로 냉각효과를 통한 소화가 효율적이다. 일반적으로 가연물 자체가 일상생활에 흔히 쓰는 것들이므로, 일반주택에서 발생하는 화재가 일반화재의 성격이 짙다.

2) 유류화재

대기압, 상온의 환경 하에서 액체 상태로 존재하는 인화성 물질이 가연물로 발생하는 화재로, 연소 후 재를 남기지 않으며, 작은 점화원에도 착화가 대단히 용이하고, 연소열이 크고 연소성 자체가 좋기 때문에 일반화재보다 위험성이 높다. 유류의 경우, 물을 이용한 냉각작용에 의한 소화보다 질식소화[40]를 이용하는 방법이 보다 더 효과적이다(포 소화제, 분말소화제, 토사 등을 이용).

---

40) 연소의 필수조건인 산소의 공급을 차단하는 방법으로 연소가 지속될 수 없도록 하는 방법. 개방된 부분을 폐쇄하거나, 탄산가스 또는 거품 등을 이용해 공기를 차단한다.

착화가 용이하다는 점 때문에 방화 시에 많이 사용하므로, 유류의 존재(유류 존재 시 보이는 패턴) 및 개연성(유류가 존재하는 위치의 연관성)을 잘 파악해야한다.

3) 전기화재

전기시설물(배전반, 분전반, 배선용 차단기 등), 전기기기(냉장고, 형광등, TV 등), 정전기와 같이 전기가 발화원이 되는 화재의 총칭이다. 주로 누전, 이상 과열, 정전기에 의한 불꽃 등이 원인이 되는 경우가 많다. 전기가 차단되지 않은 상태에서 물을 이용한 소화 시 감전 등 안전사고의 위험이 있으므로, 반드시 적응성이 있는 특수소화제를 사용하거나, 질식소화의 방법을 이용해야 한다. 실생활에서 전기화재가 차지하는 비중은 대단히 높고, 발생 시 고의·과실 여부를 판단하기는 쉽지 않다.

4) 금속화재

가연성 금속류(나트륨, 마그네슘, 칼륨 등)가 가연물이 되는 화재로, 공기 중에 분말상태로 존재하는 경우 위험성이 매우 크고, 급격한 연소 및 폭발에 이르기도 한다. 물과 접촉하면 수소의 발생에 의한 폭발이 일어나므로, 수(水)계 소화약제를 사용하면 안 된다.

5) 가스화재

LNG, LPG 등 대기압, 상온의 환경에서 기체 상태로 존재하는 가연물에 의해 발생하는 화재를 의미하며, 일반적으로 액화된 상태로 사용하고 이것이 기화하면서 누출될 경우 강한 폭발을 일으킬 위험이 있으므로 사용상 각별한 주의가 요구된다. 기체 상태로 존재하기 때문에 눈으로는 식별이 불가능하고, 후각으로 느낄 수 있기 때문에 (누출 시 사람이 식별할 수 있도록 냄새를 유발하는 성분을 추가) 누출이 의심되면 밸브를 잠그는 등의 대처를 통해 차단하고 환기를 시켜 위험을 제거하여야 한다.

6) 식용유 화재(Kitchin Fire)

국내의 분류기준으로는 적용되지 않지만 미국과 같은 선진국에서는 K급 화재로 식용유 화재를 분류하고 있으며, 동·식물성 기름 및 지방 등의 가연성 물질을 사용한 조리 및 사용으로 인해 발생하는 화재를 의미한다. 식용유의 경우, 발화점이 비점보다 낮아 유면을 분말소화 등을 이용해 소화하더라도 발화점 이상의 유온을 유지하기 때문에 금방 다시 재발화하는 성질을 지니고 있다. 따라서, 이 경우 근본적으로 유온을 낮춰야 소화 효과를 거둘 수 있기 때문에, 온도가 낮거나 고형의 동일물질을 이용해 냉각 효과가 나타나도록 해야 한다.

조리에 많이 사용하는 유지류(油脂類)의 경우, 끓는점이 높고, 유증상태로 존재하거나 주변에 가연물이 있다면 쉽게 발화할 수 있다. 이때, 소화를 위해 용수를 사용하면, 소화효과가 없고, 오히려 높은 온도의 기름에 노출된 수분이 급격히 증발하면서 화재의 확산을 유발할 수 있다. 따라서, 이 경우는 낮은 온도의 유기용재를 사용하여 유지류 전체 온도를 낮추는 방법이 효과적이다.

[표 2 - 5] 국가별 화재의 분류 (미국 방화협회 National Fire Protection Association의 코드(NFPA 10)에 의한 분류 방식으로 국내의 분류 기준과 다소 상이함)

구분	한국	일본	미국	독일	표시 색상
A급	목재, 종이, 섬유류 석탄, 플라스틱, 고무 등의 일반가연물	목재, 종이, 섬유류 석탄, 플라스틱, 고무 등의 일반가연물	목재, 종이, 섬유류 석탄, 플라스틱, 고무 등의 일반가연물	목재, 종이, 섬유류 석탄, 플라스틱, 고무 등의 일반가연물	백색
B급	유류(가연성 액체, 가스 포함)	유류(가연성 액체, 가스 포함)	유류(가연성 액체, 가스 포함)	유류(가연성 액체, 가스 포함)	황색
C급	전기	전기	전기	가스(액화, 용해, 압축가스 포함)	청색
D급	금속	금속	금속	금속	무색
E급	-	가스(액화, 용해, 압축가스 포함)	가스(액화, 용해, 압축가스 포함)	전기	황색
K급	-	식용유 조리	식용유 조리	식용유 조리	

2.2. 대상물별 화재의 분류

1) 건조물화재

크기와 무관한, 가옥 기타 이와 유사한 공작물로써 토지에 정착하여 사람이 거주하고 내부에 출입할 수 있는 정도의 기둥에 의해 지지되고 지붕이 있는 구조물을 건조물이라 하는데, 여기서 발생한 화재로 인해 소손된 경우를 의미한다. 다만, 용도, 기능, 구조상 건조물로 취급하는 것이 적절치 않은 폐가(廢家)와 비닐하우스 및 텐트 등은 제외된다.

2) 차량화재

차량은 법적으로 차량등록 여하를 막론하고, 동력 기계를 사용하여 육상에서 운송 및 이동 수단을 목적으로 제작된 용구를 의미한다. 차량과 피견인차량, 또는 적재물에서 발생한 화재를 차량화재로 정의하고, 자동차는 물론, 철도차량으로 선로를 운행하는 기차, 전동차 등도 모두 포함된다. 다만, 차량의 본래 목적과 다른 오락 및 완구용 등은 제외한다.

3) 위험물 화재

위험물을 제조, 저장, 취급하는 시설에서 발생한 화재를 의미하고, 위험물을 대량으로 취급하는 시설에서 발생하는 경우가 많고, 위험물의 특성 상, 화재 발생 시 큰 피해를 야기한다.

4) 선박 · 항공기화재

선박(船舶, ship)은 사람이나 물건 등을 물 위 또는 물속에서 이동할 수 있도록 하는 물 위의 교통수단을 의미(잠수함도 포함)하고, 항공기는 사람이나 물건을 싣고 공중을 비행하는 비행기, 헬리콥터 등의 비행체를 의미하는데, 여기서 발생한 화재(적재물 포함)다.

5) 임야화재

산림과 수목, 초지, 경작물 등에서 발생한 화재로 인해 소손된 경우를 의미하며, 산불화재는 최초 발생 이후, 무제한적으로 연소를 지속하려는 성향을 가졌기 때문에 대단히 위험하다. 대규모로 발생한 경우, 환경파괴를 야기하고 회복까지 장기간이 소요되기 때문에 예방이 매우 중요하다. 또한, 최근 들어 개인의 심리적인 만족과 보복을 목적으로 방화하는 대상이 일반구조물뿐만 아니라 임야에서도 나타나고 있다. 그리고 임야화재는 그 특성상 발생 시 넓은 범위를 소멸시킬 뿐만 아니라 화재의 원인을 규명하기 매우 난해하므로 관심을 갖고 연구해야 할 필요가 있다.

6) 기타화재

위에 언급된 화재에 해당하지 않는 것을 말하며, 기계적인 가공과 조립을 통해 생산한 물건이나 지면 · 지하에 인공적으로 조성하거나 제작된 것들이 해당한다. 터널, 가로등, 쓰레기 등이 있다.

2.3. 원인별 화재의 분류

1) 실화

일반적으로 지켜야 할 주의 의무를 소홀히 한 결과(과실)로 발생하는 화재를 의미하며, 작위[41]에 의해 발생하는 경우도 있으나 부작위[42]에 의한 경우가 많다. 형법에서는 과실의 경중에 따라 중실화로 처벌한다.

실화와 중실화의 형법조항
제170조 (실화)
① 과실로 인하여 제164조 또는 제165조에 기재한 물건 또는 타인의 소유에 속하는 제166조에 기재한 물건을 소훼한 자는 1천500만 원 이하의 벌금에 처한다. [개정 1995. 12. 29.]
② 과실로 인하여 자기의 소유에 속하는 제166조 또는 제167조에 기재한 물건을 소훼하여 공공의 위험을 발생하게 한 자도 전항의 형과 같다.
제171조 (업무상실화, 중실화) 업무상과실 또는 중대한 과실로 인하여 제170조의 죄를 범한 자는 3년 이하의 금고 또는 2천만원 이하의 벌금에 처한다. [개정 1995. 12. 29.]

2) 방화

형법상 방화는 "고의로 화재를 일으켜 가옥이나 기타의 물건을 연소시키는 행위"를 말하며, 발화 내지 점화가 있어야 한다는 조건을 전제한다(통설·판례). 방화의 방법에는 제한이 없고 직접 목적물에 방화하건 매개물을 이용하여 방화하건 불문한다.

3) 자연발화[43]

물질이 공기중에서 발화온도보다 상당히 낮은 온도(상온)에서 자연히 발열하고 그 열이 장기간 축적되어서 발화점에 도달하여 결국에는 연소하기 이르는 현상이다. 자연발화는 본서 2.3. 자연발화 파트에서 보다 자세히 다루었다.

4) 재발화

화재가 진압된 후, 다시 발생하는 것을 말하며, 완전한 소화가 이루어지더라도, 퇴적물 깊이 남아 있던 열에 발화하는 때도 있고, 이 경우 불꽃 연소로 발전하는 경향이 있다. 식용유와 같은 유지류의 경우, 발화점이 비점보다 낮아 표면의 화염이 소화되더라도, 자체의 온도가 냉각되지 않으면, 곧바로 재발화하는 형태를 보인다.

---

41) 작위(作爲)는 사람이 의식적으로 한 행동이나 적극적인 행위를 의미
42) 부작위(不作爲)는 마땅히 해야 할 것으로 기대되는 행위를 하지 않는 것이다. 해야 할 일을 일부러 하지 않는 소극행위(消極行爲)와 유사
43) 산업안전대사전, 최상복, 2004. 5. 10. 도서출판 골드

5) 천재

낙뢰, 지진, 해일 등 자연적 재해로 발생한 화재를 의미하며, 자연재해로 인해 발생하는 화재는 그 범위와 정도를 예측하기 매우 어렵다.

6) 원인 미상

원인을 발견하지 못하거나, 원인을 알 수 없는 경우를 의미한다.

2.4. 소실 정도별 화재의 분류

화재는 가연물, 대상물, 원인별로 분류하여 설명하지만, 화재의 양상은 천차만별이므로 [화재조사 및 보고규정 제30조]는 소실 정도별로 분류하고 있다. 즉소 화재는 화재발생 즉시 소화된 화재를 의미하는데, 소방대가 도착하기 전에 관계자 등에 의해 소화되었거나 소방대가 현장에 도착 즉시 물을 사용하지 않고도 손쉽게 진압된 화재 등을 포함하고 있다. 현행규정은 즉소 화재를 부분소의 범주에 포함시켜 삭제했다.

[표 2 - 6] 소실정도에 따른 화재의 분류

소 실 정 도			내 용
전소		70% 이상	건물의 70% 이상 소실되었거나 또는 그 미만이라도 잔존 부분에 보수를 하여도 재사용이 불가능한 것
반소		30% 이상 70% 미만	건물의 30% 이상 70% 미만이 소실된 것
부분소		30% 미만	전소 및 반소화재에 해당 되지 아니하는 것

즉소	화재 발생 즉시 소화된 화재로 인명 피해가 없고 피해액이 경미한(동산, 부동산을 포함하여 50만원 미만)화재로 화재 건수에 이를 포함한다. *현행규정은 부분소의 범주에 포함시켜 삭제함.

3 　자연발화(spontaneous combustion)

물질 스스로 화학반응을 일으켜 발열하여 연소하는 현상을 의미하며, 물질이 대기압 하에 비교적 발화점보다 낮은 온도(상온 정도의 수준)에서도 자연적으로 발열하여, 내부에 열이 축적되어 서서히 온도가 상승하여 결국 발화한다. 인위적인 가열 조건이 형성

되지 않고, 발화하기에는 아주 낮은 온도인 상온에서 물질 스스로가 공기와 만나 자연산화 반응 혹은 분해 반응 등 발열 반응을 통해 열을 축적하여 점진적으로 반응이 촉진되어 발화점에 도달하여 발화하는 현상이다.

3.1. 자연발화를 일으키는 원인

자연발화를 일으키는 원인에는 물질의 산화, 분해, 흡착, 중합, 발효열 등이 있다.

[표 2 - 7] 자연발열의 원인에 따른 분류

산화반응성
분해반응성
흡착반응성
발효반응성
중합반응성

 1) 산화반응성

 공기 중의 산소와 반응하면서 발생하는 열이 누적되어 자연발화를 일으킬 수 있는 물질로 상온이나, 열이 남아 있는 상태에서 나타난다. 대표적으로 석탄, 유지류(油脂)가 있다.

2) 분해반응성

물질의 화학적 작용에 의한 분해과정(하나의 화합물이 두 개 이상의 다른 간단한 화합물이 되는 반응)에서 방출되는 분해열이 원인이며, 발열성 반응에 의해 생성된다.

3) 흡착반응성

다공성의 성질을 가져, 흡착성이 좋은 활성탄과 같은 탄소분말류의 제조나 사용 과정에서 주변의 기체를 흡착하는 과정에서 열을 발생시키고, 흡착된 공기 중의 산소와 산화 반응을 통해서도 열이 생성될 수 있다. 방열이 좋지 않은 환경에서 대량으로 적재할 경우 발화의 위험성이 가중된다. 장기간 보관하면 흡착성이 저하되지만, 분쇄하면 다시 흡착성이 원활히 재생되고 식물유지 중에서 건조성이 강한 건성유와 함께 접촉하면 발화의 위험이 가중된다.

4) 발효반응성

건초더미를 다량으로 쌓아 놓은 경우, 발화한 예가 있는데, 미생물이 발효하면서 발열을 일으켜, 70~80℃에 도달하게 되고, 이로 인해 미생물이 죽으면서 생겨난 불안정한 물질의 산화로 인해 최종적으로 발화하게 된 것이다. 이때 발생하는 자연발화는 출화 전 발효에 의해 생성되는 수증기나 열이 축적되는 내부에서부터 시작되는 것이 보통이다.

5) 중합반응성

저분자량의 물질을 중합하여, 고분자 화합물을 만드는 반응을 의미하고, 이 때 발생하는 열로 인해 발화하는 것을 말한다. 중합반응을 쉽게 일으키는 물질끼리의 보관을 피하고, 중합방지제를 첨가하여, 자연발화를 방지할 수 있다.

산패된 기름찌꺼기의 자연발화[44]

＊ 내용 요약

최근 3년 간 서울에서 발생한 화재 1,352여 건 중 화학적 요인과 자연적 요인으로 발화한 화재는 14건으로 집계되어 통계 수치상으로는 미미하지만 뚜렷한 증가추세에 있음은 주목해야 하겠다.

음식 문화의 다변화로 가정이나 음식점에서 흔히 튀김류를 조리하고 난 후 무심코 버려진 튀김 찌꺼기에서 화재가 종종 발생한다.

유지류는 건조성이 높을수록 자연발화의 가능성이 높은데, 유지가 공기 중에서 산소를 흡수하여 산화, 중합, 축합을 일으킴으로써 차차 점성이 증가하여 마침내 고화되는 성질을 말한다. 건조성의 강약은 유지류의 구조식에 포함되는 이중결합의 수에 비례하며 요오드 값에 따라 분류 가능하다. 요오드가 130이상을 건성유, 100~130 사이를 반건성유, 100 이하를 불건성류로 나눈다. 불포화지방산을 많이 함유하고 쉽게 산화되어 건조도가 높은 건성유인 아마인유는 발화 경향성이 높은 편이다.

실제 실험을 통해 플라스틱 용기에 산패된 튀김찌꺼기를 방치한 결과 심부에서 잠열로 인하여 온도가 상승하기 시작하면서 101~210℃가량 상승하더니 훈소상태에서 순간 착화발화하면서 용기 전체로 불이 확산되는 현상을 관찰할 수 있었다. 소량의 튀김 찌꺼기에서는 발화하지 않지만 다량이 축적되면 내부의 열이 장시간 축적되면서 온도가 상승하여 발화점인 180~210℃에 도달하는 것이 확인되었다. 특히 튀김 찌꺼기를 오래 튀기거나 기름에 오래 방치하여 산화도를 높일수록 온도는 더욱 상승하여 자연발화의 위험성이 가중되었다.

그 원인은 튀김 찌꺼기의 인화점과 발화점의 온도차가 작아 일단 심부의 유온이 상승하면 곧바로 발화점 이상의 온도에 도달하기 용이하기 때문이다. 또한, 재사용된 식용유의 경우 튀김가루 등의 불순물로 인하여 부분적으로 열을 축적하여 고온부가 형성되었고, 장시간 방치될 경우 훈수 상태로 장시간 연소되고 발화 점에 도달하면 가연물에 착화[45]되는 것이다.

3.2. 자연발화의 조건

자연발화성 물질은 공기 중에서 스스로의 화학반응을 통해 자연적으로 발열하여 최종적으로 발화하지만 실제 자연 상태에서 쉽게 일어나지 않는다. 따라서 발화의 단계에 이르기까지는 열이 축적되기 좋은 환경과 반응성을 향상시킬 수 있는 조건이 뒷받침 되어야 한다.

다시 말해 자기발열(self - heating)이나 자발적 발열(spontaneous heating)은 외부의 다른 열이 없어도 물질의 온도가 증가할 때, 일어나는 화학적 열에너지의 형태로 자연발화 온도까지 가열되어야만 자연발화가 가능하다. 또한, 연료를 둘러싼 물질의 단열 속성이 열의 발산에 비해 축적에 용이해야 한다. 이 과정에서 열 생성률(rate of heat production)은 물질의 온도를 발화점까지 상승시킬 만큼 커야 한다. 산소는 산화 반응의 기본물질로 공기의 공급이 충분히 이루어져야 발열 반응을 지속할 수 있다.

---

44) 한국화재조사사학회 학술대회 논문 "산패된 기름찌꺼기 자연발화 위험성 고찰", 강남소방서 김현기 외
45) 착화 시간[time of ignition] : 착화 시간은 화재 예방과 플래시 오버에 대한 연구를 위한 중요한 화재 위험 특성 중 하나로 가연성 증기와 산소의 혼합물인 가연성 혼합기에 착화원을 가한 다음 착화되어 연소가 시작될 때까지 소요되는 시간을 의미한다. 고체 가연물의 발화는 발화 온도와 착화시간이 주요인 자로 작용하는데, 재료가 얇은 경우 물질의 밀도, 비열, 두께의 영향을 박도 재료의 부피가 커 상대적으로 두꺼운 경우는 열전도도, 밀도, 비열의 영향을 받는다. 고체 가연물의 착화 시간에 영향을 주는 인자들은 다음과 같다. 열전도도(thermal conductivity), 밀도(density), 착화 시 표면온도(surface temperature at ignition), 주위온도(ambient temperature), 방사율(emissivity), 재복사(re - radiation)

아울러, 휘발성이 큰 물질의 경우 기화하면서 증발열 손실로 인해 냉각되기 쉬운 조건에 있으므로 오히려 자연발화를 일으키지 않을 수도 있다.

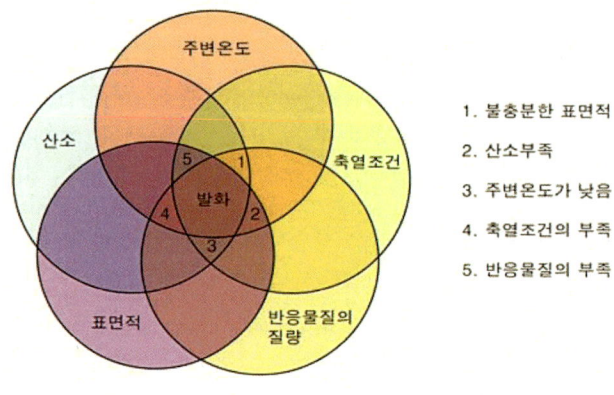

[그림 2 - 1] 자연발화의 조건

자연발화의 조건

• **기본조건**
  - 열의 축적(발열량>방열량) ↑ ≒ 열전도도 ↓
  - 온도(열생성율 + 주위 온도) ↑
  - 산소 ↑(산화반응)
• **촉진조건**
  - 반응물질의 질량 ↑(연료의 축적)
  - 표면적 ↑(반응의 용이성)
  - 촉매 존재(반응속도의 증가)

1) 열의 축적

물질의 발열량이 커야 자연발화가 용이하다. 발열체가 많은 열을 발생한다는 것은 온도를 높여 자연발화의 가능성을 높인다. 또한, 발생하는 발열량은 많고, 방출하는 방열량이 적어 상대적으로 열의 축적이 용이할 때, 자연 발화할 수 있다. 또한, 이러한 열의 축적의 개념에서 열전도도는 낮을수록 좋다. 열전도도가 낮다는 의미는 외부로 열이 전달되지 않고 잘 보존하고 있다는 것인데, 고체ㆍ액체ㆍ기체 중에서는 고체가 가장 높고 기체가 가장 낮다. 따라서 기체 상태의 물질의 연소가 상대적으로 일어나기 쉽다.

2) 온도

반응계의 분위기 온도가 높으면 발화점에 도달하기 용이하다. 다시 말해, 주변 온도가 낮으면 가연물보다 낮으면, 냉각 효과로 인해 자연발화가 어렵고 반면, 주변 온도가 높아 열전달을 받는 상황이라면, 자연발화에 용이한 환경이라 볼 수 있다. 또한, 주위 온도 영향 외에도 스스로의 반응 시 발열하는 열생성률이 발화점까지 도달할 수 있을 만큼 충분히 커야 한다.

온도에 따른 반응속도의 증가는 아레니우스의 속도식을 통해 확인가능하다.

> • 아레니우스의 속도식
>
> $$k = Ae^{(-Ea/RT)}$$

- • A : 아레니우스 상수
- • k : 반응속도상수
- • T : 절대온도
- • Ea : 활성화에너지(J/mol)
- • R : 기체상수

이 공식에 의하면, 목탄의 연소에 필요한 활성화 에너지(E) = 30kcal/mol이라 하면, 온도가 상온 즉, 25℃에서 100℃가 되면, 반응속도는 10^4배로 기하급수적 상승을 보인다는 것을 확인할 수 있다.

3) 산소

연소는 산화 반응을 기반으로 하는 화학반응이므로, 공기의 공급이 원활하지 않아 산소가 부족하면 자연발화의 가능성이 낮아짐을 의미한다. 하지만, 주위에 산소가 존재하지 않더라도, 반응을 통해 산소를 발생할 수 있는 환경에 놓여 있다면, 자연발화의 가능성을 배제할 수 없다.

4) 반응물질

반응물질이 자체가 존재하지 않거나 부족하면, 자연발화로 이어질 가능성이 현저히 낮아진다. 연소의 필수조건인 가연물의 부재를 의미하기 때문이다. 또한, 연료의 축적이 많을수록 자연발화의 가능성은 높아진다.

5) 촉매

일반적으로 촉매는 활성화 에너지를 낮추는 역할을 하여 상대적으로 낮은 에너지 준위에서도 쉽게 반응할 수 있도록 돕는다. 공기 중의 수분은 적당량 존재할 때, 촉매로 작용하여 열 발생을 촉진시키는 역할을 하기도 한다.

6) 표면적

산화 반응의 반응속도는 표면적에 공급되는 산소의 양에 비례한다. 이는 표면적이 넓을수록 반응의 가능성 자체가 커진다는 것을 의미한다.

3.3. 저온발화

저온 발화는 물질이 가진 고유의 발화점보다 낮은 온도라도 지속적이고 장기적인 열전달을 받아 열의 누적(축열)에 의해 발화온도에 도달하여, 발화되는 현상을 의미하며, 저온 축열에 의한 발화 또는 저온발화현상이라고도 한다.

저온발화현상

- 저온발화의 조건
  - 단열상태 양호
  - 열 축적용이
  - (발화점 보다 현저히 낮은 온도라도) 장시간 열의 축적
  - 가연물의 부피↑(목재, 셀룰로오스 등의 부피가 크면 저온발화위험성↑)

- 저온발화의 과정
  - → 대류·복사·전도 등의 방법으로 열전달
  - → 열축적과 수분의 증발
  - → 목재 표면의 탄화 시작
  - → 탄화범위의 확대 진행
  - → 탄화물에 점화원 착화
  - → 발염발화(불꽃을 내며 연소를 시작)

• 목재류 저온발화의 진행

→ 목재류가 저온에서 축열 조건이 충족되어 100℃ 정도에 도달하면, 수분이 방출되면서 건조도 상승(표면이 변색)

→ 120℃ 정도에 도달하면 탄화 시작

→ 장시간 가열 상태 지속

→ 수분 등 휘발성 물질의 증발로 인한 다공성 성질로 바뀌고, 경량화 및 단열성 향상으로 인해 온도의 상승효과 가중 (이때, 목재 내부에서 시작된 열축적은 목재의 부피 및 적재 용량이 클수록 용이)

→ 탄화 정도와 범위가 확대 심화되면 탄화부에 불씨가 붙어 무염 연소를 시작하고 결국, 불꽃을 동반한 발염발화 단계로 발전

→ 저온발화한 목재의 훈소흔 또는 균열흔은 미세하고 가늘게 형성되어, 탄화심도가 비교적 깊음(저온발화한 부분에서 타들어가는 형상)

4 화재의 발생

4.1. 착화(점화)

가연물에 불이 붙는 현상을 착화 또는 점화라고 표현한다. 연소가 시작되는 요인이 자동 착화인가, 점화원을 인위적인 조작 혹은 다른 원인으로 가까이 근접하여 착화에 이르렀는가에 따라 발화와 인화로 구분한다.

4.2. 발화(ignition)와 인화(pilot ignition)

화재 발생의 최소 시작점으로 가열이나, 지속적인 열의 축적에 의해 외부의 불씨(점화원)가 영향을 미치지 않는 조건임에도 불구 스스로 연소하는 것을 발화라고 한다. 따라서 발화는 착화원을 제거하더라도 연소의 지속성이 유지되는 현상을 말한다. 일반적으로 물리적·기계적 측면에서 착화(着火)라고 하고, 화학적 측면에서는 발화라고 많이 쓴다.

---

46) 화재조사 길잡이, 김태석 외

한편, 인화는 존재하고 있는 불씨에 의해 인화성 가연물이 접촉하면서 연소를 시작하는 것을 의미한다. 따라서 착화원이 존재할 경우에만 연소가 지속되는 현상으로 발화와 구분되는 개념이다. 물론, 인화로 인해 연소가 시작된 이후 발화의 요건을 갖추면 연소는 지속된다.

결국, 발화는 불씨가 없음에도 연소를 시작하는 것이고, 인화는 불씨에 의해 연소를 시작하는 현상으로 구분하여 이해할 수 있다. 따라서 실제 화재는 발화와 인화 둘 다 발생 가능성이 있고, 인화의 발생빈도가 상대적으로 더 높다.

[표 2 - 8] 발화와 인화의 차이

차이	발화	인화
착화원 유무	점화원 부재	점화원 존재
조건	물질의 농도와 에너지 생성 조건 존재	물질의 농도와 착화원 존재

4.2.1. 발화(ignition)

가연물을 일정 온도 이상으로 가열하면 가연성 기체나 증기가 발생하게 되고 이를 계속 가열하여 연소를 개시하면 착화원이 없는 조건에서도 연소를 지속하게 되는데 이를 발화라 하며, 자기발화(self - ignition), 자동발화(auto - ignition)로 표현하기도 한다.

결국, 발화는 착화원이 없음에도 연소하는 현상을 의미하는 것이다. 따라서 발화가 일어나려면 연료는 일정 농도의 범위 내에 있어야 하며 화학 반응에 의해 손실되는 열량 이상의 에너지가 발생해야 한다는 기본적인 전제조건이 따른다.

또한, 발화의 조건은 가연물에 따라 달라지면 특정한 농도와 온도가 요구된다. 발화는 물질의 고유한 화학작용에 의해 연소가 개시되어 화재로 이어지는 현상을 말하며, 착화과정은 일반적으로 다른 조건을 배제하면 가연물의 온도가 발화점까지 도달해야 한다.

[표 2 - 9] 주요 가연성 물질의 연소특성

위 험 물 명	인화점(℃)	발화점(℃)	폭발범위(vol%)	연소열(kcal/mol)
아 세 톤	- 20	465	2.1 ~ 13	395
아세틸렌	- 17.7	305	2.5 ~ 81	301.5
암모니아		651	15 ~ 28	76.2
벤 젠	- 11	580	1.4 ~ 8.0	750.6
부 탄	- 72	365	1.6 ~ 8.5	634.4
에 탄 올	12.8	365	3.3 ~ 19	295.9
가 솔 린	- 45	250	1.3 ~ 6.0	
중 유	69~150	254~263		
등 유	65~85	225	1.2 ~ 6.0	
경 우	50~780	257	1 ~ 6	
메 탄	- 188	538	하한 5.54	191.7
프 로 판	- 104.4	468	2.1~9.5	48 ·
톨 루 엔	- 95	480	1.27 ~ 7	892.0

4.2.2. 발화점(Ignition point)

가연물이 점화원의 영향 없이 공기 중에서 스스로 가열되어 연소 또는 폭발을 개시하는 데 필요한 온도를 의미하며, 발화온도라고도 하며, 출화(出火)점이라고는 하지 않는다. 상온에서 가연물을 발화온도까지 가열하는 데 필요한 열량을 발화열, 착화열이라고 칭하고, 발화하여, 연소로 진행되기 위해 필요한 에너지를 발화에너지라고 한다. 가연물의 가열에 의해 산화 반응의 속도가 크게 증가하여, 발화점에 도달하면, 열의 생성(발생속도)가 방열(열의 방출)속도 보다 큰 상태가 나타나 자기가열로 인해 연소가 지속된다.

발화에 영향을 주는 요소는 다음과 같다.

발화에 영향을 주는 요소

- 발화 위험 요소
  - 가열로 인한 발화(가열로 인한 열의 발생속도↑)
  - 축열로 인한 발화(열전전도↓)
  - 충격, 혼합, 접촉으로 인한 발화
  - 가연물의 부피(저온축열에 의한 발화위험↑)
- 발화점(착화점)이 낮아지는 조건(위험도 상승 조건)
  - 열전도도가 낮은 조건(고체<액체<기체)
  - 발열량(반응 시 방열량 보다 발열량↑)
  - 복잡한 분자구조
  - 산소의 농도 및 친화도가 높을 경우
  - 활성화 에너지가 낮고, 화학적 활성도가 큰 경우

* 분자 구조의 결합을 끊어내는 총에너지의 합은 저분자 구조보다 고분자 구조식 크고, 물질 내부의 여러 원자와 전자가 서로 여러 가지 힘에 의해 움직임이 구속되어 열전달이 용이하지 못하고 상대적으로 축적됨 → 발화점이 낮아져 위험도 상승

가연성 물질을 공기 또는 산소가 존재하는 하에 점화원 없이 단순히 가열할 때 연소(발화)하거나 폭발을 일으키는 최저온도, 착화점이라고도 하며, 발화점이 높을수록 높은 온도에서 불이 붙고, 이때 냉각을 통해 발화점 이하로 내려가면 불이 꺼진다.

발화점의 특성은 다음과 같다.
① 물체가 착화원 없이 가열만으로 연소를 개시하게 되는 최저온도
② 가연성 증기와 공기의 혼합가스가 가열될 때 연소 또는 폭발을 일으키는 최저온도
③ 물질의 표면이 자기지속연소(발화)가 일어나기 위해서 가열을 통해 도달해야 하는 온도

4.2.3. 발화점의 분류

발화점은 아래와 같이 분류한다.

1) 자동발화점(Auto ignition temperature)

일반적으로 말하는 발화점으로 가연성 물질을 높은 온도로 가열할 때, 그 물질에서 나오는 혼합가스들의 일부가 활성화하면서 자연적으로 발화할 수 있는 최저의 온도를 의미한다.

2) 유도발화점(Piloted ignition temperature)

점화원(불이나 열)등이 존재한다는 전제 하에 불이 발생할 수 있는 범위까지 가연성 물질을 점화원 가까이 접근시켰을 때의 온도를 뜻한다.

물질마다 갖는 발화점의 값은 물질을 가열하는 시간, 속도, 농도, 압력, 공기의 혼합 수준, 촉매 물질의 종류 등의 의해 변화할 수 있고, 고체의 경우 물리적 상태에 따라 영향을 받기도 한다. 따라서, 발화점은 물질 특유의 일정한 값을 갖는 정수가 아니며, 측정 방법과 조건에 따라 상당 부분 차이가 날 수 있다.

물질이 가열되어 산화 반응속도가 증가하고 최종적으로 발화점에 도달하면, 그 물질 자체에서 발생하는 열이 스스로 가열되어 연소를 지속하고 열을 옮기거나 방열하는 형태의 확산으로 인해 커지기도 하는 연쇄작용을 일으키기 때문에, 그것을 정확히 측정하고 정형화하기 어렵다. 발화온도는 산소농도, 압력, 부피, 탄화수소의 분자량이 클수록 낮아져, 조건의 충족여부에 따라 발화의 가능성도 높아진다.

4.3. 인화(pilot ignition)

가연물이 점화원과 접하게 되어 연소 또는 폭발을 시작하게 되는 것을 의미한다. 연소 반응을 시작하기 위해 충분한 열에너지와 외부 열원 등의 착화원이 가연성 증기와 산소의 혼합물에 공급되었을 때 발생한다. 가연물과 공기 중의 산소가 혼합되어 있고, 연소범위 내에 존재하여야 하고, 가연성 액체나 고체가 연소하기 위해서는 그 표면에 가연성 혼합기가 형성되어야 한다. 이러한 환경적 조건이 조성된 상태에서 착화원이 근접하게 되면 연소를 개시하게 되는 현상을 인화라 한다.

상온 이하의 인화점을 갖는 가연성 물질은 가연성 증기를 방출하는데, 이는 가연성 가스와 같은 성질이라고 볼 수 있다. 상온 이하의 인화점이라 하더라도 가열된 상태라면 인화의 가능성이 매우 높다. 인화에 영향을 미치는 요소는 다음과 같다.

- 상온 보다 낮은 인화점
- 착화 에너지(점화원)의 존재
- 폭발 · 폭굉 · 폭발한계의 상하한 차이↑
- 물질의 혼합, 접촉에 의해 가연성 증기(인화성 가스 발생)

4.3.1. 인화점[47](flash point)

일정한 조건 속에서 주변의 작은 점화원에 의해서도 연소를 시작하는 최저온도를 의미하며, 인화온도라고 한다. 다시 말해 기체나 액체가 착화원이 존재할 때 연소하기 시작하는 온도로서 공기 중 가연성 액체의 액면 가까이에 생성되는 <u>가연성 증기가 작은 점화원에 의해 연소를 시작하게 될 때의 최저온도</u>를 말한다. 인화점은 착화원의 존재에 따라 연소를 개시하는 최저온도이므로 인화점이 낮은 물질일수록 위험도는 높아진다.

착화는 액체 가연물 표면 농도가 연소 하한계에 도달할 때 가능하며, 이 농도에서의 표면 온도가 바로 인화점에 해당한다. 그리고 증기의 농도가 100%가 될 때의 온도를 비등점이라 한다. 또한, 일반적으로 압력의 상승[48]에 따라 인화점은 낮아진다[49].

실제 화재가 발생하면, 구획실 내부는 복사열 전달로 가연물로부터 가연성 증기를 발생시키고, 연소 중인 가연물이 탄화하면서 불티를 생성 및 전파하면서 착화원 역할을 할 수 있다. 이는 가연성 증기가 생성된 환경에서 점화원을 통한 인화의 개념으로 해석할 수 있다.

가연성 증기의 증발량은 액체 표면의 온도에 의존해서 증가 또는 감소하고, 액체는 인화점 이하의 낮은 온도 상태를 유지한다면, 외부의 큰 온도 혹은 에너지를 가진 화

---

47) 인화점 : 기체 또는 휘발성 액체에서 발생하는 증기가 공기와 섞여서 가연성 또는 완폭발성(緩爆發性) 혼합기체를 형성하고, 여기에 불꽃을 가까이 댔을 때 순간적으로 섬광을 내면서 연소하는, 즉 인화되는 최저의 온도를 말한다.=인화점, 인화온도. 네이버 지식백과, 인화점[flash point, 引火點], (두산백과)
48) 압력의 영향 : 압력이 상승하면 분자 간 평균거리가 축소되어 유효충돌이 증가하며 열전달이 용이하여 연소범위는 넓어진다.
49) 압력의 변화에 따른 증기압의 변화가 없기 때문에 압력의 상승은 증기를 압축할 가능성이 높고, 이로 인해 공기 중의 산소농도는 더 진한 상태(응축)가 되기 때문에 인화점은 낮아질 가능성이 크다. 또한, 압력의 상승은 연소범위를 확대시킨다.

염이 접근해도 쉽게 발화하지 않는다. 이러한 물질의 특성을 기준으로 액체화재의 착화 위험성을 평가하는 중요한 지표로 이용한다. 실제 화재사고의 발생 원인은 발화보다 인화에 의한 것이 많다.

인화점의 특성

1. 착화원(불티, 불꽃)에 의하여 불이 붙는 최저온도
2. 연소하한계에 해당하는 온도

4.4. 연소점(Fire point, burning point)

두 가지 이상이 가스 또는 증기의 조성이 폭발범위의 최저 농도에 도달한 액체의 온도로써, 만약 이러한 액체 표면에 불을 놓을 경우 표면은 연소하지만 그것이 지속될 수 있는 것은 아니다. 가연성 증기의 증발 작용에 의해 연소가 지속될 만큼 공급받지 못하기 때문에 중단된다. 따라서 연소점은 개방된 환경 하에서 어떤 물질이 불씨에 의해 점화된 후 일정 시간동안 연소가 가능할 수 있도록 필요한 최저온도이다. 보통 물질의 인화점보다 다소 높지만 거의 근접한 온도로 설명할 수 있다.

연소점의 특성

1. 착화원을 제거해도 일정 시간 동안 연소가 지속 가능한 최저온도
2. 착화 후 연소를 일정 시간 지속시킬 수 있는 충분한 증기를 발생시킬 수 있는 최저온도(일반적으로 인화점보다 5~10℃가량 높음)
3. **인화점 < 연소점 < 발화점 순으로 높은 온도 분포**

---

5 화재의 성장(fire growth)

일반적으로 화재가 발생하면 소화되기까지 과정에서 시간의 경과에 따라 인위적인 조작을 통해 변수를 조작하지 않는 한 세기가 일정하게 유지되는 경우는 대단히 드물다. 따라서 실제 화재의 성장과 소멸은 대단히 유동적이다. 시간의 경과에 따라 가연물, 온도, 산소의 공급과 결핍, 압력의 변화, 구조 등 다양한 변수에 영향을 받지만 결국, 축소 양상보다는 확산 및 세기의 증가 경향을 나타낸다.

화재의 성장에 따라 연소가 확산되면, 구획실 내부의 온도는 지속적으로 상승하게 되고 여기서 발생되는 연소생성물은 "V"자 패턴과 상부에 고온의 연기 및 열기층을 생성하게 된다. 이로 인해 다른 가연물에 복사열전달이 이루어져 가열되어 가연성 증기를 발생시킨다.

시간이 경과하여 구획실 내부의 온도가 약 600℃에 달하고, 복사열이 20~25kW/m2 정도의 수준이 되면 가연물은 열분해가 급속히 촉진되면서 가연성증기가 구획실 내부에 전범위에 걸쳐 확산되어 충만해진다. 이때, 산소의 공급으로 인해 가연성 증기가 착화되면 화재는 급속히 확산된다.

5.1. 화재 성장의 3요소(three factor of fire growth)

착화(ignition)는 화재의 시작점이고, 연소속도(burning rate)는 경계 내에서 연료의 소모 정도를 통한 화재의 확산 가능성과 연관되는 부분이고, 화염 확산(flame spread)은 화재 확산과 경계 정도를 구분 짓는 근거를 나타내는 요소로 볼 수 있다. 이렇게 구성된 화재 성장의 기본 원리를 화재 성장의 3요소라 한다.

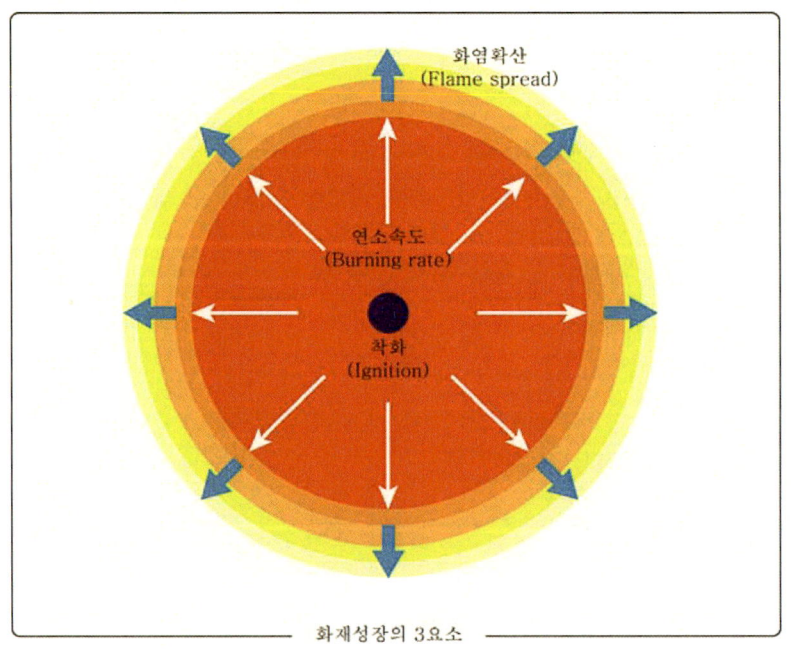

[그림 2 - 2] 화재성장의 3요소

5.2. 화재 발생 시 열전달과 연소(Spreading fire)형식

연소(Combustion)는 일반적으로 빛과 열의 발생을 수반하는 산화 반응이라 정의한다면, 연소(Spreading fire)는 발화한 화원이 전파되어 번져나가는 연소의 확대 현상을 의미한다.

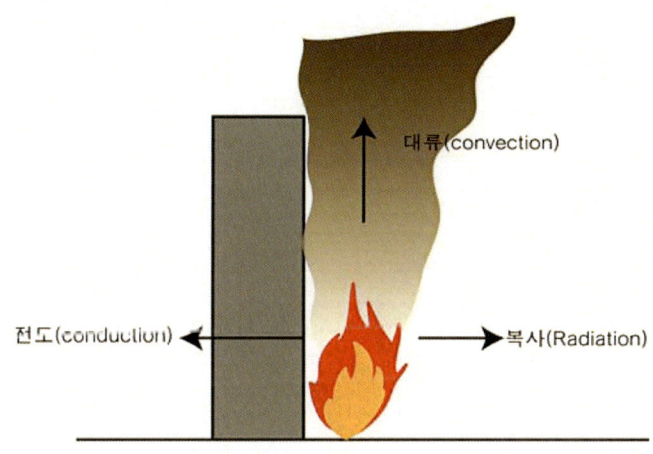

[그림 2 - 3] 화재 발생 시 열전달

1) 접염연소

화염이 직접 물체에 접촉함으로써 발생하는 연소 현상으로 온도가 높고, 인접한 거리가 가까울수록 잘 일어난다. 화염이 직접 닿는 곳은 전도, 근접거리는 복사, 원거리는 대류에 의하여 발생할 수 있다. 하지만, 이 모든 작용이 복합적으로 이루어져 점염연소에 이른다고 생각하면 된다.

2) 대류연소

열기가 흐르는 기류를 통해 가연물을 가열하는 대류 작용에 의해, 결국 다른 가연물의 착화를 일으켜 연소가 유도되는 현상을 의미한다. 대류연소는 열원의 온도가 높지 않을 경우 큰 문제가 없으나 고온의 열원으로 인해 대류가 발생하면, 위험할 수 있다.

3) 복사연소

화원으로부터 발산하는 열에 의해 주변 가연물에 인화하여 연소를 전개하는 현상을 의미하고, 복사열의 형태로 가열되는데, 이는 전도(직접 전달), 대류(매질에 의한 전달)과 달리 열복사가 활발히 이루어지고 있더라도, 육안으로는 착화전까지는 보이지 않는다. 이는 연소 시 발생하는 복사선은 가시광선, 열선, 자외선, x선 등의 파장으로 전달되는데, 유염 연소일 때는 가시광선으로 눈으로 식별 가능하지만, 이외의 영역대의 파장은 눈으로 식별할 수 없기 때문에 복사 열전달은 온도의 변화를 직접 피부나 호흡기로 감지하지 않는다면 인지하지 못할 수 있다.

6 구획실 화재

6.1. 구획실 화재의 이해

구획화재(Compartment Fire) 건물 내부의 구획된 공간에서 발생한 화재의 총칭이다. 화재의 성장 배경에는 발화원과 연소속도, 화염의 확산 등이 영향을 미치는데, 아주 작은 화재라도 구획된 공간 내의 배열구조, 가연물의 형태, 배치 상태 등에 따라 변화하므로, 화재의 성상은 매우 다양하게 나타난다. 하나의 주택 공간 내에 내부 구조가 용도에 따라 방, 거실, 주방, 화장실 등으로 구획되어 있다면 구획화재로 본다. 복합건물 또한 다수 관계자의 점유·사용권이 있더라도 구획화재의 범주로 본다. 구획화재의 이해가 바탕이 되어야 화재의 성장 배경과 요소, 발생 원인, 등을 파악할 수 있기 때문에 화재감식에 없어서는 안 될 사전 사전지식이다.

6.2. 구획실 화재의 성장단계

구획실 화재의 성장단계에 대한 이해는 화재진압과 원인을 규명하는 데에 매우 중요하며, 각 성장 단계로 진행하는 대략의 물리적인 시간을 파악할 수 있어, 화재의 발생시간과 진행을 유추하는 열쇠가 될 수 있고, 이를 토대로 화재의 성장과 시간과의 연관관계를 통해 화재감식 시 중요한 자료가 될 수 있다.

화재는 최초 가연물이 착화된 후 발화하여, 열과 연소가스, 연기 등이 최초, 대부분 수직 방향으로 상승하고, 열기와 연소생성물이 확산되면서 본격적으로 개시된다. 이 단계에서 열에너지가 증폭되지 않는다면 화재는 확산·발전되지 않는다.

실내에 확산되는 열로 인해 내부에 존재하는 가연물이 증기의 형태로 연소할 수 있는 연료로 공급(복사열에 의한 열분해)되고, 일반적인 연소형태로 발전한다면, 내부는 비로소 높은 열, 가연물의 증기·기체, 연소가스, 연기 등으로 포화상태가 된다.

이후에 공기의 공급이 원활하다면, 연소상태가 급격히 확장·발전하는 발염을 동반한 최성기(절정기)에 도달한다. 이러한 열기류가 천장까지 확산되고 창문이나 출입구(개폐구) 등을 통해 열과 연기가 분출되는 상태를 출화라고 하며, 이렇게 완전한 성장단계로 접어들게 되면 소화가 매우 어렵고, 소요되는 시간도 많으며, 그와 동반하여 당연히 피해도 커진다.

반면에, 만약 공기의 공급이 원활하지 않다면 발염을 동반한 화재의 확산·발전이 일어나지 않고, 내부는 연소에 필수적 요소인 산소를 공급받지 못한 채, 불완전 연소히먼시 열과 인소가스, 연기, 가연물의 증기 등이 혼합된 상태로 완전한 포화상태를 이루며, 이때, 밀폐상황이 지속된다면 불완전연소와 열전달은 일어나는 상태에서 내부 압력은 상승한다(훈소의 형태). 이러한 상황에서 어떠한 외부 요인에 의해 다량의 산소공급(소방관의 진압을 위한 출입, 내부 구조물의 내구도 저하로 인한 파괴 및 붕괴)이 일시에 이루어지면, 화염이 공기의 유입방향으로 급격하게 솟구쳐 나가는 현상인 백드래프트가 발생할 수 있다.

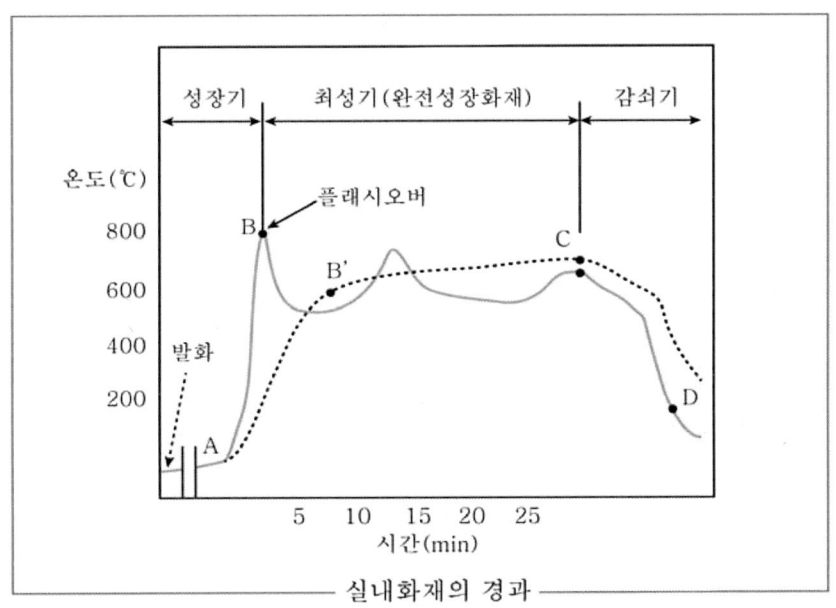

[그림 2 - 4] 구획실 화재의 경과(시간 - 온도)

구획화재를 각 진행단계인 발화기, 성장기, 최성기, 감쇠기로 구분가능하며, 특징을 살펴보면 다음과 같다.

6.2.1. 발화기

자유공간·밀폐공간의 여하를 막론하고, 열에너지의 크기에 의한 발화가 시작되는 단계로, 화재 초기에는 구획된 공간과 가연물이나 산소에 의해 제어되지 않고 자유연소한다. 다만, 가연물의 종류에 따라 초기 양상은 차이를 보일 수 있어 중요하다. 화염이 주변의 인접한 가연물로 확산되려는 과정으로, 열전달이 시작되는 순간의 단계이다. 연소과정에서 발생하는 복합적인 고온가스가 수직상승하면서 천정부에 축적되어 층을 이루기 시작한다.

6.2.2. 성장기

발화된 물질의 연소로 인해 화염이 확산·전파되는 단계로, 화재가 성장기로 접어들면, 계속해서 화염이 수직상승하면서, 천장에 도달하면 수평방향으로 굴절되어 하강하면서 확산·전파를 지속한다(이때, 실내에 소방설비인 스프링클러나 감지기가 설치되어 있다면 작동). 천장에 형성된 열기층은 더욱 두터워지고, 아래에 형성된 부력의 영향으로 천정 아래에 얇은 층의 수평적 확산에 비교적 빠른 흐름을 보인다. 실내 복사열의 계속 증가와 동시에 연기와 가스 등으로 포화상태에 이른다. 화재양상은 연료 조건과 환기 조건에 따라 변화하지만, 이 시기는 연료에 의존하는 측면이 크고, 플래쉬오버 및 최성기로 성장해간다. 이러한 화재의 성장단계에서는 연기플럼, 천정 제트흐름, 연기층의 두께, 연소가스의 농도, 연기층의 온도 등을 고려해야 한다.

6.2.3. 최성기

화염이 완전히 확산되어 실내 전체를 뒤덮으면서 불에 노출되는 과정이다. 이로 인해 복사열과 화염은 최고조에 이르고 실내온도도 약 1000℃ 전후의 고온 상태가 되며 실내의 모든 가연물이 최고의 잠재력을 발휘하는 상태의 단계이다. 이때는 실내의 거의 모든 가연물은 완전연소에 가까울 정도로 소손되고, 건물이나 구조물의 일부가 붕괴될 수 있으며, 이 시기로 진행되면, 실내의 대부분 산소는 소진된 상황이라, 산소의 농도는 0%에 가깝게 떨어진다. 따라서 화재의 양상은 환기지배형으로 나타난다. 그리고 출입구나 창문, 배기구 등을 통해 확산되면서 불길이 최고조에 이르는 말 그대로 화재가 절정에 다다르는 시기이다.

6.2.4. 감쇠기(쇠퇴기)

이 시기는 내부의 평균 온도가 최고값 대비 80% 이하까지 내려가 화재가 소강상태에 접어드는 단계이다. 대부분의 가연물(가연성 증기)은 소진되고, 더이상 연소할 수 있는 물질이 없어지기도 한다. 이에 따라 연소율도 감소하게 된다. 연소가 최종적으로 종료되는 시기이다. 다만, 화염이 꺼지면서 천천히 타며, 국소적으로 높은 온도를 유지하는 잔화를 남기기도 한다.

[표 2 - 10] 화재의 단계별 진행 양상

발화기
• 발화 · 열분해 개시 • 자유연소 • 흰색연기 생성 • 화재는 실내의 일부(진압 용이)

↓

성장기
• 화재의 성장 · 진행 • 실내 전체 검은 연기와 화염 확산 • 플래쉬오버 동반 가능성

↓

최성기
• 내부온도 1000℃ 전후 • 복사열 및 화염의 초고조 • 내부 붕괴 위험성 및 외부로 확산 가능성

↓

감쇠기
• 화염, 연기, 열기 등의 감소(80% 이상) • 실내 공간 거의 완전연소 • 연소의 최종적 종료 시점

6.3. 화재관련 주요 현상(구획실 화재의 특이현상)

6.3.1. 플래쉬오버(Flashover)

플래쉬오버란, 산소의 공급이 충분한 구획실에서 화재가 발생하였을 때, 연료지배형 화재양상(환기가 제어되지 않는 단계)에서 축적된 천장부 열기층으로부터 방사된 복사열에 의해 연소되지 않은 가연물이 기화하며 발생하는 증기와 연기, 가연성 가스 등이 인화점이나 발화점을 초과하면서 일시에 착화되면서, 내부 전체로 급속히 확산되는 현상을 말하는 것으로 외부로 강한 압력을 분출하며 폭발적으로 연소하기도 한다. 이것은 플래쉬오버가 화재의 진행 양상이 성장기에서 최성기로 성장하는 것을 의미한다.

구획실 화재의 발생 시 반드시 플래쉬오버 현상이 나타나는 것은 아니며, 단순히 주변 가연물이 연소되면서, 자연연소에 그칠 수도 있다. 하지만 플래쉬오버로 화재가 진행되면, 구획실 내부의 가연물이 거의 완전연소하며, 소손되는 경우에 이르게 된다. 이러한 특징적 현상을 전실화재(full space involvement)라고 표현하기도 한다.

플래쉬 오버는 보통 최초 가연물 착화 이후 5분 내외에 발생하는 것으로 알려져 있으나, 구획실의 크기, 높이, 가연물의 종류, 환기 조건, 소방설비 유무, 내장재의 난연정도(목재, 종이, 섬유 등이 불이 잘 붙지 않거나 불이 붙어도 잘 번지지 않는 성질)에 따라 지연 혹은 촉진시킬 수도 있다. 결국, 가연물의 성질이나 여타 환경적 요인이 작용하면 시간의 변화 가능성이 높지만 기본적으로 짧게는 3분 길게는 10분 정도의 발생시간을 보인다.

때문에, 소방대원들은 항상 신고 접수 후 5분 이내에 진압할 수 있도록 항상 노력하고 있으며, 화재현장긴급출동 기준시간이기도 하다. 단순히 5분이라는 시간적 개념보다 화재의 확산과 소멸에 있어서 황금시간의 의미로 해석할 수 있다.

만약, 화재가 플래쉬오버 단계 직후인 최성기에 이르면, 화재를 진압하는데 몇 배의 노력과 수고, 시간이 필요하다. 또한, 이 단계를 지나 완전연소의 수준까지 다다르게 되면, 피해는 더욱 커지고 소실도는 당연히 높아지며, 이로 인해 잔해가 거의 남지 않아 화재의 원인을 규명하고 감식하는데 있어 많은 어려움이 있다.

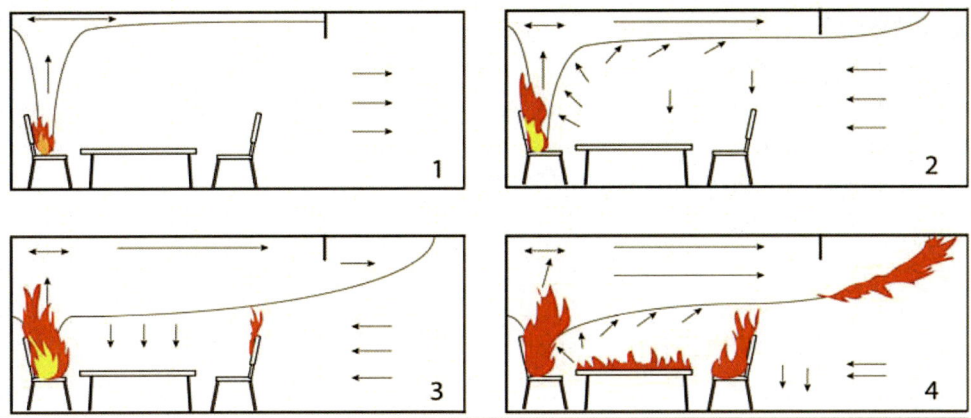

[그림 2 - 5] 구획실화재의 진행과 플래쉬오버

• 연소가 내부 전체로 확산하는 단계에 돌입한 경우
• 내부에 과도한 열, 증기, 가스 등이 축적되어 있는 경우
• 열기가 느껴지면서 두텁고 뜨거운 연기가 아래로 쌓이는 경우(실내의 포화상태)

연소진행과 화재에 확산에 결정적인 기여를 하는 것은 가연물 자체가 탄화가 아니라, 연소하면서 발생하는 열에너지가 복사(radiation)의 형태로 전달되면서 주변에 위치한 가연물이 열분해되고 이때 발생하는 가연성 증기에 기인하다는 점에 주목해야 한다.

• **플래쉬오버의 지표**
  - 구획실 내부의 온도(550℃이상 ≒ 1000°F)
  - 바닥면의 복사수열량
  - 산소농도가 저하되는 변화와 환기조건
  - 구획실 내부의 순간 압력상승

플래쉬오버의 과정

① 구획실 화재가 발생(최초 발화)
② 부력으로 인한 화염(플룸)생성
③ 열에너지의 확산
④ 연소생성물의 상승에 의한 확산 및 상부층 형성
⑤ 화염, 열기류의 확산으로 두터워진 상부층에서 복사로 인한 활발한 열전달이 발생
⑥ 천장부를 타고 내부 전체로 확대(구획실 내부 전역에 걸친 포화상태)
⑦ 신선한 공기의 유입
⑧ 화염이 구획실 전체로 급속도로 확산

6.3.2. 백드래프트(Backdraft, 역화)

백드래프트 현상은 기본적으로 구획실 화재에서 실내에 산소가 충분한 산소가 공급되지 않고 소진되어 불완전연소를 지속할 경우 발생한다. 산소의 소진으로 인해 화염을 동반한 연소는 가시적으로 잘 나타나지 않는다. 주로 연기만 자욱하게 일어나 보일 뿐이다.

하지만, 이것이 화재의 소강상태는 의미하는 것이 아니고, 내부는 가연물의 열분해에 의해 발생하는 가연성 증기, 연소가스, 연기, 가연성 가스 등으로 가득 찬 상태로 지속적인 압력 상승이 일어난다.

위의 경우 가연성 증기의 온도는 발화점, 인화점을 초과하는 상태로 존재한다. 때문에 어떠한 외부의 요인 혹은 내부의 요인으로 인하여 공기가 일시에 다량 유입[50]될 경우, 내부의 가연성증기와 혼합과정을 거쳐 급격한 화염이 발생하고 나아가 공기의 유입방향으로 화염이 솟구쳐나가는 현상이 나타난다[51].

백드래프트 현상이 발생할 경우, 내부에서 발산되는 큰 압력으로 인해 음속에 가까운 엄청난 위력의 화염전파속도를 보인다. 때문에 연기폭발이라고도 한다. 또한, 소방대원들이 화재 현장에서 이 현상에 노출될 경우 대단히 위험하다. 실제 미국에서는

---

50) 외부 혹은 내부의 요인 : 화재로 인해 출입문, 창문, 등의 개방이나 건물의 붕괴에 의한 균열, 소방진압 대원의 화재진압을 위한 통로 개설 등
51) 역화 = 백드래프트

백드래프트를 "소방관 살인현상"이라 부른다. 일산화탄소의 농도가 12.5~74.2%인 범위에서 내부 온도가 600℃ 이상일 때, 신선한 공기가 유입되면 발생하는 것으로 알려져 있다.

그러나 실제 현장에선 백드래프트의 발생은 매우 드물고, 발생할 수 있는 구획실의 농도와 온도는 추정치로 범위가 넓게 설정되어 있다. 따라서 이러한 현상의 발생을 이론적으로 추론할 수는 있으나 이것을 수치로 산술적으로 명확히 규정하고 밝히는 것은 사실상 어렵다.

■ 백드래프트의 발생 징후[52]

- 화염은 가시적으로 보이지 않지만 창문이나 출입구가 매우 가열되어 있는 경우
- 약화된 화염이 관찰되는 경우(산소의 결핍 상태 확인)
- 외부에서 보았을 때, 내부가 연기로 소용돌이 치고 있는 경우(무염연소의 확대)
- 큰 압력 차이로 인해, 외부의 공기가 작은 틈으로 들어가고, 내부의 연기는 빠져나오는 경우 특이한 소음을 유발하는 경우(내부의 압력이 포화상태)

6.3.3. 플래쉬오버와 백드래프트의 진행과 차이

① 구획된 공간 내부에서의 화재는 연소로 인하여 발생된 연기와 열의 진행이 벽 및 천장에 의하여 제한을 받게 되므로, 천장을 따라 고온의 가스층(고온의 연소생성 가스층)을 형성한다.

② 고온의 가스층은 화재의 성장과 더불어 성장하며, 점차적으로 구획된 공간의 하부로 내려오게 되고 그 온도는 점차 상승한다.

③ 고온의 가스층의 온도가 상승하고, 공간의 하부로 내려옴에 따라, 고온의 가스층으로부터 방출되는 복사열에 의하여 공간 하부의 미연소 가연물이 가열되고, 열분해 가스가 발생한다.

④ 화재가 성장함에 따라 고온의 가스층의 온도가 높아지고, 그 온도가 미연소 가연물로부터 발생한 열분해 가스의 발화점(약 550 - 600℃ 정도)까지 상승하게 되면, 열분해 가스는 고온가스층의 하단 부분을 따라 착화되어 공간 내부의 모든 가연물에 연소가 확대

---

52) 위의 내용은 이론적인 근거를 바탕으로 일반적인 상황에 대해 서술한 내용으로 실제 화재현장에서 동일하게 대입하여 설명하기는 무리가 있다. 연소 현상은 다양한 환경(환기, 가연물)에 의해 조성되는 생성물, 연기, 압력, 온도 등에 의해 다변화하므로 어떠한 형태로 발전할지를 가늠하는 것은 사실상 어렵고, 위의 내용으로 판단하기에는 무리가 따른다.

되며, 이러한 연소의 급격한 확산을 플래쉬오버라 한다.

⑤ 구획된 공간 내부로 유입되는 공기(산소)와 공간 내부에 남아있던 공기(산소)의 양이 화재에 의해 분해되는 모든 물질을 연소하기에 충분하지 않다면, 열분해가스가 고온의 가스층의 하단 부분에서 연소되는데 필요한 산소가 부족하므로, 최성기 즉, 플래쉬오버의 단계로는 진행하지 않는다.

⑥ 열분해 가스가 착화되지 않더라도 고온의 가스층의 온도는 미연소 가연물을 열분해 시키거나, 연소시키기에 충분한 온도를 갖는 상태이므로, 이 상태에서 창문이나 문을 개방하여 공간 내부로 공기(산소)가 급격하게 유입되면, 열분해 가스는 폭발적으로 연소하게 되며, 이를 백드래프트(Back draft, ≒ Smoke Explosion, Flash Back)이라 한다.

⑦ 단, 고온의 가스가 생성되는 속도가 구획된 공간 외부로 배출되는 속도를 초과하지 않으면 고온의 가스층은 증가하지 않는다. 때문에, 실제 백드래프트 현상은 좀처럼 잘 일어나지 않는다.

두 현상 모두 결정적인 역할을 하는 요인은 산소의 공급(신선한 공기의 유입)이고, 이로 인해 환기지배형 화재로 전환되는 시점에서 발생하는 것은 동일하다. 그러나 기본적으로 플래쉬오버는 발생가능성이 상대적으로 열전달에 의한 열분해와 온도조건에 다소 의존하지만 백드래프트는 산소의 급격한 유입 의해 좌우된다.

공기의 유·출입이 자연스러운 개방된 구획실의 경우, 가연물이 충분하고 복사열에 의한 열전달로 인해 열분해가 가속화되는 환경에 있다면, 플래쉬오버의 발생가능성을 예견할 수 있다. 반면, 밀폐된 공간이 존재하는 구획실 화재의 발생 시, 내부에 탄소화합물과 같은 가연물이 충분하다면, 유염을 동반한 화재가 아니더라도 내부는 훈소하면서, 강한 열과 압력을 양산하고 있을 것이 예상되는 바, 밀폐된 공간이 존재하는 구획실 내에 외부의 요인으로 인해 산소의 유입이 이루어진다면, 백드래프트의 발생의 여지는 다분하다. 결국, 두 현상의 이론적 분석을 통해 구획실 내의 화재 확산 양상을 해석할 수 있다.

6.3.4. 롤오버(Rollover)·프레임오버(Flame over)

롤오버(Rollover)·프레임오버(Flame over) 현상은 화재 초기 단계에서 발생한 가연성 가스와 산소의 혼합 상태로 천장부에 집적되면서 발생한다. 가연성 가스를 품고 있는 열과 연기 등의 확산으로 볼 수 있으며, 화염보다 멀리 퍼지는 성질 때문에 발화지점보다 먼 곳으로까지 용이하게 전파된다. 다시 말해 뜨거운 가스와 실내 공기압의 차이로 발생한 부력으로 인해 생성된 힘(상승작용) 때문에 천장부를 따라 굴러가면서 천장 전면으로 확산되는 현상이다.

이 현상은 대류에 의한 고온가스의 이동으로 복사열에 의한 영향이 많지 않기 때문에 가열된 열과 함께 확산되어 발생하는 플래쉬오버와는 다르고, 단순히 가연성 혼합기의 흐름으로 보는 것이 타당하다. 하지만, 이 현상이 지속되면서 열이 전파되면, 플래쉬오버로 성장할 수 있다.

6.4. 구획실 화재의 양상

6.4.1. 환기 지배형 화재

화재는 기본적으로 연소의 3요소가 갖춰지고, 자발적 연쇄반응을 통해 일어나는 복합적인 현상인데, 구획실 화재는 가연물이 충분하더라도, 산소의 공급에 따라, 연소속도 및 열방출 속도가 결정된다. 따라서, 산소의 공급이 원활하지 않을 경우, 훈소(불완전연소)하거나 나아가 질식소화(산소의 차단)되기도 한다. 이처럼 공기 중 산소의 공급 여부가 화재의 지속을 좌우할 때를 환기 지배형 화재라고 한다.

설치된 창문이 작은 실내공간 내지는 건물, 지하실과 같은 가연물(연료)은 충분히 존재하지만 환기가 상대적으로 결여된 환경에서 나타날 가능성이 높고 이때 충분한 산소의 공급 여부에 따라 연소속도 및 시간은 하향될 수 있다. 다만, 어떠한 요인으로 환기가 이루어져 충분한 공기가 유입되면 연소속도는 급격히 증가하여 화재가 확대 양상을 띠게 된다.

6.4.2. 연료(가연물)지배형 화재

환기 지배형과 달리, 연소의 3요소 중 연료가 되는 가연물에 의존하는 화재의 유형으로, 산소의 공급이 충분하다는 조건 하에 가연물의 위치와 양(표면적)에 따라 차이를 보인다. 가연물은 공기가 자유롭게 유입되는 환경에서 발화온도에 쉽게 도달하여 활발한 연소가 진행된다. 상대적으로 연소시간이 짧고, 가연물이 모두 탄화되어 소실되어 연료의 공급이 이루어지지 않는다면 화재는 소멸되는 방향으로 진행된다.

6.4.3. 환기 지배형과 연료 지배형의 차이

연소 과정에서 필요한 요소 중 어느 부분이 더 많은 영향을 미치느냐에 따라 차이를 보인다. 환기 지배형의 경우, 연소속도와 시간이 환기(산소의 유입)에 의해 의존하고, 연료 지배형의 경우, 가연물의 위치와 양(표면적)에 의해 좌우된다.

따라서, 각 화재의 양상에 따라, 차이점을 구분해보면 다음과 같다.

[표 2 - 11] 환기 지배형 / 연료지배형 화재의 차이

환기 지배형 화재	연료 지배형 화재
산소 공급 여부에 의한 화재 확산	가연물의 존재여부에 의한 화재 확산
불충분한 환기(한정적 산소의 존재) *폐쇄 · 밀폐된 공간의 특성	충분한 환기(산소의 공급) *개방된 공간의 특성
불완전연소 패턴(CO_2 발생)가능성↑	완전연소에 근접할 가능성↑
주택, 창고, 등 밀폐된 구획화재	산불, 차량화재(외부) 등

화재하중(fire load)

구획실(화재실) 또는 건물 안에 포함된 모든 가연성 물질의 완전연소에 따른 전체 발열량을 의미한다(화재실이나 바닥의 단위면적에 대한 가연물의 양).

$$W = \frac{\sum G_i H_i}{H_o A} = \frac{\sum Q_i}{4500A}$$

- W : 화재하중(kg/m^2)
- G_i : 가연물의 양(kg)
- H_i : 가연물의 단위중량당 발열량(kcal/kg)
- H_o : 목재의 단위중량당의 발열량(4500 kcal/kg)
- A : 화재실 또는 화재구획의 바닥면적(m^2)
- $\sum Q_i$: 화재실에 있는 가연물의 총 발열량(kcal)

단위면적당 가연물의 열에너지가 바닥에 균등하게 분포한다는 가정 하에 산정하는 수치이다. 그러나 실제는 가연물의 위치가 상이하고 연소 시 발생하는 발열량도 물질에 따라 각기 다르므로 정확한 수치를 산출하는 것은 한계가 있다. 다만, 이를 통해 화재의 위험성과 규모를 결정하는 데 사용할 수 있다. 실제 계산 시에는 발열량을 모두 동일하게 목재로 환산한 값인 등가목재 중량을 사용하면 편리하다.

7 발화부, 화원부, 출화부

화재 현장에서 발화부를 한정할 수 있다면, 90%이상 진행 된 것이라고 봐도 무방하다고 볼 수 있다. 이는 화재의 원인이 일반적으로 발화부에서 대부분 존재하기 때문이다.

물론, 방화의 경우 발화부가 일반적이지 않으며 인과관계가 분명하지 않은 채, 동시 다발적이고 산발적인 경우가 있다. 또한, 화재의 원인이 반드시 발화부에 존재하지 않는 특이한 경우도 있을 수 있다. 하지만 결국, 발화부는 화재조사와 감식의 주요 활동인 화재 원인 규명에 있어 큰 단초가 된다는 점은 자명하다.

7.1. 발화부

화재가 처음 시작된 곳으로써, 방화의 경우 점화부라고도 한다. 발화가 시작된 부분은 동일한 주변 조건과 구조라고 가정하면, 연소의 시간이 물리적으로 가장 길게 일어나기 때문에 소손정도가 상대적으로 심하게 나타나는 것이 일반적이다. 하지만, 연소과정에서 일반적인 가연물이 아닌 인화성 물질이나 이연성 물질이 존재한다면, 그 지점에서 오히려 발화부보다 더 연소의 정도가 심하게 나타나게 될 수도 있다. 따라서, 구조와 배치상태·소방설비·연소의 진행 등을 다각도에서 고려하여야 한다.

예컨대, 발화부를 A지점이라 하고, 여기서부터 화재가 확산된 지점을 B라고 가정하자. 소방의 화재진압 시, 현장에서 화재의 성장이 큰 A지점을 먼저 소화하였으나, 시간이 지체되어 그동안 B지점의 연소시간이 길어지고, 이에 따른 소손정도가 발화부인 A지점보다 B지점에서 크게 나타날 수도 있다.

만약, 이러한 변수를 감안하지 않고, 화재 후 남은 흔적인 패턴을 통해 역추적하면, 이 과정에서 발화부 추정에 오류가 생길 수밖에 없다. 기본적으로 패턴을 통해 과학적이고 실증적으로 분석해나가는 것은 맞다. 하지만, 화재의 가능성을 다각도로 분석함과 동시에, 현장에 가장 먼저 도착하여 화재를 목격한, 경험이 풍부하고 이 분야의 전문가인 소방의 진술과 협조는 대단히 신빙성 있으며 중요한 부분이다.

한편, 화재조사와 감식에 있어 첫 단추를 잘못 끼운다면 화재 원인을 찾고 분석하는데, 몇 배의 노력과 시간이 허비될 수 있으므로 신중을 기해야 한다.

7.2. 화원부

화재의 중심부로, 발화부위를 포함하는 넓은 영역을 의미한다. 궁극적인 목적인 발화부와 발화원인을 역추적하는 단계에서 그 범위를 축소하는 과정에 필요한 부분이다.

7.3. 출화부

발화부에서 시작한 화재가 연소를 지속하다가 공기의 유·출입이 자유로운 상황에서 활발하게 연소를 진행하게 된 부분을 의미하며, 일반적으로 플래쉬오버 단계 전후로 건물 혹은 구조물의 외부로 화염이 분출되는 현상이다(화재의 확산과 전파).

연소 시 화염과 연기는 부력에 의해 상대적으로 수직 방향으로 확산하는 것이 크기 때문에 보통, 출화할 수 있는 공간이 존재한다면 발화부의 주변의 상부로의 출화 방향성을 띠고, 화재실 전체로 확산된 이후 출화된다면, 환기(공기의 공급)되는 방향으로의 확산성을 나타내는 것이 일반적이다. 물론, 정석정인 방법으로 접근하더라도, 변수가 많기 때문에 발화부와 직접적 연관성이 없는 경우, 출화부를 쉽게 단정하는 것은 어렵다.

8 화염의 전파 및 확산

화재의 성장은 최초 발화지점으로부터 발화원 자체의 증대보다는 다른 주변 가연물로의 연소가 확산되는 화염의 이동 및 전파를 의미한다. 따라서 화염의 전파는 발화되어 연소되고 있는 에너지가 연소되지 않은 구역 혹은 가연물로의 점진적 또는 급진적 확장과정이라 볼 수 있다.

화염의 전파 경로를 이해하는 것은 최초 발화지점을 축소시키며, 역추적해 나갈 때 반드시 필요한 과정이다.

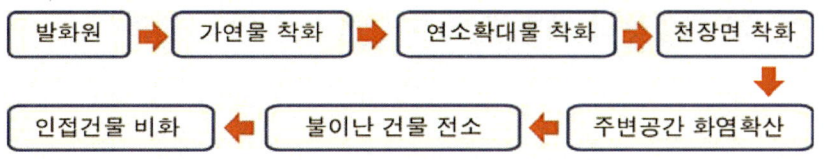

[그림 2 - 6] 일반적인 화재의 진행단계

8.1. 발화지점과 화염의 전파 양상

아래의 그림은 발화지점으로부터 화재의 전파 과정을 나타낸 것이다.

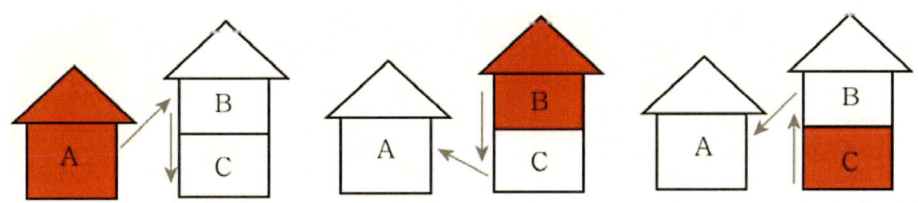

[그림 2 - 7] 발화부로부터 화염의 전파형태

① 화재는 수평 방향보다 수직 방향으로의 확산속도가 상대적으로 급격히 빠르다. 따라서 1층 건물에서 발생한 화재는 외부의 2층 건물의 상층부에 먼저 전파된 후 1층으로 확산된다.
② 건물의 2층에서 발생한 화재는 1층으로 확산된 이후, 외부로 전파된다(일반적인 화염의 전파이고, 인접한 건물의 거리, 열전달 상황, 점화원의 유무 등의 다양한 원인에 의해 변화할 수 있다).
③ 2층 건물의 1층에서 발생한 화재는 상승방향인 2층으로 확산되고 이후, 외부로 전파되어 나간다.

위의 내용은 정상적인 화재의 진행을 전제로 서술하였기 때문에 바람, 촉진제의 영향 등과 같이 외부적인 요인이 작용하면 전파양상은 예측이 어렵다.

8.2. 창문 및 출입문의 개방에 의한 대류와 화염의 전파

출입문 및 창문이 개방되어 있는 1층 건물의 경우 외부의 공기가 아래쪽에서 유입되고 상부로 배출되면서 연소를 계속해 나가고, 2층 건물의 경우 1층으로 개방부로 공기가 유입되고 상층부에서 유출되면서 확산해 나간다. 만약 개방되지 않은 환경이라면, 산소의 소진으로 인해, 화염의 확산이 진전된 것처럼 보이나, 실제 내부는 열분해로 인한 압력이 높아지고 있으므로, 추후 개방되면 연소가 급속도로 확산 · 전파되는 양상을 보인다. 또한, 바람의 영향이 강한 외부환경 조건이라면, 상승방향으로의 급속도의 확산보다 바람이 부는 방향으로 진행될 수 있다.

화염의 확산은 결국, 초기의 가연물지배형 화재에서 환기지배형화재로 전환되면서 일어나기 때문에 환기 조건을 충족하기 위한 방향을 지향하게 된다.

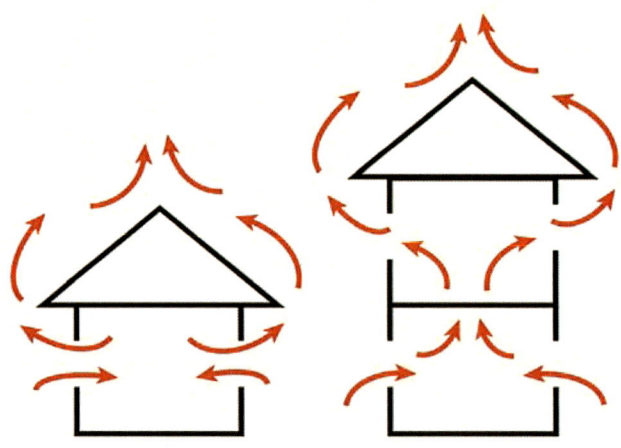

[그림 2 - 8] 창문 등 환기 요건이 충족되었을 때 대류에 의한 화염전파 방향

chapter

3

화재 감식의 시작

1 감식(鑑識, Criminal identification)

감식은 사물의 형태를 보고 연소학적으로 발화가능성 및 연소 확대의 상관관계를 사실에 비추어 밝혀내는 일련의 과정이다. 화재조사 보고 규정에서는 "화재의 원인 판정을 위하여 전문적인 지식, 기술 및 경험을 활용하여 주로 시각에 의한 종합적인 판단으로 구체적인 사실관계를 명확하게 규명하는 것"으로 정의하고 있다.

1.1. 경찰의 화재감식

화재사건 발생 시 조사에 대한 책임과 권한이 법적으로 산재해 있는 것이 현실이다. 소방은 화재 현장에서 화재를 진압하는 것이 일단 1순위이고, 2차적으로 화재 현장 조사를 통해 화재를 예방하고, 피해를 최소화할 수 있는 방안을 모색하는 것에 그 목적이 있다.

소방관의 경우 소방법에 방화 및 실화의 범죄 혐의로 인하여 체포된 자에 한해 질문할 수 있는 권한만을 명시하고 있다. 어디까지나 수사는 경찰의 몫이고, 분명한 것은, 실화, 방화의 궁극적 판단은 경찰이 한다. 경찰관직무집행법에서는 공공의 안녕과 질서. 국민의 재산과 신체 보호. 등을 명시하고 있고, 형법에서는 방화와 실화에 대한 죄가 명시되어 있어 범법자를 색출해야 할 의무가 있기 때문이다. 형소법에서는 화재 감식의 증거물에 대한 규정을 명시하고 있어 강제집행이 가능하다. 이러한 수사에 대한 권한에 따른 책임감과 의무감을 가지고 화재 현장에 대해 성실히, 철저히 감식해야 한다.

따라서, 소방은 화재 진압과 예방에 초점을 맞춘 조사를, 경찰은 범죄 여부에 초점을 맞춰 조사와 감식 활동을 하는 것이다. 조사와 감식은 단어의 차이에서도 알 수 있듯이 극명하다. 조사는 단순히 "사물의 내용을 명확히 알기 위하여 자세히 살펴보거나 찾아보는 것을 의미하고 감식은 범죄 수사에서 범죄 여부를 증명할 수 있는 증거를 과학적으로 감정"하는 것을 뜻한다.

그러므로 조사는 수사에 대한 전제가 아니라 사실상 화재 방화대책과 예방에 중점을 두는 것이다. 감식은 수사와 나아가 사법권에 영향을 미칠 수 있는 여지가 다분하다.

그러나 화재 현장에는 진화를 위해 가장 먼저 소방관이 출동하고, 화재에 대한 고도의 지식과 신빙성 있는 정보를 제공해줄 수 있으므로, 경찰과 소방 간에 긴밀한 상호 협조가 부단히 요구된다.

　　더불어, 소방기본법에는 경찰·소방 간 상호 협조해야 한다는 대한 규정이 분명히 명시되어 있다.

　　화재감식 관계자는 반드시 현장을 보존하고, 성급하지 않게 여유를 가지고, 신속, 면밀, 정확, 명확하게 화재 원인과 관련한 과학적 근거를 통한 설득력 있는 도출할 수 있어야 한다. 민중의 지팡이라는 책임감, 국가기관의 일환이라는 사명감을 가지고 최선을 다해 감식하고 수사해야 한다. 또한, 화재로 인해 고통받는 주민에게 생활불편 고충 등에 대한 주민 상담을 실시하고 실질적인 도움을 줄 수 있도록 노력하여야 신뢰받는 경찰상을 정립할 수 있다고 생각한다.

　　조건이 열악하고 위험물에 많이 노출되어 있어도 감춰진 진실을 밝혀내는 자부심은 이루 말할 수 없을 것이다. 항상 다른 사람의 입장이 되어 내 집에 불이 났다고 생각하고 적극적이고 봉사하는 마음을 가지고 화재 원인을 밝히도록 최선의 노력을 다해야 하겠다. 방화는 막대한 인명 재산 피해를 야기하는 반인륜적 사회범죄이므로, 철저한 조사를 통해 재발 방지에 최선의 노력을 다해야하는 것이 대한민국 경찰공무원의 소임이다.

1.2. 화재 감식에 요구되는 자질

　　화재감식은 시각적 판단이 먼저 선행되므로, 화재 현장을 떠나서는 불가능하다. 때문에, 화재 현장에서 일하는 경우가 대부분이기 때문에 감식은 강한 지구력과 건강한 체력이 밑바탕이 되어야 한다. 물질의 기본적인 특성을 이해하고, 화재와 관련한 전공지식(전기, 건축, 화학, 안전공학)을 가지고 있어야 한다. 또 화재현장감식은 관찰력이 뛰어나고, 꼼꼼해야 한다. 화재 현장의 단서는 소실로 인해 찾는 것이 사실상 쉽지 않으므로, 사소하고 작은 증거라도 꼼꼼히 살필 수 있는 섬세함이 요구된다. 이러한 모든 사실을 종합하여 판단할 수 있는 분석능력도 빼놓을 수 없다.

　　결국, 화재 원인을 찾는 과정에서 과학적으로 설득력이 있는 결론을 도출하는 것이다. 무엇보다도 엄청난 생명과 재산 피해를 야기하기 때문에 책임감을 갖고 최선의 노력을 통해 명확하고 확실하게 감식하여야 한다.

1.3. 감식의 목적

　화재의 감식은 화재의 확산 경위와 원인을 규명해, 발화부를 한정하고, 나아가 발굴 조사를 통해 책임소재와 범죄 여부를 판명하기 위해 시행한다. 또한, 명확한 감식을 통해 국민의 알 권리를 충족시키고, 사회혼란을 야기하는 방화 범죄는 철저히 수사하고 피해를 예방하는 데 궁극적인 목적이 있다.

- 화재의 원인과 연소 확산의 상관관계를 규명(발화부의 한정)
- 방·실화의 구분을 통한 범죄 여부 수사
- 명확한 감식을 통해 국민의 알 권리 충족
- 사회혼란 방지 화재 피해 예방 자료

1.4. 감식과 감정의 차이

　감식은 화재 현장 전반에 대한 종합적인 판단을 이끌어 내는 과정이라면, 감정은 사람의 감각과 육안으로는 식별이 불가한 물질의 변화, 현상 등에 대해 실험 및 분석을 통해 과학적인 방법으로 해석하는 것이라 할 수 있다. 따라서 감정 결과는 감식의 결과를 뒷받침해주고, 구체화해주는 버팀목이 되기도 하고, 감식의 결과에서 확인할 수 없었던 부분을 찾아낼 수 있는 상호 보완적 관계라 할 수 있다.

[표 3 - 1] 감식과 감정의 차이

감식	감정
• 감식은 화재 현장 전반에 관한 종합적이고 폭넓은 현장 조사행위 • 화재현상을 주로 시각적인 식별을 통한 기술적·경험적 관점에서 전체적으로 분석·파악 (거시적 관점에서의 접근)	• 사람의 감각으로 식별이 어려운 현상에 대해 분석하는 작업 • 전체가 아닌 화재와 관련된 개별적인 물질에 대한 분석(미시적 관점에서 접근)

1.5. 감식방법

감식방법은 조사자의 개인적인 능력과 경험에 의존하는 주관적인 요소가 개입될수 있는 여지가 다분하지만, 발화에서 연소의 확산까지의 과정을 객관화하여 과학적으로 규명해야 하는 과정이다. 따라서 선입견을 철저히 견제하고, 객관적이고 과학적인 사실에 입각해 접근하려는 지혜와 노력이 반드시 필요하다.

감식방법은 기본적으로 발화원에 대한 폭넓은 이해가 바탕이 되어야 하며, 시각 및후각, 모든 감각과 경험, 객관적 사실 등을 모두 철저히 분석하고 종합하여 전개해나가야 한다.

1) 시각에 의한 감식

먼저 화재 현장을 멀리서 관찰하여, 전반의 상황을 확인한다. 연소가 개시되어 진행되는 상황에서부터 사상자의 발견지점, 연기와 화염의 출화 방향 등 시각적으로 분석한다. 구조와 특징적인 요소들을 포함하여 결론을 도출할 수 있는 안목과 식견이 요구된다.

2) 촉각에 의한 감식

탄화물의 재질, 강도, 성분 등 잔존물을 촉각으로 느껴 판단하는 방법이다. 탄화수소계열의 석유류 제품은 소실되면 확인이 어려우므로 손의 촉각을 동원해 확인하는경우가 많다. 다만, 화재 현장의 위험물질은 피부와 접촉할 경우 손상을 유발할 수있으므로 각별히 유의해야 한다.

3) 후각에 의한 감식

주로 화재 발생 초기에 활용되는 방식으로, 인화성 물질의 경우 화재 진압과정에서특유의 휘발성 냄새를 발산하므로 확인가능하다. 따라서, 발화지점과 연소의 확산지점을 예측하는데 용이하다.

4) 경험 · 실험 · 연구 · 응용에 의한 감식

화재감식은 가연물의 탄화와 소실로 잔유물이 거의 남지 않는 경우가 많다. 따라서,객관적이고 명확한 감식을 위해서는 동원할 수 있는 모든 방법을 이용한다. 이는 풍부한 현장 경험을 바탕으로 이론과 실무를 접목시켜 사실적 판단을 내리는 방법이 있고,실험과 연구결과를 응용하면, 결론에 대한 오류를 최소화할 수 있다.

1.6. 감식의 한계(어려운 점)

언제든 화재 현장에서 선입견을 가지고 예단하는 것은 금물이다. 화재는 종료된 후라도 의외의 수많은 변수가 작용할 수 있기 때문에 항상 오류를 범할 수 있다는 문제의식을 가지고 진행해 나가야 한다.

1) 연소로 인한 잔유물의 소실

발화하여 발염을 통해 연소가 진행 성장하여 출화하면, 연소의 속도는 가속화되고, 온도는 대략 1,000℃ 이상까지도 상승한다. 따라서 화재가 최성기에 접어들면 사실상 소실로 인해 잔유물이 거의 남지 않아 감식에 어려움이 있다. 화재 조사가 대부분 추정이라는 결론을 도출하는 이유는 바로 여기에 있다.

2) 현장 훼손의 우려

화재발생 후 폴리스라인(통제선)을 설치하더라도 관계자의 출입이 잦아지고, 감식에 소요되는 시간이 지체될 경우, 현장보존이 어려울 수 있다. 고온의 연소로 인해 이미 잔유물이 거의 남지 않은 상황에서 현장 훼손은 감식의 어려움을 가중시킨다.

3) 구조의 변형

화재의 진압활동이나 인명구조를 위한 파괴 등으로 현장 상황이 원래의 구조를 유지하지 못하고 변형되는 경우가 잦다. 따라서 구조물의 형태를 면밀히 조사하여 파악하고, 공간의 배치와 존재 유무 등을 확인하는 등의 역학적 조사가 필요하다.

4) 현장의 위험성

화재 현장은 구조물이 화재에 노출된 상황이기 때문에 현장자체의 구조적 결함이 수반되고 이로인해 붕괴 및 2차 사고의 위험에 노출될 수 밖에 없어 안전성이 취약하다.

또한, 화재잔류물과 분진 등 호흡기에 악영향을 줄 수 있는 필연적 환경이며 감식업무는 통전이 완전히 차단된 상태에서 시행하기 때문에 장비의 착용과 지참은 필수다.

2 실질적 점화원[53]/발화원/발화원인

1) 담배

대표적 무염화원의 하나로 잔여 불씨가 종이 등 가연물에 접촉되어 발화하는 경우가 대부분이며, 담뱃불 자체가 가솔린의 증기나 가연 가스의 착화원으로 작용은 어렵다. 담뱃불 표면은 탄산가스층과 불꽃의 미세한 이동 등으로 가솔린이나 가연가스 등의 발화점에 달할 수 없기 때문이다.

흡연 시, 담배의 끝부분은 훈소하는 데, 이를 X - Ray 측정기술을 이용해, 온도를 확인해보면 대략 800~900℃에 이르는 것으로 나타난다. 또한, 외부의 영향이 없는 상태로 담배는 모두 연소하는데 약 13 - 15분 가량 소요된다.

담배는 완전연소하면 흔적을 찾기 힘들고, 착화가 용이하다는 점 때문에 증거를 남길 여지가 적어 방화 시에도 많이 사용된다. 또한, 담배 자체가 훈소하며, 적잖은 시간 동안 연소를 지속하기 때문에, 완전히 소화되지 않은 상태로 가연물에 노출되면 발화원인으로 작용하기 충분하다. 단, 이러한 인위적인 요소가 작용하지 않는다면, 담뱃불의 가연물 접촉 착화는 가연물과 주변 영향에 매우 민감하여 재현 시 필연적 착화 과정은 쉽게 나타나지 않는다.

담뱃불의 제원은 다음과 같다.

① 연소특성
연소성은 풍속이 1.5㎧ 일 때 가장 좋고, 3.0㎧ 이상이 되면, 꺼질 가능성이 높다.
② 연소시간
일반적으로 시판 중인 담배는 필터를 제외한 담뱃잎 부분이 약 6㎝라고 본다면,
외부의 영향이 없는 무풍 상태에서 약 13 - 15분 가량이 연소에 소요되고, 약간의 풍속이 존재하는 외부에서는 10분 내로 필터까지 연소되는데 소요되기도 한다.
③ 연소온도
중심부 700~800℃, 표면 200~300℃, 권지의 연소단 550~650℃, 흡연시 840~850℃, 산소 농도가 16% 이하의 조건이라면 연소하지 않는다.

---

53) 점화원 : 가연성 물질이 존재할 때, 착화될 수 있는 에너지(근원)이다. 실제 모든 화재가 점화로 이어지는 주원인은 에너지(열)에서 비롯된다.

2) 성냥

염소산칼륨($KCLO_3$, 50%), 등을 주성분으로 하는 산화제와 유황 등의 가연제(유황 8%), 유리가루(11%), 규소토(3%) 등의 마찰제, 아교(13%)와 같은 동물성 접착제, 안료를 이용한 착색제 등으로 구성되는 것이 일반적이다. 고전적인 형태로 인식될 수 있지만, 여전히 존재하고 널리 쓰이고 있는 점화원이다. 성냥은 머리 부분에 마찰에 의해 쉽게 발열될 수 있는 구조로 제작되어 있다는 사실을 모르는 사람은 없을 것이다. 대부분의 경우 황이 주성분으로 쓰이고, 수분의 유입 방지와 연소성의 향상을 위해 파라핀을 코팅하기도 한다. 때문에 머리 부분과 마찰면을 서로 마찰시켜 불을 일으켜 연소가 개시되면 순간 최고온도는 1500℃이상에 이르고, 발화시 평균 화염온도가 대략 700℃~900℃에 이르므로 이러한 에너지가 가연물에 전달될 경우 발화에 이르게 하는 충분한 원인이 된다.

때때로 2차 발화의 촉진제로서 도화선 밑에 성냥을 집단으로 모아 연소를 확대시켜 방화하는 용도로 사용되기도 한다. 현장에서 성냥을 이용하여 착화에 이르는 경우는 라이터와 마찬가지로 사람의 인위적인 행위의 개입 가능성이 높고, 초기 연소 시 사용되는 성냥의 집단은 훼손되어 발견하지 못하거나 바닥에 덮힐 가능성이 많다. 때문에 발굴 작업 시 이러한 증거 및 흔적을 찾는 것은 대단히 중요하다. 하지만 완전히 탄화 후 그 흔적을 찾는 것은 불가능에 가깝다고 볼 수 있다.

3) 라이터

라이터는 사람의 손에 의해 작동되기 때문에, 라이터에 의한 불꽃의 존재는 결국, 사람의 거동과 같이 한다는 것을 의미한다. 라이터의 기본원리는 몸체에 연료, 액체 혹은 압축하여 액화된 기체를 저장하고 여기서 발생되는 증기가 심지로 나오고, 이를 부싯돌을 이용해 발화시킨다. 이때 발생하는 화염의 온도는 약 1000℃에 이른다. 휴대가 간편하고 착화에 대단히 용이하여, 방화화재의 주 점화원으로 사용한다. 때문에, 화재 현장에서 이러한 증거를 발견하는 것은 대단히 중요하다.

4) 토치(Torch)

국내의 캠핑 인구의 급격한 성장으로 인해 휴대용 버너와 토치 같은 용품이 많이 사용되고 있다. 이러한 기구들은 고의 혹은 사고로 가연물에 가해지게 되면, 화재를 초래할 수 있다. 실제 이러한 용품들의 사용 중 화재가 많이 발생하고 있기 때문에,

사용상의 주의를 요한다. 또한, 화염의 온도가 1200℃ 이상에 달한다.

5) 양초

전력공급이 불안정했던 과거, 단전되는 동안 임시로 많이 사용하면서 대중화되었다. 하지만 현재는 저전력의 LED Light가 저렴한 가격과 안정성 등 유리한 부분이 많아 대부분 대체된 상황이다. 그럼에도 불구, 양초는 일반적으로도, 종교적으로도 많이 사용하고 있다. 실제, 이벤트성으로 사용하면서 발생하는 화재 사례는 다수 있었다.

양초의 주성분은 파라핀으로, 심지에 화염을 만들면, 양초의 파라핀 성분이 열에 의해 분해되어 기화하면서 발생하는 증기가 연료로 연소되는 원리이다. 양초의 화염 온도도 약 800~900℃로 높은 온도의 에너지를 가지고 있다. 파라핀은 상온에서 고형의 상태를 유지하기 때문에 휴대와 점화가 간편하다는 특징이 있다.

또한, 화재가 최성기에 접어들 경우 양초는 완전히 소실되어 그 증거를 찾기가 대단히 어렵다. 이러한 이유로 방화장치로 이용되기도 한다.

6) 쓰레기 및 기타 소각행위

소각로는 완전연소를 통해 오염물질의 배출을 최소화하고자, 엄청난 고온에서 연소시키는데, 환기를 위해 외부와 개방된 공간을 만든다. 여기서 발생할 수 있는 고온의 작은 연소 조각들이 배출될 경우 화재의 원인으로 작용할 수 있다. 또한, 겨울철 논과 밭에 잔여 건초를 소각하면, 병충해를 예방하고, 남은 재는 거름으로 자양분이 된다. 이러한 과정에서 예기치 못한 화염의 확산과 전파로 인해 인접한 곳까지 화재를 야기하는 등의 문제가 발생할 수 있다.

7) 고온의 고체연료(석탄)

캠프파이어, 바비큐 그릴 등에 사용하는 숯은 캠핑에 빼놓을 수 없는 요소다. 일반적으로 타고 남은 재나 잔여 물질은 가연성을 모두 상실한 것으로 간주, 일반 쓰레기와 같이 취급하는 경향이 있다. 하지만, 타고 남은 불은 조건에 따라 3, 4일 정도 계속 훈소 상태로 있을 수 있어 취급 시 확실한 소화 후 처리해야 한다.

8) 화기의 잔열

화기의 탄약은 다량의 화약을 사용하기 때문에, 발사 시 화염이 없다하더라도, 미세한 분말이 총구를 통해 빠져나가기도 한다. 또한, 발사과정 자체에서 폭발적인 추진력을 받아 나가기 때문에 다량의 열이 발생한다. 이러한 잔열이 주변에 연소하기 좋은 상태로 존재하는 건조한 고분자물질과 만날 경우, 발화의 위험성은 커진다. 그리고 화기 자체가 결함이 있는 경우, 스스로 폭발하는 등의 문제를 발생시킬 수 있다.

9) 각종 설비 및 기기

다수의 화재가 열과 관련된 설비 및 기기에 의해 발생할 수 있는데, 보통, 기기의 오작동 및 결함, 전기적 문제(합선) 등이 원인으로 발현되기도 한다. 따라서, 화재 현장에서 전기배선의 손상과 가스 공급배관에 대한 감식은 반드시 필요하다. 물론, 전기배선 및 기타 설비기기들을 국부적으로 한정해서 보는 것은, 다양한 화재의 원인에 대한 접근을 제한하는 것이므로 경계해야 한다. 결국, 정상적인 메커니즘에 의한 작동이 아닌, 고장 및 결함 내지는 고의에 의한 열 발생과 발화까지 이어진 상관관계에 대한 면밀한 조사를 통해 점화원의 가능성을 확인할 수 있는 것이다.

10) 가스기기

일반적으로 사용하는 가스기기는 다양하다. 보일러, 온수기, 난방기, 가스레인지 등은 가연성가스(LPG, LNG)가 연소되면서 발생하는 열을 이용하는 공통점을 가지고 있다. 때문에 열을 컨트롤하는 온도조절 장치의 이상은 비정상적인 과열의 양상으로 나타날 수 있고, 이를 제어하는 차단장치의 불량은 결국 화재를 초래하게 된다. 또한, 가스기기는 연소하는 과정을 필연적으로 거치는데, 이 과정에서 환기 또는 배기가 제대로 이루어지지 않으면, 이로 인해 열이 발생할 수 있고, 그을음이 누적되면 문제가 생긴다. 가스기구에 의한 화재는 폭발의 양상으로 격렬하게 나타날 수 있는 소지가 많아 주의를 요한다.

11) 전기기기

전기에너지를 열에너지로 변환하여 사용하는 전기기기는 결함 시는 물론, 정상적인 작동 시에도 발화를 초래할 수 있다. 전기 히터, 토스터기, 오븐, 전기매트, 다리미 등은 높은 열이 발생되기 때문에 사용 시 항상 주의를 기울여야 한다.

12) 등유히터

사용이 간편하고 연료충전의 번거로움이 없는 전기 히터로 최근 거의 대체되었지만, 일상에서도, 산업현장에서도 여전히 많이 쓰이고 있다. 등유를 일정한 수준으로 공급하면서 연소시켜 열을 발생하는 원리인데, 결함으로 인한 연료의 과다한 공급이나 외력에 의해 넘어지거나 하는 등의 급격한 움직임에 발화하면 위험한 결과를 초래한다. 때문에 최근 생산되는 제품은 과도한 연소를 막는 필터와 넘어지거나 심한 움직임이 발생하면 자동으로 전원을 차단하는 기능이 내장되어 있다.

13) 저장탱크

보통, 외부에 설치되는 주거용, 상업용의 난방용 유류저장탱크는 강한 재질의 금속으로 제작된다. 일반적인 상황에서 발화의 위험은 희박하지만, 화재로 인해 손상이 야기된다면 큰 위험을 초래할 수 있다. 특히, 도시가스가 공급되지 않아 외부에 가스저장소를 두는 지역의 경우 고의 혹은 과실로 인해 폭발 사고가 발생하면 엄청난 피해를 야기하므로 관리에 만전을 기해야 한다.

14) 전기조명에 의한 발화

백열전구는 각 부분마다 약 70~260℃ 가량의 온도를 나타내는 것으로 알려져 있다. 이는 다른 전구 방식에 비해 높은 온두이다. 발염발화를 초래하긴 않으나, 셀룰로오스와 같이 고분자물질을 그을리게 하거나 플라스틱을 녹일 수 있을 정도의 온도로는 충분하다. 전구에 불이 들어오는 중에 파손은 위험도가 높은데, 내부의 텅스텐 필라멘트의 온도는 1500℃ 수준으로 매우 고온이다. 필라멘트의 파단으로 인해 단절되는 순간 냉각되지만, 공기 중에 짧은 순간이라도 노출될 때 인화성 증기나 고체와 만나면 발화 가능성이 매우 농후하다.

또한, 최근 밝기 효율 대비 에너지 절감의 효과를 위해 LED전구로 많이 대체 혹은 전환되고 있는 추세이다. 초기 비용이 많이 들지만 전력소비량은 대략 50% 적은 반면, 수명은 몇 배 길기 때문에 관리비용을 감안하면 비용적인 부분에서도 경제적인 장점이 있다.

사실, LED전구는 전기에너지 소모가 상대적으로 적어 발열 및 화재로의 전이 가능성은 낮은 편으로 안전하다고 볼 수 있다.

그러나 과전류 차단 장치나 콘덴서의 불량은 발화의 위험성을 내포하고 있고, 실제 국내에서도 LED전구에서의 발화 사례가 보고되고 있다. 그리고 발광다이오드(light emitting diode, LED)는 칼륨 비소 등의 화합물에 전류를 흘려 빛을 발산하는 반도체 소자이기 때문에 필연적으로 반도체적 성격이 짙다. 따라서 먼지나 높은 습기에 노출되면 전기적 결함을 유발할 가능성이 상대적으로 높아지므로 주의가 요구된다.

15) 폐기된 배터리에서의 발화

가정용 건전지는 용도에 따라 다르지만 대부분 1~9V 사이의 전압을 가지고 있다.

폐기된 건전지라 하더라도, 도체에 의해 전류가 흐른다면, 열이 발생하고 이는, 셀룰로오스계인 고분자물질을 훈소에 이르게 할 가능성이 있다. 9V의 건전지의 양극에 도체를 연결하면 수분 내에 발열되는 것을 실제 실험적으로 쉽게 확인 가능하다.

16) 동물의 영향으로 인한 발화

설치류와 조류는 둥지를 짓는다든지 하는 등의 이유로 다양한 재료를 구하거나 저장하려는 본능이 강하다. 이러한 과정에서 가연물을 옮기거나 다른 기구들을 발화할 수 있는 환경으로 만들기도 한다. 또한, 쥐는 계속해서 자라나는 이빨 때문에 딱딱한 물질을 갉아대는 습성이 있는데, 전선이나 가스 배관을 손상시킨다면, 화재의 발생을 야기할 수 있다. 조류는 알을 부화하기 위해 따뜻한 곳에 둥지를 트려고 하는데, 인간이 설치한 조명탑, 보일러 연통 등은 나뭇가지나 기타 물질이 있으면 화재로 발전할 가능성이 매우 높다.

3 화재패턴(Fire Pattern)

화재패턴[54]이란 화재 발생 시 나타나는 고유의 현상인 그을음, 고온가스, 열기, 화염 등에 의해 탄화물에 생긴 손상된 물질 형상의 변화(탄화, 소실, 변색, 용융 등)나 흔적이 시각적으로 식별이 가능한 기하학적 모양으로 나타난 것을 의미한다.

이를 통해 현장의 기록들을 분석하여 불길의 진행 방향과 강도 등을 추정하고 궁극적으로 발화부를 역추적해 나아감으로써 한정할 수 있다. 때문에 화재패턴은 발화부를 찾아가는 이정표라 할 수 있다. 또한, 화염과 연기의 이동에 대한 기본적인 화재역학 원리를 이해하고 있어야 화재패턴에 대한 추적이 가능하다.

[표 3 - 2] 화재패턴의 종류

상태	연소패턴	
고체	• 화살표모양패턴	• V패턴
	• 역V패턴	• U패턴
	• 끝이 잘린 원추형 패턴	• 열 그림자 패턴

---

54) NFPA921에서는 화재 후 남아있는 것으로, 눈으로 볼 수 있고, 측정이 가능한 물리적 효과를 화재패턴으로 정의하고 있다.

액체	• 포어패턴 • 고스트 마크 • 도넛패턴 • 레인보우 이펙트	• 스플래시패턴 • 틈새연소패턴 • 트레일러 패턴
고체 혹은 액체	• 수평면 관통부 • 완전연소패턴 • 고온가스층에 의해 생성된 패턴	• 폴다운/드롭다운 패턴 • 낮은 연소 패턴 • 환기에 의해 생성된 패턴,

*주요 가연물별로 패턴을 분류하였으나, 연소의 진행에 따라 가연물의 형태는 다양하게 변화하므로 연소 패턴을 상(phase)에 따라 국한하여 해석하는 것은 바람직하지 않다. 다만, 연소현상과 화재의 진행의 이해를 위해 분류는 필요하다. 또한, 여기에 규정되어 있지 않은 다양한 패턴들은 분명 존재하므로 화재패턴의 해석에 있어 제한적인 사고와 대입보다는 연소 현상을 다각도로 분석하고자 하는 자세가 요구된다.

벽면에 흔히 나타나는 V패턴, 역V패턴, U패턴은 화염이나 고온가스가 벽에 직접적으로 접한 경우에 소실, 탄화, 백화 등의 화재패턴으로 남겨진 것이다. 화재패턴은 연소 시 발생하는 열과 화염에 의해 생성된다. 화재패턴의 생성 원인은 열변형, 소실, 연소생성물의 퇴적 등에 의하는데, 독특한 형태를 생성하는 원리로 열원을 추적해 갈 수 있다.

- 열원으로부터의 거리가 멀어질수록 약화되는 복사열
- 열원으로부터 고온가스의 거리가 멀어질수록 하강하는 온도
- 화염 및 고온 가스의 부력에 의한 상승
- 연기나 화염이 물체를 만나 확산하지 못하고 흔적[55]을 남기는 원리

이 같은 흔적은 탄화의 정도나 시간에 따라, 열원으로부터의 거리 등에 의해 차이가 발생할 수 있기 때문에 화재패턴을 통해, 역추적이 가능하다. 다만, 동일한 조건 하에 손상정도의 차이가 없다면, 불가능할 수 있다.

3.1. 화살표 모양 패턴(Pointer and arrow pattern)

목재의 경우 화염과 접촉한 부분부터 소실되어, 남은 잔해는 화살표 모양과 유사한 형태로 존재한다. 따라서 목재의 수직 구조물로 사용되는 기둥, 책상, 의자 등에서 나타나는데, 화살표 모양이 상대적으로 짧고 뾰족한 형태를 띠고 있다면, 발화지점과

---

55) 연기나 화염은 다량의 연소생성물과 수분, 열 등을 함유하고 있기 때문에 그것이 확산 중에 상대적으로 온도가 낮은 물체를 만나면, 흔적을 남긴다. - 주염흔, 주연흔

가깝다는 것을 유추할 수 있다.

이 패턴은 적재되어 있는 목재나 종이류 같은 고분자 물질에서도 발현되는데, 이때는 탄화 정도가 심한 부분이 낮은 높이로 형성되어 적재면의 높이 차이와 형성된 방향성을 통해 발화지점과 진행을 확인할 수 있다.

[그림 3 - 1] 목재(샛기둥)의 세연화(우측 상단부터 시계 방향으로 화원의 위치 좌 → 우 → 중앙)

3.2. V 패턴(V Pattern)

발화지점에서부터 형성된 열원은 부력을 만들고, 이 부양성은 연소가스를 수직면 위로 집중시킨다. 때문에, 열의 활동영역이 출화부에서 더욱 왕성해진다. 이로 인해 발화 부근 보다 열 기류가 확산된 상위 부분의 손상이 크게 나타날 수 있다. 이 V(역삼각형)패턴은 밑면의 각을 이루는 부분이 발화부로 생각할 수 있고, 그 지점 위로 연소의 확산을 유추할 수 있다.

이 패턴의 기본 형성은 열기류가 상승하면서 차가운 공기가 유입되고 열과 혼합되어 정성적으로 열기둥이 측면에 나타나는 것이다. 이 기하하학적 형태는 연소되는 물질의 열 방출률과 화기 조건에 따라 차이가 있으나, 일반적으로 예각(약 30° 정도)을 이루며 형성되는 것으로 알려져 있다.

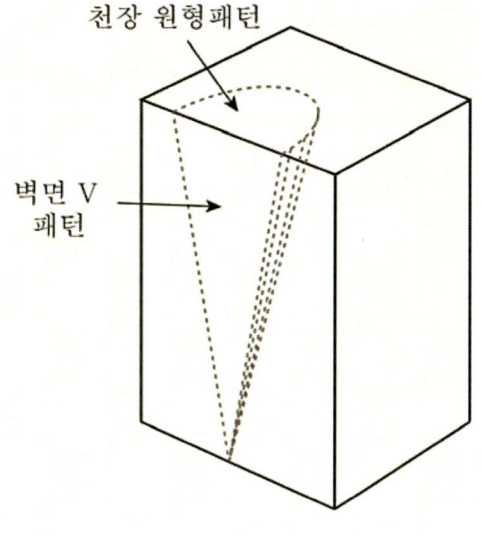

천장 원형패턴

벽면 V
패턴

[그림 3 - 2] V패턴

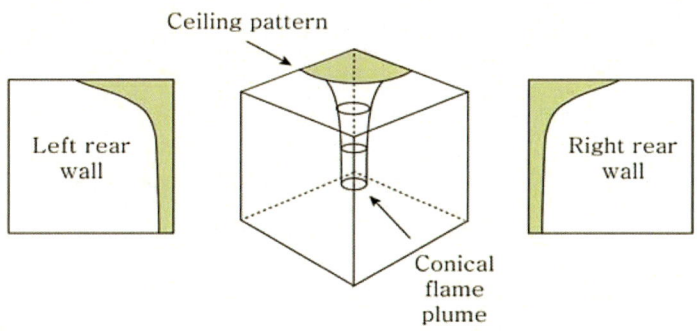

Ceiling pattern

Left rear
wall

Right rear
wall

Conical
flame
plume

[그림 3 - 3] 벽면에 형성된 화재패턴 *NFPA 921

3.3. 역V패턴(Inverted corn pattern)

V자 패턴과 상반되는 개념으로 패턴의 명칭과 같이 삼각형의 형태로 형성된다. 이 패턴은 화재 초기 단계에서만 부분적으로 확인 가능한데, 화재가 주변 가연물로 전파될 만큼의 충분한 에너지를 갖지 못했을 때, 확산되지 못하고 불완전성장한 결과로 나타난다.

하지만, 연소과정에서 발생한 연기로 인해 실내공간을 오염시킬 경우, 작은 화염에도 큰 혼란을 야기하며, 대피과정에서 큰 인명 피해를 발생시키기도 한다. 또한, 열에너지와 가연물의 불충분으로 부분적인 손상만을 야기하고 성장하지 못하지만, 잠재된 위험요소에 의해 재발화하거나 가연물이 외부적인 요인으로 제공되었을 경우 V패턴으로 전이되면서 확산될 수 있는 여지가 있다.

한편, 역V자 패턴은 실내에서 화염이 활발하게 성장하여 출화하면서, 건물의 외벽이나 창문, 출입문의 상부 등에서도 나타나기도 한다.

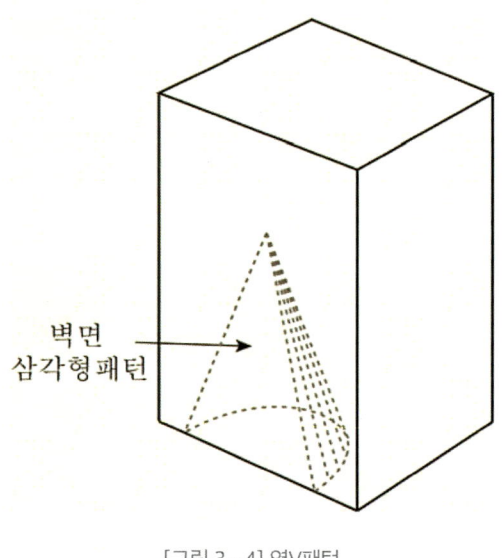

벽면
삼각형 패턴

[그림 3 - 4] 역V패턴

3.4. U 패턴(U pattern)

V자 패턴의 경우 하단부가 예각(약 30°정도)에 가까운 형태를 나타내는 반면 U자 패턴은 문자의 형상과 유사하게 조금 더 완만한 각을 보이며 형성되는 것을 의미한다.

이러한 차이를 보이는 이유는 근본적으로 복사열의 영향에서 비롯된다. 예를 들어 석유난로나 전기 히터의 경우, 발열체에서 생성된 복사열이 주변의 온도를 높여, 난방 효과를 주는 원리로 작동한다. 이러한 열 방출 때문에, 화재 발생 시 V자 패턴의 수직한 방향보다 좀 더 완만하게 형성된다. 유류와 같은 인화성 물질이 도포되어 있는 상황에서도 발현될 수 있다. 유류의 경우 쉽게 화염이 전이되기 때문에 수직 방향으로의 열기류 생성 속도 보다 수평방향의 전면적 연소속도가 빠를 수 있다.

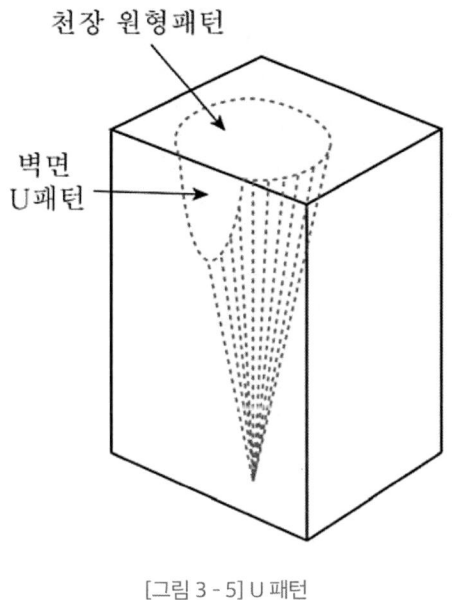

천장 원형패턴

벽면
U패턴

[그림 3 - 5] U 패턴

3.5. 끝이 잘린 원추형 패턴

다른 형태들과는 달리 수평면과 수직면에 모두 나타나는 3차원의 형태이다. 천장이라 다른 수평면에는 원형을 보이고, 벽과 같은 수직면은 2차원의 U자나 V자 형태를 보인다. 기본적으로 원추 모양의 원형 부분은 수평면에 자연적인 팽창에 의한 열확산으로 발생하고, 수직면에 벽과 같은 구조물과 만나 V나 U자 형태를 형성한다.

3.6. 열 그림자 패턴

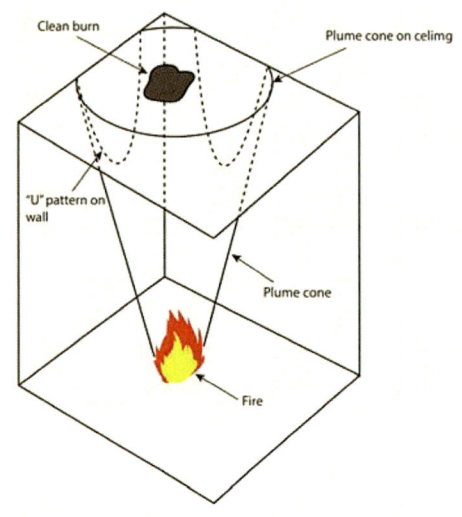

[그림 3 - 6] 끝이 잘린 원추형 패턴끝이 잘린 원추형 패턴

연소의 확산 과정에서 가연물이 장애물에 가려진 뒤 보호되어, 부분적으로 열차단에 의해 그림자 형태로 남는 패턴을 의미한다. 많은 부분이 소실되어 감식이 어려운 화재 현장에서 물체의 이동을 복원할 때, 화재 발생 전의 위치를 파악할 수 있는 중요한 단서가 된다.

물건이 위치함으로써, 복사열과 탄화에 의한 소실을 방지하여 원래 접촉하고 있던 모양 그대로 흔적을 남기기 때문이다. 예를 들어 의자가 화재 발생 이후 옮겨지더라도, 바닥면에 형성된 열 그림자 패턴을 통해 원래의 위치를 어렵지 않게 유추할 수 있다.

3.7. 액체 가연물에 의한 패턴

액체 가연물인 유류에 의해 생성되었다고 볼 수 있는 패턴은 포어패턴, 스플래시패턴, 고스트마크, 틈새연소패턴, 도넛패턴, 트레일러패턴 등이 있다. 이들은 액체라는 물질적 특성을 이해하고 있다면 어렵지 않게 파악할 수 있다. 또한, 방화에 의한 범죄는 착화가 용이하고, 연소성이 매우 뛰어난 유류 물질을 사용하여 일어나는 경우가 많으므로, 특성을 반드시 이해해야 방·실화의 구분에 있어 설득력 있는 결론을 도출할 수 있다.

액체 가연물의 일반적인 특성[56] (화재패턴의 이해)

① 액체 상태의 물질은 높은 곳에서 낮은 곳, 함몰된 곳으로 유동하는 유체적 특성
② 바닥재의 특성에 따라 광범위하게 도포할 수도 있고, 흡수의 가능성
③ 휘발성이 강한 경우 연소성이 높지만 동시에 증발하면서 증발잠열(기화열)에 의해 냉각 효과 발생
④ 쏟아지거나 끓는 등의 현상으로 액체의 유동이 용이
⑤ 일부 액체 가연물은 고분자물질을 침식, 변형시키는 등의 작용할 수 있다는 특징

3.8. 포어패턴(Pour pattern)

인화성 물질(액체)이 바닥에 뿌려지거나 쏟아졌을 때, 연소하게 되면, 액체가연물 부분은 연소하여 탄화되고, 그 외의 부분은 상대적으로 탄화가 덜 되거나 탄화되지 않아 뚜렷한 경계면을 형성하는 독특한 패턴을 의미한다.

이 패턴은 탄화의 강, 약에 의해 구분되기도 하고, 유류의 도포 범위에 따라 구분되기도 하여, 불규칙하고 정형적이지 않게 형성되기도 한다. 하지만, 궁극적으로 인화성 액체 가연물에 의한 연소지점과 비연소지점의 탄화정도의 차이를 통해 확인가능하며, 분명한 경계선을 이룬다는 점에 착안하면 발굴작업 시 식별가능하다.

3.9. 스플래시패턴(Splash pattern)

인화성 물질이 어떠한 외력에 의해 쏟아지거나, 연소에 의해 발생하는 열에 의해 끓어 주변으로 튀게 된 상황에서, 전체적인 연소를 보이지 않더라도 액체 가연물이 튄 자리에 국부적으로 탄화한 흔적이 남는 패턴이다. 이 패턴은 주변부로 튀어나간 방울에 의해 생성되기 때문에, 풍향의 영향을 받는다. 강한 바람이 불 경우 비교적 멀리 형성되기도 한다.

---

56) 화재조사 이론과 실무, 이승훈

포어패턴이 흐르거나 쏟아진 후의 가연성 액체의 연소라면, 스플래시패턴은 2차적으로 연소하면서 튀어서 형성되었다고 보는 것이 타당하다. 다만, 인화성 물질을 도포하면서 강한 외력을 주어 입자를 넓게 퍼트려 마치 튀어서 형성된 것 같은 효과를 주었다면 유사하게 형성될 수도 있을 것이다. 결국, 인화성 물질의 연소성에 의해 탄화도의 차이에 기인하여 식별할 수 있다는 점을 인지해야 한다.

3.10. 고스트패턴(Ghost pattern)

타일과 같은 건축 내장재가 접착제로 부착되어 있는 콘크리트, 시멘트 바닥에 가연성 액체가 쏟아진 후 화재가 발생하면, 가연성 액체는 타일 사이로 스며들면서 접착제를 용해[57]하고, 접착 밀도가 상대적으로 낮은 가장자리부터 박리되기 시작한다. 이후, 화재가 성장하여 실내가 화염과 열기에 가득차게 되면, 가연성 액체는 틈새에서 더욱 격렬하게 연소하게 되고, 이로 인해 결국, 타일 아래 바닥에는 틈새를 따라 변색되는 모양이 나타나거나 박리된 형태를 보인다. 이 흔적을 고스트마크라 한다.

이 패턴은 타일과 같은 내장재와 접착제 사이로 스며드는 가연성 액체의 성질 때문에 발현되는 것으로 이 패턴이 생성되기 위해서는 변색 및 박리 작용이 발생해야하므로, 플래쉬오버 이후에 내부의 온도가 절정에 달하게 될 때 주로 흔적으로 남고, 화재가 성장단계 이전에 소멸하였다면 잘 생성되지 않는다.

3.11. 틈새연소패턴(Seam burn pattern)

틈새연소패턴은 가연성 액체가 주변에 비해 함몰된 위치에 놓일 경우 고이는 특성 때문에 나타난다. 흔히 볼 수 있는 실내의 문지방, 목재 마루는 틈이나 상대적으로 다른 공간에 비해 기울기가 낮은 부분이 존재하는데, 여기는 가연성 액체가 고이거나 흘러들 수 있는 물리적인 조건이 된다.

---

57) 타일이나 기타 내장재의 접착에 사용되는 무·유기계 접착제는 방수성능이 뛰어나지만, 액체 가연물에는 용해될 수 있다.

이 부분에서 가연성 액체가 연소할 경우, 다른 부분에 비해 액체가연물이 잘 제공되는 환경이므로 연소시간도 길고, 연소의 강도도 높아질 수밖에 없다. 이러한 특성으로 발현되는 패턴으로 아래의 그림을 참고하면 이해가 쉽다. 또한, 틈새연소패턴의 발생의 기본원리는 고스트마크와 유사하나, 틈새연소패턴은 단순히 가연성 액체의 연소로 발현되고, 따라서, 플래쉬오버와 같은 연소의 급격한 성장 시에는 완전 연소로 인해 소멸될 수 있다는 점이 다르다.

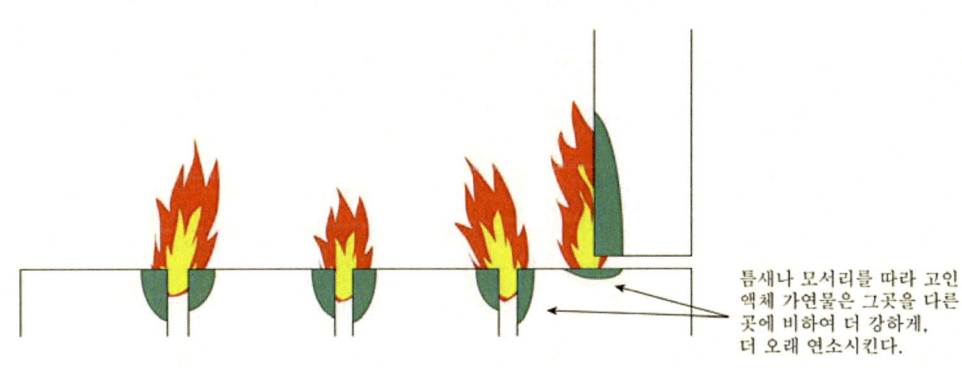

틈새나 모서리를 따라 고인 액체 가연물은 그곳을 다른 곳에 비하여 더 강하게, 더 오래 연소시킨다.

[그림 3 - 7] 틈새연소패턴의 원리

3.12. 도넛패턴(Doughnut pattern)

도넛 패턴은 액체의 증발로 인한 기화열에 그 생성원리가 있다. 가연성 액체가 웅덩이와 같이 고여있을 경우 발생한다. 이때, 가연성 액체의 가장자리 부분은 연소하여 바닥재나 주변을 탄화시키는 반면, 비교적 깊은 중심부는 탄화하지 않고, 가연성 액체가 증발하면서 발생하는 기화열로 인해 냉각된다. 이러한 현상으로 나타나는 패턴으로 도넛과 유사한 모양을 했다고 해서 도넛 패턴이라 부른다.

하지만, 실제 현장에서 보이는 유류는 꼭 원형을 갖고 있지는 않고, 다양한 형태를 보일 수 있다. 그럼에도 결국, 중심부에 비해 외곽부의 탄화정도의 차이로 인해 흔적을 남기는 원리는 동일하게 볼 수 있다.

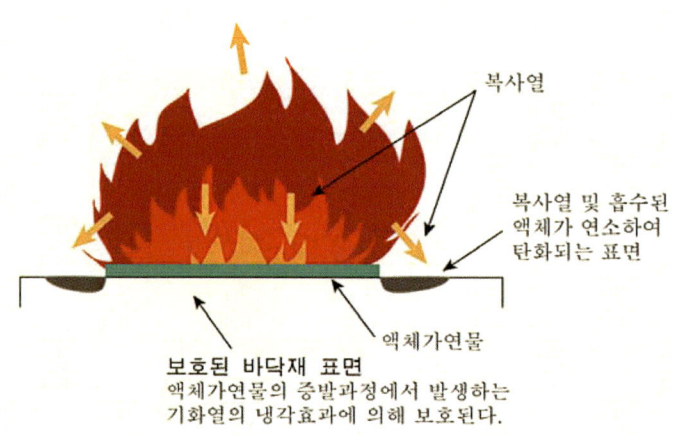

[그림 3 - 8] 도넛패턴의 원리

3.13. 트레일러패턴(Trailer pattern)

트레일러패턴은 한 장소에서 다른 장소로 연소를 확산시키기 위한 장치나 도구에 의해 만들어진다. 혹은 동시다발적 연소를 통해 확실한 방화의 목적으로 생성된다. 신문지, 화장지 등 연소가 쉽고 전파와 확산에 용이한 고체 가연물이 이용되기도 하지만 구하기 쉽고 착화와 운반이 용이한 인화성 물질인 액체 가연물을 이용하는 경우가 많다.

이 패턴은 화재 현장에서 방화의 의도를 확인할 수 있는 충분한 증거가 된다. 범죄의 흔적을 없애기 위한 수단으로 이러한 형태의 방화가 이루어지기도 하며, 화재 자체를 확산시켜 심리적 만족감을 얻기 위해 자행하기도 한다. 결국, 연소의 확산 및 전파를 위한 장치(촉진제)가 남긴 흔적에 의해 생기는 패턴으로 폭넓게 이해할 수 있다.

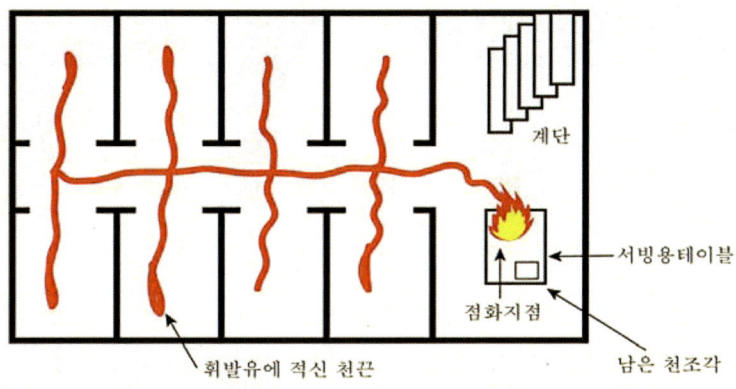

계단

서빙용테이블

점화지점

남은 천조각

휘발유에 적신 천끈

[그림 3 - 9] 트레일러 패턴의 예

3.14. 레인보우 이펙트

화재 소화 후, 밀도의 차이로 인해 물 위로 뜨는 인화성 액체 가연물에 의해 유막(Oil film)을 형성하는데, 이것이 마치 광택을 내는 무지개처럼 보이기 때문에 레인보우 이펙트라 칭한다. 단, 아스팔트나 합성수지류와 같은 물질의 석유화학 성분이 높은 온도로 가열되어 일어나는 열 분해에 의해 추출된 생성물에 의해 유막이 나타날 수 있다.

따라서 레인보우 이펙트만을 보고 유류의 사용을 예단해서는 곤란하고 성분분석(유류검지기, 크로마토그래피)을 통해 사용 여부를 확인해야 한다. 또한, 고의적인 인화성 액체류의 사용인지, 과실인지를 판단하기 위해서는 화재 현장 내에 존재하는 물질이었는지, 아니면 인위적인 조작이 있었는지를 반드시 체크할 필요가 있다.

3.15. 수평면 관통부(penetration of Horizontal surfaces)

수평면 관통부는 상·하부로부터의 방향성의 여하를 막론하고, 복사열, 직접적인 화염의 충돌, 환기 등의 요소의 효과와 관계없이 국한된 훈소에 의해 생길 가능성이 높다. 일반적으로 연소 시, 부력에 의해 상승하는 방향으로 진행 및 확산되나, 구획된 부분에 전반적으로 불이 붙는 경우, 고온가스가 바닥에서 작고 산재된 구멍으로 관통하는 결과를 보일 수도 있다. 수평면을 기준으로 연소된 관통부가 위에서부터인지 아래에서부터인지 조사함으로써 화재의 진행 방향을 파악할 수 있다.

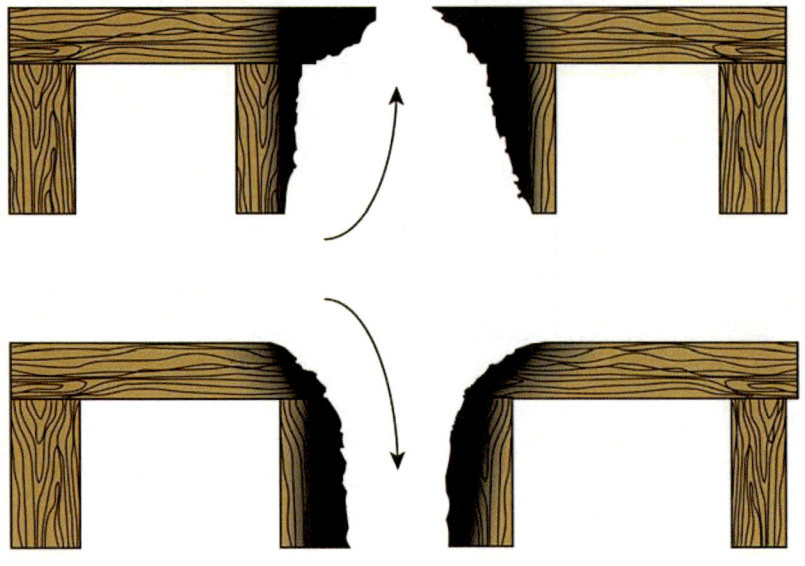

[그림 3 - 10] 수평면 관통부(탄화의 정도와 불길의 진행방향)

3.16. 폴다운/드롭다운 패턴(Fall down/Drop down pattern)

연소는 기본적으로 수직 방향으로의 확산과 전파가 가장 빠르나, 이러한 연소과정에서 생성되는 연소잔해가 다른 지점으로 낙하함으로써, 그 지점부터 다시 위로 타들어가는 패턴을 보이기도 한다. 이 때문에 발화지점을 혼동할 수 있는 여지가 있는데, 보통 폴다운/드롭다운의 연소잔해에 의해 가연물이 발화하여 연소하면, 낮은 연소패턴을 형성하여 다른 가연 물질을 발화시키는 차이점이 있다.

3.17. 완전연소 패턴

완전연소 패턴은 일반적으로 표면에 달라붙어서 발견되는 그을음과 연기 응축물이 완전히 연소하여 불연성 표면에 나타나는 현상이다. 때문에, 탄화되어 검게 남은 부분 근처에 상대적으로 깨끗한 지역을 생성한다. 이렇게 완전 연소되기 위해서는 강열한 복사열이나 화염에 직접적으로 노출되어야 한다.

완전연소 패턴은 분명 강열한 열과 화염에 의해 생성되었다는 의미이지만, 이것이 반드시 최초의 발화지점이 되는 것은 아니다. 다만, 완전연소부분과 탄화부의 경계선을 통해 화재 확산의 방향이나 연소시간, 강도의 차이를 유추하는데 이용할 수 있다. 또한, 완전연소지역은 폭열[58] 지역과 달리 표면 물질의 손실을 나타내지 않는 것이 특징이다.

■ 완전성장실에서 생성되는 패턴

화재가 구획실 전체로 확대되는 완전성장화재에서는 바닥을 포함하는 하부에서 발견되는 구조물이나 내부물질의 손상들이 높은 복사열류와 하강하는 뜨거운 가스층으로부터의 대류 열전달 효과에 의해 더욱 광범위하게 될 수 있다.

다시 말해 환기나 연료의 조건이 충족되어 화재의 진행이 최성기로 접어들어 구획실 전범위에 걸쳐 연소되는 경우, 전체적으로 소손이 높게 형성되어 있는 패턴이 나타날 수 있다.

3.18. 낮은연소패턴(Low burn pattern)

일반적으로 화염은 발생지점에서 수직 방향의 전파 및 확산(연소생성물의 팽창에 의한 밀도 변화로 부력이 생성)이 빠르며, 수평방향으로 타들어가는 경향은 상대적으로 낮다. 낮은 연소패턴이 발현되는 이유는 촉진제의 사용으로 인해, 촉진제를 중심으로 연소가 확산되어 정상적인 연소에서 발현되는 수직적 확산보다 수평적 확산이 더 크기 때문이다.

만약, 화재 현장에서 이러한 정상적인 연소에 따른 수열현상을 보이는 것이 아니라, 낮은 연소패턴이 발현된다면, 촉진제나 기타 물질의 영향으로 인해 비정상적인 양태로 연소되고 있을 가능성이 높다. 따라서 이러한 경우는 낮은 연소지역에 대한 세밀한 확인을 비롯하여, 발생지점과의 관계를 논리적으로 따져 보아야 한다. 결국, 낮은연소패턴은 일반적인 가연물의 연소로 인한 화재의 진행과 확산과는 대비되는 촉진제 및 여타 물질의 사용으로 인해 나타나는 비정상적 연소패턴으로 이해할 수 있다.

---

58) 폭열은 고온에 노출된 콘크리트 표면이 박리되거나 비산하여, 단면결손이 발생하는 현상이다. 이 현상은 콘크리트 내부에 존재하는 수분이 고열에 의해 팽창하나 외부로 빠져나가지 못하여 나타난다. 화재의 강도, 지속시간, 콘크리트의 수분비율 등이 원인요소로 작용한다.

3.19. 고온가스층에 의해 생성된 패턴(Hot gas layer - generated pattern)

고온의 가스층은 상온·대기압 하에 부력에 의해 초기부터 천장면에 집적된다. 이러한 고온 가스층의 복사에너지가 층을 이루며 패턴을 형성한다. 이 패턴은 플래쉬오버가 발현되기 전에 진압되면, 하단부와 명확히 구분되는 선을 생성한다. 이를 통해 가스층의 높이와 이동 방향을 예측할 수 있다.

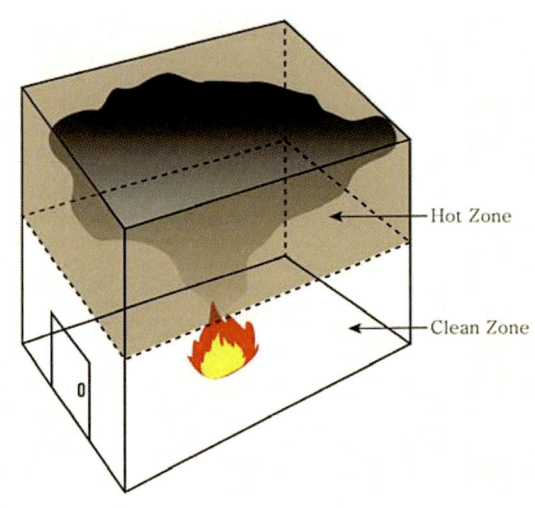

[그림 3 - 11] 고온의 가스층에 형성된 패턴

3.20. 환기에 의해 생성된 패턴(Ventilation - Generated pattern)

작열하고 있는 화염 위로 환기에 의해 다량의 공기가 유입되면 연소의 활성도가 더욱 높아져 온도가 상승하고 금속을 녹일 수 있을 정도의 충분한 열이 발생할 수 있다. 이러한 현상이 지속되면 고온의 가스의 생성과 열의 대류 작용에 의해 전달되고 그 흔적으로 연소 패턴이 생성된다.

따라서 가연물의 영향으로 생성되는 패턴(화살표 모양, V자 등)과는 달리 환기에 의해 발생하는 내부의 공기 흐름 및 이동에 의존하여 나타나는 패턴이다. 연소초기에는 환기의 조건이 미치는 영향이 크지 않고, 갖춰진 에너지와 가연물의 상태 및 조건에 따라 진행된다. 하지만 연소의 진행이 점차 확대되어 실내에 전면적으로 확산될 경우,

발화부에서 거리가 있는 지점에서 환기의 영향으로 상대적으로 격렬하게 연소함으로써 발현되는 패턴이다.

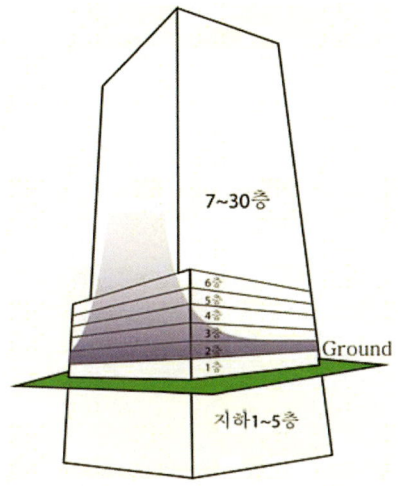

[그림 3 - 12] 환기에 의해 생성된 패턴

4

화재패턴의 이해

1 화재패턴과 감식

앞서 설명했듯이 화재패턴은 연소와 동시에 생성되는 열과 화염, 연소생성물 등이 혼합된 형태로 남는 육안으로 식별 가능한 화재의 흔적이라 할 수 있다. 하지만 실제 화재 현장은 물질, 구조, 형태 등 변수에 따른 의외성 많기 때문에 쉽게 발화부를 단정 짓기엔 무리가 있다. 따라서 연소형태에 대한 이해와 연속확산의 원리 등을 지속적으로 연구하고 세밀한 관찰을 통해 감식의 능력과 정확성을 향상시켜야 신뢰받는 화재 감식요원이 될 수 있다.

일반적인 화재패턴의 이해는 특이한 조건이 없다는 가정 하에 최초 발화지점의 연소 시간과 강도가 가장 높아 탄화도가 상대적으로 높다는 논리에 입각한다. 따라서 연소 초기에 화재를 진압한다면, 대부분 패턴은 발화부를 지목하는데 큰 어려움이 없을 것이다.

하지만, 화재가 성장 및 진행되면, 가연물의 위치, 연소하중, 공기의 유입 여부, 출화 방향, 풍향, 건물의 구조와 구조물의 위치 등에 따라 변화할 수 있다. 때문에 어느 정도 화재가 진행된 후 소화된 상황이라면, 연소 초기의 화재패턴을 보여주기보다는 연소의 진행과 강도를 나타내는 경우가 많다고 볼 수 있다.

2 콘크리트의 수열현상

2.1. 백화현상(Chlorosis Phenomenon)

화재 당시 콘크리트 등과 페인트층이 화염과 열에 노출되면서, 하얗게 흔적을 남기는 현상을 의미한다. 이는 화염과 열이 지닌 수분, 연기, 연소가스 등이 표면에 닿으면서 일시적 응결로 나타난다. 때문에 이러한 백화현상의 형성위치, 형태 등을 통해 화재의 진행 방향을 추정할 수 있다.

이러한 백화연소흔은 부분적으로 나타나기도 하지만 구획실 전체가 플래쉬 오버와 같이 격렬하게 연소한 경우, 전반에 걸쳐 보이기도 한다. 또한, 백화현상의 흔적은 그을음만 부착되어 있는 부분에 비해 상대적으로 격렬하게 연소하였다는 방증이기도 하며 이를 구분하기에 좋은 패턴이다.

그러나 백화연소의 흔적이 반드시 발화부를 의미하는 것은 아니므로 주의해서 감식하여야 하고, 페인트가 벗겨진 면도 마치 백화연소흔과 유사하게 보일 수 있어 세심히 관찰해야한다. 한편, 화재 진압 시 사용하는 소화수에 의한 냉각으로 표면에 백화된 흔적이 나타나기도 하기 때문에 감식에 오류를 범하지 않도록 사전에 소방과의 긴밀한 공조는 매우 중요하다.

2.2. 주염흔(Blaze running trace)

단어 그대로 화염(불꽃)이 남긴(지나간) 흔적[59]으로, 화염의 양이 커지면서 건물 내·외부의 불연성 구조물 또는 재질에 남기는 수열흔적을 의미한다. 보통, 연한 갈색, 상아색, 백색 등을 나타내고 수열 정도에 따라 때때로, 박리현상도 일이닌다. 화재 현상에 형성되어 있는 주염흔의 위치와 형태를 이해하면 화염의 진행경로를 유추할 수 있는 나침반이 되어 줄 것이다. 주염흔은 불연성 구조물 혹은 재질에 폭넓게 나타나므로, 주의 깊게 관찰하여, 발화부를 역추적하는 데 활용해야 하겠다.

2.3. 박리흔[60]

건축물의 기본이 되는 골조는 콘크리트나 시멘트와 같은 석회질 성분과 모래, 자갈 등을 물과 혼합해 철근 보강재와 함께 양생시키는 과정을 거치는데, 이때 함유된 수분의 영향으로 발현되는 현상이다. 이렇게 생성된 구조물, 내장재는 강성[61]은 강하나 장력(당기거나 당겨지는 힘)에는 약하다.

따라서 화재로 인해 강한 열을 받아 내부에서 발생되는 수열에 의한 빔(건축물의 들보나 도리)의 팽창 등의 영향으로 표면이 부서지거나 무너져 내리는 현상을 보이는데, 이

---

59) 그을음의 부착 흔적 : 화재 시 발생되는 그을음은 부력에 의해 부유하다 직접적으로 연소되지 않은 부분이라도 부착되기도 한다. 이러한 그을음은, 밀도가 높아 매끄럽거나 코팅된 면보다 거친 표면, 상대적으로 낮은 온도의 표면에 냉각효과로 인해 잘 나타난다. 그을음은 대기 중에 부유하여 유동하는데, 그 흐름을 역추적하여 열원에 가까이 접근할 수 있다. 또한, 부착 여부를 통해 개구부의 개방 여부와 환기 조건에 대한 정보도 습득할 수 있다.

60) 폭열[Spalling]과 박리[Peeling] : 폭열은 화재 발생 시, 물질 내부에서 기계적인 힘을 양성하는 열로 인한 콘크리트, 벽돌, 타일 등이 수열의 발생으로 탈수되면서 내구력에 하자가 생겨 깨지고 구멍이 형성되는 현상을 말한다. 결국, 주위 환경으로부터 흡수된 열에 의한 폭연, 또는 폭발을 의미한다. 이때, 분리되어 떨어져 나가는 경우는 박리라고 한다.

61) 물체가 외부로부터 힘을 받아도 변형하지 않고 원래 모양을 유지하려는 성질

를 박리라 한다. 또한, 박리는 열에 의해서 팽창하면서 발생하는 경우가 많지만, 진압 과정에서 소화수에 의해 급속한 냉각효과로 인한 수축으로도 나타날 수도 있다.

그러므로 박리는 단순히 해당 부위에 강한 열을 받거나 급속히 냉각되었다는 점을 의미하며 박리가 가연성 액체의 사용으로 인한 손상 유발이나 발화부의 위치를 지목하는 것은 아니다. 박리흔적[62]과 발화부의 연관성을 논리적으로 입증하려면, 연소의 정도, 연소의 경로, 건물의 구조, 가연물의 위치, 환기 조건 등 주변 환경을 면밀히 살펴야 한다.

한편, 박리가 발생할 때는 일반적으로 듣기에 폭발음과 같은 커다란 소음을 발생시키고, 주변으로 콘크리트나 벽돌 같은 내·외장재들이 강하게 날아가는 경우도 있다. 따라서 화재현장에서 목격자의 진술에 폭발음을 들었다고 한다면, 실제 가연물의 폭발이 아니라 박리에 의한 폭발음이 유발되었을 가능성을 염두에 두어야 한다. 화재현장에서 발생하는 다양한 소음에 대해 그 발생을 예단하는 것은 원인분석에 있어 오류를 불러올 수 있기 때문이다.

박리현상 발생에 영향을 미치는 요인은 다음과 같다.
• 상대적으로 함수율이 높은 신축 건물
• 콘크리트의 혼합 정도가 균일하지 못한 경우
• 철근 및 철망과 콘크리트 자재의 열팽창에 차이
• 수열면과 상반된 부분에 큰 온도 차가 발생
• 마감 부분이 균일하지 못해 유격에 의한 수열차이

가연성 액체는 연소과정에서 발생하는 증발 잠열에 의해 바닥을 냉각시키는 효과(기화열)가 있으므로 오히려 박리가 되지 않을 수 있으니 이 부분은 유의해야 하겠다.

---

62) 환기지배형 화재의 경우의 박리는 발화부에서 일어나는 것이 아니라, 환기에 영향을 절대적으로 받는 개구부 영역에서 나타날 수 있고, 가연물(연료)지배형 화재에서는 가연물이 집중된 영역에서 발견되기도 한다. - 소훼도에 따른 발생 차이

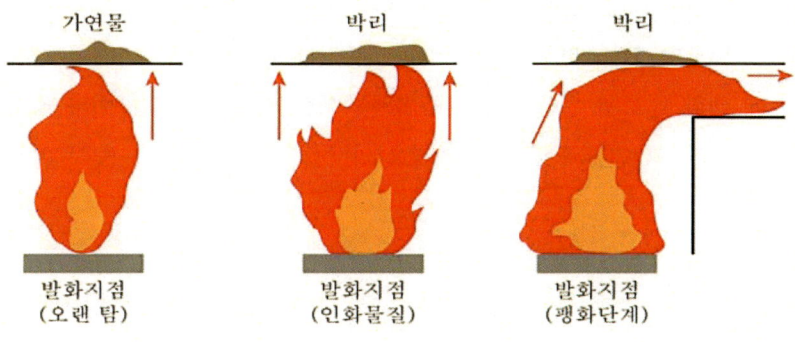

가연물　　　　　　　박리　　　　　　　　박리

발화지점　　　　　　발화지점　　　　　　발화지점
(오랜 탐)　　　　　(인화물질)　　　　　(팽화단계)

[그림 4 - 1] 불길의 진행과 천정면 박리의 형성

2.4. 하소(煆燒, calcination)

하소는 화재 시 발생하는 석고보드 표면에 발생하는 수많은 변화를 설명하기 위해 사용하는 용어이다. 석고보드 벽의 하소는 석고 외부에 화학적으로 결합된 물을 제거하는 작용과 석고 성분 자체의 화학적 물리적 변화를 포함하는 개념이다.

건물의 구획과 천정의 마감을 위해 주로 많이 사용되는 석고보드는 열에 잘 반응한다. 따라서 종이 재질로 되어 있는 외부는 열과 화염에 노출되면 탄화되어 소실될 가능성이 높으며, 그 변화 과정은 다음과 같다.

> 화염에 노출된 석고는 유기접합제의 탄화와 그 안의 탈경화제에 의해 회색으로 변한다. 장시간 강한 화염에 노출될 경우, 내부의 석고는 더 하얗게, 외부의 종이는 완전히 탄화하여 소실될 것이다. 그렇게 되면 석고재질은 탈수되어 쉽게 부서지는 형태의 고체로 최종적으로 남게된다. 이후에, 수직면에 설치된 천정과 벽에 설치된 석고는 내구도에 현격한 결함이 발생할 것이고, 중력의 작용에 의해 쉽게 분리되어 떨어질 것이다.[63]

하소는 석고보드에서 종이의 탄화와 회색의 색변화 그 자체가 중요하기 보다는 하소가 이루어진 영역과 이루어지지 않은 비하소 영역 간의 관계에서 경계선을 통해 나타나는 차이를 분석하여 화재의 양상과 진행을 파악하는데 의의가 있다.

---

63) NFPA 921 Guide for Fire and Explosion Investigations

결국, 석고보드의 하소는 물질에 의해 유지되는 열 노출을 나타내는 하나의 지표다. 가장 큰 열 노출이 있는 지역은 시각적인 외관과 하소 깊이에 의해 표시되고 이를 통해 화재에 대한 정보를 얻을 수 있다. 또한, 색상의 상대적인 차이와 하소의 깊이는 발화지점, 환기, 가연물과 같이 화재조건의 변화에 의한 열 노출 차이를 통해 확인할 수 있다.

3 금속류의 수열 현상

화재 시 발생하는 화염과 열에 의해 영향을 받은 금속류 그 물리적 성질 때문에 변색·만곡·용융 등의 현상이 나타나는데, 이를 통해 연소의 확대 및 전파, 진행 방향 등을 추정할 수 있는 토대가 된다.

3.1. 변색(Discoloration)

화재 시 발생하는 화염과 열에 금속류 및 불연성 재질, 구조물 등이 노출될 경우, 고유의 색상을 잃고 변화하게 되는 색조 현상을 의미한다. 일반적으로 실제 화재현장에서는 금속 문, 캐비닛, 냉장고, 기타 기계류의 외장 등에서 발견된다. 예컨대, 동일한 금속 철판이라도, 화염의 노출 시간과 강도에 따라 국부적으로 변색이나 부식의 정도가 차이 나는 경계를 갖게 되는데, 이를 통해 화염의 진행 방향을 추적할 수 있다.

[표 4 - 1] 수열온도에 따른 변색

수열온도(℃)	변 색	수열온도(℃)	변 색	수열온도(℃)	변 색
230	황색	590	진홍색	980	연황색
290	홍갈색	760	심홍색	1,200	백색
480	연홍색	870	분홍색	1,320	희백색

[그림 4 - 2] 철제 주전자의 수열에 따른 변색

3.1.1. 페인트로 코팅(Coating)된 금속면의 변화(수열현상)

페인트로 코팅되어 있는 금속면에 화염과 열이 작용히면, 그 수열부의 페인트 층이 탄화하여 그을음이 생기고 온도가 더욱 상승하면, 가열부위가 점차 넓어지면서 페인트 코팅층 일부가 소실되거나 완전히 분리되기도 한다. 금속 표면에 얇게 페인트로 코팅한 경우, 화염과 열의 노출에 따라, '변색 → 발포 → 탄화 → 소실'의 과정을 거친다.

따라서, 이러한 변색, 발포[64] 여부, 탄화 및 소실 정도 등을 비교 관찰하여, 연소의 강도와 화재의 진행 방향을 추적할 수 있다. 또한, 페인트의 변색정도를 비교하기 위해서는 반드시 원색을 확실하게 파악해 두어야 한다. 비교분석을 통해 수열정도를 명확히 확인할 수 있다.

3.2. 만곡(Curve·Bending) 및 구조물의 도괴(Distortion)

물질 및 금속류는 기본적으로 열을 받게 되면, 열팽창하고 어느 정도 고유 온도에 도달하면 연화(Softening)가 진행된다. 이로 인해, 내구력이 약화되어 자체의 무게와 구조물이 받는 하중을 등을 견뎌내지 못하고 중력 방향으로 급속히 휘거나 쓰러지는 현상이 나타난다.

---

64) 발포의 의미는 거품이 난다는 뜻이다. 화재 현장에서 페인트 코팅층이 집중적 혹은 산발적으로 열과 화염에 노출되어 부풀어 오르는 현상을 말한다. 화염과 열의 정도에 따라 부풀어 오른 정도의 크기가 상이하고, 약하고 산발적으로 노출되었을 경우 부풀어 오른 크기가 작지만 많이 형성될 것이다.

이러한 만곡 현상, 나아가 도괴 현상은 연소의 강약을 나타내는 지표로 활용될 수 있다. 일반적으로 금속이 화염과 열에 의해 연화되기 시작하면, 열이 가해지는 반대방향으로 휘는 성질을 가지고 있으나 이는 지극히 정형적인 상황에서 나타나기 때문에, 화재현장에서의 수많은 변수를 감안하면, 만곡방향이 반드시 수열방향을 나타내는 것은 아니므로 유의해야한다. 또한, 알루미늄이나 철골 같은 금속류로 만들어진 구조물이 완전히 도괴된 경우에는 발화지점을 중심으로 서로 겹쳐 함몰되는 경향이 있으므로 유념해야 하겠다.

한편, 구조물이 최초 균형을 잃게 된 상태에서는 다른 방향에서 화염과 열에 노출되더라도 만곡의 방향성은 변화하지 않기 때문에, 초기의 화재 진행 방향이나 발화부를 추적하기에 좋은 정황증거가 될 수 있다. 다음의 만곡과 도괴 현상의 예측 그림을 통해 쉽게 이해할 수 있다.

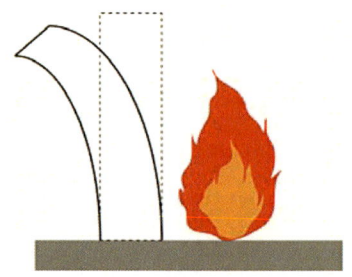

[그림 4 - 3] 발화부와 구조물의 만곡현상

[그림 4 - 4] 발화부와 구조물의 만곡방향의 예측 - 중앙

[그림 4 - 5] 발화부와 구조물의 만곡방향의 예측 - 중심부 우측

[그림 4 - 6] 발화부와 구조물의 만곡방향의 예측 - 외부

3.3. 용융(Melting)

　물질의 용융이란 기본적으로 금속이 화염과 열에 노출되어 점진적으로 가열되어 고유의 용융점에 도달하여 녹기 시작하는 물리적인 변화를 일컫는다. 그리고 물질이 녹아 있는 부분과 녹지 않은 부분의 경계가 나타나는데, 이를 용융대(Fusion Zone)라고 하고, 용융흔이 남은 표면은 화염과 열에 의한 수포가 형성되어 표면이 윤기가 없고 거친 형태를 나타낸다.

　그 외에도 화재로 발전할 수 있는 전기에 의한 용융, 낮은 용융점을 가진 금속과의 합금화를 통한 용융이 있다. 전기적 합선에 의한 용융흔은 순간적인 고열로 인해 표면이 아주 곱고 윤기가 나므로 화염과 열로 인한 용융흔과 차이를 보인다.

[표 4 - 2] 금속의 용융점과 비중

금속류	비중	용융점(℃)	금속류	비중	용융점(℃)
아연	7.14	419	알루미늄	2.7	659
금	19.7	1,063	은	10.5	960
황동	8.21~8.8	900~1,050	스테인리스	7.6	1,520
수은	13.6	38	주석	7.31	231
텅스텐	19.3	3,400	티타늄	4.8	1,800
철	7.86	1,530	동	8.9	1,083
납	11.4	327	니켈	8.9	1,455
마그네슘	1.75	650	몰리브덴	10.2	2,620

3.3.1. 외열(화염과 열)에 의한 용융

화재 현장에서 흔히 볼 수 있는 비가연물(철, 알루미늄, 유리)은 직접 연소되는 물질은 아니지만, 각 성질에 따라 고유의 온도에서 연화 및 용융되는데, 이를 통해 화염의 온도를 간접적으로 추정해볼 수 있다.

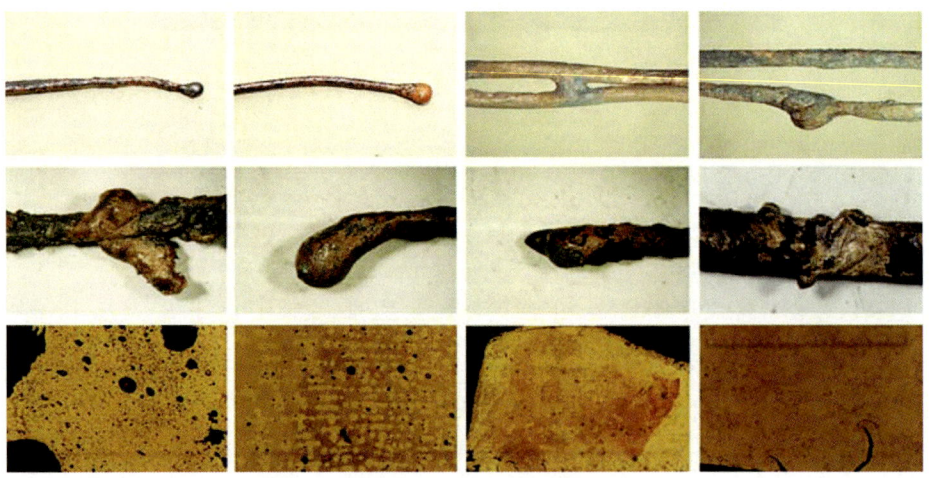

[그림 4 - 7] 외부화열에 의한 용융흔(3차 용흔) - 1.6mm 단선 (충북소방 화재조사관 전기안전교육 자료, 한국전기안전공사 충북지역본부 점검부장 김형일)

3.3.2. 전기에 의한 용융

[그림 4 - 8] 외부 화열에 의한 용융흔 - 연선 (충북소방 화재조사관 전기안전교육 자료, 한국전기안전공사 충북지역본부 점검부장 김형일)

일상생활에서 빼놓을 수 없는 것이 전기인만큼 사용빈도가 대단히 높고 올바른 사용은 생활의 윤택함을 가져다주지만 잘못된 사용은 큰 위험요인으로 작용한다. 때문에 전기가 주원인으로 화재가 많이 발생하는 데, 이때 기본적·필수적으로 선행되는 것이 통전[65] 여부다. 현장에서 전원[66]의 차단 여부 확인을 통해 부하[67] 측의 출화가능성을 판단할 수 있고, 최종 부하 측의 통전이 확인되면, 이는 곧 발화부의 가능성을 내포한다.

3.3.3. 줄열(Joule's heat)에 의한 금속의 용융

전류가 흐르기 쉬운 도체로 전선을 만들더라도, 저항이 존재하기 마련이다. 때문에, 전선 속을 전기가 흘러 전자가 저항체 속을 이동하면, 전자와 원자의 충돌로 인해 열 진동에너지가 발생하는데, 이를 줄열이라 한다. 도선에 전류가 흐르면 열이 발생하는 현상이 줄열현상이다.

다시 말해, 줄열[68]은 전기에너지가 열로 바뀐 것인데, 난방을 위해 사용하는 전기 히터, 녹는점이 낮은 금속을 사용해서 회로에 과대전류가 흐르는 것을 방지하는 안전기의 퓨즈, 필라멘트를 고온으로 가열해서 빛을 내게 하는 백열전등, 다리미 등은 줄열을 이용하고 있다.

---

65) 통전입증 : 전기화재의 감식은 통전 입증이 기본적으로서 전제가 된다. 전원의 공급이 끊긴 상태라고 한다면 부하 측의 다른 개소에서 배선끼리 접촉을 하더라도 통전이 되지 않으므로 발열현상 또한 발생을 하지 않게 된다. 감식한 전기 기기를 발화원으로 판정하기 위해서는 대부분의 경우 그 기기가 출화 당시 통전 상태(사용상태)에 있었음을 증명해야한다. 일반적으로 통전상태는 플러그가 콘센트에 접속해있고, 중간스위치 및 전원스위치가 켜진 상태이어야 한다. 통전 입증을 통해서 나타난 전기적 용융흔은 출화개소 또는 발화지점을 축소를 해나가는 과학적 분석도구로 활용된다.
66) 전원측 : 기기에 전기를 공급하는 방향으로 부하측의 반대말이다. 발전소 방향.
67) 부하(負荷)측이란 일반적으로 전기분야에서 전력을 공급받는 방향을 의미한다. 전기를 끌어다 쓰는 전기기기의 방향이다.
68) 줄열[Joule's heat, 一熱] (두산백과)

그러나 일반 기계장치에 들어가는 전기배선이나 송전선 등은 줄열이 큰 에너지 손실을 초래하므로, 그 발생이 가능한 한 적게 일어나도록 설계되어 있다. 발생하는 열량인 전기에너지의 소비량에 관해서는 줄의 법칙이 성립한다.

$$Q = I^2 Rt$$

- Q : (발)열량
- I : 전류(A)
- R : 저항(Ω)
- T : 시간(sec)
- 1(J) = 1/4.2(cal)

열량 Q는 전류 I의 제곱과 저항 R과 전류가 흐른 시간 T에 비례한다. 따라서 전류가 일정하면, 전기 저항이 클수록 발열량은 커진다.

이러한 원리로 전기화재의 발생은 합선이나 불완전접촉, 반단선 등 비정상적인 원인에 의해 많은 전류가 흐르거나, 어떠한 외부적인 요인으로 인해 저항값이 정상범위 이상으로 높아질 경우, 생성되는 열에 의해 금속이 용융되면서 발화할 수 있다.

3.3.4. 아크(Arc)에 의한 금속의 용융

아크란 전극을 접촉시켜서 강한 전류를 흐르게 하면, 전극의 선단은 접촉 저항에 의해 과열되고, 전극이 증발하여 금속의 증기를 발생하여 방전하는 현상을 말한다. 아크 방전 시에는 전극이 전자의 충돌에너지에 의해 엄청난 온도(약 3000℃ 이상)으로 가열되기 때문에 거의 모든 금속을 용융시킨다. 이러한 아크의 특성을 이용하여, 금속의 용접에 사용한다. 아크의 빛은 강렬하여 강한 자외선과 적외선을 많이 방출하며, 용융금속이 비산되기도 한다.

사실, 줄열과 아크에 의한 구분은 용융의 메커니즘에 대한 차이이고, 실제, 발화를 유발하는 용융 시에는 이러한 작용이 동시에 이루어지므로, 구별하기는 어렵다.

3.3.5. 전기에 의한 도체의 용융 형태

우선, 전기적인 발열은 화열에 의한 용융형태와는 확연히 다르다. 외열에 의한 경우 광범위하게 열을 받게 되는데, 전기적 용융은 용융부위와 비용융부위의 경계가 명확하고, 순간적인 고열로 인해 표면이 아주 곱고 윤기가 난다. 화열에 의한 용융은 순간적인 용융이 아니라, 전반적으로 열을 받아 내부 도체가 용융에 이르므로 용융된 부분과 용융되지 않은 부분의 명확한 경계를 보이진 않는다. 이를 통해서 발화원인을 추정할 수 있으나, 전기적 용융이 선행된 후 화열에 의한 용융이 후행되어, 용융흔을 남길 수도 있어, 발화부를 판명할 때, 특이점과 진행 상황을 잘 파악해야 한다.

아래의 사진은 1차 단락흔으로 단락에 의해 화재가 발생한 것으로 볼 수 있다.

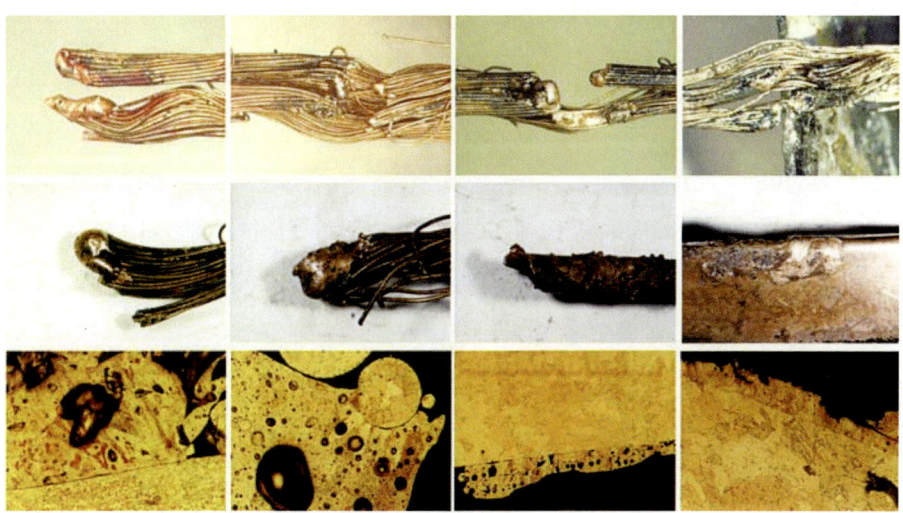

[그림 4 - 9] 전기적 요인으로 인한 단락흔 (충북소방 화재조사관 전기안전교육 자료, 한국전기안전공사 충북 지역본부 점검부장 김형일)

4 목재류의 수열현상

4.1. 목재류의 연소 특성

일반적인 가연물과 달리 목재는 그 자체가 바로 직접적으로 연소하는 것이 아니라, 고온에 노출되어 가열되었을 때, 수분의 증발(건조과정)과 열분해[69] 과정을 거쳐 가연성가스가 먼저 연소되고 탄화된 목재의 숯이 표면 연소되는 가연물이다. 만약, 산소가 충분하지 않은 상황이라도, 목재가 고온에 노출될 경우 열분해로 인해 목재는 균열흔을 발생할 수 있다.

목재의 균열흔은 같은 온도에 노출되었더라도, 목재의 건조도(수분함량), 밀도, 표면의 처리상태, 표면적의 크기, 수종(나무의 종류)에 따라 달라질 수 있다.

목재의 연소특성은 다음과 같다.
① 목재는 수분함량이 15% 이상일 경우 비교적 고온에 장시간 노출되어도 착화하기 어렵다.
② 표면적이 넓은 목재일수록 열에 노출되는 영역이 커지기 때문에 탄화의 가능성이 높다(원통형의 원목 상태에 가까운 목재보다 가공된 판형, 각형의 자재는 착화가능성이 높고 연소가 쉽다).
③ 목재의 표면처리 재료와 상태에 따라 탄화정도의 차이가 발생할 수 있다.

[표 4 - 3] 목재의 발화특성

온도	발화특성
100~160℃	목재 가열 개시, 수분증발
220~260℃	갈색에서 흑갈색으로 변화, 인화개시
300~350℃	목재의 급격한 분해 시작, H·CO·탄화수소 등 생성
420~470℃	발화 및 탄화종료
500℃	현저한 촉매활동으로 목탄생성

---

69) 열분해는 산소와의 산화 반응을 동반하지 않더라도, 열에 의해 분해되는 현상을 의미한다. 때문에 목재는 불완전연소로 인한 훈소의 가능성이 높다.

4.1.1. 노출온도에 따른 균열흔

균열흔은 화열에 노출된 정도(온도, 시간)에 따라 목재 표면에 나타나는 형태와 깊이에 따라 분류할 수 있다.

- 탄화 면에 있어서 요철이 많고 거칠수록 소훼현상이 강하다.
- 탄화된 모양의 패인 골과 깊이가 넓고 깊을수록 소훼현상이 강하게 된다.
- 화염에 오래도록 강하게 탈수록 탄화심도가 깊게 된다.
- 무염연소의 경우가 유염연소(불꽃연소)보다 타들어가는 깊이가 비교적 깊게 형성이 된다.

[그림 4 - 10] 목재류의 탄화흔적(균열흔)

1) 완소흔

약 700~800℃ 정도에서 비교적 천천히 더디게 타고난 후 남은 표면의 흔적이다.

- 목재표면은 거북등 모양으로 갈라져 있는 형태로 탄화
- 갈라진 틈의 폭이 넓거나 깊지 않고, 부푼 모양이 삼각·사각을 형성

2) 강소흔

약 900℃수준에서 연소되었을 때 나타나는 형상으로 단어의 의미대로 화열의 영향을 강하게 받아 생긴 흔적이다.

- 갈라진 틈이 깊고, 골의 테두리 모양은 만두모양(각이 없는 반원형)의 요철형

3) 열소흔

약 1,100℃ 수준의 온도에서 탄화할 때 생기는 흔적이다.

- 패인 홈이 가장 넓고 깊으며, 형태가 구형에 가깝도록 부푼 모양
- 가연물이 많이 존재하는 대형화재에서 확인 가능

4.2. 탄화심도

탄화심도는 기본적으로 강한 화열이 미친 곳일수록 탄화 정도가 심하게 나타날 것을 전제로 하여, 발화부나 연소의 진행 방향을 유추하는 것을 의미한다. 강한 화염에 노출되어 연소된 목재는 균열상태가 상대적으로 크고, 비교적 낮은 온도에서 더디게 천천히 연소된 목재는 균열상태가 작다. 따라서 어느 곳의 화염이 더 컸는지를 가늠해 볼 수 있는 좋은 정황증거가 된다.

하지만, 탄화심도는 화재가 최성기 이후로 접어들어 완전 연소하는 단계까지 이를 경우(일반적으로 화재 발생 후 약 10분 이상 경과), 목재류는 전체적으로 탄화하여 차이를 발견하기가 사실상 불가능에 가깝기 때문에 탄화심도를 통한 발화부 추정 및 연소 확대의 진행 방향을 추적하는데 어려움이 따른다. 다만, 탄화 정도를 통해 화재 시 구획실 내의 대략적 온도 유추는 가능하다.

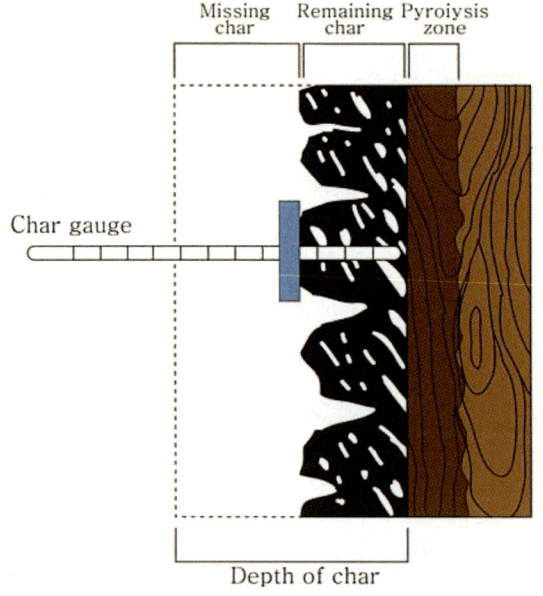

[그림 4 - 11] 탄화심도의 측정

4.2.1. 탄화심도의 측정

탄화심도의 측정방법은 다음과 같다.

① 탄화심도 측정기의 계침은 수직하게 삽입한다.

② 탄화 심도의 객관적인 측정을 위해 계침은 필히 예리하지 않아야 한다. 끝이 날카로울 경우 탄화된 부분 외에 목재 내부로 침투하여 측정값의 정확도 및 신뢰

도는 떨어진다.

③ 탄화되어 갈라진 틈과 돌출된 부분 중 돌출된 부분을 중심으로 측정한다.

④ 하나의 지점에서 측정 후 다른 지점을 측정할 경우 동일한 압력을 사용하여야 한다.

⑤ 동일한 측정점에서 동일한 압력으로 3회 측정하여 평균치 산출하여 측정오차를 줄인다.

⑥ 균열흔은 같은 조건이라도 목재의 특성에 따라 다르게 나타날 수 있으므로 동일한 목재와 비교해야 오차를 줄일 수 있다.

사실, 탄화정도의 비교는 기기를 이용하여 정밀하게 측정가능 하지만, 대부분의 경우 육안으로 식별이 가능하며 구획실내의 탄화정도의 차이를 확인하는 선에서 탄화심도를 이용할 필요가 있나. 다시 말해 발화부추정과 구획실내의 화재확산을 예측하는데 있어 활용되는 지표일 뿐이지, 탄화심도를 정밀하게 측정하는 것은 큰 의미가 없다.

5 유리의 수열현상

5.1. 유리의 특성과 제조

일상생활에 흔히 쓰이는 유리는 기본적인 제작 원리는 모래가 녹았다가 굳어지는 것이다. 유리는 규사라고 하는데 소다, 석회 등의 혼합물을 로(furnace - 일종의 용광로)에 용융시켰다가 순간적으로 냉각시켜서 생산한다. 이러한 과정에서 유리는 순간적인 냉각으로 고체상태의 형태를 유지하지만 용융되었을 때의 분자 결합을 그대로 형성하고 있다. 이를 "과냉각70)된 액체 상태"라고 표현한다.

5.1.1. 유리의 열적 특성

일반적으로 알려진 수열 온도에 따른 열적 특성 현상발현은 다음과 같다.

• 50℃ 균열 야기, 온도 차이 60~70℃ 정도 도달 시 파손 시작 · 450℃ 유리 전체

---

70) 물질은 각각 때마다 온도에 따른 안정상태가 있어 온도를 서서히 변화시키면 안정상태도 그에 따라 변화한다는 것을 의미한다. 그러나 급작스럽고 순간적인 온도의 변화는 그 따른 안정 상태로 변화할 여유가 없어 시작점 온도 상태를 그대로 유지하거나, 종점온도에서의 상태로 변화하다 정지된 형태로 나타나는 현상을 보인다.

균일 온도 가열 시 녹으면서 일그러지기 시작(파열(破裂) X)
- 600~650℃ 파열된 유리의 모서리 끝부분이 용융되며, 물방울과 유사한 둥근 변형 현상 생성
- 750~850℃ 유리가 녹아 수열 방향으로 흘러내리기 시작

[표 4 - 4] 유리의 수열에 따른 파괴형상 (국립과학수사연구원, 유리 파손 형상의 법과학적 해석(Forensic Scientific Analysis for Glass Breakdown Patterns))

time \ temp.	600 [℃]	700 [℃]	800 [℃]	900 [℃]
5 min				
10 min	○ Sample [mm] : 80 × 80 × 5 ○ Inner size of the electric furnace [mm] : 200 × 300 × 200			
20 min				
30 min				
60 min				
90 min				

5.2. 유리의 파손 원인에 따른 분류와 화재와의 연관성

화재현장에서 발견되는 유리는 파손형태에 따라 화열에 의한 파손, 충격에 의한 파손, 폭발에 의한 파손을 구별할 수 있기 때문에 그 특징을 분석하면, 다양한 정보를 제공해주는 좋은 지표로 활용할 수 있다.

5.3. 충격에 의한 유리의 파손

유리는 기본적인 성질이 압력에는 강하나 장력에는 취약한 물질이다. 또한, 매우 딱딱한 질감을 가지고 있고, 정도의 탄성을 지니고 있지만, 충격을 받으면 처음에는 휘어지다가 한계치를 넘어설 경우 파손되기 시작한다. 따라서 충격이 강하고 순간적으로 작용하는 충기류로 인한 파손은 국부적(천공창)으로 나타나는 반면, 충격이 상대적으로 약하고 전면에 걸쳐 작용한 경우, 전체적인 파손을 유발한다. 또한, 충격지점에서 가까울수록 파손된 파편은 작고, 멀수록 커지는 형태를 나타낸다.

유리가 외력을 받으면, 충격을 받은 방향의 반대편부터 먼저 파손되는 특징을 보인다. 이후에 충격부위에서부터 주변으로 순차적으로 동심원 형태로 순서에 따라 안쪽으로 장력을 받으며 파단이 이루어진다. 유리의 파편은 주로 충격한 방향의 반대방향으로 비산되지만, 근접한 거리에서 파손행위를 했다면, 유리조각 등의 미세증거물이 파손방향에서도 파손한 사람의 의복이나 피부에서 발견된다고 한다. 이러한 특징을 이용하여, 파손된 유리와 화재의 연관성을 유추해볼 수 있다.

또한, 동심원[71]·방사형[72] 파단면에서는 물결과 같은 곡선의 독특한 패턴이 연속한 형태로 생성되는데, 이를 리플마크(Riffle mark) 혹은 패각상 파손흔(Conchoidal fracture line)이라 한다.

만약, 이 리플마크(Riffle mark)가 발견된다면, 어떠한 외력, 다시 말해 충격이 가해져 파손에 이르렀다는 의미이므로 충격의 원인 및 방향과 화재의 양상에 대해 반드시 면밀히 검토해야 한다.

---

71) 동심원 파손 : 충격 지점을 중심으로 동심원 형태를 나타내는 파손
72) 방사형 파손 : 충격지점에서부터 시작해서 주변으로 방사형으로 뻗어 나가며 형성된 파손

리플마크의 생성은 다음과 같다.

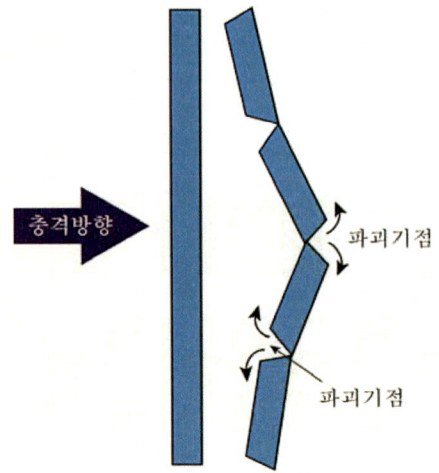

[그림 4 - 12] 유리의 충격과 파손

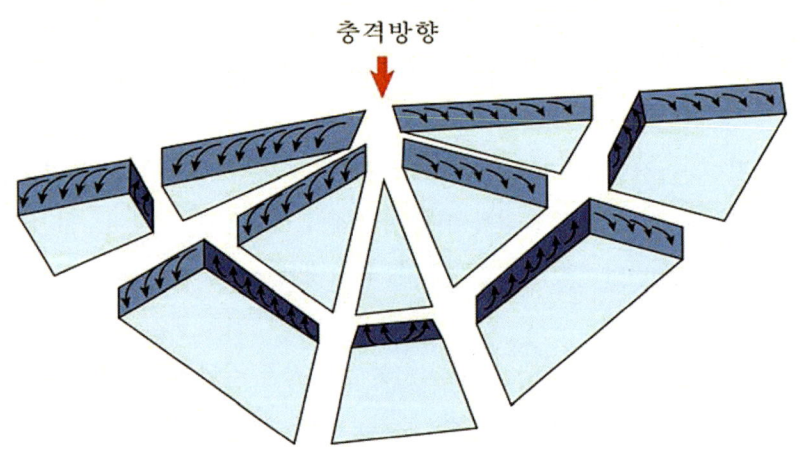

[그림 4 - 13] 유리의 충격 방향과 리플마크의 생성

[그림 4 - 14] 유리 파단면에 형성된 리플마크 (방사형 파단면을 통해 아래 부분에서 충격이 가해졌음을 확인 가능, 사진 출처 : 한국화재조사학회)

충격 방향의 반대면에서 방사형 파손흔이 생성되기 시작하여 파손의 진행과 함께 유리의 응력에 의해 충격 방향면에서 동심원 파손흔을 만들기 시작한다.

방사형 파단면의 경우, 충격면에서는 유리면과 평행한 듯한 패턴을 보이지만 반대편으로 갈수록 충격 방향과 직선 형태로 진행(유리면과 각이 커지는 곡선(Curved))되는 것을 확인할 수 있다. 파손 단면에서 전체적으로 동일한 형태의 리플마크의 식별이 가능하므로, 내측의 충격에 의한 것인지 외측의 충격에 의한 것인지 쉽게 판별할 수 있다.

동심원 파단면의 경우, 수직 방향의 응력흔이 충격이 가해진 면 쪽에 생성된다. 다시 말해, 충격면에서는 직선방향이다가 반대편으로 가면서 각이 커지는 곡선(Curved)으로 유리면과 평행한 형태로 나타난다.

리플마크의 구분은 우선, 설치 시점에서의 내·외면의 구분을 보통의 경우 내측보단 외측에 먼지가 많이 묻어 있다는 점에 착안하여 먼저 확인하고, 관찰하고자 하는 면이 방사형인지, 동심원 파단면인지를 파악하는 것이 중요하다. 방사형·동심원형 파단면의 파악은 퍼즐조각을 맞추듯이 유리의 원형을 추적해 나가면 가장 정확하게 알 수 있다.

결국, 방사형·동심원형의 기본적인 리플마크 생성원리와 특성을 인지하고, 파단면마다 동일한 형태로 나타난다는 점에 착안하여, 유리 파손의 원인 규명과 화재의 연관성을 유추해 나갈 수 있다. 하지만, 강화유리의 경우, 방사형·동심형 형태의 파손면이 생기지 않기 때문에 유리의 파단면의 생성원리를 적용하여 관찰이 불가능할 수 있다.

5.4. 열에 의한 유리의 파손

유리는 물리적인 특성으로 열에 의해 변형과 파손이 유발되며, 그 특징은 충격에 의한 파손과 확연히 구분된다.

충격에 의한 파손 시 보이는, 방사형·동심원형 파손 형태처럼 어느 정도 일정한 형태의 정형화된 패턴을 보이는 것이 아니라, 불규칙하고 형태가 기이한 경우가 많다. 또한, 유리의 한 면에 화열이 국부적이고 집중적으로 노출되었을 경우, 일부분만 파손되기도 한다.

결정적인 차이는 <u>열에 의한 파손의 경우 리플마크를 확인할 수 없다</u>는 것이다. 유리의 파손 원리는 다음과 같다.
  ① 화열에 노출된 유리의 부분과 상반된 부분과의 열팽창률의 차이
  ② 동일한 온도 조건 하에 금속 재질의 창틀의 경우, 유리와의 열팽창률 차이

> **크래이즈드 글라스(Crazed glass)[73]**
>
> 유리표면에 작은 금(Crack)에 의한 복잡한 형태의 흔적, 유리의 한쪽 면이 급격한 가열에 의해 파손되는 흔적으로 여겨져, 촉진에 사용에 대한 여지가 있다고 해석하였으나, 실험을 통해 가열이 아니라 화재 현장에서 사용하는 소화수 등으로 인한 냉각 효과로 생성되는 것으로 확인되었다.

---

73) NFPA 921 Guide for Fire and Explosion Investigation

5.5. 폭발에 의한 파손

화재 현장에서 분진, 유증, 가스에 의한 화학적 폭발이나 물리적 폭발 등에서 발생하는 압력파가 유리에 작용해서 파손을 일으키는 원리이다. 이때 폭심에서 발생하는 압력파는 파괴기점을 형성하는 것이 아니라, 유리에 전면적으로 힘이 작용하여 파손을 유발한다. 따라서 충격이나 열에 의한 파손형태와 다른 새로운 형태로, 평행선에 가깝게 가늘고 길게 균열을 일으키거나 파손된다. 폭발의 위력에 따라 파손 정도의 강약이 있을 수 있으나 형태적 특이점은 매우 유사하게 나타난다.

이를 통해 화재 현장 조사 시 폭발의 여부를 확인할 수 있는 중요한 정황증거로 활용될 수 있다. 또한, 폭발 시 발생하는 강한 압력으로 파손되는 유리 파편들이 비산하게 되는데, 이때 비산된 파편에 그을음이 묻어 있다면, 화재발생 후 폭발이 진행되었고, 반대로 그을음이 묻지 않았다면, 폭발 후 화재가 발생했을 가능성이 높다고 판단할 수 있다.

5.6. 유리 파편의 그을음과 화재의 연관성

화재 현장에서 유리가 먼저 파손되어 파편에 의해 화열로부터 보호되어 현장 본형의 모습을 유지하고 있는 경우, 화재의 발생 이전, 어떠한 외력에 의한 충격(물리적인 손괴의 증거)로 파괴가 이루어진 후 화재가 발생했음을 유추할 수 있다. 따라서, 이 유리 파편들을 조합하여, 방사형·동심원형 패턴을 여부를 확인하고, 조합하는 과정을 통해 리플마크의 식별이 가능하다면, 방화의 가능성은 대단히 농후해진다.

자파현상[74]

자파현상은 외력(열, 충격, 압력 등)이 전혀 가해지지 않는 상황에서 유리가 스스로 파괴되는 현상으로 자발적 파괴라고도 한다.

이는 강화유리의 생성 과정에서 포함되어 있는 불순물이 열처리 과정에서 팽창과 수축하면서 유리에 응력을 일으키며 균열과 자연파괴까지 이르는 것이다.

자파현상은 불순물에 의해서도 나타나지만, 유리의 제조과정에서 불량으로 인해, 유리의 내부 밀도가 균일하지 못하게 생산되거나, 판유리를 자르는 과정에서의 충격, 강화유리 시공 시에 안정적으로 설치하지 못하여 힘의 균형이 무너졌을 때 발생할 수 있다.

또한, 파괴의 시작점에서 나비모양 패턴(Butterfly pattern)이 관찰되고, 중심부에 한 쌍의 육각형의 파편(나비모양과 유사)은 주변부 파편에 비해 크기가 상대적으로 크게 관찰된다.

5.7. 유리의 파괴와 외력의 작용

유리의 파괴와 외력의 작용 순서에 따른 분리선의 기본원리는 매우 단순한데, 파괴가 선행된 분리선은 그 선형을 유지하고, 파괴가 후행된 분리선은 선형이 선행된 선형에서 끊긴다. 그림을 통해 이해하면 어렵지 않다.

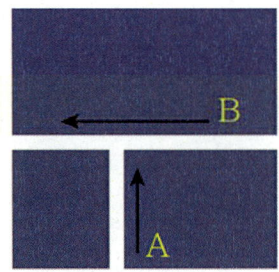

[그림 4 - 15] 파괴선의 예시 (B 선행, A 후행)

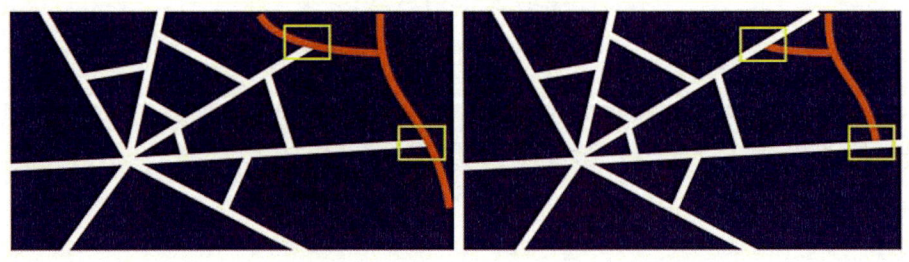

[그림 4 - 16] 열에 의한 파괴 후 충격에 의한 파괴   [그림 4 - 17] 충격에 의한 파괴 후 열에 의한 파괴

'[그림 4 - 16] 열에 의한 파괴 후 충격에 의한 파괴'의 경우 방사형 파단에 의한 분리선이 열에 의한 파단에 의한 분리선에 의해 끊기는 형태를 볼 수 있다. 이를 통해 열에 의한 파괴가 선행된 후, 충격에 의한 파괴가 후행되었다는 것을 확인할 수 있다.

---

74) 화재조사와 이론과 실무, 이승훈

반면에, '[그림 4 - 17] 충격에 의한 파괴 후 열에 의한 파괴'의 경우, 충격에 의한 파괴선인 방사형 파단에 의한 분리선은 유지되어 있는 반면에, 열에 의한 파괴에 의한 분리선은 방사형 파단에 의한 분리선과 만나 그 흐름이 끊긴 것을 확인할 수 있다. 이를 통해, 충격에 의한 파괴가 선행된 후, 열에 의한 파괴가 후행되었음을 확인할 수 있다.

이렇게 다중의 파괴선이 존재할 경우, 외력의 작용 순서에 따른 분리선의 원인을 파악함으로써 방화와 실화의 구분에 좀 더 실체적 접근이 가능할 것이다. 물론, 예시와 같이 분리선의 구분이 난해하지 않으면 어렵지 않게 구별할 수 있지만, 충격과 화열에 의한 파괴가 복합적이고 파편이 조각이 많고 여러 곳에 비산되어 있다면, 많은 시간과 노력이 필요하다. 하지만 이 작업은 원인을 규명하는데 수행해야 할 매우 중요한 작업 중 하나임에 분명하다.

5.8. 소잔(燒殘)된 유리의 감식 요점

실제 화재현장에서 발견되는 소잔된 유리파편들을 확인하는 작업은 소잔된 유리의 위치, 파괴형상, 화열의 강도와 노출된 시간, 화재의 진행, 폭발의 유무 등의 판단자료가 되고, 방화와 실화에 대한 직·간접적인 중요한 정황증거로 작용할 수 있다. 따라서 아래의 사항을 고려하여 감식하여야 한다.

① 파괴된 유리 파편이 그을음의 부착 없이 깨끗하고, 방사형·동심원 형태와 리플마크가 식별된다면, 화재 발생 이전에 외력에 의한 충격으로 파괴된 것으로 유추 가능하다.
② 불규칙적이고 특이한 패턴으로 파괴된 유리파편이 발견된다면, 화열에 의한 파괴를 생각할 수 있다. 한편, 화재 진압작업 중에 소화에 의한 파괴 여부도 고려해야 한다.
③ 폭발에 의해 발생하는 압력파로 파괴된 경우, 유리파편이 멀리 비산된 흔적과 평행선처럼 길고 가늘게 형성된 파편이 발견된다. 폭발의 강도가 셀 경우 더 많이 파편은 더 많이 비산되고 잘게 깨진다.
④ 유리는 외부 환경에 영향을 받지 않는다면, 기본적으로 화열을 받는 방향으로 녹기 때문에 유리의 녹은 방향과 높이를 비교하여, 화재의 진행을 추정해볼 수 있다.
⑤ 떨어진 유리 파편 아래 혹은 위의 물건들의 형태와 소잔상황을 통해, 화재와의 관계, 시간의 흐름 정황 등을 판단할 수 있다.

- **유리파손(Breaking of Glass)[75]**

화재가 발생하면, 가열속도, 화염접촉 시간, 냉각기간 등 유리 상태에 영향을 주는 변수가 존재한다. 최근의 실험적인 연구에 의하면, 화열에 노출된 유리와 단열된 부분의 70℃ 이상의 온도 차이는 유리창의 중심에서 틀의 가장자리까지 사방으로 방사하는 부드럽고 긴 파도와 유사한 형태의 움직이는 균열을 야기한다.

유리의 가장자리에 화재의 복사열을 방지하는 방호가 설치되어 있다면, 방호되는 부분과 중심부 사이는 온도차가 발생한다. 따라서 이 온도차로 인해 균열을 야기하고, 이 균열이 확대되면서 유리 전체가 파손될 수 있다. 이렇게 되면, 유리는 틀에서 분리될 수도 있고, 남을 수도 있다. 충격을 받은 유리는 특징적인 거미집 패턴(Cobweb Pattern)을 형성한다. 이러한 크랙(crack)은 여러 개의 곧은 선 모양으로 생성된다. 이는 화재 전·후로 생길 수 있다. 만약 화열에 노출되지 않은 상대적으로 더 차가운 면에 갑자기 화열에 노출되면 두 면 사이에 응력이 생길 것이고, 유리는 두 면 사이에서 파손될 것이다. 때때로 작은 크기의 창유리의 경우에는 노출된 면과 노출되지 않은 면 사이의 팽창 차이로 창유리가 틀에서부터 벗어나 파열된다.

일반적으로 건물 안에서 화재로 인해 생성된 압력만으로는 유리창을 파괴하거나 창틀에서 유리에 힘을 가하는 데 불충분하다. 화재로 인한 압력이 대략 0.002psi~0.004psi인데 반해 보통의 유리창을 파괴하는 데 필요한 압력은 0.3psi~1.0psi이다.

조사자는 유리의 파손된 패턴만으로 결론을 내리지 않도록 유의해야 한다. 잔금과 길고 부드러운 파도 치는 균열이 인접한 창문에서 발견되고 있다. 유리표면에서 발견되는 작은 분화구나 구멍은 화재진화 작업 동안 분무하여 급속 냉각시킨 결과로 생긴 것이라 생각한다.

- **안전유리(Tempered Glass)[76]**

화재 충격에 의해 가열되었을 때 또는 노출되었을 때 깨지는 안전유리는 수많은 작은 입체모양 조각으로 깨진다. 안전유리 파편은 잔금의 짧은 균열의 복잡한 패턴보다 규칙적인 모양을 하고 있다.

안전유리는 TV 스크린, 자동차, 출입문, 쇼 윈도우, 정원 문과 같은 제품 내와 상업적 건물 그리고 공공건물 내에서 흔히 볼 수 있다.

- **유리 얼룩(Staining of Glasses)[77]**

그을음이나 응축물이 없는 유리의 일부분은 빨리 가열되기 쉽고 화재 시 화염에 접촉하여 빨리 깨지기 쉽다. 열원이나 발화지점 화기부에 근접한 유리는 얼룩정도에 영향을 주는 요소이다. 탄화수소 잔류물을 포함하여 두껍고 기름기가 있는 그을음이 유리에 존재하는 것은 액체촉진제의 사용이나 존재에 대한 명확한 증거로써 오인되어 왔다. 이러한 얼룩은 너무나 다른 셀룰로오스 물질의 불완전연소로 생긴다. 그러므로 이러한 얼룩은 연소촉진제 때문에 생긴 것으로 해석해서는 곤란하다.

---

75) NFPA921 Guide for Fire and Explosion Investigation
76) NFPA921 Guide for Fire and Explosion Investigation
77) NFPA921 Guide for Fire and Explosion Investigation

6 플라스틱

플라스틱은 현대 과학과 산업발전의 산물이다. 일반적으로 오늘날 플라스틱의 제조는 원유를 재료로 공장에서 대량생산된다. 생산이 쉽고 활용도가 높아 일상에서 생필품으로 빼놓을 수 없고, 건축과 자동차 등의 제조에도 필수로 들어간다.

플라스틱은 합성 방법과 물질에 따라 다양한 물리적·화학적 성질을 가지는데, 기본적으로 불연성의 테프론(PTFE), 가연성의 니트로셀룰로오스(Nitrocellulose)으로 나눌 수 있는데, 전자의 경우 비교적 높은 온도에 노출되더라도 약간의 열적 손상만 야기할 뿐, 발화하지 않지만 후자의 경우 잘 발화하고 활발히 연소하는 성질을 가지고 있다. 우리가 일반적으로 사용하는 플라스틱은 이 두 물질 사이에 존재한다.

[표 4 - 5] 일반적으로 사용되는 고분자 물질의 발화연소 특성 (Source : Saunders, K. J. The Identification of Plastic and Rubbers. Chapman and Hall Ltd., London, 1966. See also NFPA Fire Protection Handbook, Table 5.8a, 16th ed. 1986)

Polymer	Flame color	Odor	Other Feater
나일론	노란 팁을 가지는 파랑색	유리 타는 냄새와 비슷함	자체 진화, 깨끗이 녹으려는 성질
Polytetra fluoroethylene PTFE(테프론)	노랑	없음	아주 천천히 그을림, 잘 안탄다
폴리염화비닐 Polyvinyl chloride(PVC)	푸른빛 계열의 노랑	자극적인 역한 냄새	자체 진화, 산성 가스와 되려는 성질
우레아 - 포름알데히드 Urea - formaldehyde	창백한 노랑	생선비린내 나는 포름알데히드	발화가 매우 어렵다
부틸(Butyl) 고무	스모키한 노랑	향기롭다	탄다
니트릴(Nitrile) 고무	스모키한 노랑	역겨운 향기	탄다
폴리우레탄	푸른빛 계열의 노랑	자극적인 역한 냄새	잘 탄다
실리콘 고무	밝은 연노랑(Yellow - white)	없음	백색가스를 내며 탄다. 하얀 잔류물
스티렌 - 부다티엔 고무	아주 스모키한 노랑	스티렌	탄다
알키드(Alkyd) 플라스틱	스모키한 노랑	맵다	잘 탄다
폴리에스터 (스티렌이 함유된)	아주 스모키한 노랑	스티렌	탄다

폴리에틸렌	푸른빛 계열의 노랑	밀랍양초 탈 때와 비슷	잘 탄다. 녹으면 무색
PMMA(Polymethylme thacrylate)	노랑	독특하다	탄다
폴리프로필렌	푸른빛 계열의 노랑	밀랍양초 탈 때와 비슷	잘 탄다. 녹으면 무색
폴리스티렌	푸른빛 계열의 아주 스 모키한 노랑	스티렌	잘 탄다

[표 4 - 6] Polymer 재료의 열적 특성 (Source : From Drysdale, D. An Introduction to Fire Dynamics, 2nd ed. John Wiley & Sons, Chichester, 1999, 3. s

천연 고분자	△Hc	열적 거동(Drysdale)	녹는점 (℃ Merck Index)
울(<TB>Wool)		200℃ 이상에서 탄화	
셀룰로오스	16.1	100℃ 이상에서 탄화	
열 가소성 폴리머			
폴리에틸렌(HD)	46.5	130 - 135℃ 용융	(85~100)°
폴리프로필렌(Isotactic)	46.0	186℃ 용융	(165)°
Polymethyl methacrylate	26.2	160℃ 용융	(250)°
폴리스티렌	41.6	240℃ 용융	(180)°
폴리아크릴로니트릴		317℃ 용융	
나일론 66	31.9	250 - 260℃ 용융	
나일론 6		–	(225)°
폴리염화비닐(PVC)	19.9	–	(200~300° 사이에서 탄화)
열 경화성 폴리머			
폴리에스테르			(Dec. 250)
폴리우레탄 폼	24.4	200 - 300℃ 사이에서 폴리올과 이소시아네이트로 분해	
페놀 폼	17.9	탄화	
Polyisocyanrate 폼	24.4	탄화	
실리콘 고무			

플라스틱의 화학적 결합은 화열에 노출될 때, 연소되기 좋은 간단하고 휘발성이 높으며, 강력한 독성을 가진 성분들로 열분해 된다. 이때, 인체에 치명적인 영향을 줄 수 있는 스티렌, 폴리염화비닐(PVC), 시안화산 등을 만들어내기도 한다. 이는 플라스틱이 긴 사슬모양의 탄화수소 고리를 기반으로 형성된 중합체(Polymer)이기 때문이다. 최근에는 불연성의 성분을 높인 난연성 자재를 사용을 확대하여, 화재 시 화염의 확산을 방지하도록 노력하고 있다.

플라스틱의 발화메커니즘(Mechanism)

흡열 → 열 분해 → 혼합 → 발화 · 연소 → 배출

전선의 절연재로 PVC, 단열용 건축자재로 쓰이는 폴리우리탄 폼과 폴리스티렌 폼, 가구의 충전재로 들어가는 라텍스, 천연고무 및 폴리우레탄 등 일상생활과 밀접한 관련성을 갖고 있으므로, 플라스틱의 발화특성과 열적 특성을 이해하면, 화재 현장에서 발화원인과 성장 양상을 감식하는 데 큰 도움이 된다.

5대 범용 플라스틱의 종류

- PE(폴리에틸렌)
- PS(폴리스티렌)
- ABS수지
- PP(폴리프로필렌)
- PVC(폴리염화비닐)

[그림 4 - 18] 플라스틱의 탄화 (욕실이 화재로 인해 연소하면서 내열성이 강한 도기류는 형태를 유지하고 있고, 상부의 플라스틱 재질은 연소되어 녹아내림)

전기화재

1 개요

전기는 기본적으로 도체를 통해 전달하거나, 도체에 전기가 흘러 저항에 의해 발생하는 열을 이용한다. 따라서 전기화재는 전기에너지를 열에너지＝열원(熱源)으로 사용하면서 발생하는 화재를 총칭한다고 볼 수 있다. 전기는 우리 생활에 빼놓을 수 없는 필수적인 요소로써 광범위하게 사용하지만, 엄청난 에너지를 지녔기 때문에, 잘못된 사용은 동시에 위험성도 같이 내포하고 있다.

도체에 전류가 흐르면 자유 전자가 원자 또는 전자와 충돌하여 열이 발생한다. 우리가 일상에서 사용하는 백열전구나 전기밥솥·전기다리미와 같은 전열기구 등이 이를 증명한다. 이러한 기기들은 정상상태의 작동에서, 발화할 수 있는 상태로 오용 내지 남용되거나, 발생한 열이 발화하기 쉬운 물질과 접촉하면 위험을 초래하게 된다. 또한, 일반 전기기기에서 정상범위 이상의 과도한 열이 발생하면 전력 손실이 생기고 기기 내의 절연성이 떨어지기도 한다. 전기화재의 발생요인은 다양하다. 따라서 전기의 기본원리와 화재로 전이·확산되는 과정을 이해할 필요가 있다.

2 전기 기본 개념

2.1. 전류[78]

물이 높은 곳에서 낮은 곳으로 흐르듯이 전하는 전기적인 위치에너지가 높은 곳에서 낮은 곳(전위 차)으로 이동한다. 이러한 전자의 흐름을 전류라 한다. 전류가 흐르는 길을 전기회로, 그리고 전류에 의하여 에너지를 공급받는 장치를 부하(負荷)라고 한다. 전류의 크기는 A(Ampere)로 나타내고, 1A는 선의 임의의 단면적을 1초 동안 1C(쿨롱)의 전하가 통과할 때의 크기를 의미한다. 이는 곧, 일정시간 동안 흐른 전하량의 비율이라고도 볼 수 있다.

---

[78] 전류[electric current, 電流] : 1A의 전류가 흐는 도선에는 1초에 약 6.25×10^{18}개의 자유 전자가 단면적을 통과 (두산백과)

$$I = \frac{dQ}{dt}$$

- •I=전류
- •Q=전하
- •t=시간

$$A = \frac{C}{1\text{sec}}$$

- •A=전류의 크기
- •C=쿨롱
- •1sec=1초

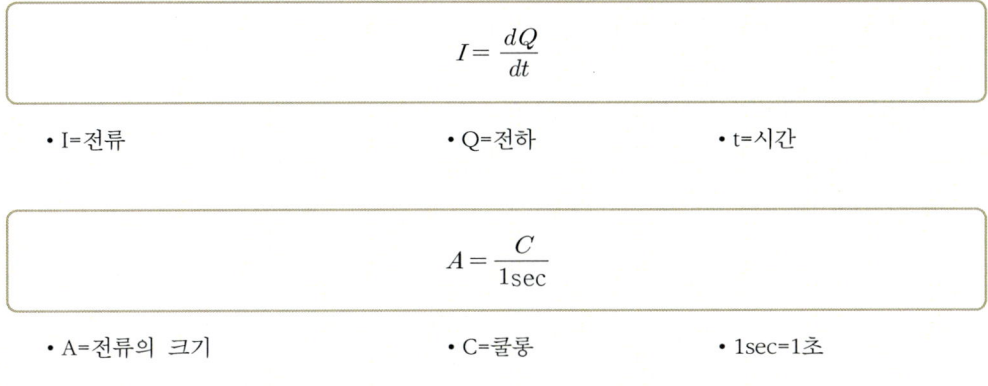

전류가 흐르지 않을 때	전류가 흐를 때
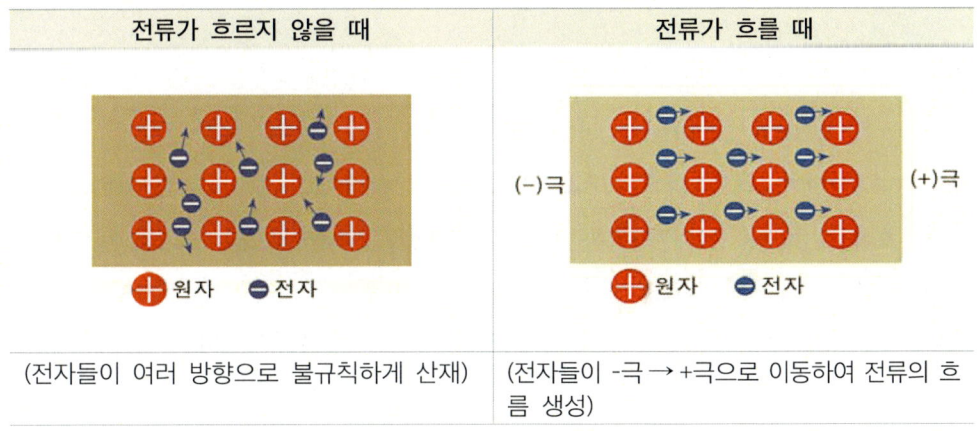	
(전자들이 여러 방향으로 불규칙하게 산재)	(전자들이 -극 → +극으로 이동하여 전류의 흐름 생성)

[그림 5 - 1] 전류의 흐름

2.1.1. 전류의 작용[79]

1) 발열작용(thermal effect : Wärmewirkung)

금속도체에 전류가 흐르면, 전자는 형성된 전기장(電氣場 : electric field)의 힘에 의해 가속되어, 각 원자 사이를 통과, 이동한다. 그러나 전자는 도체 내의 다른 기본구성요소들과 상호작용이 없이는 도체 내부를 통과할 수 없다. 다른 입자들과 충돌, 반발, 흡인을 통해서 열을 발생시키면서 이동하므로 전자의 가속에너지는 열로 변환된다.

---

79) 전류의 작용[electric current, elektrischer Strom] (최신자동차공학시리즈 3 - 첨단자동차전기전자, 2012. 9. 5. 도서출판 골든벨)

즉, 도체에 전류가 흐르면, 전자의 이동을 방해하는 도체 내부의 저항(抵抗;resistance) 때문에 도체에는 열이 발생한다.

2) 발광작용(light effect : Lichtwirkung)

융점이 높은, 가는 금속선(예 : 텅스텐)을 전기로 가열하면 빛을 발생시킨다. 이 상태에서 금속선은 광원(光源)으로 사용된다. 그리고 온도가 높을수록 빛의 발생량은 증가한다. 백열등은 필라멘트(filament)의 산화를 방지하기 위해 필라멘트를 진공 또는 불활성가스가 충전된, 밀폐된 전구 내에서 적열시킨다.

형광등이나 가스 방전등에서는 전류가 가스 속을 흐를 때, 대전된 가스 입자들이 서로 충돌하여 빛을 발생시킨다. 일반적으로 가스 방전등은 필라멘트전구에 비해 열 발생이 적기 때문에 효율이 더 높다. 조명등과 발광다이오드 등은 전류의 발광작용을 이용한 것들이다.

3) 화학작용(chemical effect : chemische Wirkung)

산(酸 : acid), 염기(鹽基 : base), 소금(salt), 금속산화물 등이 녹은 것 또는 그 용액에서는 전기가 흐를 수 있다. 전기가 흐를 수 있는 용액을 전해액(electrolyte)이라 한다.

전해액은 직류전류가 흐를 때, 자신의 주 구성성분을 분해시킨다.   - 해리(解離)

예를 들면, 식염수에 2개의 백금전극을 넣고 전류를 흘리면, (-)극에서는 수소, (+)극에서는 염소가 발생되며, 또한 수산화나트륨이 생성된다.   - 전기분해

전기분해와 같은 작용을 전류의 화학작용이라 한다. 전기분해, 전기도금, 전해재련(알루미늄 및 구리의 생산), 축전지 등은 전류의 화학작용을 이용한 것들이다.

모든 전해액에서는 주 구성성분으로부터 분자의 일정양이 해리(解離 : dissociation)될 때, 주 구성성분은 각기 다른 수준으로 대전(帶電)된다. 전해액에 전압이 인가되면 주 구성성분들은 전기장(電氣場)의 영향을 받아 양(+) 또는 음(-)으로 대전, 운동하게 된다.
      - 이온화(ionization)

양(+)전하로 대전된 양(+)이온(cation)은 음극에서 자유전자와 결합하여 전기적으로 중성이 되면서 음극에 부착된다(석출된다).　　　　　　- 모든 금속이온과 수소이온

음(-)전하로 대전된 음(-)이온(anion)은 양극으로 이동하여 양극에 과잉전자를 주고, 전기적으로 중성이 된다. 이때 금속이온은 분해될 수 있다.　- 염기와 산소의 OH그룹

4) 전류의 자기(磁氣)작용(magnetic effect : magnetische Wirkung)

전선이나 코일에 전류가 흐르면 그 주위공간에 자기(磁氣) 현상이 나타난다. 이때 생성되는 자계의 강도는 전류의 크기에 비례하고 방향은 오른나사 법칙[80]에 따른다.

5) 전류의 생리적 작용(physiological effect : physiologische Wirkung)

사람이나 동물의 생체에 대한 전류의 작용을 말한다. 우리 몸의 70% 이상은 수분, 다시 말해, 전해질로 이루어져 있고, 인체의 신경 체계는 전기적 신호의 원리로 작동한다. 때문에 절연되지 않은 전선에 인체가 접촉되면, 인체를 통해 전류가 흐르게 된다. 이를 감전(感電)이라고 하며, 이때 사람은 전기충격을 받게 된다. 피부나 근육조직 등에 5~6A 이상의 전류가 부분적으로 흐르면 전류와 인체 저항에 의한 열작용(주울열)이 발생하여 화상을 입게 된다. 나아가 주울 열에 의해서 인체 조직의 온도가 60~65℃정도로 되면 단백질이 급격히 회백색으로 변화(경화)되어 큰 손상을 입고 사망에 이를 수 있다.

[표 5 - 1] 전류와 인체의 반응

인체에 흐르는 전류량	인체의 반응
1mA	짜릿함을 느낀다
5mA	수족으로 느낄 수 있는 전류의 한계
10~20mA	근육마비, 자신의 의사로 움직일 수 없는 이탈전류
50mA	기절, 심장이나 호흡기에 이상적인 흥분
5~6mA	전류에 의해 주울열이 발생, 화상발생

---

80) 오른나사의 법칙[right handed screw rule] : 직선 도선에 흐르는 전류의 방향과 도선 주위의 자기장의 방향의 관계를 오른나사의 진행방향과 회전방향의 관계에 대응시키는 법칙이다. 전류가 흐르는 도선 주위에 형성되는 자기장의 방향과 이때의 전류 방향은 서로 평행한 방향을 가리킬 수 없다. 만일 전류가 직선으로 흐르면 자기장은 그 주변에 원형으로 생긴다. 이 두 방향 사이에는 오른나사의 회전방향과 진행방향 사이의 관계와 동일한 관계가 있다. 흐르는 직선 전류의 방향을 오른나사의 진행방향에 대응시켰을 때, 주변에 형성되는 자기장의 방향은 이때의 오른나사의 회전방향에 대응된다. 이러한 대응 관계를 오른나사의 법칙이라고 한다. 오른나사의 법칙 [right handed screw rule] (두산백과)

2.2. 전압

높은 위치의 물이 낮은 곳으로 낙수되는 것과 같이, 전하는 전위가 높은 곳에서 낮은 곳으로 이동한다. 이를 전위차라고 하는데, 결국, 이 전위차가 형성되어 전기가 흐를 수 있는 것이 전압이다. 전류는 물이 구배가 없으면 그 흐름을 멈추듯, 전압이 0인 상태에서는 전기가 흐르지 않는다. 따라서 전위차가 클수록(전압이 높을수록) 더 많은 전기에너지를 갖고 있다고 볼 수 있다. 전압의 크기를 나타내는 단위는 V(Volt)이고, 1V는 1C(coulomb)의 양극 사이를 이동하였을 때 하는 일이 1J(Joule)일 때의 전위차를 의미한다.

2.3. 저항

도체에 전류가 흐를 경우, 도체의 특성에 따라, 흐르는 전류의 세기는 다른데, 이는 저항의 차이 때문에 발생하는 것이다. 다시 말해, 저항은 전류의 흐름을 방해하는 정도라고 볼 수 있다.

$$R = \frac{V}{I},\ V = IR\ (단위 : \Omega)$$

- R : 저항
- V : 전압(V)
- I : 전류(A)

또한, 전선 내 동일한 도체가 있다면, 단면적이 작을수록 길이가 길수록 전기저항은 커진다.

$$R = \rho\left(\frac{l}{S}\right)$$

- ρ : 비저항
- S : 단면적
- l : 길이

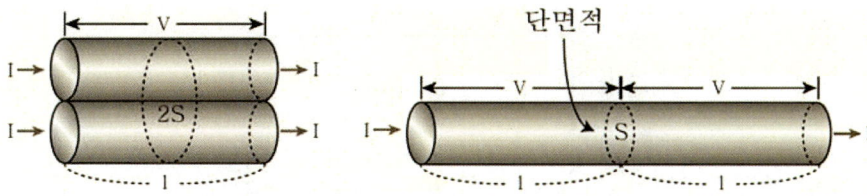

[그림 5 - 2] 도선의 단면적과 길이에 의한 저항의 변화 (저항은 도선의 길이에 비례하고 단면적에 반비례)

[표 5 - 2] 물질과 그 분류에 따른 비저항 (비저항 : 길이가 1m이고, 단면적이 ㎡인 물질의 전기저항, 물질마다 고유한 값 (통합논술 개념어 사전, 2007. 12. 15. 청서출판))

	물질	비저항($\Omega \cdot m$)		물질	비저항($\Omega \cdot m$)		물질	비저항($\Omega \cdot m$)
도체	은	1.62×10^{-8}	반도체	탄소	3.5×10^{-5}	부도체	나무	$10^{8} \sim 10^{11}$
	구리	1.69×10^{-8}		게르마늄(순)	0.60		고무	$(1 \sim 5) \times 10^{13}$
	금	2.44×10^{-8}		게르마늄(불순)	$10^{-1} \sim 10^{-5}$		유리	$10^{10} \sim 10^{14}$
	알루미늄	2.75×10^{-8}		규소(순)	2300		운모	$10^{11} \sim 10^{15}$
	텅스텐	5.25×10^{-8}					황	10^{16}
	철	9.68×10^{-8}					수정	75×10^{16}
	백금	1.06×10^{-7}						
	납	2.2×10^{-7}						
	수은	9.5×10^{-7}						
	니크롬	1.09×10^{-6}						

2.3.1. 온도에 따른 저항

일반적으로 물질의 저항값은 온도에 따라 변화한다. 도체는 온도가 상승하면 전기 저항이 증가하지만 반도체나 부도체에서는 오히려 작아지는 경향을 보인다. 초전도체 는 온도가 낮아질수록 저항이 감소하다가 특정 온도가 되면 저항이 0이 되는 물질이다.

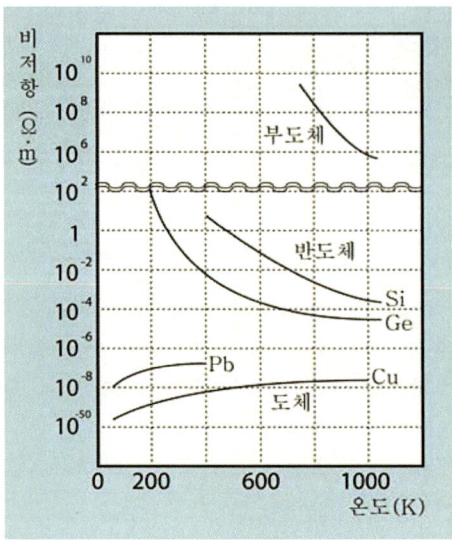

[그림 5 - 3] 온도에 따른 저항

2.4. 직류와 교류[81]

2.4.1. 직류(直流, direct current : DC)

직류는 세기가 일정하고, 계속해서 동일한 한 방향으로 흐르는 전류를 의미한다. 아래의 그래프와 같이 자유전자는 동일한 방향과 일정한 속도로 이동한다. 일상생활에서 흔히 쓰이는 건전지가 그 예이다.

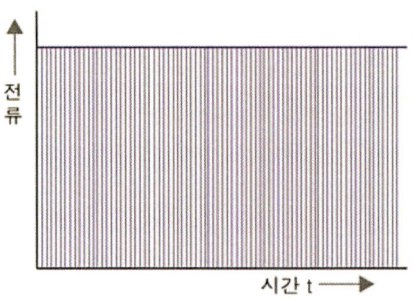

[그림 5 - 4] 직류

---

81) 직류와 교류[electric current, elektrischer Strom] (최신자동차공학시리즈 3 - 첨단자동차전기전자, 2012. 9. 5. 도서출판 골든벨)

2.4.2. 교류(交流, alternating current : AC)

직류와 달리 방향이 주기와 세기가 연속적으로 변화하는 전류를 의미한다. 아래의 그래프와 같이 자유전자는 동일한 진폭으로 왕복하며 진동한다. 교류 파형의 최댓값을 진폭, 파가 한 번 진동하는 데 걸리는 기간을 주기라고 하며, 1초간에 진동을 반복하는 횟수를 주파수라 하고, 단위로는 헤르츠(㎐)를 사용한다.

우리가 일반적으로 사용하는 전기는 발전소에서 교류발전기를 통해 생산하는 교류 형태의 전기에너지의 형태로 공급받는다. 국내 전기의 표준은 220v 60Hz이다.

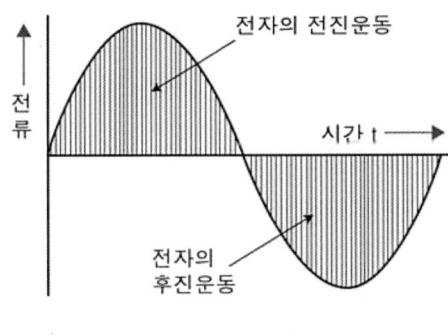

[그림 5 - 5] 교류

2.5. 옴의 법칙

$$V = IR, I = \frac{V}{R}, R = \frac{V}{I}$$

• V : 전압　　　　　　　　• I : 전류　　　　　　　　• R : 저항

옴의 법칙이란 위의 수식에서도 쉽게 확인할 수 있듯이, 전기회로의 전류 저항의 양단에 가해진 전압에 비례하고, 저항에 반비례한다는 법칙이다.

2.6. 허용전류

전선의 단면적[82]에 대응하여 안전하게 흘릴 수 있는 전류의 한도로써, 일정 규모의 전선이 정상기능을 발휘하면서, 흐를 수 있는 최대 전류량을 의미한다. 전선 피복의 종류와 방식, 온도 등의 요인에 영향을 받는다. 허용전류값의 초과가 모두 화재로 직결되는 것은 아니지만, 전기저항으로 인한 발열로 전선이 약화되거나, 피복이 변질되어 절연성능이 저하되면 열화(劣化)[83]의 가능성이 높아져 위험하다.

[표 5 - 3] 절연전선의 허용전류(최고허용온도 60℃)

코드			동선	
소선수/지름 (가닥수/mm)	공칭단면적 (㎟)	허용전류 [A]	지름 (mm)	허용전류 [A]
30/0.18	0.75	7	1.0	16
50/0.18	1.25	12	1.2	19
37/0.26	2.00	17	1.6	27
45/0.32	3.50	23	2.0	35
70/0.32	5.50	35	2.6	48

※ 공칭단면적 : 코드의 소선 각각 단면 넓이를 합쳐서 규격을 대표하는 양으로 표시한 단면적

3 전기화재 감식의 요령

전기에 의한 화재인지 여부를 가늠하고, 전기의 어떤 원인에 의해 발생한 것인지를 규명하기 위해서는 전기의 특성과 현상을 이해하고 이를 통한, 합리적인 근거를 통해 입증해나가는 것이 무엇보다 중요하다.

---

82) 공칭단면적 : 코드의 소선 각각의 넓이를 합쳐서 규격을 대표하는 양으로 표시한 단면적, 전선의 연선의 굵기를 나타낸다.
83) 열화(劣化) : 절연체가 외부 혹은 내부의 영향에 따라 화학적, 물리적 성질이 나빠지는 현상

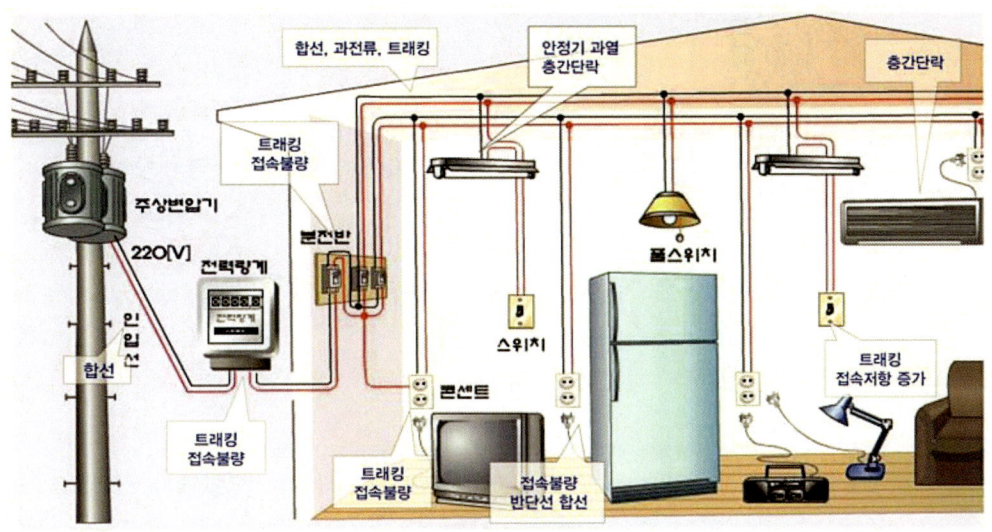

[그림 5 - 6] 옥내용 전기기구와 전기적 결함 가능성

3.1. 통전입증(Concucting Proof)

발화지점 근처에 회로, 배선기구, 전기기기 등의 장치 존재 여부가 반드시 전기로 인해 유발된 화재라는 것을 의미하는 것은 아니다. 전기적 요인에 의한 화재는 화재 당시 이러한 장치 및 기기들이 통전 상태에 있었음이 전제되어야 한다. 따라서 전기화재로 접근하기 위한 선결요건은 통전입증이 가장 기본적인 바탕이다.

전기화재의 통전입증 조사요령

- 전기계통의 배선도 및 기기의 결선도에 따라 부하측에서 전원측으로 조사
- 플러그의 칼날 : 광택 상태, 그을음의 부착, 변색, 접속여부 등
- 콘센트의 칼날받이 : 칼날의 열림과 닫힘
- 전기기기 스위치의 ON/OFF 여부확인
- 내부기관의 트래킹 여부확인
- 기기 내부의 회로소자 접촉불량 등 확인

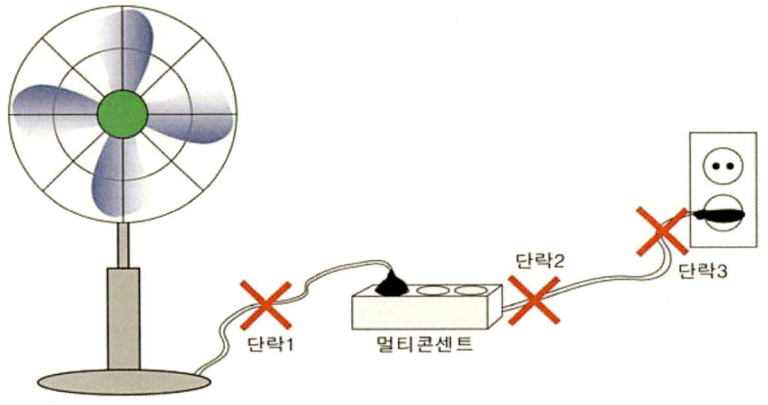

[그림 5 - 7] 전기적 특이점을 통한 최종 부하측으로부터 전원측까지의 추적
• 부하측 : 전원으로부터 전력을 공급받는 방향.(전기기기 측)
• 전원측 : 기기에 전기(전원)를 공급하는 방향.(전신주, 발전소 측)
• 부하측으로부터 단락1 → 단락2 → 단락3으로 전원부 방향으로 진행

통전 유무의 조사는 전기계통 상 부하측에서부터 전원측으로 진행하는 것이 원칙이다. 최종 부하측에서부터 전원측에서 통전흔적이 발견될 경우, 그 개소까지의 통전은 입증되는 것이고, 그 위치부터는 다른 전원측의 조사는 생략이 가능하기 때문이다. 배선에서 합선이 일어나면 합선부위가 단락되면서 끊어져 합선부위 측으로는 전류가 흐르지 않게 된다.

여기서 최종부하측 전기적 특이점이란 전원측으로부터 물리적인 거리가 아니라 전기계통상 회로도로 파악했을 때, 최종적인 위치를 의미한다. 화재로 인해 발생하는 화열은 전선의 절연부를 손상시키거나 발화원으로 오인할 수 있을 만큼의 강력한 파괴력을 갖기 때문에, 주위 조건과 상태를 면밀히 살펴보고 평가·분석해야 한다.

3.2. 전기기기

전기기기의 전원 스위치가 켜져 있었는지를 확인하는 것이 기본이지만, 소손의 정도가 심한 경우 이를 육안으로 확인하기는 어려울 수 있다. 따라서 내장된 퓨즈를 조사하여 통전유무를 감식할 수도 있다. 내장된 퓨즈가 흩어진 상태로 녹아 있다면,

순간적인 단락에 의해 용단[84]된 것일 가능성이 높고, 중앙부에서 국부적인 용단이 관찰되면 과전류에 의해 발생했을 가능성이 높다.

전원 스위치가 꺼져 있다는 것이 육안으로 확인되더라도, 분해, X - 선 촬영, 도통 시험 등을 통해 통전유무를 확인할 필요가 있다. 스위치의 접점 부근 절연재가 탄화에 의해 도전로가 생성되어 통전하는 경우가 있기 때문이다.

3.3. 전선접속기구

전기를 연결하는 콘센트, 코드, 커넥터, 플러그 등을 실내에서 흔히 사용한다. 실제 화재 현장에서는 소손 및 진압활동 등으로 인해 화재 이전의 상태 그대로 유지되고 있을 가능성이 희박하여 분석에 어려움이 따르지만 세심히 살피고 감식해야 한다.

일반적으로 플러그의 칼(Plug blade)에 그을음 및 오물이 부착되어 있다면, 이는 화재 당시 접속되지 않았음을 의미하고, 반대로 깨끗하게 유지되어 있다면, 콘센트에 접속하고 있었음을 반증한다. 플러그의 칼(Plug blade)이 콘센트에 접속된 상태에서 화열에 노출되면 고온으로 인해 복원력을 상실하고 넓게 퍼지고, 반대로 접속되지 않은 상태라면, 수축된 상태로 나타난다. 이를 통해 이전에 접속된 상태인지 여부를 확인할 수 있으므로 통전입증이 가능하다. 또한, 접속부보다 부하측에 생성된 용흔이 확인된다면, 이는 통전상태였다고 볼 수 있다.

3.4. 차단기

일반적인 차단기의 종류에는 일정한 전류치 이상의 과전류 및 단락이 감지되면 전로를 자동으로 차단하는 전류제한기(Current limiter), 배선용 차단기(Circuit Breaker), 누전이 감지되면 작동하는 누전 차단기(Residual current operated), 퓨즈(Fuse) 등이 있다. 이러한 차단기는 기본적으로 전기적인 이상점이 발견되면 트립장치가 작동하여 자동으로 회로를 차단하는 원리이다. 퓨즈를 제외하고, 이 트립장치가 작동하면, 안전스위치(Safety

---

84) 용단[Fusing] : 퓨즈의 가용체(Susible element)가 과전류나 고온에 노출되어 녹아서 끊어지는 현상

Lever)가 중립에 위치하게 되기 때문에, 수동으로 조작했는지 여부를 식별할 수 있다.

누전차단기

현재 누전에 의한 화재 방지와 감전에 의한 피해 예방을 위해 전역에 보급되어 있지만, 누전차단기의 시작은 1930년 유럽에서부터였다고 한다. 당시부터 절연이 파괴된 전기기기로 인한 안전사고 방지를 위한 장치로 사용되었다. 오늘날 사용되는 누전 차단기는 "전류작동형"이 대부분이며, 그 구성은 소호장치, 과전류 트립장치(반도체 증폭부), 시험버튼, 트립장치 등으로 되어 있다.

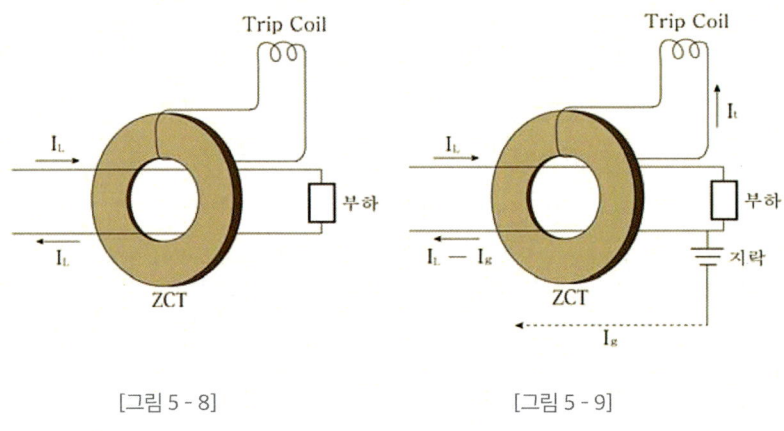

[그림 5 - 8]　　　　　　　　　　[그림 5 - 9]

누전차단기의 기본 구조와 원리

[그림 5 - 8]과 같이 회로가 정상 상태로 작동할 경우, 영상변류기(ZCT)를 통과하는 부하 전류(I_L)가 평형을 이루게 되어, 전류의 변화가 없는 것으로 감지된다. 하지만, 누전이 발생한 회로에서는 [그림 5 - 9]와 같이 누설전류 (I_g)가 흐르게 되어 정상상태에서 평형을 이루던 전류(I_L)의 불평형 상태로 감지된다. 이때, 누전트립(Trip)장치가 작동하여 회로를 차단하여 누전을 방지한다.

4 전기화재의 발생 원인

4.1. 합선

합선의 의미 자체는 단순히 전위차가 존재하는 극이 다른 전선이 서로 저항체의 간섭없이 직접적으로 붙어버린 기계적인 현상을 의미한다. 따라서 전선의 피복이 부식되거나 압력을 받는 등의 원인에 의해 손상되어 인접한 극이 다른 전선끼리 붙었을 때 나타난다.

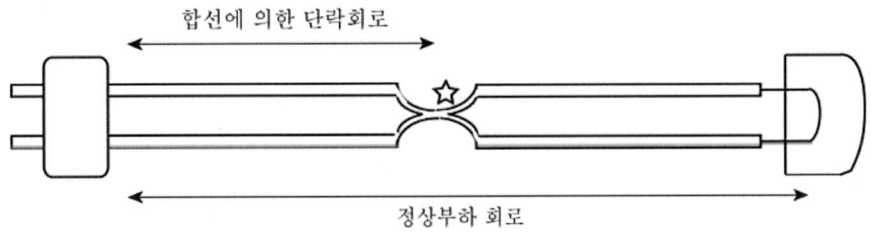

[그림 5 - 10] 합선과 단락회로의 구성도

합선이 일어나면, 합선된 그 부분에서 전류가 흘러, 흐름이 매우 짧게 구성되어, 사실상, 저항이 극히 낮아져 0에 가깝게 되기 때문에, 전선에 정상 범위 이상의 과도한 전류가 흐르게 된다.[85]

이러한 허용전류의 과도한 초과현상은 결국, 줄열의 발생과 단락 혹은 쇼트(Short)를 초래하고, 동시에 아크를 발생시켜, 가연될 수 있는 취약한 부분이 노출되면, 전기적 폭발과 화재를 불러오고, 인체에 노출되면, 화상이나 감전 재해를 야기한다.

통상, 합선 시 발생하는 줄열, 아크에 의해 3000℃ 이상의 열이 생성된다, 이러한 엄청난 열은 소규모 폭발과 같은 공기팽창 효과를 보이며, 이때 생성된 압력으로 인해 소음과 동시에 전선이 분리되기도 한다. 이러한 현상은 엄청난 고온이지만 순간적이라 지속되는 것은 아니다. 때문에, 부도체나 착화가 일시에 일어나기 어려운 목재는 큰 문제가 없을 수 있지만, 만약, 가연물이 가연성 가스나 증기, 분진 등과 같이 착화

---

85) 합선 시 전류가 흐르는 전선의 단면적은 커지고, 전류가 흐르는 길이는 매우 짧아져, 저항이 극도로 낮아져 전기적 결함을 일으킨다.

가 쉬운 형태의 물질이라면, 화재의 발생 가능성은 매우 높아지므로 감식 시, 화재 이전의 주변의 환경도 잘 파악해야 한다.

한편, 합선에 의해 단락 혹은 쇼트(Short)가 발생하지만, 이는 합선에 국한되어 나타나는 현상이 아니므로, 합선 = 단락 혹은 쇼트(Short)로 이해하고 사용하는 것은 경계해야 한다.

일반적으로 현장 감식을 통해 합선에 의한 전기화재의 원인을 파악해보면, 전선의 스테이플러 못(Stapler) 같은 고정용 기구에 의해 피복이 손상되어 화재가 발생하는 경우의 빈도가 상당히 많은 편이다.

그 외에도, 지속된 사용으로 발생하는 배선의 기계적 마찰, 다수의 전선이 유동 경로에 노출되어 손상되거나, 장롱이나 침대 같은 중량이 많이 나가는 물체에 눌려 피복이 손상되는 경우, 합선의 가능성이 높아진다. 반면에, 부하측의 결함이나 전선의 허용전류 불량 등과는 관련성이 낮다고 볼 수 있다. 실제 현장에서는 합선에 의해 화재가 발생한 경우도 있지만, 정상이지만, 화열에 노출되어 손상되는 경우도 있으니, 유의해야 한다(2차 용융흔).

배선의 피복 재료로 주로 쓰이는 PVC(폴리염화비닐) 소재는 난연성 재질이라 쉽게 착화되진 않지만, 단락 혹은 쇼트(Short) 시에 워낙 고온에 노출되므로, 절연성을 상실할 수 있다. 주변에 가연물이 없으면 발화되어 연소가 지속되진 않겠지만, 연소성이 좋은 화장지나 솜 같은 물질이 주변에 존재한다면, 화재의 양상은 달라질 수 있다는 점을 염두에 두어야 한다.

또한, 상용 저전압 설비에서의 합선은 약 2000A 이상으로 알려져 있는데, 이 정도의 전류량이라면, 합선 시, 매우 많은 수준을 넘어 무한대에 가깝게 전류가 흐른다고 통상 표현한다. 때문에 결함 등의 문제가 발생하면, 화재와 직결될 수 있어 큰 위험 요소이다.

① 전위차가 존재하는 극이 다른 전선이 서로 저항체의 간섭 없이 직접적으로 접촉
② 접촉부위의 과전류(단면적↑, 길이↓)
③ 저항이 거의 없는 상태에서 높은 과전류로 인한 강한 줄열 발생
④ 전선의 가열로 인한 용융과 주변 대기의 가열
⑤ 강력한 압력 생성
⑥ 내부 도체의 분리 및 용융물의 비산

합선에 의한 스파크의 특징[86]은 다음과 같다. 합선에 의해 강한 줄열로 용융된 구리를 비롯한 도체는 액체형태의 상(Phase)을 띠게 되고, 이때, 액체의 고유한 성질인 표면장력을 갖는다. 때문에 합선에 의해 스파크가 형성되면 용융된 도체는 표면장력에 이해 구형으로 변회히고, 높은 온도로 인해 생성된 강한 압력에 의해, 비산 후 지면과 충돌하기 전에 주변의 온도에 의해 냉각되어 고체 상태로 낙하한다. 때문에 합선된 부위 주변부에서 발견되는 입자는 구형을 띤다. 하지만, 입자의 크기는 미세하여 실제 현장에서 그 흔적을 찾는 것은 대단히 어렵다.

4.1.1. 합선의 흔적

합선이 일어난 배선은 전기적인 원인으로 나타나는 줄열 및 순간적이고 국부적인 아크의 생성으로 인해 폭발적인 공기의 팽창으로 용융되고 단락이 일어난다. 이러한 이유 때문에 도체에 나타난 합선의 흔적은 용융부위와 용융되지 않은 부위의 차이가 뚜렷한 특징을 보인다. 모두 완벽히 동일한 흔적은 아니지만, 줄열과 아크라는 강력한 에너지를 일시에 받는 기작을 기반으로 생성되기 때문에, 일반적으로 구형이고, 광택을 띄는 것이 보편적이다.

하지만 화열에 의해 용융되는 경우도 강력한 열에 의해 구형을 띄거나 광택을 보이는 경우도 종종 있어, 이를 분명히 구별하기 위해서는 용융 부위와 비용융 부위의 확연히 구분되는 경계를 확인하여 감식하는 것이 보다 확실하다.

또한, 용융 부위의 원인에 따라 1차, 2차, 3차 용흔으로 분류할 수 있는데, 화재 현장에서 발견되는 최초의 발화원인이 된 합선의 흔적을 1차흔, 화재로 인해 피복이

---

86) 화재조사 이론과 실무, 이승훈

소실되면서 발생한 합선의 흔적을 2차흔, 화열에 직접 노출되어 용융된 흔적을 3차흔이라 한다.

이러한 차이를 발현하는 매커니즘은 발생 환경에 기인하는데, 합선에 의한 용흔은 줄열과 아크의 강력한 에너지로 인해 순간적으로 용융되었다가 상대적으로 매우 낮은 주변의 온도 차이로 인해 다시 빠르게 냉각되면서 분리된다.

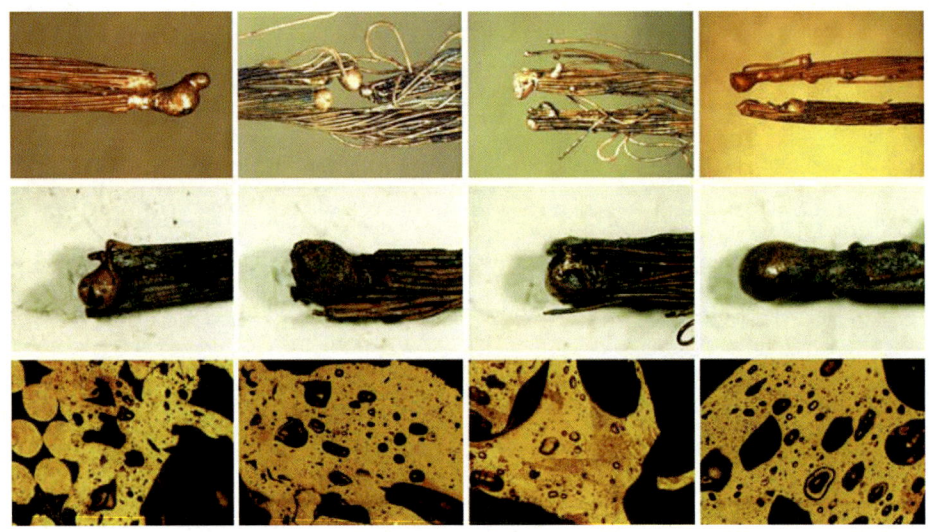

[그림 5 - 11] 2차 단락흔 (화재에 의해 단락 발생)

반면, 화열에 의한 용흔은 외부의 높은 온도에 의해 가열되어 단락이 일어나고 이후, 주변의 온도차가 상대적으로 없어, 냉각속도가 매우 느리다. 따라서 가열되는 온도의 조건과 주변온도의 차이 등과 같이, 금속 조직 형성 환경의 차이 때문에 결정조직의 생성에 차이가 나타난다.

그러므로 외관에 나타난 형태를 유관으로 판단하기에 불분명하다면, 1차, 2차, 3차의 용흔은 결국 감정을 통해 결정조직을 검사하여 원인을 분석할 수 있다. 이를 통해 1차, 2차 합선에 의한 용흔과 3차에 대한 열흔은 구분이 가능하다.

하지만, 최초 합선에 의해 발화된 1차와, 화열로 인해 손상되어 발생한 합선에 의한 2차 용흔을 구별하는 것은 상당한 어려움이 수반된다. 단락된 전선을 수거하여 용융

부위의 단면을 잘라 현미경을 이용하여 관찰하더라도 식별이 쉽지 않다. 때문에 대조군이 없는 한, 명확히 구분하기 힘들다. 다만, 1차 단락의 경우 경계면을 중심으로 주상조직이 발달하는 데 반해 2차 단락은 경계면 없이 주상조직이 발달한다는 차이점에 유념해야 하겠다.

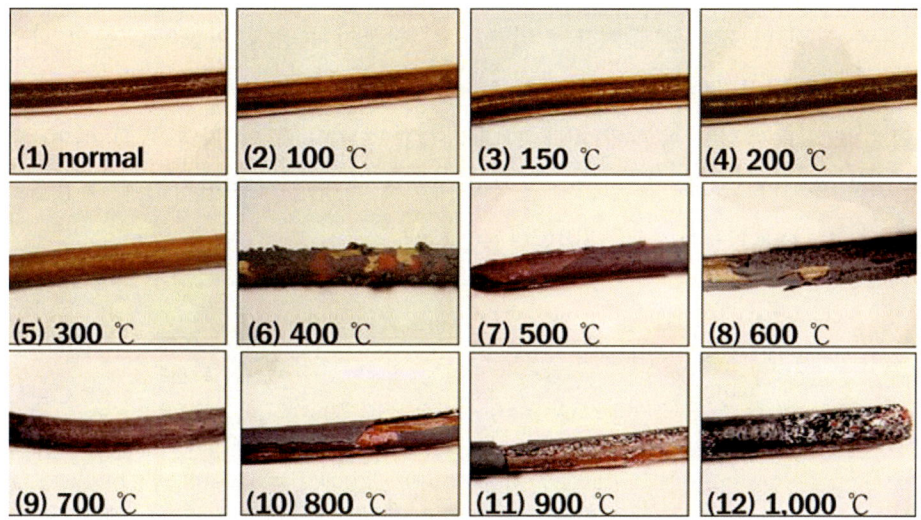

[그림 5 - 12] 열에 의한 용융흔(온도에 따른 변화)

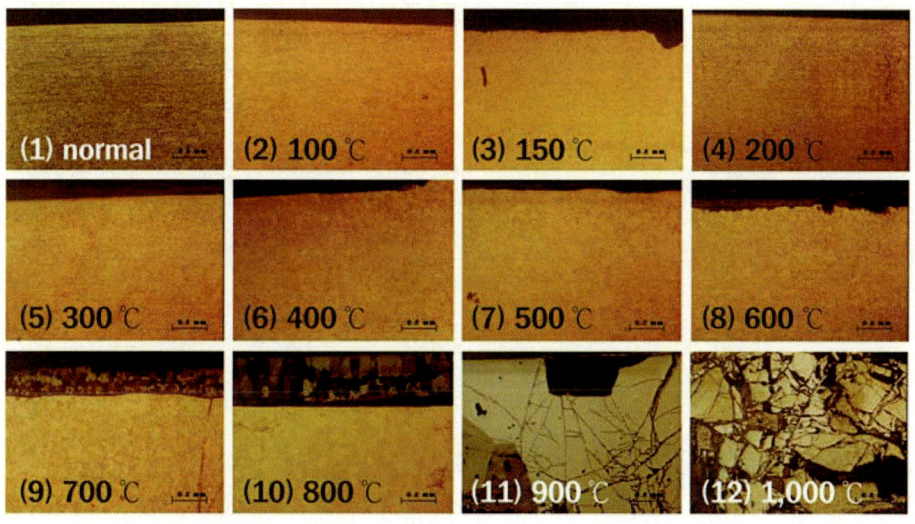

[그림 5 - 13] 열에 의한 용융흔의 금속조직(온도에 따른 변화)

4.1.2. 용흔과 열흔의 비교

용흔(Fusion mark / Melting Sign)은 통전상태를 전제로 전기회로에서 화학적 물리적 기계적인 이유로 전선 피복의 절연파괴로 순간적으로 빛과 열을 발생하며 생성시킨 전선의 용융흔적을 의미한다. 일반적으로 직경이 가는 전선에는 구형의 용흔이 생성되고, 굵은 동선의 경우에는 침식흔을 남긴다(1, 2차 흔적).

열흔은 통전/비통전 상태 여하를 막론하고, 전선이 용융점 이상의 고온의 화열에 노출되어 녹아내리면서 생성되는 흔적을 의미한다. 보통의 경우 표면이 거칠고 광택이 없으며, 용융범위가 용흔에 비해 상대적으로 넓고, 구형의 형태를 덜 띠며, 열에 의해 녹은 도체가 중력에 흘러내려, 용적이 아래로 퍼지는 경향이 강하여, 용융범위가 국소적으로 나타나는 용흔과 대비된다(3차 흔적).

[표 5 - 4] 용흔과 열흔의 비교 (출처 : 화재조사 길잡이, 김태석 외, 기문당)

구분	표면형태	탄화물 (XMA 분석)	금속조직 (금속현미경)	Void 분석 (금속현미경)	EDX 분석
용흔 (鎔痕··斷絡)	구형(球刑)의 형상으로 광택이 있음	일반적으로 탄소(炭素)가 검출되지 않음	용흔 전체가 미세한 동(銅)과 산화 제1동의 공유결합조직으로 점유하고 있고, 동의 초기 결정으로 변형된다.	큰 구형의 보이드가 용흔의 중앙에 생성되는 경우가 많다.	OK·CuL, line이 용융된 부분에서 검출되지는 않으나, 정상적인 부위에서 검출된다.
열흔	표면이 거칠고 광택이 없으며, 구형형상이 아니든가 용적(溶滴)이 아래로 흐르는 현상이다.	탄소가 검출되는 경우가 많다.	동의 초기의 결정성상(結晶性狀)이 보이지만 대부분 동의 초기결정으로 변형되어 있다.	일반적으로 미세한 보이드가 많이 생긴다.	CuL line이 용융된 부분에서 검출 되지만, 정상부위에서는 소량 검출된다.

4.2. 과전류(過電流, Over current)

전기 회로 상에 설계된 것 이상의 값, 즉, 규정값 내지는 허용한계 이상으로 전류가 흐르는 현상을 의미한다. 과부하가 감지될 경우, 내장된 차단기가 작동하여 차단함으로써 과전류를 예방한다. 하지만, 전압이나 전류의 순간적이고, 급격한 증대를 일으키는 낙뢰에 노출되면, 과전류에 의해 전기기기의 손상을 야기할 수 있다. 이러한 경우 차단기로는 예방이 어려우며, 차단기 자체가 발화할 가능성도 있다.

또한, 문어발식으로 콘센트를 사용(정상허용 범위 초과)하면, 허용 가능한 전류 이상의 과부하가 지속되어, 전선피복에 점진적 손상을 야기하고, 열화를 가중시킨다. 따라서 1000W 이상의 소비전력을 가진 제품의 경우 벽면 콘센트에 직접 연결하여 사용하는 것이 바람직하다.

이 외에도, 부하량의 고려 없이 허용전류가 낮은 규격미달의 전선 및 차단기의 사용, 방열조건의 불량, 부하기기 자체의 부하 등으로 인해 과전류가 발생할 수 있다.
이러한 과전류에 노출되면, 초기에는 전선피복이 변질 및 연화되어, 녹기 시작한다. 이 상황에서는 절연체가 제 기능을 못 하고, 내부 도체가 노출되거나, 외부 물질이 이입되기도 하여 발열, 착화 혹은 절연의 파괴와 단락[87]을 동반한다.
때문에, 이러한 과열로 인해 가연물과 접촉하거나, 피복에 착화되면 화재로 진행될 가능성이 농후하다. 과전류로 인한 화재로 의심되면, 전기의 단락흔적과 부하기기의 과부하 여부, 전선의 규격 여부, 차단기의 적정성 및 정상작동 여부를 검사하는 것이 감식의 Key - Point가 될 것이다.

문어발식 배선

문어발식 배선은 과전류로 인한 위험성이 대단히 높다. 일반적으로 가정에서 사용하는 멀티탭의 합계 허용 전력은 2000W 안팎이다. 따라서, 이 이상의 소비전력을 요하는 전기기기의 연결은 반드시 자제해야한다. 특히, 겨울철 많이 사용하는 전기 히터의 경우 보편적으로 1000W ~ 2000W 수준의 높은 소비전력을 필요로 하기 때문에 히터 자체에서 발생하는 고온의 열과 더불어 과전류의 위험에 대해 주의해야 한다.

---

87) 이 과정에서 전선의 과열로 인해 피복이 열분해 되며, 가연성 가스를 배출하고, 지속될 경우 과열에 의한 적열상태(약 900℃ 이상)에 도달한다. 결국, 도체의 용융점에 도달하면(구리 약 1000℃)용단에 이르게 된다.

과전류에 의한 용융흔

전선의 굵기가 클 수록 비산된 부분이 작아 용융흔이 크게 나타남

[그림 5 - 14] 과전류에 의한 용융흔 (전선의 굵기가 굵을수록 비산된 부분이 상대적으로 작아 용융흔이 크게 형성된다)

[그림 5 - 15] 과전류에 의해 생성된 다양한 형태의 용융흔 (충북소방 화재조사관 전기안전교육 자료, 한국전기안전공사 충북지역본부 점검부장 김형일)

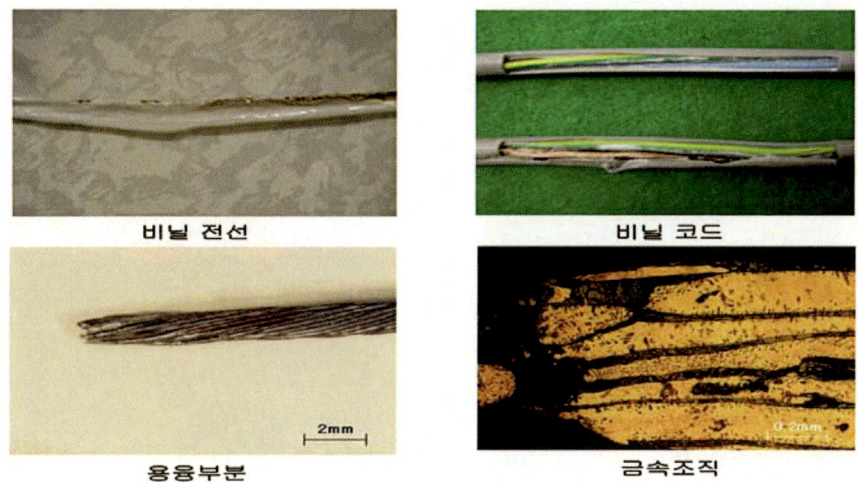

비닐 전선   비닐 코드

용융부분   금속조직

[그림 5 - 16] 과전류에 의한 절연체의 열화

한편, 과전류 의해 발열되어 금속이 용단된다는 점을 이용한 과부하 차단장치가 바로 퓨즈(Fuse)이다. 퓨즈는 전선에 정상치 이상의 과도한 전류가 계속 흐르지 못하도록 차단하는 장치인데, 그 내부는 녹는점이 낮은 납과 아연, 주석의 합금을 재료로 사용하기도 하고, 텅스텐 선을 정밀하게 가공하여 실처럼 아주 얇게 제작하기도 한다. 퓨즈를 통해 허용전류 이상으로 전류가 흐르면 발생하는 열로 인해 내부의 도체가 용단되거나 비산되어 끊어지면서 전류를 차단한다.

과전류가 흐를 경우, 전체 전선의 도체에는 동일한 전류가 흐르게 되므로, 전체적으로 동일하게 과열된다. 때문에, 피복을 절개해서 확인해보면, 내부에 전반적으로 변형 혹은 탄화된 형태를 보인다. 화재 현장의 특성상 많은 부분이 소손되므로, 화열에 노출되지 않은 배선의 내부를 정상적인 배선과 비교하여 검사해보면, 과전류의 여부를 확인할 수 있다.

[표 5 - 5] 전선의 종류별 특징 및 용도 (출처 : 화재조사 길잡이 김태석 외, 기문당)

구분	명칭	특징		용도
전선의 구조	나전선	강 전류를 목적으로 한 도체 재료를 단체 또는 합금으로 사용		송전선
	절연전선	도체재료를 절연물로 피복한 것		코드 및 동선의 일 반구조
	케이블	도제재료를 절연물로 피복해 그 위에 보호 피복을 한 것		기기 전원선
단선과 연선	단선	단선은 1본의 도체로 이루어 진 단심전선이며, 전선의 직 경이 작은 경우에 사용		1.6mm, 2.0mm 동선 등 옥내배선
	연선	연선은 단선을 다수로 하여 묶은 것으로 유연성이 있어 취급이 편리하며 직경이 커질 경우에 사용		인입선(심선 0.32mm 이하는 코드라 함)

결국, 과전류는 외측에서 발생하는 것이 아니라, 내측의 도체의 과부하에 의해 발열되며 문제를 야기하는 것이기 때문에, 절연체를 열어 확인하면, 열에 의한 변형, 기포, 탄화 등의 흔적이 발견된다. 반면에, 외측은 화재 시 발생하는 화열에 의한 손상이 아닌 이상 변형의 흔적이 없다. 감식은 이 점에 착안하여 진행하도록 한다.

4.3. 과부하

전선의 허용 전류와 전기기기 및 부품의 정격전압[88], 정격전류, 정격시간 등의 값을 초과하여 사용한 경우를 의미한다.

---

88) 정격전압[rated voltage, 定格電壓] : 전기기계기구, 선로 등의 정상적인 동작을 유지시키기 위해 공급해 주어야 하는 기준 전압. 제조업자가 제품의 특성에 따라 임의적으로 지정할 수 있으며 우리나라의 가전제품의 경우 공칭전압(nominal voltage : 회로나 시스템에서 사용하는 전압)에 맞추어 통상적으로 220V이다. (두산백과)

4.3.1. 권선[89]의 과부하

변압기나 전동기 등에 사용되는 권선은 과부하가 발생하거나 열방출이 되지 않는 등 여러 가지 원인으로 권선의 절연 성능이 저하되거나 절연이 파괴되었을 경우, 층간 단락이 발생하고 이때, 절연피복 등이 연소되어 화재가 발생한다.[90]

권선의 과부하의 원인은 다음과 같다.
① 단열된 공간을 전선이 통과하여 방열되지 않은 조건에 장시간 노출되어 축열될 경우
② 절연성능이 현저히 낮은 비닐관으로 배선하였을 경우
③ 배선이 복잡하고, 꺾이는 부분이 많아 일부가 단선되었을 경우
④ 코드를 복잡하게 감은 상태에서 허용전류 이상의 전류가 흐를 경우
⑤ 전동기가 어떠한 원인으로 정상적인 회전을 하지 못하고, 정지된 상태에서 계속해서 전원이 투입되어 전류가 흐를 경우＝구속운전(이때 정격전류의 5배 이상의 과도한 전류가 흘러 내부 권선의 손상 야기)
⑥ 전동기에 연결되어 있는 기기 자체에 과중한 부하로 인한 열이 발생할 경우

과부하

● **과부하 요인의 판단요소**
- 전선의 허용전류와 부하의 크기
- 배선의 상태
- 회로상의 문제점 유무
- 코드류의 사용상태

● **과부하의 사례**

필자의 경우, 여름철 의류, 이불 등의 세탁을 위해 세탁기를 하루에도 여러 차례 사용했었다. 특히, 이불과 같은 큰 부피의 빨래감은 정상적인 모터의 회전을 방해하기도 했다. 이러한 과도한 사용은 전동기(세탁기 모터) 자체에 과도한 부하를 준 탓인지, 타는 냄새가 실내에 가득했었다. 이후 AS 접수를 해서, 담당 엔지니어 분을 통해 내부를 볼 수 있었는데, 배선이 탄화하면서 절연체가 녹아 타는 냄새를 유발했던 것이었다. 이는 전동기(세탁기 모터)의 과부하로 인해, 발생한 열이 배선을 탄화 시킨 것으로 생각된다.

---

89) 권선[winding wire, magnet wire] : 구리선이나 알루미늄선에 절연 물질을 코팅한 것으로, 전자기기 내부에 코일 형태로 감겨져 전기에너지를 변환시키는 전선이다. 변압기, 발전기, 자동차부품, 각종 가전제품 및 모터 등 전기가 소요되는 모든 기기에 두루 사용된다. (한경 경제용어사전, 한국경제신문/한경닷컴)
90) 화재조사 이론과 실무, 이승훈

4.4. 누전(Electric leakage, 漏電)

단어의 의미에서도 그 뜻을 쉽게 유추할 수 있듯이 전류의 일부가 설계한 정상적인 회로를 벗어나 주변의 다른 도체에 흐르는 현상을 의미한다. 쉽게 말해, 전기가 어떠한 원인으로 다른 쪽으로 흐르는 것을 말한다. 때문에 누전 시는 예측가능한 정상적인 범위를 벗어난 전류의 흐름이 나타나므로, 감전이나 화재의 위험성이 높아진다.

하지만 누전이 되더라도, 누전에 의해 화재가 발생하였다는 원인 규명을 위해서는 전류가 누설된 누전점, 접지되어 회로의 정상 경로 외로 흘렀다는 접지점, 이로 인해 가열되고 발화 및 출화에 이르렀다는 출화점이 명백히 밝혀져야 한다. 이러한 이유로 사실상 누전 화재는 다른 전기조사에 비해 상대적으로 어렵고 까다롭다는 점이 특징이다.

이러한 특이성 때문에, 실제 일어나는 전기적 요인으로 인한 화재 중 누전화재로 판명나는 경우는 극히 드물다. 또한, 매스컴에서 보도되는 화재에 관한 내용 중 "전기화재 발생 원인을 누전으로 추정한다"라는 표현을 많이 쓰는데, 이는 현실과 다르다. 현장에 종사하는 경찰 과학수사, 소방 화재감식, 전기안전공사 실무자들도 다년간 발생한 수많은 전기화재 중에 누전은 쉽게 접하기 힘들고 그것을 규명하는 것은 더욱 어렵다고 입을 모아 말한다.

4.4.1. 누전의 3요소

누전화재는 정상전로에서 누설전류가 건물이나 기타 설비로 전류가 유입되는 누전점, 이러한 누전으로 인해 발열되어 발화된 출화점, 누설전류가 대지로 흘러들어가는 접지점, 이 3가지 요소로 나누어 분석할 수 있다. 따라서, 누전화재의 원인 조사는 이 3가지 요소를 분명하게 규명하는 것에서부터 시작한다. 또한, 누전 사실을 바탕으로 출화한 사실과의 인과관계를 밝혀나가야 한다.

1) 누전점

회로 상에서 절연이 파괴되어 접지되어 있는 도체에 전기적 접촉을 일으키고 있는 부분을 의미한다. 그러한 지점은 전선의 직접적 접촉에만 한정되어 있는 것이 아니라, 내성도 향상을 위해 사용하는 전기기기를 구성하는 금속류의 케이스, 금속관, 안테나,

지선, 방전 아크 및 유기재료의 흑연화에 의해 생성된 도전로, 등으로 누전점은 다양하게 나타날 수 있다. 때문에 누전이 시작된 누전개소는 반드시 발화건물에만 한정하여 생각하는 것은 비합리적이고, 감식에 오류를 범할 수 있다. 실제, 누전점은 인접한 건물 내지는 거리상으로 이해가 되지 않는 거리에 존재하는 경우도 있다고 한다.

한편, 누전 화재를 방지하기 위해서는 누전차단기의 설치는 필수다. 하지만, 누전점이 누전차단기보다 전원부에 더 가깝게 있을 때 차단기는 작동할 수 없어 누전방지가 불가하다.

유기재료의 탄화와 도전로[91]

방전에 의한 열화는 전극과 전극 사이에 존재하는 절연재료에 전류가 흐를 경우, 줄열로 인해 재료의 표면이 탄화한다. 이러한 부분 방전의 요인은 다양한데, 표면에 누설전류와 흐르는 연면방전, 전극 사이의 기체에서 발생하는 아크가 그 대표적 예이다.

이렇게 누설전류로 인해 탄화도전로가 생성된 경우는 다음과 같은 전류의 파형을 나타내는데, 이는 결국, 누전을 보여주는 증거라고 볼 수 있다.

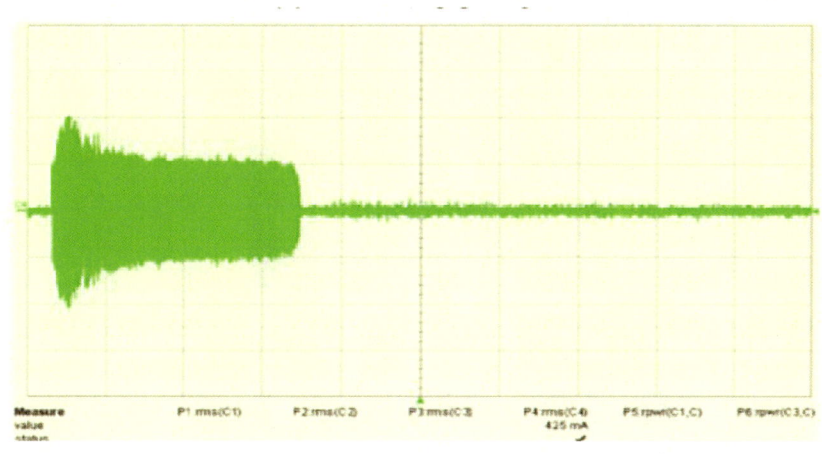

[그림 5 - 17] 탄화 도전로가 생성되지 않은 전류의 파형

---

91) 출처 : 유기연재료의 탄화패턴 분석(An Analysis of Carbonization Patterns of Organic Insulating

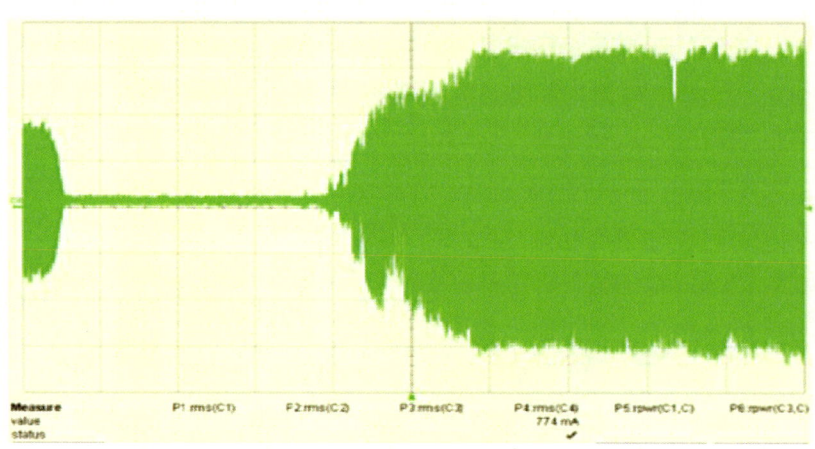

[그림 5 - 18] 탄화 도전로가 생성된 절연재료의 전류의 파형

또한, 실험에 의하면, 누설전류 크기에 따라 탄화도전로의 생성 시간은 단축된다고 한다.

[표 5 - 6] 절연재료(페놀수지)의 탄화도전로 생성시간

누설전류 크기	도전로 생성시간
0.55 A	5초 39
0.55 A	6초 04
0.55 A	5초 33
0.55 A	5초 12
0.55 A	6초 11
1.10 A	2초 97
1.10 A	2초 88
1.10 A	3초 12
1.10 A	2초 76
1.10 A	3초 37
2.20 A	3초 24
2.20 A	2초 91
2.20 A	2초 85
2.20 A	2초 97
2.20 A	3초 11

Materials) 주관기관 숭실대학교, 산업자원부

2) 접지점

누전 경로 상에 누설된 전류가 다시 흘러들어가는 지점을 의미하며, 가스·수도관, 소화전의 배관, 건물의 철골 구조물 등 건물로부터 연속하여 땅속에 매설된 금속체가 접지92)물이 되는 것이 일반적이다.

접지점은 건물 설계상 내부로 매설·매립하는 경우가 대부분이라, 실제로 접지점을 발견하고 그 특징을 추적해 나가기가 곤란한 경우가 많다. 접지점 판명이 불가한 경우, 출화점을 먼저 규명하여, 그 부분의 금속 조영재의 접지저항을 측정하면 접지유무를 알 수 있다.

3) 출화점

누전점은 누전이 한 곳에서 발생하더라도, 도전로를 통해 다양한 경로로 접지점에서 누설전류가 흘러들어가는 경우가 많다. 이에 따라 출화점도 복수가 되는 경우가 많으나 누전점, 접지점이 그대로 발화·출화점이 되는 경우도 있다. 또한, 못이나 철판 같은 금속재가 전선피복을 압박하는 형태로 시공되어 있는 부분에서는 누전점에서 출화하는 경우가 잦다고 한다.

출화점은 소훼현상, 흑연화현상, 누설전류의 전로, 금속재의 접촉 상황 등을 종합적으로 고려하여 판단해야한다.

4.5. 트래킹(Tracking)과 흑연화(Graphitization)

4.5.1. 트래킹(Tracking)

전위차가 존재하는 전선·케이블 및 전기제품의 전극 간의 절연체 표면에 절연체 표면에 수분, 도전성 먼지·오존 등이 부착되어 오염된 표면부로 전류가 흐를 경우 발생하는 전류 누설에 의해 줄열과 아크를 발생시켜, 절연체의 탄화를 유발하고, 도전로가 형성되는 현상을 의미한다.

절연체의 일부가 열분해로 인하여 탄화나 침식되면, 탄화도전로(Carbonic Electric conductive pass)가 형성되며, 이러한 현상이 지속되면 절연파괴로 인한 단락으로 발전하

---

92) 접지(接地) : 접지는 전기 회로나 전기 기기 따위를 도체로 땅에 연결하는 것을 말한다. 이상 전압 발생시에도 고장 전류를 표면 전위가 영전위인 대지로 흘려보내, 같은 전위로 유지하여 기기와 인체를 보호한다. 어스(earth), 지락(地絡)이라고도 부른다.

여 발생하는 절연체의 분해가스나, 주변의 전선 피복 등의 인접한 가연물에 착화되어 화재의 원인이 된다.

트래킹 현상은 합선과 같이 큰 전류가 흐르지는 않기 때문에, 단시간 내에 기기 내부의 차단기가 작동하거나, 퓨즈가 용단되지 않는 경우가 많다. 따라서 절연체의 탄화와 도체의 용융을 야기하지만, 탄화도전로의 확대로 인해 과전류가 흐르기 전까지는 초기에 보호할 수 있는 설비는 사실상 없다. 합선이나 단락과 같이 순간적으로 발생하는 것이 아니라, 시간의 경과에 따라 점진적으로 전기적 결함이 야기되기 때문이다. 또한, 트래킹의 경우 대칭적 용융흔을 띠는 것이 많고, 용융흔 사이 저항이 검출되기도 한다.

4.5.2. 트래킹의 발생과정[93]

절연재료의 표면열화는 절연물의 표면에 발생하는 누설전류나 방전전류에 의해 절연물에 탄화도전로(Carbonic Electric conductive pass)가 발생하는 트래킹 열화와 누설전류나 불꽃방전의 영향으로 절연물이 침식되는 현상으로 나누어 생각할 수 있다. 그 과정은 표면에 분진, 먼지 등과 함께 수분이 맺히게 되면 발수성의 절연재료가 점차 친수성으로 변하면서 누설전류가 흐르게 된다. 이때 극 간 혹은 극과 접지사이의 수분이 누설전류에 의해 발열되어 증발하고 미소불꽃방전이 반복해서 발생하면서 열분해가 시작된다. 이때, 절연재료의 표면에는 탄화도전로가 이루어져 방전에 이르게 된다.

트래킹 열화 직 염수, 먼지, 수분 등에 의해 표면이 열화된 초기의 상태와 전압이 인가되어 트래킹이 진행되는 과정을 순서대로 열거하면 다음과 같다.

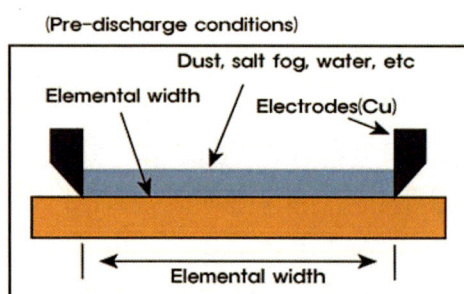
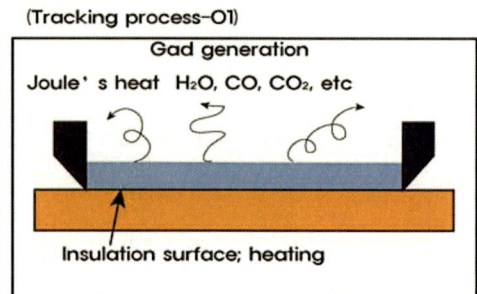

---

93) 출처 : 유기연재료의 탄화패턴 분석(An Analysis of Carbonization Patterns of Organic Insulating Materials), 주관기관 숭실대학교, 산업자원부

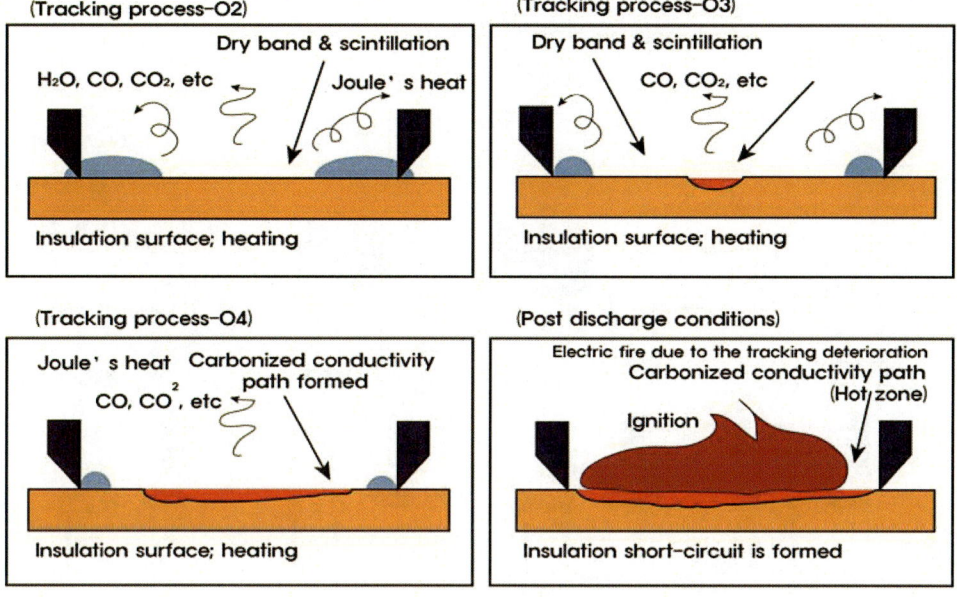

[그림 5 - 19] 트래킹에 의한 표면방전 발화과정 (출처 : 유기연재료의 탄화패턴 분석(An Analysis of Carbonization Patterns of Organic Insulating Materials) 주관기관 숭실대학교, 산업자원부)

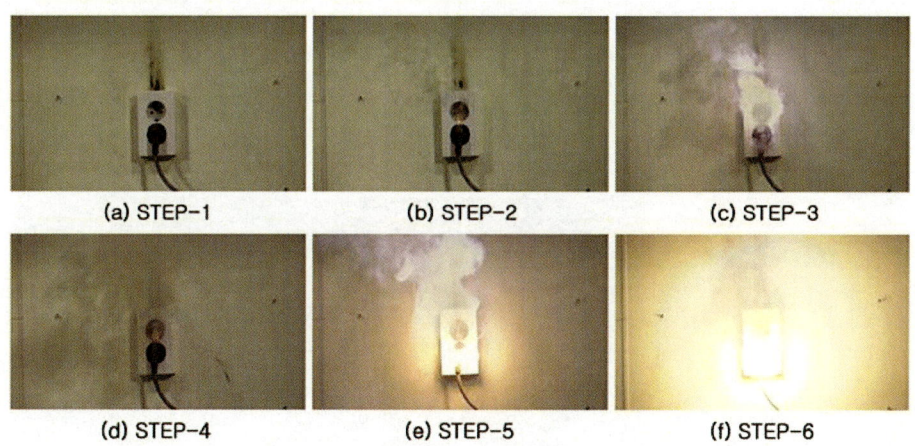

[그림 5 - 20] 옥내용 전기기구에서 나타나는 콘센트 트래킹 단계별 과정

트래킹은 전류가 흐른 절연체의 국부적 탄화나 균열, 상호 전류가 흐른 도체가 용융 되는 형태를 통해 판단할 수 있다. 또한, 화재 현장에서 절연체의 전부가 소실되었더

라도, 콘센트의 플러그 날이나 단자 등 쌍을 이루는 도체의 용융 형태가 발견되면, 트래킹에 의한 용융으로 고려해 보아야 한다.

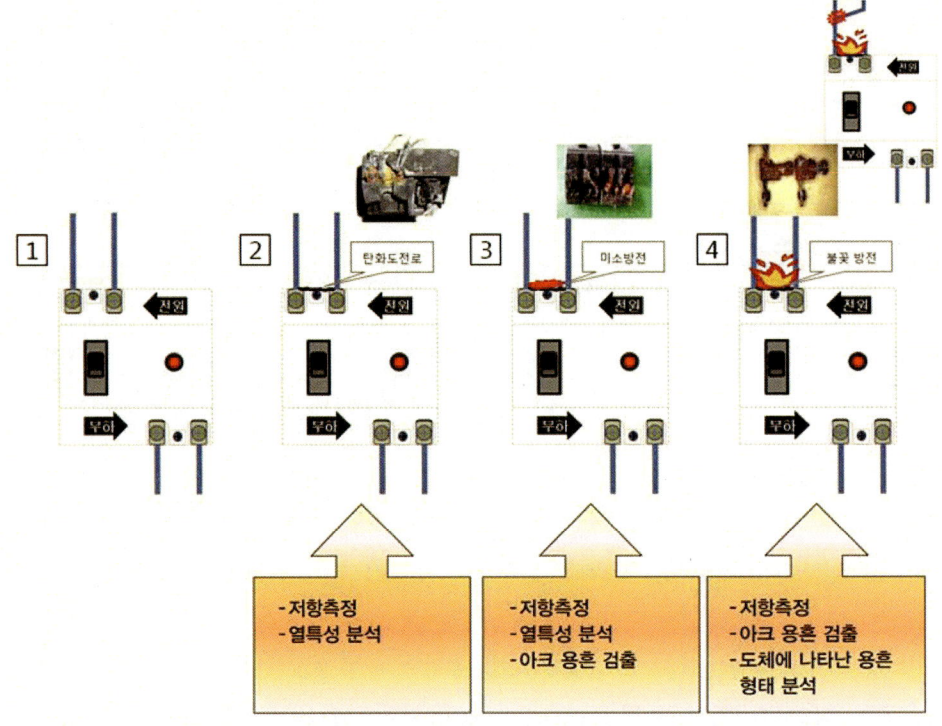

[그림 5 - 21] 차단기에서 발생하는 트래킹의 일반적인 과정 (충북소방 화재조사관 전기안전교육 자료, 한국전기안전공사 충북지역본부 점검부장 김형일)

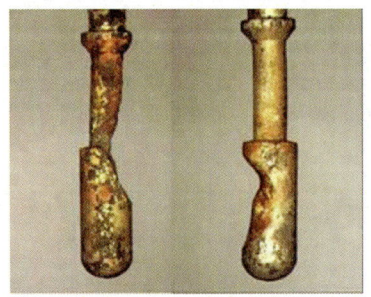

• **플러그 핀의 확대 분석**
  - 핀 주위로 깊게 탄화된 흔적.
  - 핀에 용융흔 관찰.

 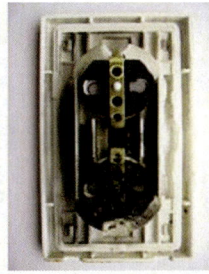

1. 단자 부분	2. 접지 단자 부분

- **콘센트의 내부 형태**
  - 플러그핀 삽입 부분은 열에 의해 변형
  - 용융흔은 식별되지 않음
  - 저항 측정 결과 무한대로 표시

1. 좌측 플러그핀	2. 우측 플러그핀

트래킹의 흔적이 관찰되는 플러그핀

[그림 5 - 22] 콘센트 트래킹 분석 사례 (충북소방 화재조사관 전기안전교육 자료, 한국전기안전공사 충북지역본부 점검부장 김형일)

4.5.3. 건식트래킹[94]

건식트래킹은 습기나 먼지 등의 축적이 없는 상태에서 접점에서 발생하는 아크에 의해서 인접한 절연체가 탄화되거나 접점의 개폐 시 발생하는 미세 스파크에 의한 금속증기, 탄화물 등의 부착으로 인해 절연체 표면에 방전이 시작되어 탄화도전로가 형성되는 것으로 일반적인 트래킹과 구분된다.

---

94) 화재감식 이론과 실무, 이승훈

[그림 5 - 23] 화재현장에서 발견되는 차단기 상부의 단자 간 트래킹

가속열화 실험과정에서 약 3만회 동작한 상태에서 건식트래킹으로 인한 단자부의 전기적 용융이 발생했으며, 페놀수지가 탄화하면서 발생한 가연성 가스에 의해 착화되었다. 이는 지속적인 접촉과 마찰과 같은 기계적이고 물리적인 힘에 의해 금속 접촉 부위의 마모 등의 상태가 트래킹(전기적 결함)으로 연결되는 것으로 볼 수 있다.

4.5.4. 흑연화(Graphitization)

목재나 플라스틱 등의 유기절연재가 누전회로에서 발생하는 스파크, 회로 스위치 등의 접점개폐 당시에 발생하는 스파크 등의 전기불꽃에 장시간 노출되면서 절연체 표면에 탄화도전로가 형성되고, 그 주변은 주울열의 영향으로 흑연화 범위를 입체적으로 점차 확대시킴과 동시에 전류 증가로 인하여 발화하는 현상을 의미한다.[95]

개념적으로 트래킹은 절연물에 습기, 먼지, 등의 원인으로 발열 탄화되어 전류가 흐르게 되는 현상을 의미하고, 흑연화는 이때 나타나는 탄화물의 변화, 다시 말해, 재료적 관점에서의 현상으로 볼 수 있다. 때문에 의미하는 바는 다르지만 결국 두 현상은 동시에 나타날 수 있다. 최근에는 전기의 배선기구에서 발생하는 이러한 유형의 발화원인을 일괄하여 트래킹이라 칭한다.

---

95) 출처 : 화재조사 길잡이, 김태석 외

4.6. 반단선

 기구의 반복적인 사용이나 굴절 등의 원인으로 여러 개의 소선으로 구성된 전선이나 코드류의 심선의 일부가 단선되어 있는 상태를 의미한다. 도체의 저항치는 길이에 비례하고 단면적에 반비례하므로 반단선 상태에서 통전되면, 전선 내부의 전체 단면적에 흘러야할 전류가 일부 소선으로 집중되어 흐르게 되므로 줄열이 발생하게 된다. 또한, 단선된 여러 소선 상호 간의 접촉으로 아크가 발생할 수 있다. 이러한 현상이 지속되면, 절연의 피복이 탄화되고 외부로 아크가 발생하게 되는데, 절연체의 분해가스나 주변 가연물로 착화되면 화재의 발생가능성은 농후하다.

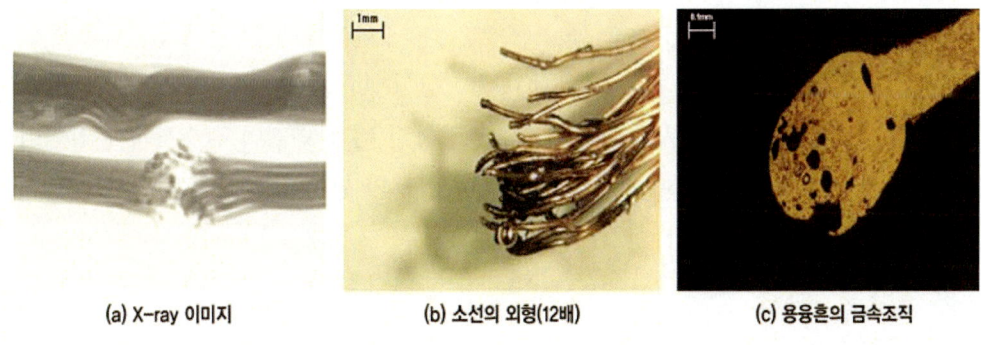

(a) X-ray 이미지   (b) 소선의 외형(12배)   (c) 용융흔의 금속조직

[그림 5 - 24] 반단선의 사례(전기밥솥 전원선), (충북소방 화재조사관 전기안전교육 자료, 한국전기안전공사 충북지역본부 점검부장 김형일)

 일반적으로 사용하는 드라이기 같은 전기기기의 경우 사용 시 구부리거나 흔드는 등의 많은 유동을 동반하며 사용하는데, 이때 소선의 단선율이 10%를 넘게 되면, 이후에는 급격히 단선율이 증가하는 현상으로 이어진다. 반단선은 기기나 설비가 작동할 때 자가 운동이나 인위적인 사용 등 유동 및 마찰을 유발하게 되는 굴절부의 지속적인 사용으로 인해 절연 부분은 그 재질의 유연성으로 손상되지 않더라도 내부 소선의 단선으로 인해 발생한다고 생각할 수 있다.

 반단선에 의해 발열이 생성되면, 단선된 소선에서는 용융흔이 생성되고, 부하·접촉이 지속되면 다른 소선까지도 손상이 야기되어 결국 다른 소선의 피복도 소손되면 양 선간의 단락이 형성된다. 또한, 전선 내의 소선 2가닥 중 1가닥에 반단선이 발생했을 때는 부하가 연결되어야지만 탄화가 진행되지만, 이미 내부의 소선 여러 가닥이 탄화되어 피복의 손상으로 인해 선간에 전류가 흐르는 상황이라면, 부하의 존재 여부와 무관하게 발화될 수 있다는 점에 유의해야 한다. 반단선의 형태는 일반적으로 단선된 소선 여러 가닥이 개별적으로 작은 망울을 이루는 모습을 보이나, 소선들이 합선될 경우 이러한 망울들이 합쳐진 형태로 큰 망울을 이룬 형태로 나타날 수 있다.

반단선은 외부 화열에 의해서는 생성될 수 없고, 내부의 소선의 단선을 통해서만 나타나므로 반단선의 흔적이 식별된다면, 이 자체만으로도 화재의 주요 원인으로 입증할 수 있다.

4.7. 접촉불량

도체가 서로 맞닿는 접속부에 접촉상태가 불량하면 접촉 면적이 감소하거나 압력이 저하되어 저항이 증가한다. 이에 따라 줄열이나 아크의 발생으로 절연이 파괴되고 발화하는 현상을 접촉불량이라 한다.

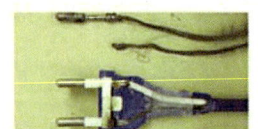

○ 콘센트 및 플러그
 - 접속불량(불완전 접속) 메커니즘 → **접속부 탄화**

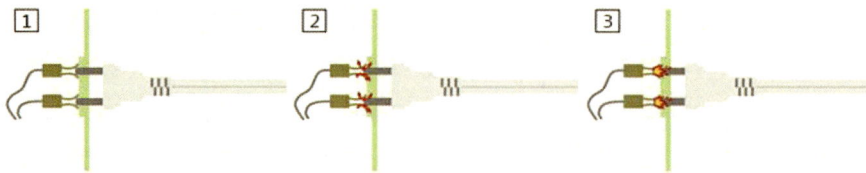

 - 접속불량(불완전 접속) 메커니즘 → **플러그 내부 탄화**

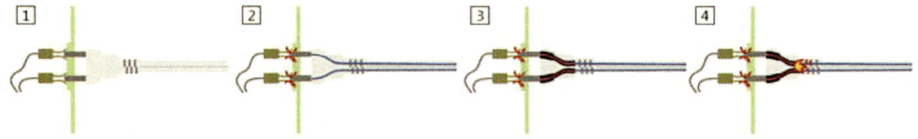

[그림 5 - 25] 접촉불량(접촉부 탄화/플러그 내부 탄화)

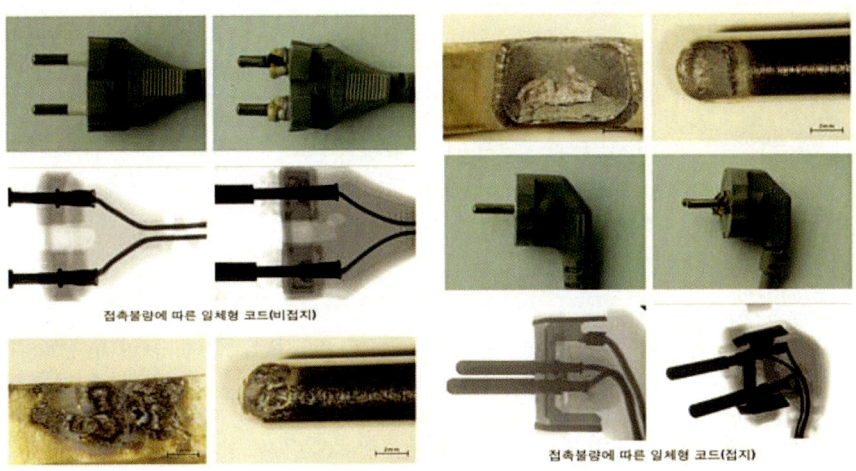

접촉불량에 따른 일체형 코드(비접지)

접촉불량에 따른 일체형 코드(접지)

[그림 5 - 26] 콘센트에서 발생한 접촉불량

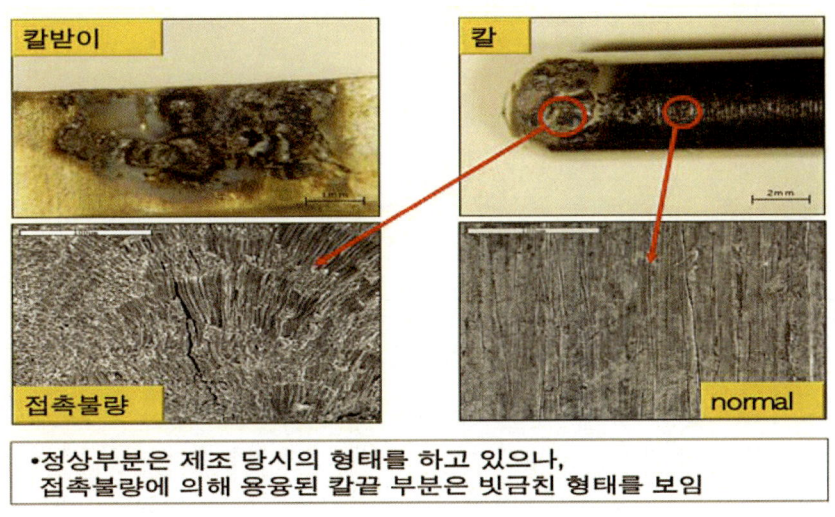

칼받이

칼

접촉불량

normal

• 정상부분은 제조 당시의 형태를 하고 있으나,
   접촉불량에 의해 용융된 칼끝 부분은 빗금친 형태를 보임

[그림 5 - 27] 콘센트에서 발생한 접촉불량

서로 다른 두 개의 도체를 접속시켜 전류가 흐르면, 전압강하가 일어나고 저항이 생긴다. 이러한 저항에 의해 국부적인 발열이 일어나는데, 이를 접촉저항에 의한 발열이라 한다.

결국, 이러한 발열은 도체 간의 연결이 불량함에 의해 나타난다. 따라서 접촉불량에 의한 발화 위험은 스위치의 접점 불량, 회로 내의 불량한 납땜(트래킹 현상 유발 가능성 ↑), 연결이 견고하지 않은 단자, 견고하게 연결되었더라도 지속적인 외력으로 인해 그 결속력이 약해진 단자, 접촉면의 이물질 부착 혹은 부식에 의해 발생한다. 또한, 전류의 공급과 중단의 반복은 온도의 변화를 불러오는데, 이때 받는 도체의 스트레스로 인해 접촉압력이 저하되어 접촉상태의 불량을 야기시키기도 한다. 접촉불량이 일어나면 전선의 피복이나 접속기구의 외함(비도체)이 일반적인 가연물이 되어 화재를 유발하게 된다.

도체 간의 접촉 저항은 보통 0.1Ω 이하로 알려져있지만, 접촉 면적의 감소와 압력의 저하는 접촉저항의 증가를 불러오고, 이에 따라 접촉부에 발생하는 줄열이 커져 국부적인 발열 현상이 발생하게 된다. 따라서, 접촉불량을 방지하기 위해서는 접촉면을 깨끗하게 유지하고, 고유저항이 낮은 재료를 사용하며, 접촉압력·면적의 변화를 수시로 점검하여야 한다.

4.8. 이산화동 증식

구리가 고온에서 산화되었을 때, 이산화동이 생성될 수 있는데 이산화동은 온도의 상승과 함께 저항이 증가하는 특성이 있어 산화가 시작되면 가속화되는 양상을 보인다. 이를 이산화동 증식이라한다. 이러한 이산화동 증식은 접촉이 불량한 접점에서 발생하는 고온의 열과 아크 등에 노출된 구리의 일부가 산화하면서 이산화동이 생성 및 증식하면서 발열을 야기하는 현상을 의미한다. 결국, 이산화동 증식의 메커니즘은 발열요인이 특수산화물의 생성에 의한 것이다. 이때 발생한 고온의 열은 전선피복, 외함, 배선기구의 절연체 등을 탄화시키면서 화재를 유발한다. 이산화동 증식에 의한 국부적 발열현상은 1000℃를 초과하여 나타나는 경우가 있어 주변에 가연물이 존재할 경우 화재의 위험성이 대단히 높다.

한편, 이산화동이 일어난 도체의 외형을 보면, 표면이 은회색의 광택을 띠고, 그 결정이 쉽게 부서지며, 현미경으로 관찰하면 붉은색으로 반짝거리는 특징이 있다.

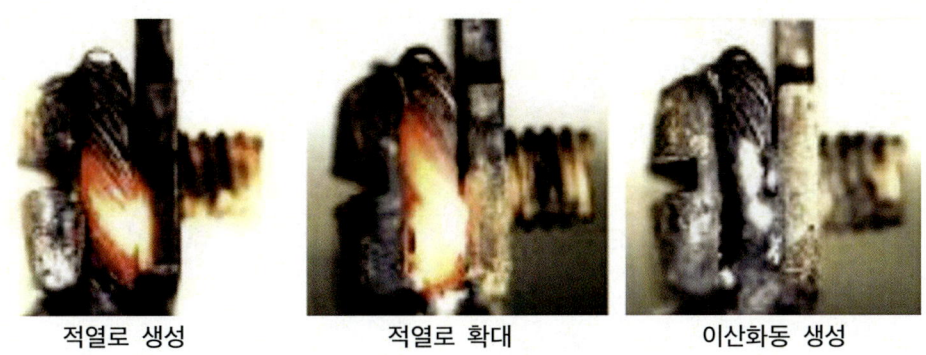

| 적열로 생성 | 적열로 확대 | 이산화동 생성 |

[그림 5 - 28] 전선과 접속 나사에서의 이산화동의 생성 과정 (충북소방 화재조사관 전기안전교육 자료, 한국전기안전 공사 충북지역본부 점검부장 김형일)

4.9. 은 이동(Silver migration)

직류로 연결되어 있는 도금을 포함한 은으로 된 도체 사이에 절연물이 있을 경우, 그 표면에 수분이 부착(전해질 역할)되어 은의 양이온이 절연물의 표면을 통해 음극 쪽으로 이동하는 도전로가 형성되어 발열하게 되는 현상이다. 이러한 전로는 고온이 되기 때문에, 전극을 용융시키기도 하고 반도체의 경우 회로를 손상시키는 것으로 알려져 있다.

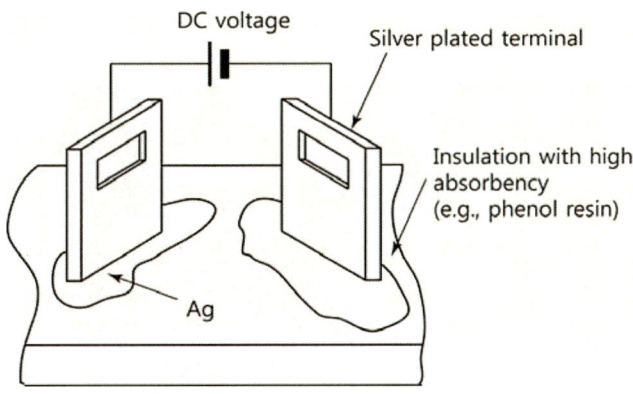

[그림 5 - 29] 은 이동(Silver migration)의 원리

- 은으로 된 도체(도금 포함)
- 직류전원으로 장시간 연결
- 절연체의 높은 함수율
- 고온·고수분의 사용 환경

4.10. 정전기(Static electricity)

정전기 현상의 발견에 대한 기록은 그리스의 철학자 탈레스가 호박을 양피에 마찰시켜 정전기를 발생시킨 것이 시초이었으며, electricity라는 말은 그리스어로 electron에서 유래되었다고 한다. 물체를 구성하는 원자핵의 주변에는 전자가 존재하는데, 이 전자들은 마찰을 통해 다른 물체로 이동하기도 한다. 정전기는 이렇게 서로 다른 부도체가 접촉·마찰 후 분리될 때 발생하여 저장되는 전기를 의미하고, 이때 전하가 정지 상태이기 때문에, 전하의 분포가 시간의 경과에 따라 변화하지 않는 전기이다. 정전기는 고체 상호 간에서뿐만 아니라 고체와 액체 간, 액체 상호 간, 액체와 기체 간에서도 발생한다.

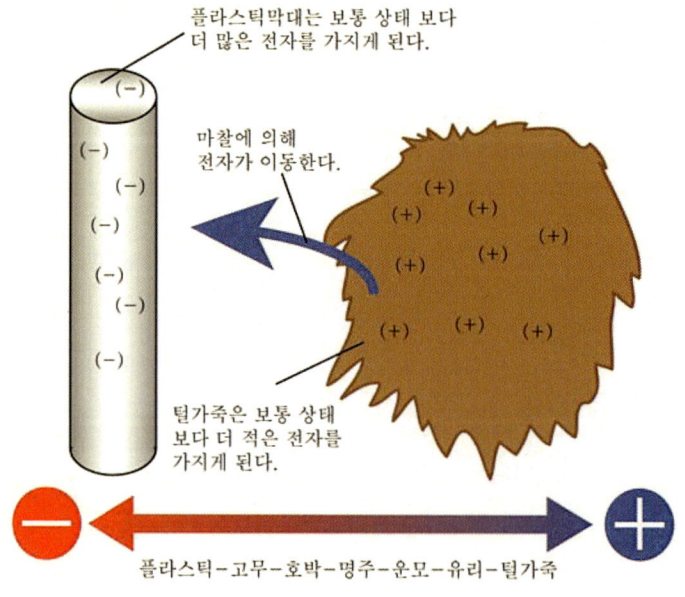

[그림 5 - 30] 정전기의 발생원리

이렇게 두 물체 사이에 전자의 이동으로 전자를 얻은 물체는 -전하로 대전되고, 다른 물체는 전자를 잃어 +전하를 띠게 된다. 이러한 대전의 정도는 계절적으로 습도가 낮아 공기가 건조한 겨울철에 잘 일어난다.

정전기 발생에 영향을 주는 요인은 다음과 같다.

① 물체의 특성 : 대전 서열에 따라 정전기 발생이 차이난다.
② 물체의 표면상태 : 표면이 거칠어 마찰이 용이하다면, 정전기 발생도 잘 일어난다.
③ 물체의 이력 : 정전기의 발생은 처음 접촉과 분리 시 가장 강하고, 이후 반복에 따라 상대적으로 약해진다.
④ 접촉 면적 및 접촉 압력 : 접촉 면적과 압력이 클수록 정전기의 발생도 커진다.
⑤ 분리속도 : 분리속도가 클수록 진하 분리 시에 발생하는 에너지가 커지므로 정전기의 발생도 동반하여 상승한다.

[표 5 - 7] 습도와 정전압과의 관계 (출처 : 김두현 외 6명, 2004)

정전기의 발생방법	정전압	
	10~20% 상대 습도	60~90% 상대 습도
카펫트 위를 걷는 동작	35000	1500
비닐 바닥 위를 걷는 동작	12000	250
작업대의 작업자	6000	100
작업 지시판의 비닐	7000	60
작업대에서 Poly Bag을 드는 동작	20000	1200
폴리우레탄으로 채운 작업용 의자	18000	1500

한편, 정전방전(Electrostatic discharge)은 이렇게 축적된 정전기가 순간적으로 방전되는 현상을 말하며, 이러한 방전현상은 전하의 공급 속도에 비해 방출속도가 월등히 빠르게 일어난다. 때문에 소멸되는 전하를 보충할 시간이 없어 단시간에 방전이 종료되는 특징을 가진다.

또한, 정전압은 1~10kV 정도 발생하기 때문에 가연성 가스 및 증기와 분진이 있는 환경에 정전방전이 일어날 경우 착화로 이어질 수 있다.

[그림 5 - 31] 정전기에 의한 화재[96]

4.10.1. 정전기 대전의 종류

1) 마찰대전

일반적으로 정전기를 발생시키는 원리로, 두 부도체 물질이 서로 접촉·마찰을 하면서 전하의 이동과 재배열로 발생하는 정전기 현상을 의미한다.

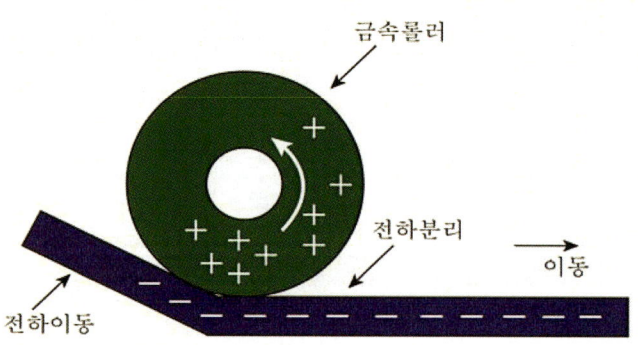

[그림 5 - 32] 접촉으로 인한 마찰대전

2) 박리대전

서로 결속력이 높게 밀착되어 있던 두 물체가 분리될 때, 정전기가 발생하는 현상이며, 접촉면적, 접촉면의 밀착력, 박리속도 등에 의존하여 정전기 발생량이 변화한다.

---

96) 출처 : SBS 뉴스 동영상(2014.01.10.보도) "주유 순간 불길이 '확'…또 정전기 폭발"

실험에 의하면, 일반적으로 밀착도가 높다면 마찰대전에 비해 상대적으로 정전기 발생이 더 많이 된다고 한다.

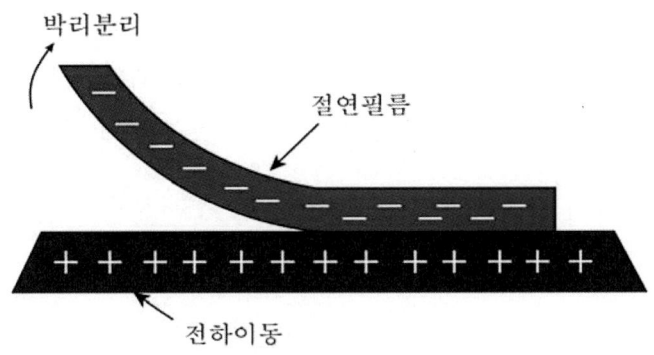

박리분리

절연필름

전하이동

[그림 5 - 33] 박리대전 발생현상

3) 충돌대전

분체와 같은 입자 상호 간 및 입자와 고체 사이에 서로 충돌하면서 전하의 이동이 빠르게 이루어지면서 발생하는 정전기이다.

4) 유동대전

가연성 액체류가 금속관을 통해 내부에서 유동할 경우, 액체와 관벽 사이에 발생하는 정전기를 말한다. 액체의 유동속도, 굴곡의 존재, 파이프의 재질 등에 영향을 받는다.

5) 분출대전

가스가 분출하면서 생성되는 정전기를 의미하며, 분출구에서 순수하게 기체 형태로 분출될 때는 대전이 잘 일어나지 않지만, 가스가 분진(Dust) 또는 분무(Mist) 입자로 되어 있을 경우 쉽게 대전된다고 한다.

6) 인체대전

인체 대전은 발생조건에 따라 상이할 수 있으나 정전기를 잘 일으키는 섬유를 착용하고, 습도가 40%이하인 환경에서 쉽게 발생하는 것으로 알려져 있다.

4.10.2. 방전현상

정전기의 대전물체 주위에는 정전계가 형성된다. 이 정전계의 강도는 물체의 전량에 비례하지만 이것이 점점 커지게 되어 결국, 공기의 절연 파괴 강도 (약 30kV/㎝)에 도달하게 되면 공기의 절연 파괴현상, 즉 방전이 일어나게 된다. 이때, 축적되어 있던 정전기 에너지가 방전에너지로 공간에 방출되면, 열, 파괴음, 발광, 전자파 등으로 소비된다. 따라서, 방전은 정전기의 전기적 작용에 의하여 일어나는 전리현상이라 할 수 있다.

한편, 대전물체에서의 방전은 대기 중에서 발생하는 기중방전과 대전체의 표면을 따라 발생하는 연면방전으로 구분할 수 있다.

[표 5 - 8] 방전현상의 종류

방전현상			
연면방전	기중방전		
	코로나 방전	브러쉬 방전	불꽃방전

1) 연면방전

일반적으로 절연물의 표면을 따라 강한 발광을 수반하여 일어나는 방전을 의미한다.

연면 방전은 공기 중에 놓여진 절연체 표면의 전계강도가 큰 경우에 고체표면을 따라서 진행하는 방전을 말한다. 연면방전은 아래의 저건과 같은 경우 발생되기 쉽고 불꽃방전과 마찬가지로 방전에너지가 높아 재해나 장해의 원인이 된다.

2) 기중방전

① 코로나 방전

고체에 정전기가 축적되면 전위가 높아지고, 일정수치를 넘을 경우, 낮은 소리와 연한 빛을 수반한 방전현상으로, 고체 표면에 접촉된 공기의 절연파괴 현상으로 볼 수 있다. 코로나 방전이 발생하면, 코로나 잡음이 발생하게 되고 방전에너지는 낮은 편이지만 착화가 쉬운 물질은 점화 및 폭발이 가능하다. 대기 중에 쉽게 발생하는 편이다.

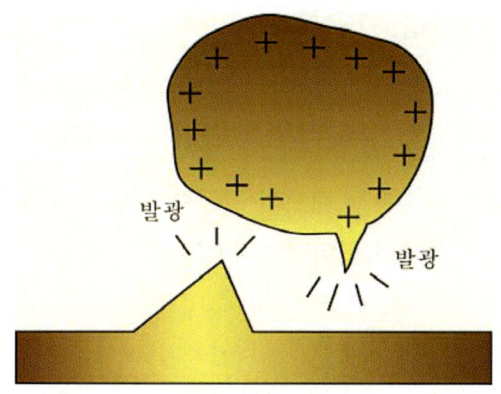

[그림 5 - 34] 코로나 방전 현상

② 브러시방전

질연물질이나 저전도율 액체와 곡률반경이 큰 노제(직경이 10㎜이상) 사이에서 대전량이 많을 때 발생하는 수지상의 발광과 펄스상의 파괴음을 수반하는 방전으로 스트리머 (Streamer) 방전이라고도 한다. 가스, 증기 또는 분진에서 폭발을 동반한 화재로 발전할 수 있으며, 위험도는 불꽃방전과 코로나 방전의 중간 정도의 위치이다.

③ 불꽃방전

표면에 형성된 전하의 밀도가 높게 축적된 절연판, 또는 도체가 대전되었을 때, 간격이 좁은 접지된 도체 사이의 공간에서 발생하는 방전으로, 가스 기구의 점화 불꽃에서 확인할 수 있듯이, 강한 발광과 파괴음을 동반한다. 불꽃방전은 방전에너지가 높아 재해나 장해의 주요 원인이 되고 있다.

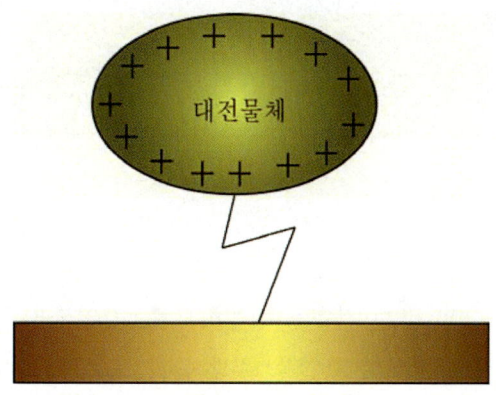

[그림 5 - 35] 불꽃 방전 현상

4.11. 낙뢰 / 번개(Lighting)

낙뢰의 원리는 정전기와 동일하지만, 인위적으로 발생시키는 것이 아니라, 자연현상의 하나라는 점이 다르다. 낙뢰는 구름과 대지 사이에서 발생하는 방전현상으로, 기압 또는 온도차에 의해 발생하는 대기의 유동에 의해 마찰하면서 발생한 정전기가 축적되었다가 일시에 방전되면서 나타난다. 낙뢰가 발생할 때 생성되는 전기는 약 10억 V, 40,000~50,000A 수준에, 온도는 30,000℃에 이르는 것으로 알려져 있다.

또한, 보통의 번개는 히로시마에 투하된 원폭의 약 10000분의 1정도에 해당하는 에너지를 가지고 있다. 낙뢰는 우리나라에서 평균적으로 14만 건 정도에 달하는 엄청난 횟수로 발생한다고 한다. 최근 지구온난화로 인한 기상이변은 뇌우의 발생을 촉진시키는 것으로 알려져 있다. 강력한 에너지를 가지기 때문에 낙뢰가 대지로 피격되었을 때, 엄청난 피해를 야기할 수 있지만, 보통의 경우 피뢰침이 설치되어 있다면, 이를 방지할 수 있다.

[그림 5 - 36] 낙뢰의 발생과 피뢰침의 역할 (출처 : '구름 속의 자객' 낙뢰...피해 줄이려면?, YTN 뉴스 동영상)

또한, 낙뢰는 순간적으로 많은 전류를 생성하므로, 가연물을 통해 대지로 흘러들어갈 경우, 암석을 용융시킬 정도의 고열을 발생시키기도 한다. 때문에, 임야화재에 주된 화재 원인으로 작용하기도 한다.

[그림 5 - 37] 서해대교(사장교)의 낙뢰로 인한 피해 (출처 : SBS 뉴스 동영상, 2015년 서해대교에서 발생한 화재는, 낙뢰로 인해 상부의 케이블에 불이 붙은 것으로 보고 있다)

이렇게 발화원인으로 낙뢰가 의심될 경우에는 기상청에 낙뢰정보를 문의해, 시간과 위치를 파악하여 이와의 연관성을 조사하는 것이 필요하다. 2015년 발생한 서해대교의 화재 발생은 초기에 낙뢰가 발화원인으로 지목되었으나, 기상청의 낙뢰정보와 맞지 않아 원인 규명에 상당한 시일이 소요되었다.

하지만, 이후 화재 발생시간에 운행 중이던 차의 블랙박스 영상을 통해 낙뢰로 인한 화재의 발생이 확인되었다.

4.11.1. 유도전압에 의한 화재

낙뢰의 직접 피격에 의한 피해 및 화재의 발생 경우도 있지만, 유도전압에 의해 화재가 유발되기도 한다. 이는, 전기를 사용하는 주택이나 시설에서 낙뢰가 대지에 피격되고 일시적으로 급격하게 상승한 전압이 수도·가스 금속배관, 통신선 등을 통해 내부로 이상 전압이 유도되어 전기적으로 취약한 부분에서 화재가 발생하는 것이다. 한편, 유도전압에 의한 화재는 전기기기 혹은 시설에서만 국한해서 발생하는 것이 아니라 낙뢰가 유도된 배관 및 기타 경로에서 전기적 폭발을 야기하기도 한다.

4.12. 배터리

일반적으로 사용하는 AAA혹은 AA타입의 소형 건전지는 고의적으로 새 건전지를 도체와 연결시키는 등의 악의적인 경우가 아니라면, 발화의 가능성은 그리 크지 않다. 그럼에도 불구하고 1A 수준의 전류를 흐르게 할 수 있으므로 주의를 요한다. 9V이상이고, +, − 양단자가 동일한 방향으로 되어 있는 알칼라인 건전지(6LR61)의 경우 도체와 같이 방치하였을 때, 발화의 가능성이 높다.

4.12.1. 배터리의 원리와 안전장치

배터리의 소형화와 수명에 강점을 지닌 리튬이온 전지가 상당히 보편화 되어 있다. 우리가 흔히 쓰는 핸드폰, 노트북, 카메라 등은 이러한 리튬이온 전지를 사용한다. 기존에 충전이 불가했던 전지를 1차라 하고, 충전 후 재사용이 가능한 리튬이온 2차 전지는 셀(Cell) 당 전압이 약 3.7V 수준으로 보통의 알칼라인 전지에 비해 성능이 월등히 좋다.

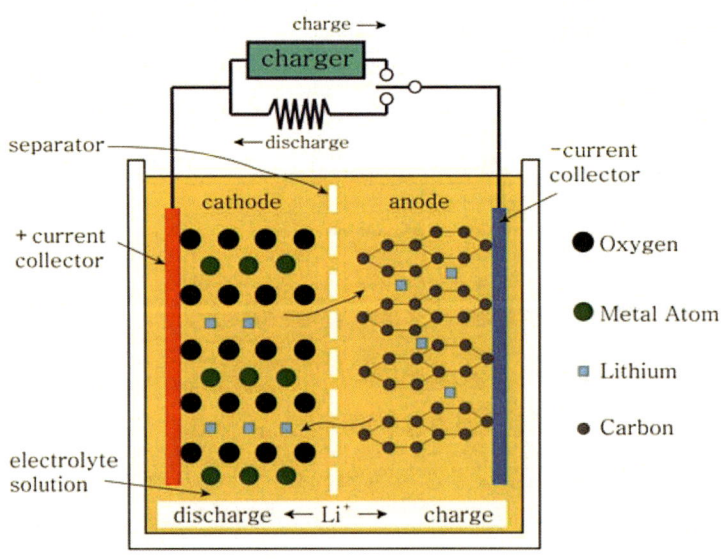

[그림 5 - 38] 리튬이온전지의 작동원리 (출처 : 생활속의 과학, 서울교육대학교 과학교육과 홍영식 교수)

하지만, 리튬 물질 자체의 반응성이 매우 커서 수분에 노출되거나, 고온, 고압 및 충격에 노출되면 폭발의 위험성이 높다. 때문에, 리튬이온 2차 전지에는 아래와 같은 원리의 안전장치가 내장되어 있다.

① PCM(protection Circuit Module) : 특정 전압을 초과하거나 전압이 정상 이하로 내려갈 경우, 충·방전을 자동으로 정지시키는 장치, 이를 통해 전류의 비정상적인 흐름이 감지되면 전지의 작동을 정지시킨다.

② 보호회로 : 일정 이상의 온도로 상승할 경우, 전류를 원천 차단시킨다.

③ 일정온도 이상 상승 시, 분리막이 녹으면서 전해질 이온의 이동이나 리튬 금속의 성장을 차단한다.

④ 액체상의 전해질을 고체 산화물 혹은 난연성 물질로 대체하여 폭발을 방지한다.

[그림 5 - 39] 배터리 폭발 (출처 : KBS1 뉴스 동영상(2016.01.21.보도 "충전하다 펑!. 휴대전화 배터리 폭발에 화상")

위의 배터리 폭발 사례를 보면, 배터리 혹은 휴대폰 내에 내장되어 있는 과전류 회로의 결함으로 인해 장시간 충전을 지속하면서 발열 및 폭발에 이른 것으로 분석되었다. 또한, 홀로 방치되었던 애완동물의 이빨에 의해 배터리에 충격이 가해졌고, 이로 인한 손상으로 폭발에 이른 사례도 있다. 이처럼 리튬이온 2차 전지는 안전장치가 내장되어 있음에도 불구, 폭발 사고가 종종 발생하곤 한다. 따라서 안전한 사용 및 화재 예방을 위해서는 고온에서는 사용을 피하고, 과충전 혹은 과방전이 일어나지 않도록 사용 시 유의하며, 충격을 가하거나 수분에 노출되지 않도록 하여야 한다.

한편, 화재현장에서 배터리가 발화원인으로 지목되어도, 소훼도가 높아 외관의 분석을 통해서는 그 원인을 명확하게 규정하기 어렵기 때문에, 정밀감정을 통해 배터리의 결함 여부를 밝히는 것이 반드시 필요하다.

chapter

6

방화

1 방화

방화는 고의로 화재를 일으켜 가옥이나 기타 물건을 연소시키는 행위로써, 그 특성상 일반적으로 물적 증거가 소실되거나 소방에 의해 수행되는 인명구조, 화재진압과정에서도 파손되는 경우가 많기 때문에, 원인을 규명하는데 많은 시간과 노력이 소모되는 매우 곤란한 범죄이다. 또한, 다른 형사 사건에 비해 인명 및 재산 피해가 크고, 검거율은 낮은 편이다. 방화는 모든 시대, 모든 국가에서 목격되는 가장 원시적인 자연 범죄라 할 수 있다.

방화범은 단독범행이 많아 자백의 확보는 사실상 불가능하고, 범행이 어둡고 은밀한 곳에서 행해지는 경우가 많아 발각이 어려우며, 연쇄성과 모방성이 강해 사회 공공의 안전을 위협하는 중대 범죄이다.

또한, 방화범은 자신의 목적을 달성하기 위해, 방화 시 인화성이 강한 위험 물질을 사용하여 연소가 일반적인 화재에 비해 급격하게 확산되므로, 피해도 광범위하게 나타나는 특수성을 지니고 있다. 그 위험성 때문에 경찰 실무에서도 5대 강력범죄의 하나로 분류하고 있다.

방화범은 야간 및 심야 시간대에 광범위한 지역에서 단시간 내 방화 후 도주하므로 대부분 현장검거가 어려운 편이다. 때문에, 화재현장에서 조기 검거가 무엇보다 중요하고(현행범 체포), 피해자 등 최초 목격자의 신고 및 진술이 검거 단서 중 가장 높은 비율을 차지하므로 민관의 유기적인 신고 체계의 구축이 절실하다.

사실, 방화현장의 감식은 여러 가지 한계점 때문에, 범인의 신원이나, 구체적인 범행수법 등을 규명하는 것은 어려운 것이 현실이다. 다른 범죄의 경우 현장 감식은 그 범죄에 대한 증거 수집을 위한 활동이 되겠으나, 화재현장은 소훼되고 훼손되어 초기에 뚜렷한 인과관계를 파악하는 것이 어렵다. 따라서, 화재감식은 범죄의 유무가 불명확한 상황 속에서 분석을 통해, 그와 연결되는 혐의점과 증거를 찾아가는 이중적 과정이라 할 수 있다(화재원인 분석과 동시에 방화와 실화의 구분).

만약, 살인사건이 발생한 범행현장을 감식하는 작업은 살인의 발생이라는 확실한 배경을 토대로 이에 사용된 수법과 도구를 발견해 나가는 작업이라면, 화재현장은 방화인지 실화인지 여부와 더불어 원인을 판별해야 하기 때문에 방화현장의 조사 시에는 항상 신중하고 조심해야 한다. 더불어, 감식하는 동안에는 화재현장이 잘 보존되도록 해야 일말의 단서라도 발견할 수 있고, 이는 사건을 재구성하는데 중요한 열쇠(Key Point)가 될 수 있다는 점을 명심해야 하겠다. 방화인지 실화인지 여부와 발화원인을 제대로 규명하지 못할 경우, 수사 인력의 노력 자체가 수포로 돌아가기 때문에, 방화현장의 감식은 그 중요성을 간과할 수 없다.

국보 1호를 삼키며 추정할 수 없는 재산 피해와 전국민에게 아픔과 상실감을 주었던 '남대문 방화사건[97]', 피워보지도 못한 아이들의 불꽃을 꺼버리게 만든 '씨랜드 청소년 수련원 화재사고[98]'를 돌이켜 보더라도 방·실화로 인한 화마는 삽시간에 생명과 재산을 앗아가는 사회적으로 고도로 위험한 범죄 행위임을 분명히 인식할 필요가 있다.

대한민국이 방·실화로부터 안전한 세계 중심의 일류 질서 국가가 되도록 국민의 안전을 위하여 국민의 편에 서서 신속하고 공정하게 업무 처리하며 범죄자를 검거하고 방화범에 대하여 단호하고 엄격하게 법을 적용하여 처리함으로써 방화 범죄 심리를 사전에 제압하고 범죄자는 끝까지 추적 검거하여 공명정대한 경찰권 행사를 통한 법치주의를 구현하는데 앞장서야 한다.

또한, 최근의 방화범죄는 다양화·지능화 추세이므로 화재조사 및 감식의 역량 강화와 전문화를 통하여 범죄에 대응하고 피해를 최소화시키는 노력이 필요하다.

1.1. 방화 범죄 통계

다음은 2015년 발표한 2014년 대검찰청 통계자료 범죄분석 자료 중 방화에 대한 내용이다.

---

97) 숭례문방화사건(2008.2.10.) : 자신이 소유한 토지의 보상 문제로 불만을 품은 채 모 씨가 숭례문에 시너를 이용하여 방화, 문화재라는 중요성을 지나치게 의식한 소방 당국의 소극적 대처로 초기진화 실패했고, 내부는 훈소 상태로 화재가 확산되며 결국, 누각을 받치는 석축만 남고 대한민국 국보 1호가 전소한 사건.
98) 씨랜드 청소년 수련원 화재(1996.06.30.) : 1999년 6월 30일 새벽 경기도 화성군 서신면 소재의 청소년 수련시설에서 모기향으로 인한 화재(추정)가 발생하여 취침 중이던 유치원생 19명과 인솔교사 및 강사 4명 등 23명이 숨지고 6명이 부상 당한 참사.

1) 범죄발생시간

2014년에는 총 1707 건의 방화범죄가 발생하였다. 이 중 46.0%가 밤시간대(20:00~03:59)에 발생하였으며, 23.5%는 오후시간대(12:00~17:59)에 발생하였다.

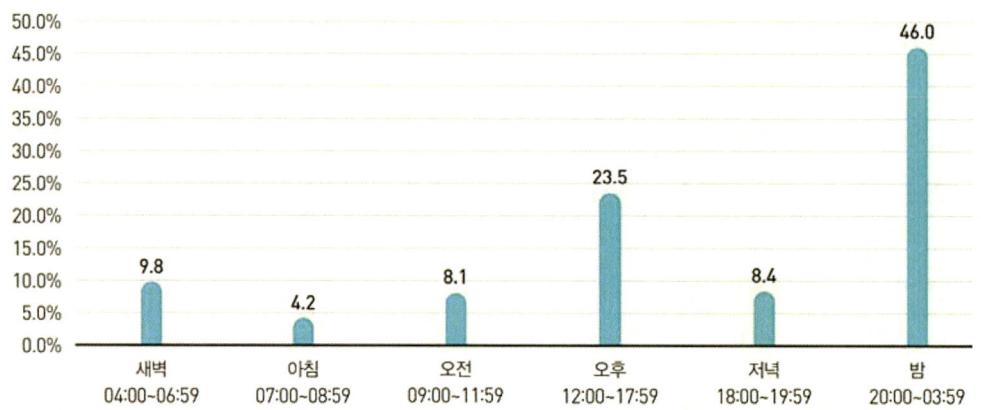

[표 6 - 1] 방화범죄 발생시간

2) 범죄자의 성(性)과 연령

① 검거된 방화범죄자의 87.1%는 남성이고, 12.9%만이 여성이다.

② 검거된 방화범죄자는 41세~50세가 30.3%로 가장 많았고, 그 다음은 51세~60세 (25.2%), 31세~40세(14.6%), 19세~30세(11.0%) 등의 순이었다.

③ 남성범죄자는 여성에 비해 18세 이하, 19세~30세, 51세~60세의 비율이 상대적으로 높은 반면에, 여성범죄자는 남성에 비해 31세~40세와 41세~50세의 비율이 상대적으로 높았다.

[표 6 - 2] 방화범죄자 성별 연령 분포

범죄자 연령	범죄자 성		계
	남성	여성	
18세 이하	146(11.6)	10(5.4)	156(10.8)
19세~30세	139(11.0)	19(10.3)	158(11.0)
31세~40세	174(13.8)	36(19.6)	210(14.6)
41세~50세	378(30.0)	59(32.1)	437(30.3)
51세~60세	319(25.3)	44(23.9)	363(25.2)
61세 이상	104(8.3)	16(8.7)	120(8.3)
계	1,258(100.0)	184(100.0)	1,444(100.0)

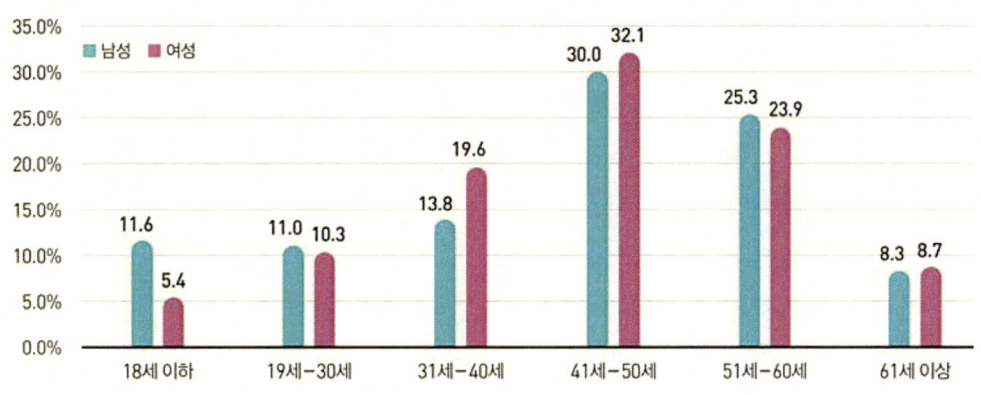

[표 6 - 3] 방화범죄자의 성별 연령분포

3) 범죄자의 범행시 정신상태

방화범죄자의 39.9%는 정상인 상태에서 범죄를 저질렀으며 50.7%가 주취상태에서 범죄를 저질렀다. 방화범죄자 중 정신장애가 있는 경우는 9.4%였다. 여성 방화범죄자는 남성에 비해 저질렀다. 방화범죄자 중 정신장애가 있는 경우는 9.4%였다. 여성 방화범죄자는 남성에 비해 정신장애가 있는 경우가 더 많았고(여성 15.5%, 남성 8.5%), 남성 방화범죄자는 여성에 비해 주취상태에서 방화범죄를 저지르는 경우가 더 많았다 (남성 51.8%, 여성 43.5%).

[표 6 - 4] 방화범죄자의 성별 범행시 정신상태

범행시 정신상태	범죄자 성		계
	남성	여성	
정상	466(39.8)	69(41.1)	535(39.9)
정신장애	100(8.5)	26(15.5)	126(9.4)
주취	606(51.8)	73(43.5)	679(50.7)
계	1,171(100.0)	168(100.0)	1,339(100.0)

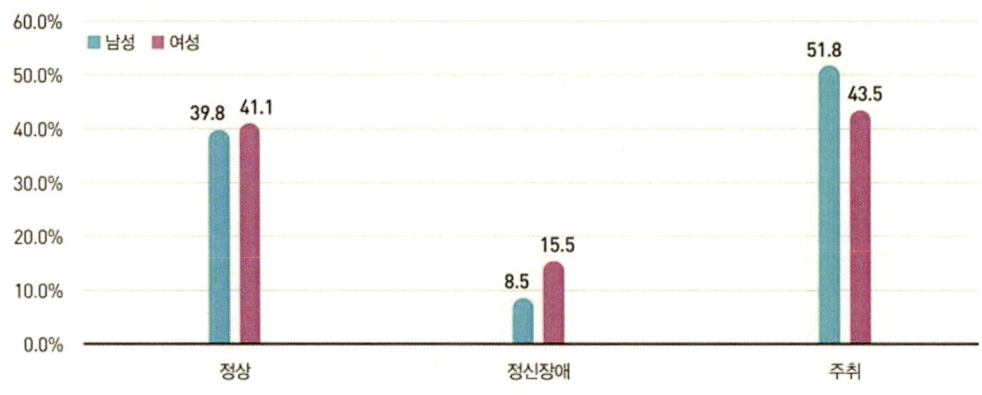

[표 6 - 5] 방화범죄자의 성별/범행 시 정신상태

방화범죄는 다양화, 지능화되고 있고, 수사 인력의 전문화 대비, 발생 수나 피해는 증가추세에 있다. 화재조사에 있어 방화의 가능성을 항상 열어두고 검토하여야 하지만, 행위자가 확실한 경우가 드물고, 극소의 희박한 현장 정황증거를 토대로 종합적으로 판단해야 하므로 어려움이 따른다.

1.1.1. 우리나라와 선진국의 방화범죄 통계 비교

국내에서 발생한 화재의 원인 중 방화는 10% 안팎인데 반해, 전기화재로 추정, 발표하는 비율은 30% 안팎이다. 이는 미국, 일본, 영국과 정반대의 수치로, 선진국의 통계치는 방화가 30% 안팎, 추정발표는 10% 미만인 것을 감안하면, 현격한 차이를 보인다. 우리나라의 산업기술수준이나 생활환경이 큰 차이를 보이지 않는다는 점을 생각하면, 이 수치는 쉽게 납득이 되지 않는 부분으로, 방화 범죄에 대한 철저한 수사를 할 수 환경과 역량 그리고 전문성의 제고가 절실하다고 생각한다.

1.2. 선진국의 화재 조사 제도

1.2.1. 미국의 화재조사 제도

미국은 연방제 국가로 연방과 주가 별개의 법이 있고, 연방법과 주법이 병존하는 이원성을 갖는 특징이 있다. 때문에, 행정조직이나 제도도 각 주마다 일률적이진 않으며, 화재조사 사무에 대한 조직과 운영 또한 통일된 기준이 존재하지 않는다. 따라서 각 주 정부의 실정에 맞게 운영되며, 대체적으로 방화를 포함한 화재와 폭발의 수사권한은 소방관서장에게 있다.

또한, 뉴욕을 비롯한 미국 내 여러 소방 당국은 화재조사업무에 대한 사법권(Fire Marshal) 제도로서 형사소추권을 갖고 있어, 화재에 대한 수사만큼은 소방에서 담당하는 비중이 대단히 크며, 소방과 화재조사 부분만큼은 일원화되어 있어 효율적이라 볼 수 있다.

1.2.2. 일본의 화재조사 제도

미국과 달리 화재조사 제도에서는 방·실화범에 대한 소방이 가진 수사권은 없다. 다만, 소방조직법에서 소방 및 경찰은 서로 협력해야 한다는 규정을 두어 양자에 의무를 부과하고 있다. 일본의 화재조사도 우리나라와 같이 소방, 경찰이 별도로 실시하고 있으나, 일본 소방법에 의거 화재건물에 대한 물적 조사는 소방에서, 방·실화 용의자에 대한 인적조사는 경찰이 담당한다. 이러한 소방과 경찰 간의 긴밀한 상호협력을 준수하여 유기적인 공조체계를 유지하고 있다. 이를 통해 전문성을 제고하고, 국가적인 인력과 예산 낭비를 최소화한다.

2 방화의 정의

2.1. 방화의 사전적 정의

국어사전	일부러 불을 지름
한자사전	放火(방화). 사람이 일부러 건물(建物)이나 구조물(構造物)이나 탈것 따위에 불을 지르는 것
영어사전	(불을 지름) arson

NFPA921 Guide for Fire and Explosion Investigations에서의 정의

- 3.3.11 The crime of maliciously and intentionally, or recklessly, starting a fire or causing an explosion.
  → 악의적이고 고의적으로 혹은 무모하게 불을 지르거나 폭발을 야기하는 범죄이다.

- 22.1 Introduction
  An incendiary fire is a fire that has been deliberately ignited under circumstances in which the person know the fire should not be ignited.
  → 방화는 발화하지 말아야 한다는 상황을 인식하고도 고의로 발생시킨 화재이다.

2.2. 방화의 형법상 정의

형법에서 방화의 행위를 아래와 같이 규정하고 있다.

불을 놓아 목적물을 소훼하는 것, 발화 내지 점화가 있어야 한다(통설·판례). 목적물을 소훼하기 위하여 불을 놓는 일체의 행위를 의미하고, 방화의 방법에는 제한이 없다. 직접 목적물에 방화하건 매개물을 이용하여 방화하건 불문한다. 부작위에 의한 방화[99]도 인정(작위와 부작위의 행위 정형의 동가치성[100]이 인정될 경우)된다. 이렇듯, "태우는 것"의 의미를 판례에서는 일관되게 불이 방화의 매개물을 떠나 독립해서 목적물에 불붙기 시작한 시점으로 하는 "독립연소설[101]"을 취하고 있다.

3 방화의 일반적인 특징

우리나라 방화범죄 추이를 통해 방화의 일반적인 특징을 살펴보면 다음과 같다.

① 단독범행이 많은 편이고, 은폐가 쉬워 검거가 어려운 범죄이다.
② 화재가 확산되기 전 조기 발견이 어렵고, 주로 인적이 드문 야간이나 심야 시간대에 많이 발생하는 경향이 강하다.
③ 착화가 용이한 인화성 물질을 촉진제로 많이 사용한다.
④ 화재의 확산을 정확히 예측하기 어려워, 피해 범위가 넓고, 인명을 대상으로 하는 경우가 많다.
⑤ 음주나 약물복용에 따른 비이성적 상태에서 자행하는 경우가 많고, 현장에서 발견된 용의자의 경우는 극도의 흥분과 자제력을 상실하여 폭력성을 보이기도 한다.
⑥ 일반적인 화재의 경우 겨울철에 발생 빈도가 높으나, 방화는 계절이나 주기에

---

99) 작위와 부작위. 작위(作爲)는 사람이 의식적으로 한 행동이나 적극적인 행위를 의미하고, 부작위(不作爲)는 마땅히 해야 할 것으로 기대되는 행위를 하지 않는 것이다. 해야 할 일을 일부러 하지 않는 소극행위(消極行爲)와 유사하다.
100) 동가치성 : 형법이 금지하고 있는 법익침해의 결과 발생을 방지할 법적인 작위의무가 있는 자가 그 의무를 이행함으로써 결과 발생을 쉽게 방지할 수 있었음에도 불구하고 그 결과의 발생을 용인하고 이를 방관한 채 그 의무를 이행하지 아니한 경우에, 그 부작위가 작위에 의한 법익 침해와 동등한 형법적 가치가 있는 것이어서 그 범죄의 실행행위로 평가될 만한 경우라면, 작위에 의한 실행행위와 동일하게 부작위 범으로 처벌할 수 있다. (출처 : 형법총론, 이재상, 박영사)
101) 독립연소설 : 불이 매개물을 떠나 독립하여 연소할 수 있게 되면, 방화죄는 기수에 이른다는 견해다. 방화죄가 공공위헌 범죄임을 강조하여, 추상적 공공위험의 야기만으로 기수가 된다.(출처 : 형법총론, 이재상, 박영사)

영향을 받지 않는 편이다.

⑦ 여성에 비해 남성의 방화비율이 상대적으로 높게 나타난다.

⑧ 주택 및 차량에서 발생하는 비율이 높은 편이나 실내외를 가리지 않고, 유동이 많지 않은 은폐가 용이한 장소에서 발생빈도가 높다.

⑨ 사회가 고도로 발전하면서 방화의 형태가 지능·다양화되고 있고, 그 빈도 또한 증가하고 추세에 있다.

위의 내용은 일반적인 특징을 서술한 것이고, 실제 방화범죄는 예상가능한 범위를 벗어난 행태를 띠는 경우도 많이 있다.

4 방화의 유형과 심리

4.1. 방화의 유형

4.1.1. 경제적 이익 목적

보험금을 노린 사기가 대표적인 사례로, 방화계획 자체가 방화하는 자신의 이익과 직결되기 때문에 지능적이고, 주도면밀하게 실행하는 특징이 있다. 또한, 발화장치 등을 사용하여 증거를 인멸하고, 알리바이를 조작한다거나 하는 실화를 위장한 공작을 통해 자신의 이익을 실현하려는 경향이 강하다. 이러한 이유로 범죄 사실을 입증하기 곤란한 경우가 대다수이다.

이 경우 방화 전 지인, 가족 등의 명의로 과다하게 보험을 가입했다거나 하는 등의 경제적 이득을 위한 보험금 및 금전적 보상과 관련하여, 재산을 파괴하는 행위 이후에 받게 되는 더 큰 반사이익을 확인하는 것이 필요하다.

◆ 사례
['16억 화재 보험금 노리고' 자기 가게에 방화[102]]
16억 원의 화재 보험금을 노리고 자기 자동차 정비소에 불을 지른 혐의로 업주 등 2명이 구속됐다. 12일 경찰에 따르면 00북도 00시 소재 자동차 정비소 주인 한 모(35) 씨의 지시로 동료 염 모(28) 씨가 정비소에 불을 질렀다. 불이

---

102) 출처 : 서울파이낸스 온라인속보팀

4층 건물 전체로 번졌을 수도 있었지만 다행히 정비소만 태우고 진화됐다. 소방서 추산 1천8백만 원의 재산 피해가 난 이 불의 원인은 밝혀지지 않았다. 소방 당국은 화재 원인을 두 가지 정도로 압축했지만 한쪽으로 단정 짓기 어려워서 미상처리를 했다.

하지만 자칫 미궁으로 빠질 뻔한 화재 원인은 화재가 발생하고 한 달 가까이 지난 시점에서 방화로 드러났다. CCTV에 찍힌 20대 남성이 불이 난 자동차 정비소 주인 한 씨의 동료 염 씨로, 염 씨가 경찰에 한 씨 지시로 불을 질렀다고 진술한 것. 정비소 주인 한 씨는 불이 나기 10달 전 최고 16억 2천만원을 받을 수 있는 화재 보험에 가입한 것으로 확인됐고, 보험금을 받기 위한 절차를 밟던 중 CCTV에 찍힌 염 씨의 신원이 밝혀지면서 범행 일체가 드러났다.

00북도 00시 00경찰서는 한 씨가 경제적 어려움을 해결하기 위해, 화재 보험금을 노리고 방화를 한 것으로 보고 조사를 진행 중이다. 경찰은 한 씨가 범행을 부인하고 있지만 보험금을 노린 방화 혐의 등으로 두 사람을 모두 구속했다.

◆ 사례

[화재 보험금 노린 아들, 아버지 명의 외제차 포함 3대에 불 질러 구속[103]]

식당 주차된 3대의 차량에 불지른 30대 구속, 변장한 채 오토바이타고 사전 답사.

화재 보험금을 노린 30대 남성이 아버지 명의로 산 외제차량을 포함해 차량 3대에 불을 지르고 달아났다가 결국 경찰에 붙잡혔다. 경기도 00경찰서는 19일 "일반자동차 방화 등 혐의로 A씨를 구속했다."고 밝혔다. A씨는 11일 오후 00시 00구의 한 식당 1층 주차장에 주차된 차량 3대에 불을 붙여 1천만원 상당의 피해를 낸 뒤 3년 전에 훔친 오토바이를 타고 달아난 혐의를 받고 있다.

피해 차량 중에는 A씨가 7개월 전에 아버지 명의로 구입한 B사의 고급 외제차도 포함됐다. A씨는 음식점 주차장에 주차된 차량에서 불이 나면 식당 측이 가입한 화재보험금을 받을 수 있을 것으로 생각하고 범행한 것으로 조사됐다. 해당 식당은 대형 정육식당으로 실제 화재보험에 가입된 상태였다. 경찰은 제3자가 차량에 불을 내 피해를 본 경우 보험사에서 화재 손실을 우선 보상하고 범인이 검거되면 구상권을 청구한다고 밝혔다.

A씨는 3년 전 서울 00구의 길거리에서 훔친 오토바이를 타고 변장한 채 범행 장소를 사전 답사하는 등 치밀하게 범행을 준비했다. 경찰은 범행 장소의 폐쇄회로(CCTV)를 분석해 A씨를 붙잡았다.

A씨는 경찰에서 "일자리가 없어서 돈을 벌 수 없었다."며 "화재보험금을 받으려고 아버지 명의 차량에 직접 불을 질렀다."고 진술했다.

4.1.2. 범죄은폐를 위한 목적

다른 범죄를 저지른 자가 그 증거를 인멸하거나 범죄 행위를 감추기 위해 범죄를 행한 장소에서 방화하는 유형으로, 살인의 흔적, 사기·횡령 관련한 문서를 비롯하여 차량, 사체, 혹은 증거물이 보관된 건물 등에 방화하는 경우 등 다양하다. 결국, 1차로 저지른 범죄를 은폐하기 위해 실행하는 극악의 방화유형이다.

4.1.3. 범죄 수단의 목적

범죄 은폐와 구분되는 개념으로 살인의 수단, 공갈·협박의 수단, 등의 목적으로 자행하는 방화 등이 있다.

---

103) 출처 : 조선일보 2015.10.19.

4.1.4. 선동·선전의 목적

추구하고자 하는 목적을 달성하기 위해, 압력을 행사하는 폭력적인 방법으로 사용되는 극단적인 수단으로 정치적 시위, 노사분규 등 사회적 관심을 끌거나 여론의 환기, 사회불안 조성 등을 통한 유리한 국면으로의 전환 등의 이유로 이루어진다. 단순히 군중의 시선을 유도·집중시키기 위한 선전·선동 정도의 가벼운 불의 사용은 범죄의 성립이 어렵지만, 큰 사건을 유발하는 계획적이고 규모가 크게 동시다발적으로 테러와 같은 형태로 일어나는 방화는 범죄 행위로 엄중 대처할 필요가 있다.

4.1.5. 원한·분노·보복의 목적

방화는 인간관계, 사회 문제, 개인적인 문제 등으로 나타날 수 있으나 결국, 인간관계에 기인한 부분이 많다. 연인, 부부, 친구, 가족, 이웃, 임대인과 임차인, 고용주와 피고용자 등의 관계에서 비롯된 갈등이 대표적 예이다. 이와 같이 원한과 분노의 감정에서 비롯되어 방화에 이른 경우는 분노 조절에 장애로 인해, 우발적 충동으로 유발되는 경우도 있고, 좌절과 실망감 등의 자포자기한 심경에 이르러 최후의 극단적 선택으로 사전에 계획 하에 자행하는 경우도 있다.

또한, 원한·보복이 동기가 된 방화는 실재 여하를 막론하고, 권리를 침해당했다고 자각했을 때, 그에 대한 보복으로 방화를 자행하는 것을 의미한다. 이러한 방화는 사전 계획적인 경우가 많고, 보복 행위에 대한 개인적 감정이 해소되면 단발성의 행위로 종료되는 경향이 강하다.

1) 보복 방화 목적의 분류

① 개인적 복수
방화를 통한 개인적 감정 해소를 목적으로 실행하며 이 경우, 방화 대상으로 집, 자동차 등 피해자의 개인소유물을 선호하는 경향이 많다.
② 집단에 대한 복수
사회·종교·노동단체 등과 같은 집단을 대상으로 실행하는 방화를 의미하며, 자신의 뜻을 집단에 관철시키기 위해 혹은, 집단과 갈등 때문에 야기된다. 그러므로 대상은 특정 개인보다는 집단 자체나 집단이 모이는 장소, 조형물을 포함한 상징물 등이 된다. 또한, 이러한 유형의 방화는 개인이 자행하기도 하지만, 뜻을 함께하는 소규모 그룹으로 이루어지기도 하며, 연쇄적으로 일어날 가능성이 있다.

③ 사회에 대한 복수

사회 부적응에 따른 고립감, 외로움, 실직으로 인한 생활고, 가난과 빈곤 등으로 인해 느끼는 사회 전체에 대한 불만이나 배신감에 기인하여 나타나는 방화의 유형으로 복수에 의한 방화 가운데는 가장 위험한 유형이다.

사회 전체에 대한 반항행위로, 불특정 다중이 이용하고 대중이 운집하는 곳이나, 국가의 중요한 시설 및 문화재를 범행대상으로 삼기도 한다. 이는 사회적 이슈를 만들어 자신의 반항행위를 통해 사회 전체의 불안과 혼란을 조장하기 위한 목적이 내포되어 있기 때문이라 볼 수 있다.

4.1.6. 정신질환자, 방화광[104](放火狂, 병적 방화 Pathological Fire - Setting (Pyromania))

불을 지르고 싶은 충동을 억제하지 못하여 반복적으로 불을 지르는 경우를 의미하며, 불이 타는 것을 보고 긴장이 완화되거나 희열을 느끼는 일종의 충동조절장애다. 이러한 심리적 변화 때문에 연쇄 방화로 이어질 가능성이 매우 높다. 이는 범죄를 은폐하기 위해 불을 지르거나, 망상이나 환각에 의한 방화와는 다른 개념이다. 이러한 병적 방화환자, 방화광은 사전에 치밀한 계획 하에 방화를 저지르는 경우도 있다.

이들은 방화 후에도 화재 현장에 남아 화염을 보거나, 소방관의 진화활동을 태연하게 지켜보며 심리적 만족감을 얻기도 한다. 따라서 화재현장에 운집한 사람들 중에 특이점을 보이는 거동 수상자가 있었는지 주변 CCTV 분석을 통해 면밀히 검토해볼 필요가 있다.

◆ **사례[105]**

17세 ○○○은 두 달 새에 26군데에 연쇄 방화한 혐의로 붙잡혔다. 조사결과 불을 놓고 나서 화재경보기를 누른 후 현장에서 기다리다가 소방대가 도착해서 불을 끄는 광경을 지켜보다가 소방관을 도와주기도 했고 화재진압 도중에 소방대장을 찾아가 커피를 권하며 화재진압에 대해 이런저런 이야기도 나누어 소방대장과 매우 친해져 있었다.

또한, 방화할 때마다 안에 사람이 없다는 것을 여러 번 확인하고 불을 놓았기 때문에 방화로 인해 사람이 죽거나 다친 적은 없었다. 그는 6살 때 부모가 별거해서 고아원에 남겨졌으며 13세 때 아버지와 함께 살기 위해 고아원을 떠났는데 그의 아버지는 폐차를 불에 태우고 분해하는 폐차장에서 일하며 기거하고 있었다.

이때부터 차를 불로 태우는 작업과정을 지켜보았는데 나중에 진술에 의하면 불을 지켜볼 때마다 대단한 흥분과 희열을 느꼈다고 한다. 다음 해에는 아버지와 함께 차에 불을 붙이는 작업을 직접 하게 되었고 그해에 부모는 정식으로 이혼하게 된다. 이혼과정에서 어머니는 주말마다 자신을 보길 원했으나 '여자'를 싫어했기 때문에 어머니와 있는 것이 무척 불편했다고 진술했다.

이때부터 방화 행각이 시작되었는데 처음에는 길가에 서 있는 차에 불을 붙이다가 차고 안에 주차된 차에 불을 지르고 점차 차고와 창고, 빈집으로 방화대상이 확대되어 갔다.

---

104) 출처 : 서울아산병원 질환백과 (병적 방화 늑 정신 및 행동 장애 Pathological Fire - Setting [Pyromania])
105) 출처 : 전문교육(화재조사관자격취득과정) 화재조사Ⅱ, 중앙소방학교, 2015.

그 외에도, 술과 약물을 복용한 자기통제를 상실한 상태에서 사소한 일에 흥분을 감추지 못하고 감정을 억제하지 못해 방화로 이어지는 경우도 있고, 자살을 위해 방화 등 그 유형은 최근 다양화[106]되고 있다는 점에 주목해야 한다.

4.2. 방화범의 심리

4.2.1. 범죄학적 측면

방화는 경제적, 신체적, 심리적, 사회적으로 미치는 파장이 크고, 그 위험도가 매우 높은 범죄이기 때문에 범죄학적인 측면에서의 연구는 오래전부터 계속되었다. 방화의 유발은 방화범 자체의 성격과 심리 또는 사회적인 영향 등의 면에서 복잡하고 다양하나.

한편, 방화 행위를 일종의 정신적 결함으로 간주하고 방화광의 존재에 대한 논란이 의학, 사회, 심리, 범죄 심리 분야에서 논의되고 있다. 따라서 방화 자체에 대한 죄의식이나 문제의식 없이 자행하는 범죄에 대해서는 정신과적인 결함에 무게를 두는 것이 타당해 보이며, 상당한 인과관계가 존재한다고 생각된다.

방화범들은 일반적으로 방화 행위 후 초래되는 엄청난 결과에 대해 무감각하고, 가치 판단이 결여되어 있으며 때론, 즉흥적이고, 순간적인 착상에 대해 자기 억제력이 현저히 낮다. 또한 방화동기도 이러한 심리적 경향으로 어린아이와 같은 순진성에 기인하는 경우가 많다.

또한, 원한, 분노, 치정 등의 복수심이 생길 때, 자연스럽게 범죄와 연결되기 쉽고, 성(性)과 관련된 이유로 유발되기도 한다. 연령대는 종전에는 미성년에 편중되는 경향이 있었다면, 최근에는 복잡한 갈등의 원인으로 방화연령층이 다양화되는 추세에 있다. 방화는 범죄를 저지르는 데 큰 어려움이 없고, 노출되지 않는 은밀한 장소에서 실행할 수 있으며 은폐도 용이하기 때문에, 쉽게 실행에 옮길 수 있어 범죄학적 측면에서 비중 있게 다루어야 할 것이다.

---

106) 방화의 유형과 동기, 방법 등은 위에 분류한 형태 외에도 다양한 분류체계가 존재한다. 자세한 내용은 https://www.kic.re.kr/ 한국형사정책연구원에서 발간한 아래의 자료를 참고하기 바란다.
  - 연쇄강력범죄 실태조사 : 연쇄방화, 박형민 외 2인, 2013
  - 방화범죄 실태에 관한 연구, 박형민, 2005
  - 방화범죄에 대한 연구, 최인섭 외 1인, 1992

4.2.2. 정신의학적 분석

방화 범죄는 다른 범죄와 달리 실행이 용이하고, 은폐가 쉬운데 반해 그 피해는 상대적으로 매우 커서 정신박약자같이 지능이 낮아 주도면밀함을 갖추지 못하더라도 범죄 행위가 발각되거나 제지받지 않는다는 특징이 있다. 이러한 방화 행위를 통해 자신의 분노를 표출하거나 원한을 해소하고 흥분과 희열감을 느낀다. 정신박약자는 전체 인구에 약 2%, 일반범죄는 10%, 방화범죄자 중에서는 30%의 비율을 차지하는 통계치가 정신과적인 문제와 더불어 실행이 용이하다는 점을 입증해준다.[107]

기존에 선행된 연구들을 종합하면, 대부분 방화범들의 심리는 프로이트가 제시한 성 심리학적 발달단계에 따라 분류할 수 있고, 그에 따라 방화범을 분류하고 그 특성에 따른 치료책과 예방책을 모색하는 것이 일반적이다. 본서에서는 자세히 다루지 않았지만 사실 이러한 연구는 미국, 영국, 캐나다, 호주 등에서 실제 발생한 방화 사건과 방화범들에 대한 조사 및 분석을 통해 이루어졌다. 이러한 이유로 국내는 이 모델을 그대로 적용하여 해석하기는 곤란한 상황이다. 따라서 필자는 앞으로 실제 국내에서 발생하는 과거부터 최근에 이르는 특화된 방화의 사례를 직접 분석하여 정신과적, 심리학적, 범죄심리학적인 연구를 지속할 계획이다.

5 방화와 실화

5.1. 화재 현장에서 방화와 실화의 차이점

화재 현장의 목격자의 진술과 일부 감식 소견으로 실·방화 유무를 간단하게 추측하는 것은 금물이다. 화재조사에서 이루어지는 수사는 결국 인권침해와 연관되고, 수사 인력의 소모를 의미하므로 방화 사건의 가능성을 항상 열어두고 수사하되, 단정 짓기 전 실화와 자연발화의 가능성을 폭넓게 분석하고 재검토하여, 모순점이 전혀 없을 때 최종적으로 결정하는 신중함이 필요하다.

---

107) 출처 : 화재원인과 조사 실무Ⅱ, 송재철, 경찰수사연수소

화재현장에서 나타나는 방화와 실화의 차이점은 다음과 같다.

① 실화는 대부분의 경우 발화부가 한 곳으로 특정되는 반면, 방화의 경우는 복수의 장소가 발화부로 형성되는 사례가 많다. 이는, 방화범은 촉진제를 사용하거나, 여러 장소에 불을 놓아 확실하게 화재를 일으키고자 하는 심리 상태 때문에 나타나는 특징이다.

② 실화는 발화부에서 원인을 입증할 수 있는 경우가 많지만, 방화의 경우에는 이러한 것들이 소실되어 원인 규명에 어려움이 있다. 이는, 촉진제를 사용하여 완전 연소되는 경우가 많아 나타나기도 하고, 증거인멸을 위해 발화원인을 제거하기 때문이기도 하다. 또한, 실화로 위장하거나 방화의 원인을 규명하는데 어려움을 주기 위한 노력의 일환으로 방화가 지능화·다양화되고 있다는 점에 주목해야 하겠다.

③ 실화가 발생하면 내부에 재실 중인 사람은 화염의 물리적·화학적 자극과 더불어 공포감에 본능적으로 회피하려는 일관된 행동 패턴을 보이기 마련이다. 그리고 보통의 경우 화상을 입은 사람들은 피난활동 중 상승기류를 만드는 열기층에 어깨나 얼굴 등 신체의 상반신 주변으로 화상을 입기 쉽다. 방화범의 경우는 촉진제의 사용으로 예기치 못한 폭발적인 화염이 급속도로 확산되어 그 과정에서 노출된 신체 부위에 화상을 입는 경우가 많다.

경우에 따라 상황은 달라질 수 있지만, 피난행동 중 발생한 화상으로 보이는 개연성이 부족하다는 판단 하에 족부에 부분적인 화상을 보인다면, 촉진제의 사용 혹은 이와 유사한 어떠한 원인으로 인해 화염이 비정상적으로 광범위하게 확산되었다는 것을 유추할 수 있다.

④ 실화의 경우 내부에 재실 중이던 피해자의 탈출 경로가 분명하고 화재의 확산 등 인과관계가 관계자에 의해 규명 가능하지만, 방화의 경우 탈출 경로, 화재현장의 소훼현상과 관계자의 진술 등이 불명확하거나 상황과 부합되지 않는다.

⑤ 실화에 대한 화재 조사의 목적은 과실에 대한 책임소재를 가리고 이를 통해 업무상의 과실유무를 밝혀 실화의 죄를 적용하기 위한 입증자료 수집에 있지만, 방화 방화에 대한 수단과 방법을 규명하고 방화범의 색출과 검거, 나아가 방화죄로 처벌하기 위한 법정에서 증거능력을 인정받을 수 있는 효력 있는 증거 수집에 있다. 또한, 방화에 대한 물적 증거는 방화범의 행위와 상황 등을 복합적으로 고려하여 상관관계가 입증되어야 한다.

5.2. 방화용의자의 특성

방화범은 현장에서 체포하지 않으면, 검거에 상당한 시간과 노력이 필요하다 따라서, 방화용의자의 일반적인 특성을 파악하는 것이 중요하다. 물론, 이러한 특성이 모든 방화범에 동일하게 적용되는 것은 아지만, 이러한 특이점이 포착되면 단서로 작용할 수도 있으므로 만에 하나라도 놓치는 일이 없도록 화재현장과 관련된 부분은 주의깊게 관찰할 필요가 분명히 있다.

대부분의 경우, 과학수사 현장감시반이 화재현장에 감식활동을 하는 시기는 화재가 완전히 진압된 이후, 안전이 확보된 상황에 임장[108]한다. 때문에 화재발생과 시기적 접근성이 다소 떨어지는 부분이 있다. 하지만 인명·재산 피해가 큰 대형화재의 경우는 시기를 막론하고 인력이 동원되기도 한다.

일반적으로 나타나는 방화용의자의 특성[109]은 다음과 같다.

① 방화 후 현장으로 다시 돌아와 화재현장을 지켜보는 등 주위 상황을 관찰한다. 때로는 현장의 목격자나 소방관계자에 노출되면 소화행위를 돕기도 하지만 의지는 없어 보이고, 적극적으로 행동하지 않고 방관하는 듯한 인상을 준다.

② 화재현장 내부에서 나오지 않았음에도, 몸이나 의복에서 휘발성 물질이나 연기 등의 냄새가 난다. 혹은 촉진제의 사용으로 인해 노출된 머리카락이나 눈썹이 그을리거나 손에 화상이 남아있다(이러한 체모의 열에 의한 변형은 매일 세안과 목욕을 하더라도 한 달가량 그 흔적이 유지된다고 한다. 범행현장에 촉진제가 묻은 의복 등이 남아 있다면, 여기에 남은 DNA 분석을 통해 범인을 가리는 증거로 사용할 수 있다).

③ 진술 시 수사관과 눈이 마주치는 것을 의식적으로 피하고, 입술이 한쪽으로 치우쳐 떨리는 등의 변화를 보이거나, 일반인과 다른 비정상적인 행동 패턴을 보인다.

④ 화재현장에서 떨어져 관망할 수 있는 곳에서 혼자 독특하게 행동하거나 사람과 마주치면 놀라거나 황급히 달아나는 등의 이상한 거동을 보인다.

⑤ 정신질환자처럼 평소 불에 대한 희열, 충격, 증오 등의 정상적이지 않은 사고와 가치관으로 생활하는 경우가 많다. 자살방화의 경우, 평소 "죽어버리겠다" 등의 극단적이고 자학적인 메시지를 주변에 많이 이야기하고 음주 후에 자행하기도 한다.

---

108) 임장(臨場) : 사건 따위가 벌어진 현장에 나옴
109) 화재조사총론, 최진만, 성안당

⑥ 재산 편취를 목적으로 하는 방화의 경우, 화재현장 및 주변 지인들에게는 놀라움과 당혹스러움, 경악감을 표출하고 안타까워하는 등의 감성적 행동을 하지만, 이와 다르게 경제적 이익이 걸려있는 보험 처리에는 이성적으로 법적인 절차를 밟으려는 철저한 이중적 태도를 보인다.

방화의 동기나 방법은 매우 다양하고, 사람의 특징은 한정하여 특정할 수 없는 특수성을 가지기 때문에, 위의 내용은 참고사항으로 확인할 부분이고, 실제 용의 가능성은 과학적이고 실질적인 검토가 우선적으로 진행된 다음 확정해야 한다. 그러므로 신중한 결정이 필요하며, 그 전에 방화와 실화의 구분이 명백히 구분되어야 한다.

6 방화 가능성의 판단요소

6.1. 다른 범죄의 흔적

범죄자가 자신이 1차적으로 저지른 범죄에 대해 증거인멸 혹은 수사에 혼선을 주기 위한 목적으로 방화할 경우, 일반적으로 나타나는 화재현장의 특성과 다른 특이점이 발견된다. 그 예는 다음과 같다.

1) 살인 후 방화 / 방화살인

화재 발생 이전에 사망한 경우의 사체는 화재사와 달리 비강이나 기도와 같은 호흡기에 그을음이 부착되어 있지 않고, 일산화탄소가 혈액 내에 잔존하지 않아 이에 따른 선홍색 시반[110] 같은 생활 반응을 나타내지 않는다. 또한, 살해과정에서 발생한 화재사 이전의 손상에 대한 흔적이 사체에 남는다.

그리고 화재현장에서 다량의 혈흔이 발견될 경우, 방화의 가능성을 의심해볼 수 있다. 화재사로 사망하는 경우는 연소 시 발생하는 연기와 유독가스의 흡입으로 인해 주로 일어나는데, 이때는 이미 호흡이 불가하고 심장 박동이 멈춰서 혈액 순환이 정지됨과 동시에 혈압이 유지되지 않는다. 때문에 화재사 후에는 사체가 손상되더라도 혈관

---

110) 일산화탄소는 산소보다 혈액 내의 헤모글로빈과의 수백 배 이상 잘 결합하므로, 화재사의 경우, 화재로 인해 호흡하면서 흡입한 혈액 내에 잔존하는 일산화탄소로 인해 선홍색의 시반이 나타난다.

은 이미 탄력성을 상실했기 때문에 국소적인 출혈은 나타날 수 있지만 다량의 출혈은 생리적으로 불가능[111]하다.

결국, 화재현장의 다량의 혈흔 자체가 화재 이전 사체의 손상으로 볼 수 있고 이를 통해 화재 이전 범죄의 발생 가능성이 높음을 확인할 수 있다, 이는 곧 방화의 가능성과 직결된다.

한편, 사체 주변에 보통의 화재사와 달리 촉진제의 흔적이 남아있다든지, 비상식적으로 가연물이 사체와 같이 잔해로 발견된다면 이는 연소 확산의 장치로 간주할 수 있고, 이러한 의도가 보이는 화재 현장이라면 방화와의 연관성은 매우 높다.

시반[112]

생전에는 적혈구가 혈류를 따라 순환하나 사후에는 혈액순환이 정지됨에 따라 적혈구도 정지한다. 따라서 사후에 일정한 자세를 계속적으로 취하고 있으면 미세한 적혈구도 중력에 의하여 혈관을 따라 점차 낮은 곳으로 흘러내려 시체 아래쪽의 모세혈관에 모인다. 이러한 현상을 혈액침하(Hypostasis)라 한다. 혈액침하는 시체의 외표(外表) 및 내장(內臟)에 모두 일어나며 외표에서 보이는 것을 시반(屍斑, Postmortem lividity 혹은 livor mortis)라고 한다. 정상적인 시반은 적혈구의 헤모글로빈의 영향으로 암적색을 띤다.

그러나, 추운 곳에서 사망하거나, 내질식을 일으키는 독물, 즉 일산화탄소 중독, 청산칼륨 (시안화칼륨 - KCN, 일명 청산가리) 중독으로 사망하면 사후 피부 시반이 선홍색으로 보인다. 또 아실산소다와 같은 메트헤모글로빈을 형성하는 독물에 중독되면 갈색의 피부 시반을, 유황 가스에 중독되어 황화 메트헤모글로빈을 형성하게 되면 녹색 시반을 보이기도 한다.

시반 형성 시간은 빠르면 30분 정도에 형성되고, 일반적으로는 2~3시간에 적색, 자색의 점상 모양이었다가 서로 융합된다. 4~5시간이 경과하면 암적색이 되고 12~14시간이 경과 하면 전신에 나타난다. 사망 후 10시간이 지나면 혈관벽이 혈액으로 염색되어 침윤성 시반을 형성하고, 침윤성 시반은 일단 형성되면 사체의 체위 변경에도 없어지지 않는다. 또 침윤성 시반이 형성되기 전에 특히 4~5시간 이내 체위를 변형시키면 시반이 완전히 사라지고 새로운 시반이 형성될 수 있다. 생활 반응에서 보이는 피하출혈과 구별하여야 한다.

---

111) 수도관의 펌프가 고장 나면 수압이 형성되지 않아 급수가 되지 않는 원리와 유사하게 생각할 수 있다. 이미 사망한 후에는 다량의 출혈은 발생하지 않는다.
112) 법의학, 윤중진, 고려의학

피하출혈(皮下出血)이란 사람의 피부에 둔탁한 물체가 타격을 가했을 때 피하의 모세혈관이 파열되어 피하조직 내에 출혈하여 응고한 상태를 말하는 것으로 속칭 피멍 또는 타박상이라 한다. 절개 후 확인했을 때, 응혈(凝血)의 형태를 보인다.

2) 사기·횡령·배임 등을 증명하는 서류를 훼손하여 증거를 인멸하기 위한 목적

이 경우, 발화원이 특정되지 않음에도, 관련된 자료 및 서류가 촉진제의 사용으로 집중적으로 탄화되는 경향이 있다. 따라서 화재의 논리적 타당성이 입증되지 않고 특정적으로 훼손된 경우는 관계자와의 연결고리를 수사할 필요가 있다.

3) 절도 후 현장에 남은 자신의 흔적을 지우기 위한 목적

절도 현장에서의 방화는 내부가 심하게 소훼되어 있다 하더라도, 서랍이나 금고 같은 보관실이 열려있다면, 관계자를 조사하여 귀중품의 존재와 도난 여부, 이동상황 등을 쉽게 유추할 수 있다. 이를 통해 절도가 특정되면, 방화의 가능성에 무게를 둘 수 있다. 또한, 절도 범행과정에서 범죄자가 기대한 만큼의 재물을 취득하지 못한 심리적 불만족으로 인한 격앙된 감정적 표출이 방화로 이어지는 경우도 있을 수 있으니 유의해야 하겠다. 결국, 방화는 그 과정에 있어서 증거를 파괴하는 방법의 하나로 이용되는 것이다.

6.2. 무단침입의 흔적

닫혀있던 출입문 및 창문이 열려있거나, 잠금장치가 외부로부터 풀려있는 등의 부자연스러운 침입의 흔적과 침입에 쓰였을 것으로 추정되는 도구가 발견되거나, 외부로부터 가해진 힘 또는 충격에 의해 유리창의 파손과 같은 인위적이고 고의적인 파괴의 흔적이 발견된다면 이는, 화재로 인해 생긴 자연스러운 현상과는 대비되므로 방화의 가능성을 검토해 보아야 한다.

---

113) 출처 : 법의학 우상덕 최신의학사

또한, 소방대원의 진압 과정에서 내부로 진입하기 위해 훼손하는 경우도 다반사다. 이로 인해 최초의 상태와 다른 변형과 파괴의 흔적을 보이므로 현장 감식은 소방 및 관계자의 진술을 충분히 듣고, 협력하여 진행하는 태도를 견지해야 하며, 이것이 실체적 진실에 접근하는데 더 효율적이다. 다만, 진술에 지나치게 의존하여 과학적 분석을 게을리하는 것은 당연히 견제해야 한다.

6.3. 촉진제의 사용

방화범은 일반적으로 쉽고 확실한 방법으로 방화의 목적 달성을 위해 촉진제를 사용한다. 때문에, 촉진제의 존재 자체는 방화로 의심할만한 충분한 정황증거가 된다.

액체가연물을 촉진제로 사용하여 형성된 화재패턴은 포어패턴, 스플래시패턴, 고스트마크, 틈새연소패턴, 도넛패턴, 트레일러패턴, 레인보우이펙트 등이 있다. 이러한 패턴은 유류의 액체적 성질과 휘발성, 연소성 등의 특성 때문에 발현되는 부분이므로, 이러한 패턴의 존재 유무를 주의 깊게 살펴보고, 의심되는 부분이 있다면 미량이라도 수거하여 검사해야한다.

다만, 인화성 물질이 화재 이전에 화재현장에 존재했을 수도 있고, 화재 시 발생되는 열에 의해 가연물이 열분해 되면서 유류 성분으로 검출될 수도 있는 점에 유의해야 한다. 때문에 인화성 물질의 존재만으로 방화라고 확정 짓는 것은 무리가 있고, 검사 결과가 화재 현장과의 개연성이 현저히 부정될 때 고려해야 한다.

또한, 정상 연소 시에 발현되는 연소패턴과는 달리, 촉진제를 사용한 부분만 주변의 연소상황 대비, 국부적으로 소훼정도가 크게 나타나는 특이점을 보이고, 발화원을 중심으로 V자 패턴으로 확산되는 보통의 연소와 달리 촉진제를 따라 연소되는 낮은 연소패턴을 보인다. 그리고 인화성 액체류 특유의 휘발성 냄새가 감지된다면 방화의 가능성은 농후해진다.

촉진제로 인화성 물질을 사용하면 방화 과정 중 직접적으로 노출될 수밖에 없고, 강한 휘발성 때문에 호흡기 내로 흡입하면 미량이 잔존하며, 혈중농도로 검출된다고 한다. 따라서, 현장에 용의자로 유력하다면, 채혈을 통해 증거를 확보하는 것도 하나의 방법이다. 그리고 촉진제는 강한 연소성 때문에 방화 시 예기치 못한 기대 이상의 화염을 만들어내기도 하는데, 이때, 노출된 손이나 모발, 의복 등에 연소흔적을 남기기도 하며 이 흔적은 정상적으로 생활하더라도 1개월가량 유지되기 때문에 이러한 열변형 흔적을 통해 범행 사실을 입증하는 직접증거로 활용할 수 있다.

촉진제 자체가 화재현장에 남기도 하지만 보통의 경우 물질의 특성 상 휘발성이 강해 장시간 잔존하지 않는다. 그리고 일반적으로 유류는 탄화수소로 이루어져, 연소 후 탄소 입자인 그을음을 대량 생성하는 특징을 보이긴 하더라도, 화재현장이 완전히 소실될 정도로 화재가 진행되면 그 흔적을 찾기는 불가능에 가깝다.

그러나 사건 발생 직후, 현장에서 이러한 증거를 찾지 못했다 하더라도, 선입견을 갖고 예단하는 것은 금물이다. 이 경우에도 현장 주변을 면밀히 살피고, 발견되는 플라스틱이나 금속과 같은 유류 용기를 확인하고 이와 현장과의 연관성을 검토해야 한다. 덧붙여, 유증(油證)을 찾아내기 위해 인화성 액체 탐지기를 이용할 수도 있고, 영국 등과 같이 화재조사 선진국에서는 이러한 유류의 취향 검출에 잘 훈련된 화재조사견을 이용하기도 한다. 이렇듯 동물의 뛰어난 능력을 활용하는 기법은 국내 도입을 고려할만한 긍정적인 부분으로 생각된다.

한편, 화재 발생 현장의 구조와 가연물의 양과 배치 등을 고려한 주변 제반 상황 대비 화재의 피해가 지나치게 과도하고 확산속도가 빠르다면 이 역시 촉진제의 사용을 의심해야 한다.

6.3.1. 유류화재 분석기구 및 분석법

- 가스크로마토그래피(GC) 분석
- 휴대용 유류 검지관 분석
- 화재조사견(방화조사견)과 같이 고도로 발달된 동물의 감각을 이용

1) 가스크로마토그래피(GC : Gas chromatography)

측정하고자 하는 시료를 일정한 압력의 운반기체(질소 등)와 함께 주입하면 주입부에서 기화되어 분리관(Column)을 거치면서 고정상과 친화성의 차이에 따라 성분별로 분리가 일어나 검출기에서 전기적 신호로 전환된다. 이 전기적 신호를 PC에서 그래프로 받아 중유, 경유, 휘발유와 같은 유류를 분류할 수 있다.

자세한 가스크로마토그래피 분석법은 다음과 같다.
① 원리
GC는 시료가 컬럼(column, 분리관) 내에 체류하는 시간차를 이용하여 분리하여 분석하는 방법이다. 수집된 시료를 낮은 온도에서부터 점차적으로 온도를 올리면서 기간에 따라서 검출되는 탄화수소의 함량을 그래프로 나타낸다. 저비점 함량이 많은 액체가연물은 초기(낮은 온도)에 검출되는 함량이 많고, 고비점 함량이 많은 액체 가연물은 후반부(높은 온도)에 검출되는 함량이 많다. 이렇게 온도에 따라 검출되는 양의 분포를 통계적으로 처리함으로써 그 종류를 식별할 수 있다.
② 용도
인화성 물질(석유류)에 의해 탄화된 것으로 추정되는 증거물을 수집하여 디클로로메탄이 들어 있는 비커에 넣어 여과과정을 통해 액체를 추출한 후 가열한 시료를 분석하는 장비
③ 특징
시료는 반드시 기화되는 물질이어야 분석이 가능하다. 컬럼 속에 고정상(충진제 - Ne, Ar, He(불활성기체))과 친화성의 차이에 따라 성분별로 분리가 일어난다는 점을 이용하며, 적당한 방법으로 전처리한 시료를 운반가스에 의하여 분리관 내에 전개시켜 분리되는 각 성분의 크로마토그램을 이용하여 목적성분을 분석하는 방법이다. 유기화합물에 대한 정선 및 정량분석에 이용하기에 적합하다.

운반기체의 고압실린더, 시료주입장치, 분리칼럼, 검출기, 전위계와 기록기, 항온장치로 구성된다.

2) 휴대용 유류 검지관 분석

유증 자료 확보에 용이한 장치일 뿐만 아니라 간단하고 신속하게 측정하는 방법이다. 가솔린은 가스 입구로부터 황색, 갈색 및 옅은 갈색으로 변색하며, 등유는 가스 입구로부터 옅은 갈색, 갈색으로 변색한다. 이를 이용하여 유류의 존재 여부를 현장에서 쉽고 빠르게 감식할 수 있다.

6.4. 연쇄적인 화재의 발생

화재의 발생이 지리적·시간적 특이점, 현장에서 보이는 공통적인 특징, 불분명한 발화원인, 등이 연속성을 띠는 등의 연관성이 보일 경우, 방화의 가능성을 의심할 수 있다.

6.4.1. 연쇄 방화의 개념

연쇄 방화(Serial arson)를 "NFPA921 Guide for Fire and Explosion Investigations"에서는 다음과 같이 서술하고 있다.

반복적인 방화 행동에는 세 가지 구분이 존재하고 이들은 연쇄 방화(Serial arson), 난사방화(Spree arson), 대량방화(Mass arson)으로 존재한다. 또한, 연쇄 방화는 냉각기간(Cooling off period)이 있는 3건이나 그 이상의 화재를 저지른 가해자와 연관이 있다.

난사방화 3건이나 그 이상의 화재가 화재 간 감정적인 냉각기간이 없고, 그 발생장소가 떨어져 있는 것과 연관이 있다. 대량방화는 3건이나 그 이상의 화재가 제한된 시간 동안 같은 부지나 위치에서 발생한 것과 연관이 있다.

[표 6 - 6] 방화의 분류

형태	Spree	Mass	Serial
방화횟수	3회 이상	3회 이상	3회 이상
범행 수	일회성	일회성	3회 이상
범행 장소	3곳 이상	동일 혹은 시간과 거리 밀접	3회 이상
냉각기	없음	없음	있음

◆ 사례
["00산 불다람쥐, 무려 17년간 96차례 방화" 희대의 방화범[114]]

> 1994년부터 2011년까지 무려 17년 동안 울산광역시 0구 00동의 00산 일대에서 96건의 연쇄방화를 일으킨 연쇄방화범, 통칭 "00산 불다람쥐"가 일으킨 방화 사건

1994년부터 울산광역시 0구 00동 00산 일대 반경 3km 이내에서 해마다 대형 산불이 일어나기 시작했다. 산불이 얼마

---

114) 출처 : 96차례 방화 '00산 불다람쥐' 덜미 KBS뉴스 (2011.03.29.)

나 자주 났던지 성한 나무보다 불탄 나무가 더 많을 지경이었다. 처음에 경찰은 산불이 의도적인 방화가 아니라 등산객들이 버리고 간 담배꽁초 등에서 시작되었다고 생각했지만 해를 거듭할수록 화재의 횟수가 잦아지자 의도적인 방화라고 판단, 1995년에 OO산 방화범에 대하여 500만 원의 현상금을 걸었다.

사건이 점점 커지기 시작하자 산에 감시원을 붙이고 수사 전담팀까지 꾸려 방화범의 검거를 위해 노력했지만 방화범은 신출귀몰하게 모든 감시망을 피해다니며 산에 산불을 내고 유유히 도망쳤다.

어느새 사람들은 그 방화범에게 OO산 불다람쥐라는 별명을 붙였다. 얼마나 유명했던지 울산 동부 근처의 사람중에 OO산 불다람쥐를 모르는 사람이 없을 정도였다. 그리고 2009년 11월, 울산시 경찰이 내건 현상금은 3천만 원에서 3억 원으로 10배나 뛰어올랐다.

그러한 노력에 대한 결실로 2011년 3월, 화재지점 인근의 아파트 CCTV 화면에 결정적인 증거영상이 찍혔다. 방화가 일어났던 시점에 산에서 내려오는 한 명의 사람이 포착된 것이었다. 경찰은 산불 지점 인근 아파트 단지 10곳의 CCTV 화면을 이 잡듯이 뒤져 결국 용의자 얼굴과 신원을 파악했고 2011년 3월, 피의자 50대 김 모 씨를 체포했다. 악명 높았던 불다람쥐의 실체는 놀랍게도 멀쩡한 대기업 중간 관리자인 가장이었는데, 이유도 어처구니가 없었다. 경찰에 붙잡힌 피의자는 스트레스를 해소하고 개인적 괴로움을 잊기 위해서 방화를 저질렀다고 진술했다.

방화를 96차례나 거듭하다 보니 OO산 불다람쥐의 방화 수법은 날이 갈수록 교묘해졌다. 화장지를 꼬아 만든 도구로 불씨를 일으키는가 하면, 너트에 성냥과 휴지를 묶어 불을 붙인 뒤 던져서 방화하는 수법까지 고안했다. 게다가 방화범 감시 상황을 알기 위해 자신의 신분을 속이고 산불감시원들과 친분을 쌓은 것으로 드러났다.

지난 1994년부터 17년 동안 김 모 씨가 불태운 임야는 모두 81.9ha, 축구장 114개 면적으로 피해액은 현상금의 6배인 18억 원에 달한다. 검찰은 15년 형을 구형했고, 재판 끝에 10년형이 내려졌다. 이후, 항소했지만 기각되어 실형을 살게 되었다. 또한, OO시는 불다람쥐에게 5억 원의 손해배상청구를 했고, 최종적으로 4억2천만 원을 배상하라는 판결이 내려졌다.

2013년 대검찰청 범죄분석 통계자료에 따르면 범죄자의 전과는 초범 28.4%, 재범 71.6%로 나타났다. 그리고 재범자 중 동종 전과자는 9.2%이고 이종 전과자는 90.8%이다.

또한, 동종 전과자의 경우에는 1년 이내에 재범하는 경우가 47.1%에 달하며 구체적인 재범 기간은 아래와 같다.

(단위 : 명)

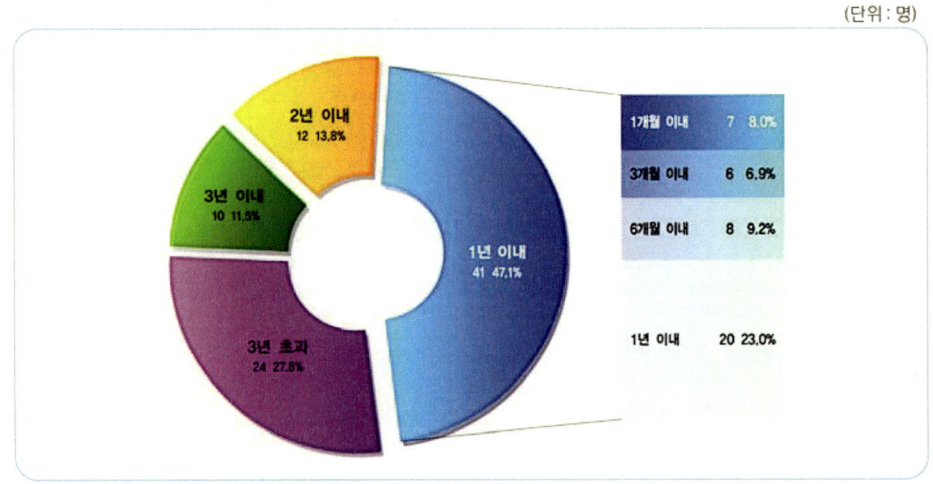

방화 범죄자의 재범률이 약 70%에 달한다는 점을 감안한다면, 방화 범죄는 그 자체로 대단히 위험한 범죄임과 동시에, 연쇄적으로 발생할 수 있다는 점을 인지하고, 항상 감식과 수사에 있어 최선의 노력을 다해야 할 것이다.

6.5. 이상연소현상의 정황

6.5.1. 복수의 발화부·연소확산장치의 발견

특별한 경우를 제외하면 발화원인은 한 곳으로 한정되는 것이 일반적이다. 복수의 발화부가 동시에 존재하는 것 자체가 대단한 모순이고, 특수한 경우를 제외하면 정말 드문 경우다. 이는 곧 방화의 가능성을 시사한다.

방화범은 대체로 자신의 목적을 달성하기 위해 빠르고 확실한 연소를 의도하기 마련이다. 따라서 독립된 공간에 산발적으로 발화부가 존재한다면 이는, 방화 의도의 산물로 볼 수 있다. 고의성을 배제한다면, 일상에서 이런 형태의 연소가 발생할 확률은 극히 낮아 없다고 봐도 무방할 정도이다. 이러한 연소 확산 장치의 사용으로 인해 남게 되는 흔적의 대표적 예로 트레일러 패턴이 있다.

화재는 빨리 진압될수록 다수의 발화지점을 확인하기 용이하다. 만약, 화재가 플래쉬오버 단계 이후로 접어들어 최성기를 거치면 한 구획실에서 다른 구획실로 전이 및 확장되고 이로 인해 발화지점은 불분명해진다. 완전히 소훼되어 소실도가 크면 클수록 감식활동은 대단히 제한적이며 큰 어려움이 따른다. 완전히 전소되면 발화부 및 원인의 확인이 불가능하게 될 수 있다.

◆ 사례
[버스 차고지 화재 30여 대 전소⋯. 출근길 불편[115]]
오늘 새벽 서울 외발산동의 시내버스 차고지에서 불이 나 버스 30여 대가 불에 탔습니다. 이 불로 버스 운행이 차질을 빚으면서 출근길 시민들이 불편을 겪었습니다. 시내버스 차고지가 치솟는 불길로 온통 아수라장이 됐습니다. 불에 탄 버스들이 앙상한 뼈대를 드러낸 채 서 있고, 미처 불길이 잡히지 않은 버스에서는 환풍구를 타고 쉴 새 없이 매캐한 연기가 뿜어져 나옵니다.

불이 난 시각은 오늘 새벽 세 시쯤.
운행을 마치고 주차돼 있던 한 버스에서 펑 소리와 함께 불길이 치솟았고 곧 주변 버스들에 옮겨 붙었습니다. 두 시간

---

115) 출처 : KBS 뉴스 동영상 (2013.01.15.)

가까이 계속된 불로 주차된 버스 85대 가운데 서른 대가 전소됐고, 8대는 부분 소실됐습니다. 근처에 있던 3층짜리 버스회사 건물로도 불길이 번져 건물안 3백여 ㎡가 탔습니다.

소방 당국은 오늘 불로 모두 15억 원의 재산 피해가 난 것으로 추산하고 있습니다. 또 불에 탄 버스 38대가 운행에서 제외돼 해당 노선버스를 이용하는 시민들이 불편을 겪고 있습니다. 서울 낙성대 방향 650번과 여의도 방향 6628번, 영등포 시장 방향 6630번, 여의나루 방향 662번 등입니다. 버스회사 측이 대체 버스를 투입할 계획이 현재로선 없다고 밝힌 만큼 당분간 운행 차질이 이어질 것으로 보입니다.

[그림 6 - 2] 버스 차고지 화재 30여대 전소 사례 분석

◆ 사례의 분석

위의 사례의 경우, 인적이 드문 새벽 시간에 벌어졌기 때문에 천만다행으로 인명피해는 발생하지 않았다. 하지만, 차고지의 특성상 차량을 줄지어 다닥다닥 주차해 놓기 때문에 삽시간에 30여 대의 버스를 전소시켜 버렸고, 이로 인해 막대한 재산 피해를 야기했다.

수사과정을 살펴보면 다음과 같다.

사고가 난 직후, 경찰과 소방의 초기 감식결과는 방화였다. 왜냐하면 독립된 복수의 발화부가 존재한다는 것이 첫 번째 이유였다(적색 원형 표시 참고). 사고 현장의 발화부는 2곳에서 순서대로 시작되었다. 일반적인 화재의 경우 이러한 우연은 있을 수 없다는 것이다. 또한, 최초 발화부로 예상되는 버스 내부에서 타일류를 접착할 때 쓰이는 인화성 물질과 휘발유 성분이 검출되었다. 이후, 방화에 대한 확신을 가지고 수사를 진행했고, 결국, 방화범이 누구인지에 초점이 맞춰졌다.

방화범이 누구인가 하는 경우의 수는 2가지로 압축되었다. "회사 관련자 혹은 아닌 자"였다. 관계가 없는 사람이라면 인근 우범자부터 색출해야 하지만, 경찰의 수사방향은 내부자를 향했다. 이유인즉슨 내부사정을 잘 알지 못하는 사람의 경우 이러한 방화를 저지르기 쉽지 않을 것이고, 주변의 CCTV와 버스의 블랙박스를 잘 피해 다녔고, 감시지역을 지난다 하더라도 모자를 눌러 쓰고 뛰어다녀 은폐를 잘했기 때문이다. 이는 우발적인 범행이 아닌 면식범의 계획적인 방화라는 사실을 보여주었다.

이러한 정황이 포착되고 있는 와중에, 버스 기사들에게 결정적인 증언들이 나왔다. 식별이 다소 어려운 블랙박스 영상을 본 직원들이 얼마 전 해고된 황 모 씨와 걸음걸이라든지 키가 유사한 것으로 보이고, 그가 본인이 낸 사고의 책임으로 해고되면서 회사에 대한 앙심이 무척 컸다는 일관된 진술이 나왔다. 때문에, 용의자의 알리바이만 확인한다면 수사는 급진전될 것처럼 보였다.

하지만, 황 씨는 범행을 완강히 부인했고, 결정적 한방이 없는 경찰을 유린하는 듯한 태도를 보인다. 수사가 자칫 미궁에 빠질 수 있었던 찰나, 과학수사가 빛을 발한다. 우선, 범행시각 용의자와 관련된 CCTV를 모조리 분석한 결과, 사건이 발생한 시각, 차를 타고 나가는 장면이 포착되었고, 이는 범인의 알리바이가 깨지는 것을 의미한다. 이후, 황씨가 집에 없었다는 것이 증명되자 압수수색영장을 발부받아 수색하여 그간의 기록을 모두 지우려는 '포맷'의 시도 흔적과 '숭례문 방화처벌'이란 키워드를 검색한 이력이 확인하였나.

이때부터 경찰의 수사는 급물살을 타게 되는데, 용의자는 경찰이 완벽에 가까운 증거를 제시하고, 추궁할 때마다 거짓말이라든지, 진술이 번복되거나 거부하는 등 궁지에 몰리게 된다. 이러한 순간 결정적인 증거가 나왔는데, 황씨의 손등과 눈썹, 그리고 머리의 일부가 열에 의해 변형된 흔적이 발견된 것이다. 이는, 방화범이 촉진제를 사용하여 불을 일으킬 때, 인화성 물질의 특성상 강한 휘발성 때문에 예기치 못한 화염에 신체의 손상을 입었다는 것을 의미한다.

결국, 확신에 찬 경찰이 계속해서 용의자를 압박하자, 사건 발생 13일 만에 황 씨는 백기를 들고 범행을 시인하게 되면서 이 사건은 막을 내리게 된다.

회사의 해고에 앙심을 품게 되고, 이러한 개인적인 분노를 방화라는 범죄를 통해 사회에 표출하는 것은 대단히 그릇된 행동이고, 처벌받아야 마땅한 악행이므로 면죄부를 주어서는 절대 안 된다고 생각한다. 하지만 죄는 미워하되, 사람은 미워하지 말고 했던가. 그의 죄는 막대한 재산 피해는 물론이고, 시민들에게 큰 불편과 불안을 초래하였기 때문에 엄벌로 다스려야 마땅하다. 그러나 그러한 개인의 분노를 소통하거나 해소할 수 있는 사회적 장치가 결여되었고 이러한 개인의 문제가 사회적 문제로 표출되는 과정에 있어 결국, 그것을 미연에 방지할 수 있는 우리의 관심과 여유가 부족했던 것은 아닌지 생각해본다.

6.5.2. 인위적인 흔적 및 논리적 타당성에 어긋나는 배치[116)

발화부와 원인이 촉진제의 사용으로 입증되면, 방화가 유력하지만, 이러한 흔적 외에도, 자신의 행위를 극대화하고, 은폐하며, 수사에 혼선을 주기 위해 고의적으로 조작하는 과정에서 인위적인 흔적이 남을 수 있다.

예를 들면, 화재로 인해 현장이 어지럽혀진 것이 아니라, 화재 이전에 어지럽혀지고, 이러한 환경이 가연물로 작용하여 연소가 시작되었다면, 이것은 대단히 비상식적인 흔적으로, 일반적이지 않은 상황과 행동 패턴은 방화를 의심케 하는 대목이다.

이러한 행동의 연장선상으로 과격한 행동의 흔적, 다시 말해, 집기류나 가전제품 등의 파손이 화재 이전에 발생한 것으로 확인된다면, 이는 분노와 흥분에 의한 심리적 변화의 표출로 방화로 이어졌을 가능성을 염두에 두어야 한다.

한편, 범죄 행위의 증거로 남을 수 있는 CCTV와 같은 방범 장치를 고의로 훼손하거나 시야를 가리는 등의 흔적이 남아있다면, 이는 방화 행위를 은폐하기 위한 수단으로 볼 수 있다.

그 외에 창문 방범 장치, 혹은 주거 내에 설치된 기타 경보기 등을 사전에 차단·조작한 흔적이 명백히 남아있다면, 이는 화재현장에서 매우 부자연스러운 경우로, 실화보다는 방화에 무게중심을 두는 것이 합리적인 판단이다.

이러한 경우는, 내부구조나 지리감에 익숙한 면식범이거나, 어느 정도의 시간을 관찰하여 계획적으로 방화한 경우로 해석할 수 있다. 분노나 여타 원인으로 인해 우발적으로 벌어지거나, 지리적인 인지가 부재한 상태에서는 이러한 흔적이 발견되지 않는다.

또한, 방화 행위의 목적 극대화를 위해 소화설비의 인위적 파손 혹은 작동 조작을 통해 방화가 초기에 진압되지 않도록 미리 조치를 취하거나, 피난 경로를 예상하여 출입문이나 창문 등에 빗장을 걸어 피난을 방해 혹은 차단하여, 고의적으로 사상자의 발생을 유도하는 경우도 있다. 이와 유사하게 소방의 진입로를 사전에 봉쇄하거나 방해하여 화재진압이 어렵도록 한 정황이 포착된다면, 이것은 방화의 효과를 위한 대단히 부자연스러운 행위이다.

---

116) 부자연스러운 인위적인 흔적의 발견

6.6. 발화장치의 발견 등의 이상점

방화가 발생한 때에 화재현장에 없었다는 사실을 통해 알리바이를 증명하면 수사선 상에서 제외될 수 있고, 범죄현장에서 발생하는 폭발이나 화재 등의 위해로부터 피신 후 방화하기 위한 수단으로 위해 발화장치를 사용하여, 시간을 지연하기도 한다.

최근에는 직접 착화보다는 도화선(헝겊이나 종이에 유류를 묻혀 이용)을 이용하여 외부에서 내부로 착화(트레일러)시키는 장치를 이용하기도 하고, 화염병과 같은 착화물을 외부에서 던져 방화하기도 한다.

보통의 경우, 구하기 쉽고 가격이 저렴한 담배, 성냥, 양초, 가스레인지, 히터 등을 점화원으로 불에 잘 타는 종이, 신문지, 박스, 섬유 등을 가연물로 유류와 같은 인화성 물질들을 연소 촉진제로 사용한다. 이러한 요소들은 조합하여, 다양한 형태로 제조 및 사용한다. 이러한 발화장치들은 결국 방화를 입증하는 명백한 증거가 되므로, 그 흔적을 찾고, 이해하는 것은 대단히 중요하다.

◆ 알리바이[117]

어떤 범죄가 행해진 경우에 그 범행일시에 그 현장에 있지 않았다는 사실을 주장하여 자기의 무죄를 입증하는 방법을 말한다. 현장부재증명 또는 단순히 부재증명(不在證明)이라고도 한다. 범행일시에 현장에 없었음이 입증된 경우에는 그 범죄를 행할 가능성은 경험칙상 생각할 수 없는 것이므로 그 용의자를 범인으로 단정할 수 없다는 것이다. 범행현장에 없었다는 사실은 범행현장 이외의 장소에 있었던 사실을 입증하면 된다. 예컨대 회사에 있었다든가, 집에 있었다든가, 주점에 있었던 사실 등을 입증하면 되는 것이다. 알리바이는 우리 법에서 특별한 효과는 인정되지 아니한다.

그러나 인간은 동시에 둘 이상의 장소에 있을 수는 없으므로 알리바이의 입증은 자유심증 주의(自由心證主義)하에 있어서 유력한 방어방법이 될 수 있다. 공소장에 있어서 특히 공소사실의 기재는 범죄의 일시·장소·방법을 명시하여 사실을 특정할 것이 요구되고 있는데(형사소송법 제254조4항), 이것은 단지 법원의 심판대상을 명확히 함에 그치는 것이 아니라 피고인의 방어편의를 위한 제도이기도 하다. 특히 범죄의 일시·장소의 명시는 피고인의 알리바이 제시에 중요한 의미를 가지는 것이다.

---

117) 출처 : 법률용어사전, 현암사

6.6.1 발화장치

1) 담뱃불을 이용한 발화장치

담뱃불은 일상생활에서 너무나도 쉽게 볼 수 있다. 담배는 10여분 간 훈소하는 특징을 지닌 가연물이다. 간혹, 담뱃불을 완전히 제거하지 않고 꽁초를 쓰레기통에 투기하여 화재로 연결되는 경우도 종종 있다.

그러나 독립적으로 존재하는 담뱃불은 점화원은 될 수 있으나 연소 확산의 가연물로는 작용하지 않는다는 점에 주목할 필요가 있다. 담배의 연소 시, 주변 가연물을 탄화시키기는 하나, 화염을 동반한 화재로 진행되는 것은 특수한 경우를 제외하고 실제 그리 흔한 경우는 아니다. 예를 들어 실내에 담뱃불을 놓더라도, 주위에 연소성이 좋은 가연물이 존재하지 않는 한, 국부적으로 담배가 연소한 부위만 탄화시킬 뿐, 구획실 전체로 화재가 발생하진 않는다.

따라서 방화범은 담배에 착화가 용이한 성냥과 가연물을 배치하는 발화장치로 화재를 유도한다. 이러한 담배와 성냥을 이용한 이러한 발화장치는 연소가 중간에 정지되어 필터가 남지 않는 한, 화재가 진행·확산되면 완전 연소하여 그 흔적을 찾기가 불가능에 가깝다.

2) 모기향을 이용한 발화장치

모기향은 무풍의 환경인 실내에 존재한다면, 보통 7~10시간 정도 훈소한다. 이를 이용하여, 중심부에 성냥을 고정시켜 발화장치를 만들고 섬유류와 같은 가연물을 주변에 배치시켜 화재를 발생시키면, 완전히 소실되어 재로만 남는다. 때문에 진화과정이 즉시 이루어지지 않는다면, 현장증거로 남지 않는다.

3) 양초를 이용한 발화장치

양초의 주성분인 파라핀은 상온에서 고체 상태로 존재하고, 열에 노출되면 기화되어 분해되면서 발생하는 증기가 연료로 연소된다. 때문에, 양초는 파라핀의 함량과 직결된 길이와 두께에 따라서 연소시간이 결정되고, 시간에 따라 파라핀이 소모되면서 양초의 수직 길이가 짧아지게 되는데, 이를 이용해서 발화시간을 조절할 수 있어 지연 착화에 쓰인다.

또한, 고체 형태로 취급이 용이하고, 심지에 불만 붙이면 되므로 조작도 간편하고, 가격도 저렴하여 방화에 사용빈도가 높은 장치 중 하나이며, 양초는 열에 쉽게 분해 및 기화되기 때문에, 방화가 성공하여 화재가 진행되었다면, 소실될 가능성이 매우 높기 때문에 발견이 쉽지 않다.

[그림 6 - 3] 모기향을 이용한 발화 실험 (모기향을 피우고, 의류용 천을 넣은 경우, 약 1시간 30분 정도 경과 후 화염을 동반하여 연소하였고, 이때의 온도를 적외선감지기로 측정한 결과 약 320℃ 정도로 나타났다. 출처 : 모기향이 '화염방사기'~ 순식간에 불길 소비자신문강원지역 11개 소방서 화재조사관 입회 하 실험. 2009.10.22.)

한편, 최근에는 실내의 방향과 심리적 안정감 등의 효과를 위해 아로마 향초를 이용하는 경우가 많다. 그러나 부주의한 사용은 화재를 유발하기도 하므로 항상 주의를 요로 한다. 실제, 양초가 넘어지거나, 양초를 고정하기 위해 사용하는 용기 혹은 받침대가 깨져, 주변의 옷이나 이불에 붙어 간혹 화재로 연결되는 경우도 있다.

[표 6 - 7] 양초의 종류별 연소시간과 시간에 따른 변화

결과 분류	최초 무게	소화 후 무게	평균 연소량/h	총 연소 시간
대형	367.60g	21.33g	5.25g	65시간 51분
중형	108.04g	10.10g	6.80g	14시간 27분
소형	32.57g	0.46ㅎ	5.35g	5시간 57분

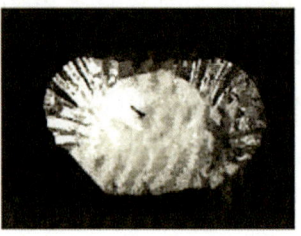

[그림 6 - 4] 착화 직후   [그림 6 - 5] 정상 연소   [그림 6 - 6] 조호 직전

[표 6 - 8] 연소에 영향을 미치는 조건

양초 주변 조건	양초 주변의 온도, 습도, 풍향, 축열 조건 등
양초가 놓인 조건	지면에 수직, 기울어진 상태, 넘어진 상태 조건 등
최초 양초의 양	새 양초, 사용하던 양초, 절단된 양초를 사용할 경우 조건 등
양초의 소화 조건	넘어진 상태의 소화, 주변 조건에 이른 소화, 진화 과정 소화 조건 등
향초의 연소 특성	제조사별 양초 연소의 특성의 차이 등

*출처 : 화재 사례를 통한 양초연소시간 측정 실험, 문용수, 경기지방경찰청([표 6 - 7, 8], [그림 6 - 4~6]

4) 전열기를 이용한 발화장치

일반적으로 전열기는 많은 전기에너지를 소모하여 열에너지로 변환하여 고온의 열을 지속적으로 발산하는 기기이다. 이를 가연물에 지속적으로 노출시키면 발화 및 화재로 직결될 수 있다. 전기 히터는 기기 자체가 중심을 잃거나 과열되면 자동으로 열이 차단되는 안전장치가 내장되어 있지만, 외부로 전달된 열을 감지하여 스스로 차단하는 기능은 현실적으로 적용하기도 어려운 부분이 있으며 실제로도 없다. 따라서, 전열기에서 발생하는 복사열로 인한 발화의 가능성은 대단히 높다.

실생활에서 이로 인한 화재의 발생은 충분히 가능하지만, 결함이 있는지의 여부와 특히 기기의 안전장치를 고의로 훼손했는지 여부, 위치나 여러 정황을 볼 때 고의적이고 부자연스러운 부분이 있다면, 발화장치로의 이용 가능성을 염두에 두어야 한다.

[그림 6 - 7] 선풍기형 히터에서 발생하는 복사열을 받고 있는 가연물의 예

[그림 6 - 8] 선풍기형 히터 자체에서 결함으로 인해 화재가 발생한 예

*출처 : 전문가 칼럼 전기기기에 의한 화재분석, 난방기기의 화재 원인과 예방대책, 이의평 삼성방재연구소 수석위원

5) 사제폭탄

사제폭탄은 정해진 규격이나 절차와 무관하게 제작되어 설치한 폭발물을 일컫는다. 국내에서는 그 존재감이 그리 크지 않아 위험성에 대해 체감되는 부분은 크지 않은 것이 현실이다. 하지만, 방화 혹은 테러 등에 언제든지 쓰일 수 있다는 점에 항상 주의해야 하는 부분이다. 해외의 경우, 무장 세력이 테러 공격을 자행할 때 이용하기도 하며, 2013년 4월 미국 매사추세츠 주에서 열린 보스턴 마라톤 대회 도중 폭발해 많은 사상자를 발생시키며 전 세계를 충격으로 몰아넣은 사건도 압력솥을 이용한 사제폭탄이 사용되었다.

◆ 사례
["엄마 부엌서 폭탄 만드는 법" … 알카에다 대놓고 공개]

> 179명 사상자 낸 '압력솥 폭탄'
> 3년 전 뉴욕서 불발됐지만 이번엔 보스턴에서 현실화

2010년 예멘 지역 알카에다가 발행하는 온라인 잡지 '인스파이어'의 특집기사 제목이다. 기사는 압력솥을 "사제폭탄을 만들기 위한 가장 효율적인 도구"라고 평가했다. 이들이 주목한 '압력솥 폭탄'의 위력은 15일(현지시간) 보스턴마라톤 테러에서 그대로 입증됐다.

일반인에게는 다소 생소하지만 압력솥 폭탄은 테러 조직과 대테러 전문가들에게는 이미 익숙한 도구다. 일반적으로 압력솥 안에 폭약과 금속 조각 등을 채워 넣은 뒤 뚜껑에 시계나 휴대전화를 이용한 뇌관을 설치하는 방식이다. 폭약으로는 주로 질산암모늄이나 RDX(고성능 폭약)가 사용된다. 당초 보스턴마라톤 테러에서 사용된 것으로 추정됐던 '파이프(pipe) 폭탄'과 비슷한 원리다. 폭발과 동시에 금속 조각들이 빠른 속도로 날아가 팔다리 절단을 일으키는 경우가 많기 때문에 주로 무방비 상태의 민간인을 대상으로 한다는 점도 특징이다. 2006년 7월 인도 뭄바이에서 209명의 사망

자를 낸 연쇄 테러가 대표적인 예다.

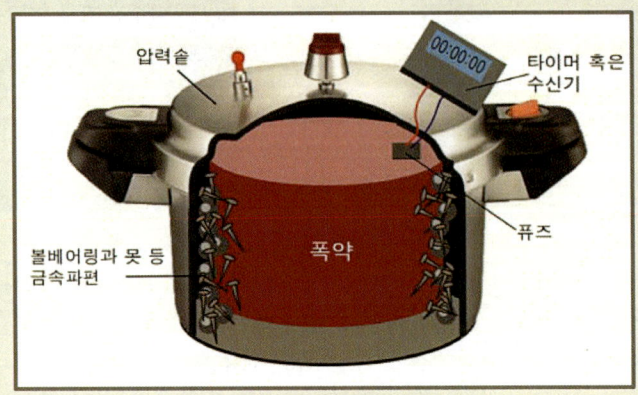

[그림 6 - 9] 압력솥을 이용한 사제폭탄의 원리

쌀을 주식으로 하는 아시아 국가들에서 많이 사용해 1990년대부터 네팔·인도·파키스탄·말레이시아 등의 분리주의 무장단체들이 주로 사용해왔다. 그러나 최근 서구에서도 육류 찜 등의 용도로 압력솥의 이용이 늘면서 '외로운 늑대'로 불리는 개인 테러리스트들이 주목하고 있다. 단순한 제조 과정 덕에 인터넷으로 제조법이 쉽게 퍼진 것도 한몫했다. 2011년 텍사스주 포트후드 기지 내 테러를 계획하다 체포된 나세르 앱도도 인터넷에 올라온 '인스파이어'를 통해 스스로 폭탄 제조법을 터득했다.

압력솥 폭탄 테러가 미국 내에서 발생한 것은 처음이지만 위험성은 오래전부터 제기돼왔다. 2004년 미국 국토안보부는 "아프가니스탄 탈레반이 테러 훈련소에서 압력솥을 이용한 사제폭탄(IED) 제조 기술을 테러범들에게 가르치고 있다"고 경고했다. 2010년에도 "빌딩 로비나 사람이 붐비는 거리 구석에 놓인 압력솥은 의심해야 한다"면서 공공장소에서의 폭발 가능성을 재차 강조했다. 실제로 같은 해 5월 뉴욕 타임스스퀘어에서는 이 폭탄을 이용한 테러 기도가 있었지만 불발에 그쳤다. 그리고 3년 뒤 우려는 결국 현실이 됐다.

사실, 대한민국과 같이 치안 질서가 높은 국가에서는 위의 사례와 같은 사건은 거리 감이 있다고 생각할 수 있지만, 사제폭탄 제조가 전문가가 아니더라도 가능하고, 테러의 국제화 추세에 따라, 국내에서의 발생 가능성을 배제할 수 없다. 테러는 큰 인명 및 재산 피해와 사회질서를 파괴하는 중대한 범죄이기 때문에, 이에 대한 대비와 대처가 대단히 중요시된다.

그 밖에도, 전기로 인한 유도하기 위해 전선을 일부 손상시키고 전류를 흘려 과부하 내지는 합선을 유도하고 부근에 가연물을 배치하여 방화를 일으키는 장치, 백열전구를 섬유류로 감싸 높은 열에 노출시켜 축열이 잘되는 환경을 만들어 방화 장치, 백열전구 내에 촉진제를 채운 후 다시 밀봉하여, 점등 시 필라멘트가 생성하는 순간적인 고온에 의해 착화되도록 만드는 장치, 전열기 외에 발열하는 가전기기의 온도 감지기

(Sensor)부분을 훼손하여 높은 온도에 도달하도록 조작하여 착화를 일으키는 장치, 인덕션(induction)이나 가스레인지와 같은 열을 이용한 조리기구 옆에 가연물을 비치하거나, 고의로 장시간 가열하여 자연적으로 착화된 것으로 기만하는 장치, 촉진제와 점화장치를 내장한, 전기, 전자회로를 이용한 장치 등이 있다.

위에 언급한 장치 외에도 발화를 일으키고 연소를 진행할 수 있는 장치들은 매우 다양하며, 이러한 장치가 화재현장에 존재하는 자체만으로도 방화는 입증되는 셈이다. 그리고, 발화장치로써 분명하게 규명되는 경우 외에도, 예를 들어 욕실에 유류물과 용기가 발견된다거나 난로 주변에 고의적인 가연물의 배치 혹은 유류의 인위적 쏟은 흔적, 현장에 없어야 할 물건이 존재하는 경우, 화재의 시작이 예상과는 전혀 다른 곳에서 시작되는 등의 상황이 나타나면, 이는, 논리적 타당성에 어긋난 배치이므로 이러한 정황의 발생에 대해 면밀히 파악할 필요가 있다.

또한, 방화범은 방화 목적 달성을 위해 보다 확실한 착화 및 연소성을 원하고, 특별한 사례를 제외하고는 그 흔적이 남지 않도록 하며, 알리바이를 입증하기 위한 시간적 상관관계에 있어 합리성을 추구한다는 점에 유념해야 한다.

6.7. 기구 및 장치의 고의적 손상[118]

가스는 난방, 조리 등에 사용하는 우리 생활에 없어서는 안 될 물질임이 분명하지만, 누출에 의한 폭발이 발생하면, 대형화재로 직결된다.

가스(LPG, LNG)는 전국적으로 공급되어, 접근성이 대단히 용이하고, 누출 시 폭발 등 강력한 화재를 일으키므로 인화성 액체 가연물과 더불어 방화에 사용하는 경우가 다소 있다. LNG의 경우 기체의 특성상 공기보다 가볍고, 압축된 형태로 공급되기 때문에, 누출 시 실내라면, 공기 중에 부유하며 천정부를 따라 확산된다. 만약, 환기가 이루어진다면 폭발할 가능성은 대단히 희박하다.

---

118) 가스, 전기와 같은 기구 장치의 고의적 손상(안전장치 파괴), 화재 발생의 원인이 고의에 기인

따라서 방화범의 경우 밀폐된 공간을 조성한다. 이로 인해 일정 농도이상 존재하면, 폭발하게 되는데, 이는 변수가 워낙 많기 수치상으로 특정하긴 어렵다. 다만, LNG의 폭발 시 섬광화재를 일으킨다. LPG의 경우 액화 압력이 상대적으로 낮아 가벼운 압력의 용기에서도 사용이 가능하여 별도의 장치 없이 휴대가 가능하다는 특징이 있고, 공기보다 무거워, 유출 시 하층부에 존재하며, 확산성이 LNG에 비해 상대적으로 낮아 폭발의 위험성이 높다.

이러한 가스 폭발 화재를 일으키는 방화의 경우, 공기 중에 확산 및 부유하던 기체의 순간적인 폭발에 의해 일반적인 화재패턴을 보이지 않고, 가스의 연소에 의한 흔적이 남는다. 또한, 화재현장을 감식하면 가스누출을 유도하기 위한 절단, 파손, 분리, 조작 등 인위적인 흔적들이 남아있기 마련이다.

[그림 6 - 7] 고의성이 의심되는 인위적 가스 누출 흔적 (출처 : SBS 그것이 알고싶다. "밀실 화재 미스터리, 누가 가스호스를 뽑았나" 2014.08.16. 방영)

퓨즈콕은 아래의 그림과 같이 정상 사용 시, 개방되고, 과다한 가스 흐름이 생성되면 차단된다. 그러나 위의 그림과 같이 조작하여 일부만 개방하면, 퓨즈콕의 차단기능이 정상 작동되지 않고 가스의 흐름이 유지된다. 자연적으로 이렇게 일부만 개방된 형태의 변화는 사실상 불가능하며, 이는 고의적인 조작으로 생각되고, 가스의 흐름을 유지시켜 폭발에 이르게 한 장치로서의 역할을 한 것으로 분석할 수 있다.

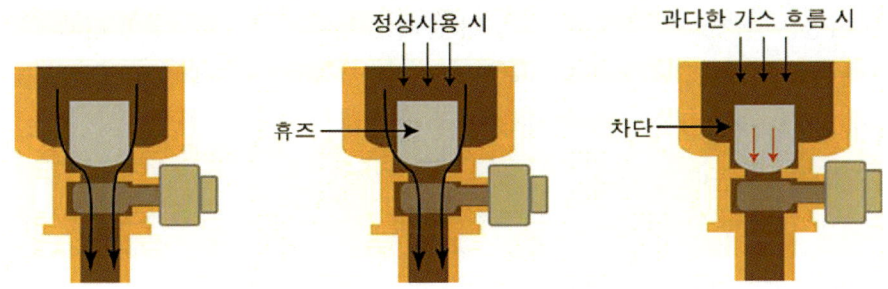

[그림 6 - 8] 퓨즈콕의 작동원리 (출처 : ㈜대성에너지 도시가스 정보)

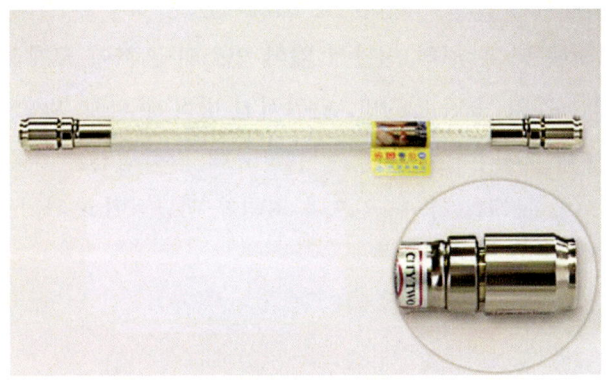

[그림 6 - 9] 가스호스 이음매 (출처 : ㈜코푸렉스 CITY - S HOSE 제품 상세정보)

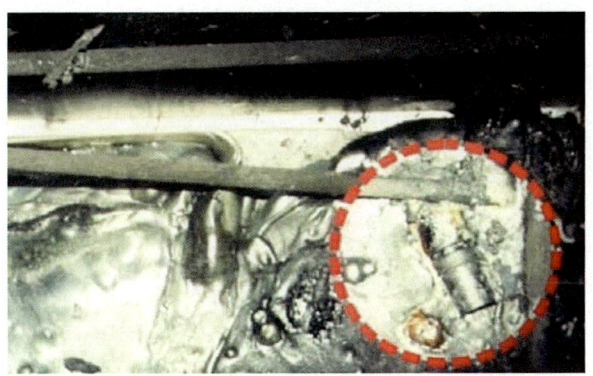

[그림 6 - 10] 가스 고의 누출이 의심되는 인위적 가스호스의 분리 (출처 : SBS 그것이 알고싶다. "밀실 화재 미스터리, 누가 가스호스를 뽑았나" 2014.08.16. 방영)

위의 사진은 가스 호스 이음새의 인위적 분리 흔적이다. 가스안전공사 관계자, 국립과학수사연구소 관계자의 증언에 따르면 가스폭발 화재가 발생하면, 강한 화열에 의해 호스 부분은 손상될 수 있지만, 금속 이음새 부분은 사전에 인위적 조작이 없다면 결코 분리되지 않는다고 한다.

6.8. 발화원인 추정이 불가한 경우[119]

일반적으로 가연물이 연소할 경우, 시간적으로 가장 오래된 부분이 화열에 가장 많이 노출되어 변화의 폭이 크고, 그에 따른 화재패턴을 나타낸다. 그러나 발화원인이 구조와 배치를 고려했을 때, 전혀 연관성 없이 연소의 흔적이 크게 나타난다면, 이는 미소화종[120]에 의한 것일 수도 있지만, 인위적인 방화에 의해 발생한 화재의 가능성이 높을 수밖에 없다. 그러나 충분한 조사를 통해 발화원인을 뚜렷하게 규명할 수 없을 경우에만 방화에 무게를 둘 수 있으나 최대한 객관적이고 과학적인 판단을 통한 결론을 도출하여야 한다.

미소화원의 발화과정
무염착화 → 무염연소 → 착염발화 → 착염발화 → 연소의 확대(충분한 가연물과 공기가 존재하는 환경에서 급속히 확산) 가연물의 종류와 공기의 밀도와 유동에 따라 훈소 혹은 화염연소의 발생 가능

6.9. 화재 사체의 정황[121]

일반적인 화재사의 경우는 다음과 같다.
① 화재에 대한 자각이 늦어, 이미 화염이 확산되었을 때는 피난이 곤란해진 경우
② 화재로 급박한 상황 속에, 정신적 충격으로 이성적 판단이 미흡했거나, 연령, 신체적

---

119) 발화부와 발화원인이 구조와 배치를 고려했을 때, 연관성에 상당한 오류 / 발화부에서 특정할 만한 발화원인을 추정할 수 없는 경우
120) 미소화종 : 담뱃불, 모기향, 용접불티, 소각장의 불티 등 작은 불씨를 일컬으며, 이들은 가연물과 접촉하면 화재로 발전할 수 있다.
121) 화재 사체가 화재의 진행과 관련, 일반적인 피난 상황에 대응하여 보이는 본능이 나타나지 않는 경우

문제 등 체력적인 조건이 떨어져 피난이 어려운 경우

③ 연소 초기에는 피난의 가능성이 높았지만, 급격한 연소의 확대로 인해 피난의 적기를 놓친 상황, 기타 사유로 피난의 기회를 놓친 경우

④ 피난 중에 실내에 전체적으로 확산된 유독가스와 연기에 노출되어 사망에 이른 경우

⑤ 화재 발생 시 외부로 피난하였거나 발생 전부터 안전하게 외부에 있었으나, 어떠한 이유로 내부로 재진입한 경우

⑥ 화열에 의해 불이 옷에 착화되어 화상 또는 가스중독으로 사망에 이른 경우

⑦ 폭발 시 발생하는 강한 에너지, 혹은 강력한 화열에 기인한 원발성 쇼크사(실제 발생은 극히 드문 편)

일반적인 화재사와 비교해서 특이점이 발견되면, 방화 및 사전에 계획되고 선행된 범죄와의 개연성을 고려하여 감식에 임해야 한다.

◆ **원발성 쇼크**[122]

일반적으로 법의학에서 말하는 원발성 쇼크는 비교적 단순하고 정상적으로는 문제되지 않는 경미한 외력이나 말초적 자극이 가해졌을 때, 심혈관계의 억제반사가 촉발되어 반사적으로 혈관운동이 실조되는 것을 말한다.

즉, 심장부 경동맥동 인후부, 흉부, 복부에 자극이 가해지거나 음낭, 자궁경부 등에 외력이 가해지면 미주신경을 비롯한 부교감신경계가 자극되어 반사적인 심정지를 초래하거나 극적으로 순환계가 허탈에 빠진다. 대개 자극이 가하여진 후 수초 내지 길어야 1~2분 내에 사망하므로 즉시성 생리사라고도 한다. 질식사나 비전형적 익사에서의 미주신경이 자극되어 사망하는 것도 이에 속한다.

또한, 해부만으로 사인을 단정할 수 없어 불분명할 때, 원발성 쇼크사로 판정하기도 한다. **화재에 의한 원발성 쇼크는 화열이 광범위하게 작용하여 일어나는 격렬한 자극에 의하여 반사적으로 심정지가 초래되는 것을 말한다.**

---

122) 법의학, 전 국립과학수사연구소 소장 윤중진, 고려의학

6.9.1. 화재시체의 관찰

시체 위와 밑에 떨어진 소락물이 존재하면 시체가 살아 있을 때 불이 난 것으로, 시체가 위치했던 자리 아래쪽이 깨끗하면 사망 후 화재가 진행된 것으로 추정할 수 있다. 시체가 심하게 타지 않았다면, 눈꺼풀에 매연이 뭉쳐져 있는지를 유심히 관찰한다. 살아있을 때 불에 탔다면 매연이 눈에 들어가 눈물을 유발하고, 이때 매연이 눈물과 함께 씻겨 눈 밖으로 배출되기 때문이다. 살해 후 방화한 경우, 소사체에 찔린 상처 등이 발견되면 시체 주변에 범행도구 등이 유류되었는지 철저히 수색한다.

결국, 소사체의 자·타살 감별은 살해 후 증거를 인멸하기 위해 화재로 사망한 것처럼 보이도록 방화한 것인지, 화재가 원인이 되어 사망에 이른 화재사인지를 구별하는 것이 중요하다. 화재사는 외표검사만으로도 어느 정도 사망원인에 대한 추론은 가능하지만, 정확하고 확실한 자·타살의 구별하는 것은 불가능하고, 부검을 통한 객관적인 사유를 확인하는 것이 중요하다.

6.9.2. 화재현장 사체의 자살방화와 타살의 구분[123]

자살의 수단으로 방화가 사용된 경우와 범죄의 연관성은 명확히 구분해야 감식에 오류를 줄일 수 있으므로 다음의 특징에 유의해야 한다.

① 화재로 인한 손상 외에 일반적이지 않은 손상은 발견되지 않는다.
② 화재로 인한 생활반응을 보이며, 이때의 사체는 법의학적으로 화재사 소견을 보인다.
③ 단시간 내에 사망에 이르고자 인화성물질이나 가스와 같은 촉진제를 사용하는 경우가 많다.
④ 현장에 유서가 발견되기도 하고, 가족·지인들에게 자살을 암시하는 표현을 하거나 유서와 같은 메시지를 남기기도 한다.
⑤ 화재 현장에서 외부의 침입흔적이 발견되지 않고, 오히려 출입문 잠금장치가 내부로부터 작동하여 잠겨있다.
⑥ 자살의 과정에서 겪는 극도의 심리적 불안과 스트레스로 인해 동맥을 끊거나 독극물을 먹는 행동 후 추가적으로 방화를 저지르는 극단적 선택을 하기도 한다.

---

123) 화재조사 이론과 실무, 이승훈

6.10. 관련 당사자와 관계자의 화재 발생 전후 상황변화[124]

화재조사 및 감식에 과학적이고 체계적인 판단이 분명 선행되어야 하고, 화재의 상황 및 정황이 이러한 판단에 입각하여 명백히 입증되어야 올바른 방향이고 그것이 당연하지만, 다양한 정보 수집의 측면에 있어, 관련자의 진술과 화재 발생 직후 상황 변화를 예의 주시하여 방화에 대한 의심과 판단을 공고히 할 수 있는 계기가 될 수 있다. 따라서 실화로 단정 짓기 어렵고, 화재의 원인이 불분명하거나 현장에서 방화의 가능성이 보인다면, 아래의 사항을 확인하여 화재와의 연관성에 대해 검토할 필요가 있다.

- 보험의 가입과 화재발생시점
- 보험 가액이 화재에 대해 특약과 같은 형식으로 고액으로 집중
- 필요 이상으로 보험에 가입
- 화재의 발생과 피해의 발생이 크면 이에 대한 반사이익도 커질 것으로 예상되는 경우
- 피해자나 해당 업체가 재고처리의 곤란 등 영업부진으로 인해 어려움에 처한 경우
- 방화, 보험사기 등의 전과가 다수 존재
- 비정기적인 휴가로 직원이 부재중일 때, 화재의 발생
- 피해자가 평소 자살이나 방화에 대한 내용을 주변에 예고
- 화재와 관련 사망자의 유서 발견
- 원한을 살만한 일이 있어 주변과 감정적으로 관계가 좋지 않은 경우
- 화재 발생 전 귀중품 등을 반출
- 화재 발생 전 불필요한 가연물이나 재고품이 내부로 반입되어 피해의 규모가 커진 경우
- 화재 발생 직전 다투는 등 소란스러운 상황이 목격된 경우

위에 언급한 내용은 어디까지나 다양한 정보 수집과 관련자의 진술 확보 등 화재 관련 주변 정황들을 파악하는 지표로 활용되는 수사에 필요한 부분이고, 화재조사관이 실제 현장을 감식할 때에는 선입견을 가지고 임해서는 절대 안 되며, 단지 참고만

---

124) 화재조사 이론과 실무, 이승훈

하고, 현장에서 과학적이고 체계적인 감식을 통해 실체적 진실에 접근하려는 노력이 반드시 필요하다.

대형화재가 발생하면, 대부분 소훼되어 원인을 분석하고 발화원을 규명해나가는 과정은 대단히 어렵다. 그러므로 실화로 위장할 수 있는 여지가 다분하다. 화재의 다종 다양화 추세에 있어, 원인을 찾는 과정은 더욱 어렵고 복잡하고, 곤란한 경우가 많다. 이러한 맹점을 노려 실화 위장하기 위해 고도의 기술을 사용하여 목적을 달성하고자 한다. 때문에 화재조사관은 섣불리 예단하는 것은 절대 금물이고 철저히 조사하고 과학적으로 규명하여 설득력 있는 결론을 도출하여야 한다.

7 차량방화

일반적으로 차량은 주차 후 사람이 상주하지 않아, 은폐가 용이하고, 피해자의 재산에 피해를 직접적으로 입힐 수 있기 때문에, 최근 방화의 대상으로 많이 사용되는 경향이 있다.

차량은 구조적 특징상 고의로 촉진제나 가연물의 인위적인 첨가 없이는 불을 붙이는 것이 어렵다. 그러므로 내부에 신문지나 기타 가연물과, 인화성 물질을 이용하여 불을 붙이는 경우가 많고, 연소물을 소화 시 진압용수에 의해 쓸려나가거나 자리가 이동되는 사례가 빈번하다. 또한, 높은 온도로 연소가 진행되면, 저용융점의 금속이 녹아 바닥에 낙하하면서 연소물과 함께 하단부에 남아 있을 가능성이 있으므로, 차량 방화에 대한 감식은 조심성을 요하는 작업이다.

7.1. 차량방화의 조사 요점

1) 문의 개방여부

연소된 차량문의 감식 포인트는 개방여부인데, 문이 개방된 상태에서 연소되었다면, 사람의 인위적인 행동이 개입되었을 여지가 있다. 차량문의 개방여부는 연소패턴으로 확인할 수 있는데, 도장되어 있는 페인트에 표면의 연소 범위를 알 수 있는 수열 정도의 차이를 통해 구별이 가능하다.

2) 잠금장치

차량의 잠금장치는 차량문의 개방 여부와 함께 중요한 감식 포인트로 문이 개방되어 있지 않다고 하더라도, 잠금장치가 개방되어 있다면, 이는 연소 전 사람의 착화행위가 용이했다는 방증이 되므로, 소훼된 후라도 잠금상태를 판별하는 것이 중요하다.

3) 유리창

연소 시 발생하는 강력한 화열에 의해 유리창이 소실되면 화재와의 상관관계를 규명하는 것은 대단히 어렵다. 하지만, 화재 전 유리창이 개방된 상태였음이 확인되면, 이는 화재 발생 전 방화가 용이한 접근성이 좋은 상황이었다는 것을 알 수 있다.

그리고 창문의 개방 여부는 연소의 진행 양태에도 영향을 미치는데, 닫힌 상태라면 화재의 진행과 함께 수반되는 내부의 압력증가에 따라 폭발 시, 압력이 거의 균일하게 적용되어 창문이 파손되기 보다는 문 전체가 밖으로 밀려 나가면서 열과 압력을 배출하게 된다. 반면에, 개방된 상태라면, 그 부분에서 공기의 유입과 유출, 압력이 집중되는 특징을 보인다.

차량 유리창의 경우, 운전자의 안전을 위해 파괴 시 유리입자가 작고 날카롭지 않게 파면이 형성되는 것이 특징인데, 때문에 물리적인 외력의 형태에 따라 달라지는 일반적인 유리창과는 차이가 있다. 하지만, 유리창의 파편 조각들을 식별하면, 화재와의 전후관계를 유추하는데 큰 힌트를 얻을 수 있다.

[그림 6 - 11] 창문 파괴 후 차량방화 재현 실험 / 인위적으로 차량의 문을 파괴한 돌의 흔적 (출처 : 중앙소방학교 화재조사요원양성과정 교재)

8 방화 원인 감식

8.1. 초동 조사

1) 연소상황

화재 건물에 대해 연기의 색, 냄새, 소리, 건물의 구조, 가연물 등이 일반 화재에 비해 급격히 확산되었거나 유류, 폭발물 등의 존재 유무를 파악한다.

2) 건물 개구부의 상황

창문, 출입문 등이 개폐 여부, 외부침입의 흔적 확인을 확인하여 특이한 정황이 없는 지 확인한다.

8.2. 현장조사

1) 원거리에서 발화부로

발화원인 현장감식에 있어서 기본적인 원칙은 전체를 관망할 수 있는 위치에서부터 화재의 진행 상황과 동향을 살펴보고, 발화부로 좁혀가며 조사하는 것이다. 현장의 중심으로 바로 확인하는 것이 아니라 어느 정도의 일정한 거리를 두고 접근해가는 방법으로 조사해야 한다. 또한, 화재 현장과 인접한 공간에서 버려진 방화흔적이 발견될 수 있으므로, 화재감식은 무엇하나 소홀히 할 수 없다.

2) 발화지점 확인

독립된 발화부가 다중으로 존재한다면, 이는 방화의 가능성이 높다. 단, 화재 중에 발생하는 압력으로 가연물이 분리되면서 2차적으로 연소를 시작하는 경우, 비화(기류에 의해 이동한 화원으로 인한 2차 화재), 건물 배선이 설치된 덕트나 기타 연결부를 통해 다른 구획실로 확산된 경우, 건물 내부 화재로 합선되어 외부의 전력량계가 과부하에 의해 발화하는 경우(내·외부에 동시 발화), 상단부에서 발화한 원인이 낙하하면서 하단부의 다른 위치에 발화부를 형성하는 경우 등은 독립된 공간에서 발화부가 존재하지만, 이는 방화에 의해 나타나는 경우로 보기 어렵다.

3) 발화지점의 특이점 확인

발화부는 연소가 발생한 물리적 시간이 가장 길기 때문에, 잔류물이 거의 남지 않는게 일반적이다. 하지만, 유증과 같이 방화의 수단으로 생각되는 촉진제의 흔적과 타고 남은 가연물을 조사하여 방화의 가능성을 확인해야 한다.

4) 경보 · 소방설비의 정상작동 여부

건물에는 일반적으로 경보 · 화재설비가 갖추어져 있다. 따라서 화재발생 이전에 이러한 시스템을 고의로 파손하는 등의 행위를 통해 작동불능상태로 만든 정황이 있는지 여부를 확인한다.

5) 연소물질의 확인

연소물질이 구획실 혹은 화재 현장에 존재하는 것이 정상적인지 여부를 확인하는 작업이다. 당사자나 관계자의 진술을 통해 파악할 수도 있지만, 상식적으로 생각했을 때, 연소된 물질이 현장에 존재하는 것이 합당한 것인지 논리적으로 판단하고, 화재 전후로 현장에 있는 물건의 동향을 잘 파악해야 한다.

또한, 일반적으로 촉진제를 사용하여 연소된 경우, 탄화 정도가 일반적이지 않고, 나타나는 패턴도 다르다. 이러한 부분을 유심히 관찰한다.

6) 현장의 파손흔적

우선, 화재 시 발생하는 화열에 의해 내부가 파손되었는지, 화재 이전에 어떠한 이유로 파손 및 폭력적 행위, 혹은 일반적이지 않은 행동의 패턴 흔적이 있었는지를 확인한다. 이러한 과정에서 유리창의 파손 흔적은 대단히 중요한 자료가 될 수 있는데, 유리창의 파손 방향, 파손 형태, 수열, 그을음 부착의 시간적 연관성을 확인해야 한다.

7) 방화 물품 유통

현장에서 방화수단으로 사용되었을 것으로 추정되는 물품에 있는 주유소나 철물점 등을 조사하여, 휘발유나 시너의 구입 여부를 확인하여, 방화와의 연관성을 확인해야 한다.

8) 기타 특이 정황

화재가 발생한 내부에 존재하는 사람은 화열과 연기에 의해 의식적으로 자세를 낮추고, 본능적으로 재난 상황에 대해 피난하려는 행동을 보인다. 때문에, 일반적으로 화재현장에서 화재사로 사망한 사체를 보면, 낮은 자세를 취하고, 발화부를 벗어난 곳, 피난경로(개구부) 근처에서 발견된다. 하지만, 화재사 이전에 사망한 사체는 이와는 다른 특징을 보이므로, 이러한 특이정황을 분석해야 한다. 또한, 수상한 사람의 출입과 행동에 대하여, 거주자 또는 목격자 등의 진술이 있었을 때는 주위의 출입구, 창문, 기타 개구부 등의 여러 상황을 확인하여 화재 현장으로의 접근로 및 접근 방법 등을 규명하며 특이점을 살펴보아야 한다.

8.3. 발화장치 및 시료의 채취

1) 방화의 증거

먼저 매개물로 사용된 신문지 등 연소 확대 물건 유류, 용기를 식별한다. 이러한 증거를 채취할 때는 훼손이 쉬우므로 신중을 기하고, 이동할 경우 사진촬영, 계측하여 확인한다. 발화부로 추정되는 잔존물은 유분이 소멸되기 전 빨리 감정하고, 신문지나 여타 가연물은 당사자와 관계자를 통해 연관성을 확인한다.

방화행위의 입증요소[125]는 다음과 같다.

- 방화 행위의 수간과 방법이 실현 가능해야 한다.
- 방화재료의 입수 경위가 규명되어야 한다.
- 방화 장소와 소훼물이 존재해야 한다.
- 방화의 수단과 방법의 가능 여부를 실증적으로 검토해야 한다.
- 실화일 수 없는 충분하고 타당한 이유가 있어야 한다.

방화범죄는 그 엄청난 피해를 야기하는 극악의 범죄유형이다. 현재 경찰은 수사전문인력(형사팀)과 과학수사인력(감식팀)이 분화되어 있고, 소방도 별도로 화재조사를 실행하는 등 화재 수사에 인력이 분산되어 있다. 따라서, 상호 간의 협력이 없인 다양화되고 지능화되는 화재 관련 범죄에 대응하기는 어렵다.

앞으로 경찰·소방 간 강력한 공조를 통해, 수사와 감식의 전문성 제고와 신속한 수사를 할 수 있도록 기반을 만들어야 한다고 생각하며, 궁극적으로 국민과 국가의 공공의 안전에 기여할 수 있도록 노력해야 한다.

---

125) 출처 : 중앙소방학교 화재조사(화재조사관자격취득과정), 2009

chapter 7

화재감식관련 과학수사 실무

1 화재감식의 목적

화재감식이란, 화재현장의 모든 현상과 상태에 대하여 과학적인 해석은 통하여 합리적으로 화재의원인 등을 규명하기 위한 작업의 시작으로, 가능한 많은 물적 증거와 자료의 수집이 필요하며, 수집되는 증거의 객관성을 부여하기 위해 반드시 법률을 준수하는 등의 객관적인 절차를 거쳐야 한다.

특히, 형법 13장에서 "방화와 실화죄"에 대하여 유형별로 그 책임을 묻고 있으며, 방화의 경우 타인 또는 과실에 의해 화재가 발생하는 경우 중대한 과실은 인과관계를 물어 처벌하고 있으며, 진화방해 및 예비와 미수범까지 처벌을 할 수 있도록 규정하고 있는 것은 화재의 위험성이 그만큼 크다는 것의 방증이다.

때문에, 수사기관의 화재감식 업무는 어느 행정업무보다 우선시 되어야 마땅하고, 법과 절차를 준수한 객관적인 화재감식과 감식의 결과를 체계적으로 정리하여 수사 등에 활용될 수 있도록 하여야 한다.

2 화재현장 대응요령

2.1. 화재현장 조사의 준비

화재현장에 대한 조사는 화재현장의 모든 현상과 상태에 대하여 과학적인 해석과 체계 하에서 합리적으로 발화원인이나 화재원인 등을 규명해가는 작업으로서 가능한 많은 물적 증거물 수집이 필요하며, 증거물에 대해 과학적 근거를 부여하고, 객관성 유지를 위해 전문지식과 때로는 첨단장비가 요구된다.

2.1.1. 현장조사의 구성

조사자의 인적 구성은 업무의 여건상 제대로 갖추기는 어려운 실정이나 바람직한 방향으로 개선되고 이루어져야 한다고 생각한다. 특히 지휘자나 발굴자는 화재현장에 대해 충분한 경험을 가지고 전문적 식견이 있는 사람이 우선되어야 할 것이다.

1) 지휘자

화재 발생개요와 진압상황, 주변 구조를 충분히 이해하고 팀원을 적재적소에 배치하거나 유용하게 활용할 수 있는 전문적 식견을 가지고 경험이 풍부한 자로 조직상 이에 상응하는 지위를 가진 자가 적합하다.

지휘자는 화재 목격 상황과 제반 여건을 충분히 파악하여 팀원의 활동에 도움을 주고 동시에 현장조사의 개시와 종결을 관장하고 그 결과에 대한 종합적 결론에 대하여 책임을 져야 한다.

2) 발굴자

연소이론에 대한 기본적 이해가 충분하고 화재원인 규명을 위한 증거 및 감정물에 대한 구별과 지식을 포함하는 자로 섬세함과 적극적인 업무 성격을 요한다. 2명 1조가 이상적인 작업효율을 가질 수 있으나, 연소 성노나 섬사내상물에 따라 가감될 수 있다.

3) 사진촬영

사진 원리와 조리개, 초점거리, 셔터속도, 플래시, 피사체 유형, 수동 조작 등에 대한 사진기술 및 지식을 갖추고, 민첩하면서 화재 전반에 대한 이해가 있는 자가 행하는 것이 바람직하다.

4) 도면작성

연송의 방향과 감정물 위치, 목격자 위치, 발화지점, 건물, 도로 등의 작성에 무리가 없고, 지휘와 발굴자, 사진 촬영자와의 의사소통이 원활한 자가 적당하며, 규모에 따라 사진촬영자가 겸하여도 무방하다.

[표 7 - 1] 현장조사자의 구성

구분	지휘자	발굴자	사진촬영	도면작성	비고
소규모/일반화재	1	1~3	1	1	최소 4명
대규모/특수화재	1	3명 이상	1	2	

2.2. 화재현장 사전조사(조사 전 수사)

사전조사는 발화부위를 추론하기 위한 가장 기초적인 조사 단계로 화재발생 당시 바람의 방향 및 날씨 등의 일기 상황이나, 소화활동의 진행 상황, 사건 현장의 집기

배치상태나 건물의 구조 등을 파악하고, 목격자의 발견 경위 및 관계자 등의 진술을 청취하는 단계를 말하며, 특히 방화나 중과실에 의한 실화의 경우 본인의 과실을 숨기기 위해 거짓 진술을 하는 경우가 많으므로, 진술 청취 시 녹취 또는 메모하는 습관이 필요하다.

2.2.1. 화재 초기상황

1) 화재발생시간

화재발생시간은 경우에 따라서 공식 문서나 관계기관에서 정확히 파악되지 않는 경우가 있거나 대략 추정으로 기록되는 경우가 있다. 실제 화재발생시간을 접근하는 것은 목격자의 시간이나 그 시간 전후의 주변상황 변화, 연기의 변화, 사람의 거동 등과 관련지어 초기 화재 조사에 매우 유용한 자료가 될 수 있다.

따라서 초등 보고서에 사용된 발생시간에 구애받지 말고 적극적인 발생시점 조사가 필요하다 특히 최초 목격자나 주변 인물들은 각자의 시점을 시간으로 질문하면 미리 기록하지 않는 한 대략적인 시간일 수밖에 없으므로 목격 당시의 행위나 라디오, TV 시청 상황 등을 근거로 구체성을 더할 수 있다.

2) 발견 상황과 동기

화재 발생에 대한 상황과 발견 동기는 자기 입장이나 이해관계에 따라 시간의 경과에 의해 변형되거나 입장표명이 유보되는 경우가 있다. 고의성이 있는 경우를 제외하고는 화재 직후 조기 진술이 상대적으로 신뢰성을 지닌다고 볼 수 있다. 따라서 초기 목격 상태는 현장조사 시점까지 미루지 말고 조기 조사에서 가능한 많은 인원으로부터 다각도에서 청취해 놓아야 한다. 특히 조기 발견자가 건물 거주자인 경우는 가능한 빠른 시기에 동거인을 격리시켜 발견 상황을 청취하여 객관적 정보를 얻는 데 주력한다.

3) 기상관계

화재는 기상과 밀접한 관계를 가진다. 화재의 확대와 연소방향 등은 풍향과 관계가 되고 자연발화나 건조 상태 여부, 가연물의 연소성의 특징은 그날의 습도와도 관련이 있다. 특히 낙뢰 등과 같은 특수한 경우는 집중 호우와 동반되는 대기의 순간 방전에 기인하는 바, 이와 관련된 기상 자료는 매우 중요한 경우이다.

2.2.2. 건물이력

1) 건물 기본 사항

건물의 구조와 용도, 사용자 등의 기본 사항을 조사하고, 연소의 경로나 확산과정, 대피, 소화 행적 등의 검토를 위해 건물의 구획, 방의 구조와 용도 위치 등을 자세히 파악한다. 또한 복합건물의 경우 상호 간 떨어진 거리와 사용용도, 통행로, 거주자 등을 자세히 기록한다.

2) 임대차 여부

단독 건물이나 두 건물 이상 모두에서 발생되는 다툼 중 대표적인 분쟁이 임대차로부터 야기된다. 임대인과 임차인의 문제는 발화지점의 여하에 따라 귀책 유무가 결정되기도 하지만 단일화재에서 발화원인에 따라 과실 여부와 형사책임 문제가 따르기 때문에 명확히 해 둘 필요가 있다.

3) 전기 및 가스 설비

사람이 이용하는 건물이나 시설에 전기나 가스의 사용은 매우 일반화되어 있고 이에 따라 이들에 의한 화재 위험도 항상 존재하여 실제 다량의 인명사고나 재해에 이르기도 한다. 그러나 현장에 임장하여 전기나 가스를 조사하는 경우 공급의 흐름을 파악하기 위해 도면이나 설계도 등이 필요한 경우가 있다. 또한, 화재를 전후한 전력공급 변화 상황이나 가스공급의 특이점이 발견될 수 있으므로 이에 대비하여 전기 및 가스 설비에 대한 충분한 이해가 선행되어야 올바른 결론을 도출할 수 있다.

4) 수리 여부 및 시기

집이나 건물을 수리과정의 필연적인 것처럼 보이도록 위장하여 실화에 의한 화재 보험금을 노리기도 한다. 예를 들어 수리를 위한 페인트를 사용하는 경우, 이는 수리 재료로 자연스러워 보이지만, 함께 첨가하는 시너를 촉진제로 사용하여 방화할 여지도 염두에 두어야 한다. 따라서, 일상적이지 않은 구조변경이나 인테리어 작업, 도색 작업 등은 화재 관련 주변 특이성으로 반드시 체크되어야 할 부분이다.

5) 보험과 부채 관계 및 경제적 상황

사망 사고의 경우 생명보험과 가입 동기 등이 사인과 함께 검토되어야 할 것이고, 화재보험의 경우 가입자의 화재 이력과 보험가입경력, 보험의 종류, 목적물, 보험금액,

가입회사, 가입일시, 만기일, 납부액과 납부방식, 화재 당시 납입 횟수, 중복 또는 초과 보험관계 등을 조사한다. 보험금을 위한 방화의 경우는 부채와도 밀접한 관계를 맺으므로 피보험자의 부재에 대한 조사도 병행하여야 한다. 또한, 기업의 경우 재고처분의 곤란 상황 여부, 설비 투자의 어려움 등 경제적 상황 등을 고려하여 다각도로 조사할 필요가 있다.

2.2.3. 인적관계 관련여부

1) 상주 여부

건물 내에서 근무 중이거나 집 안에서 상주 중 화재가 발생되는 경우는 목격자가 화재의 인과 관계에 매우 밀접한 경우가 많으므로, 방화나 실화의 당사자가 될 소지가 다분하므로, 반드시 그 여부를 면밀히 조사하여야 한다.

2) 사용 여부

내부에 사람이 없을 경우 작업 기계나 가정의 기기가 장시간 멈춘 상태인지 잠시 사람이 자리를 비운 상태인지를 파악해야 한다. 사람이 없는 경우는 단순히 주위 목격자만의 진술로 확인하는 경우가 많이 있으나 출입문의 잠금 여부나 전등의 점등 관계 등을 통하여 물적 증거를 확보하는 것이 바람직하다.

3) 목격자확보

목격자는 조기에 확보하지 못하면 이해관계나 후일의 부담감 때문에 사실을 진술을 거부하는 경우가 생길 가능성도 있고, 사람 기억의 한계에 따라 당시의 목격과 대비되는 왜곡된 진술을 할 수도 있다. 또한, 목격자는 구체적이고 충분하다는 이류로 접하기 쉬운 인원으로 제한할 것이 아니라 직접 목격한 사람은 다방면에서 여러 사람의 진술을 청취하는 것이 유리하다.

2.2.4. 화재현장 조사장비

화재현장에 임장하기 전에 갖추어야 할 도구 및 장비는 화재의 종류와 규모 현장보존 상태에 따라 다소 다를 수 있으나, 기록도구나 발굴장비 등 일부 품목은 어느 현장이든지 필요한 필수품이다.

1) 의복

활동이 편리한 작업복으로 하되 야외 우천 시 우의를 준비하고 무릎보호대, 장갑, 마스크, 안전모 등은 필수로 한다.

2) 신발

바닥이 미끄럼 방지 기능을 갖추어 안정적으로 현장을 관찰할 수 있고, 충격 흡수성이 좋으며 가벼운 것이 바람직하다. 통기성, 방수성, 내구성이 양호한 것으로 착용한다. 특히 바닥에 못이나 돌출부에 의한 해를 입지 않도록 보호할 수 있는 신발이 요구된다. 활선(통전전선) 및 전기시설 검사 시에는 젖은 신발이나 통전되는 신발은 대단히 위험하므로 주의를 요한다. 또한, 우천 시나 물이 고인 곳에서 사용할 수 있는 장화도 준비한다.

3) 장갑

작업용 목장갑 시료 채취를 위한 일회용 비닐장갑을 준비하는데, 인화물이나 특이물질 검사를 위한 수거 시는 각 증거물 채취행위마다 장갑을 갈아 껴 오염을 방지할 수 있도록 충분한 양을 준비한다.

4) 조명기구

개인용 조명과 이웃 전원으로부터 전기를 끌어 사용할 수 있는 전선 릴과 전구가 필요하고 전원이 공급되지 않는 곳에서는 자체발전기를 준비하면 편리하다.

5) 발굴도구

경계선 띠, 삽, 호미, 발판, 빗자루, 기타 섬세한 발굴을 위한 도구

6) 검사기기

드라이버, 니퍼(Nipper), 가스 검지기, 인화물질 검지기, 휴대용 저울, 절연저항계, 테스터

7) 증거물 획득 도구

비닐팩과 포장용 박스, 액체 수거를 위한 기밀병 등을 준비한다.

[표 7 - 2] 화재현장 조사도구 장비목록

구분	목록		고려사항
	필수	선택	
보호장구	목장갑, 안전화, 방진 마스크, 무릎보호대, 작업복	안전모, 장화, 우비	우천, 침수
조명	휴대용전등, 릴 전등(Reel)	발전기, 배터리, 전구	지하, 천장개방, 전기사용
발굴	양동이, 삼각 호미, 빗자루, 붓, 실백선, 증거물 깔개	삽, 정, 톱, 망치, 사다리, 쇠 지레, 사다리	도괴, 붕괴
시험/측정	줄자, 막대자, 휴대용저울, 테스터기, 확대경	절연저항계, 가연 가스 검지기	전기, 가스
채취	니퍼, 드라이버, 절단기, 비닐장갑, 가위, 핏셋, 솜, 채취병, 비닐팩, 포장박스	인화물검지기	방화
기록	이동탁자, 휴대용도판 수첩, 필기구, 분필, 카메라, 표식지	캠코더	연소범위

2.3. 화재현장 조사

원활하고 객관적인 화재감식을 위해서는 사건 현장에 맞는 체계적인 작업 순서를 결정하는 것이 중요하다. 우선 사건의 발생개요와 진압상황 주변 구조를 충분히 이해하고 전문적인 식견을 가지고 경험이 풍부한 현장 지휘자를 비롯한, 연소이론에 대한 기본적인 이해가 충분하고 화재원인 규명을 위한 증거 및 감정물에 대한 구별과 지식을 포함하는 자로 섬세함과 적극적인 업무능력을 가진 발굴 검사자, 그리고 사진 촬영의 기초 지식을 갖추고 화재현장의 전체적인 관찰과 판단이 가능한 사진 촬영자 및 도면 작성자 등의 인적구성을 갖춘 후 시행하여야 올바른 진행이라 볼 수 있다.

화재현장조사는 때로는 범위가 넓어 어디에서부터 무엇을 어떻게 조사하여야 할지 난감할 때가 많다. 전체 화재현장이 조사자의 머릿속에서, 평면, 입체도로 자리잡아 사고의 자율성이 나타날 때 비로소 현장조사자로서의 사진감이 생길 수 있다. 그러기 위해서는 여러 분야의 전문가적 소견과 경험 못지않게 일반적인 절차를 숙지할 필요가 있다. 가장 보편화된 조사의 절차를 보면 다음과 같다.

전체관찰 → 화재관계자 질문 → 발화장소추정 및 발화부위 추정 → 발굴 및 복원 → 발화지점 결정 → 증거물 확보 → **발화원 판정**

2.3.1. 화재조사 순서

1) 전체관찰

현장에 임장하여 현장을 관찰할 때는 가장 먼저 주위의 높은 건물이나 지형을 이용하여 전체를 한 눈으로 볼 수 있는 곳을 찾아 현장 외곽으로부터 연소 중심부 쪽으로 관찰하여 내부에서 볼 수 없는 지붕이나 천공 부분 등에 대한 소훼 상황을 살펴 연소의 확대 경로의 정보를 얻는다.

직접 연소 부위 이외에도 주변의 화염 유입가능 부위나 불티의 발생장소 가능 부위 등에 대한 정보를 간과하지 않기 위해 현장의 지휘자가 특히 연소 물체 주변 상황에 대한 관찰을 게을리하지 않는다. 연소 정도를 관찰함에 있어서는 구조상 화염의 경로나 구조물 재질적 특징에 의한 연소, 상대적으로 이연성이거나 인화물질의 적치에 의한 연소 상태를 고려할 수 있도록 이들의 분포를 면밀히 관찰해야 한다.

현장조사를 함에 있어 발화부나 출화부에 도달하는 것이 준 목표이기도하며, 이를 위한 여러 가지 검사 방법들이 존재한다.

2) 화재 관계자 질문

① 목격자

화재현장에는 화재의 발화과정에 직접 관련되거나 발화 초기 또는 최소한 제3의 목격자 등을 만날 수 있다.

화재현상을 볼 수 있는 화재 지점의 작업자, 초기 발화과정의 목격자 등은 직접 겪은 상황을 객관화시켜 진술을 청취한다. 객관화시킨다는 것의 의미는 진술자가 흥분하거나 주관적 시각이 너무 개입되어 상황을 왜곡되게 진술하지 않도록 보조하는 것을 말한다.

예를 들어 시점을 애기할 때 'TV에서 무슨 드라마 어느 부분을 볼 때, 정전되었다'와 같이 시간을 정확히 추론할 수 있는 내용이나 '화재현장 맞은편 몇 번지에서 보았을 때, 현장

창문에서 불길이 보였다' 등의 장소를 정확히 특정하고 화재를 본 지점과 대상을 정확히 지목할 수 있도록 하여 진술을 확보한다. 이러한 내용을 토대로 화재의 시간과 정황을 언제라도 재조합할 수 있도록 명확한 기준을 가져야 한다.

② 화재관련자
화재 중에서는 사람의 행위와 관련된 발화는 사람의 행위과정을 밝히는 것이 화재 원인에 가장 중요한 요소가 되는 경우가 많다. 이때는 관련자 과실에 의한 경우가 대부분이므로 사실에 반하는 내용을 진술할 경우도 있는 점을 감안하여 철저한 사실 확인이 중요하다. 각각의 행위에 대하여 직접 체험적 사실을 확인해야 하고, 기계 조작 등 필요할 경우 전문 감정을 받아 행위 진술이 사실인지에 대한 확인이 필요한 경우도 있다. 특히, 발화와 관련될 만한 화기 사용 여부나 위험물 취급 여부 작업과 관련된 화재 위험 여부 등은 필히 확인한다.

③ 연소물 관련자
연소 대상 건물이나 임대차 관련인, 보험관련인, 채무 관련인 등에 대하여 주변에 화재와 관련이 있을 만한 특이 동향이 있었는지에 대하여 조사한다. 건물에 대하여는 특정과 수리 이력, 물품의 배치와 잠금장치 여부 등을 청취하고 기록한다. 특히 연소 후 확인하기 어려운 커튼이나, 얇은 칸막이, 천장재질 등은 사전 정보가 없는 경우는 확인하기 어렵거나 확인하는데 많은 시간을 요한다. 또한 건물내에 특별히 변형된 부분이나 도난품, 반대로 반입품 등이 있는지 확인시킨다.

④ 소방 및 구호 관계자
수방 및 구호 관계자는 화재 초기에 현장을 변형시킬 수 있는 사람으로 전기 스위치나 가스밸브 등의 변형에 대하여 중요한 정보를 얻을 수 있을 뿐만 아니라 초기 진압 과정에서 발화부를 직접 목격할 수 있는 사람이니만큼 정보획득에 소홀함이 없어야 한다. 또한, 소방관계자는 화재와 관련한 해박한 지식을 가졌기 때문에, 신뢰할만하고 협력을 통해 화재조사에 시너지효과를 발휘할 수 있다.

⑤ 신중한 해석
화재현장에서 목격된 자료는 그 위치나 장소, 시간에 따라서 사건 조사에 적용되어야 하는 관점과 해석에 매우 신중을 기해야 한다. 직접 목격자의 말이 아닌 제 3자를 통한 간접 목격 자세를 조사과정에 적용하는 것은 대단히 위험하다. 특히 초기 목격 상황에 대하여는 엄격한 사실 확인에 충실하여야 한다. 각각의 목격 상황에 대하여 선입견을 가지고 예단하여 의미를 부여하는 일은 매우 경계할 부분이다. 즉, '펑'하는 소리가 났으

니 인화물질과 관련시킨다든지, 창문으로 불길이 나왔으니 창쪽이 발화지점이라든지, 천장에 불길이 솟았고 전기 배선이 툭툭 튀는 것이 목격되었으니 천장 속 배선 문제를 언급한다던지 등이다. 이는 모든 화재에서 화재 경과 중 나타날 수 있는 현상일 뿐이므로, 신중하지 못한 판단과 해석은 큰 오류를 불러올 수 있음을 명심해야 한다.

3) 발화 장소 및 발화부위 추정

사전조사를 통해 얻어진 정보를 확인하고, 진화 당시의 상황을 카메라에 담는 단계로 내부 집기 및 벽면 등에 나타난 연소의 기초 이론을 통해 연소 패턴의 관찰 및 단락흔의 위치 등의 정보를 종합하여 발화부위를 결정하고 발굴범위를 압축하는 단계이며, 때로는 현장 관찰과 사진촬영 단계를 구분하여 실시하기도 하며, 사진촬영은 현장의 전체를 관찰할 수 있는 위치에서 촬영 후, 외부에서 내부로, 발화부위의 먼곳에서 발화부위를 향해 점진적으로 촬영하여 현장에 임장하지 않은 제3자의 이해를 도와야 한다.

발화 장소는 화재관계자에 대한 질문과 전체 관찰로 어느 건물인지 몇 층인지 등의 대략적 장소와 발화지점으로부터 출화를 통해 확대된 발화부위를 추정할 수 있다. 따라서, 추정된 부위가 발화지점 판정에 합당한 것인지를 연소 특이성과 배선 특이점, 발굴과 복원, 증거 등을 종합하여 판정한다.

① 연소의 상승성
화염은 수직 상방향으로 가연물을 따라 빠르게 상승하고 수평 방향과 밑면으로는 그 속도가 상대적으로 대단히 완만하다(대략적 수치로 환산 수직 상방향 20, 수평방향 1, 밑면 0.3의 비율로 확대). 그러나 이는 벽지 등 연소 확개면의 자체 가연물이 연소되면서 연소의 방향과 속도에 의해 이동되는 모형이며, 바닥에 가연물이 많이 존재하거나 인화물질에 대한 착화 시는 그 자체의 고유적 특징을 갖는다. 즉, 일반적인 연소 속도비에 의해서는 상승 연소의 기하학적 모형이 V패턴, ▽(역삼각형)모형 패턴을 이루게 될 것이나 위에서 언급한 가연물 정도나 종류, 시간 경과 등에 따라서는 낮은 연소 패턴이 남을 수 있다. 이는 모두 연소의 상승성에 기인되는 것으로 어느 패턴이든지 불꽃의 방향과 이동방향이 외부로부터의 강제력이 작용하지 않는 한 위로 향함을 나타낸다.

② 도괴
균등한 기하학적 모형의 지붕이나 벽체 지지 구조물 중 먼저 연소하는 쪽으로 하중이 쏠림으로 인해서 기둥이나 벽, 장식물, 가구류가 초기 발화부를 향하여 도괴되는 경향을 띤다.

따라서 이들을 고되 이전으로 정렬하면 연소의 방향성과 중심을 구성할 수 있는 특징이 되기도 한다. 그러나 단일 철골기둥은 열을 많이 받는 부분이 팽창에 의한 늘어남으로 해서 화염의 반대 방향으로 휘는 경향을 보이며, 창문유리는 내부 화열에 의한 공기 팽창이나 불꽃에 의한 밀림현상으로 바깥쪽으로 힘을 받아 화염의 반대쪽으로 떨어질 수 있다.

③ 탄화심도
탄화심도는 기둥, 보 등의 목재 표면에 균열된 형상의 탄화된 깊이로 발화부쪽이 오래 충분히 연소되어 깊게 나타나는 것이 보편적이다. 그러나 목재류 등은 자재의 특징상 쉽게 도괴되거나 소락되어 2차 연소로 이어지기 쉽고 탄화의 정도가 심하면 원래 위치와 형상을 잃게 되기도 한다. 이 경우는 연속하는 면의 상대적 깊이를 통하여 발화부 추적에 이용할 수 있다.
대부분 육안으로도 그 차이 구별되므로, 탄화심도는 반드시 측정하여 확인해야 할 사안은 아니다.

④ 균열흔
목재 표면의 균열흔은 고온의 화염에 맹렬히 연소될 때는 굵은 균열흔이 남고, 저온으로 장시간 점진적 연소시에는 내부 수분의 방출과 가연성 가스의 분출로 균열의 그 크기가 상대적으로 가늘게 남는다. 따라서 발화부에 가깝거나 발화 중심부에서는 균열흔이 가늘게 식별된다. 또한 온도에 따라 균열흔의 유형이 달리 나타나므로, 연소온도의 대략적 추정도 가능하다.

⑤ 훈소흔
발화부 주변에서 발견될 수 있는 특징으로 특히 목재 표면에 발열체가 밀착되어 연소되는 경우 연소면적은 서서히 확대되지만 분해가스는 발생이 완만하고 양이 적어서 전면연소에 이르지 못하고 표면에만 연소가 진행된다.
또한, 거의 밀폐구조에서 공기의 공급이 불충분하여 연소가 매우 느리게 되면서 나타나기도 하는데, 이것이 점점 싶어지면서 패인 형태의 소실 부분으로 남게 된다. 그러나 화염의 유동이 일정 공간에 집중되거나 완전 소화가 안된 상태에서 국부적으로 착화 상태가 계속되는 경우 훈소흔과 같은 형태를 남길 수 있으므로 발화부로서의 충분한 요건이 되는지 충분한 조사 후에 상황별로 면밀히 관찰하여 판정하여야 한다.

⑥ 박리흔

시멘트 콘크리트 등과 같이 불연성 건재류는 강렬한 화염을 받을 경우 재질 내의 수분이 급격히 탈수됨으로써 본래 재질의 특성을 상실하고 접착층으로부터 분리되어 떨어져 나간다. 이와 같은 현상은 화재 초기부터 진화까지 연소가 계속되는 발화부나 인화물질에 의한 맹렬한 화염 접촉 부분, 개구부를 통한 화염의 토출부분 등에서 많이 식별되는 것이 특징이다. 연소 경로와 건물 구조 등을 비교하여 판별하는 것이 중요하다.

⑦ 변색흔

금속의 경우 수열 온도 정도에 따라 특정 색깔로 변색되어 나타나는데, 이는 화재현장에서 위치별 수열 정도나 화염의 정도를 추정하여 연소의 확대 진행 상황에 하나의 자료로 활용될 수 있다.

[표 7 - 3] 금속 광택류의 수열 온도에 따른 변색의 종류

수열온도(℃)	변색
230	황색
290	홍갈색
320	청색
480	연한 홍색
590	진한 홍색
760	아주 진한 홍색
870	분홍색
980	연한 황색
1,200	백색
1,320	아주 밝은 백색

⑧ 용융흔

비가연물로 직접 연소되지는 않지만 일정 화염에 변형되는 특징별로 구별하면 변형된 상태에 따라 그곳의 화염 정도를 유추할 수 있다.

즉, 유리, 알루미늄, 구리, 철, 납, 등은 건축 구조물에서 각각 창유리, 창틀, 전선, 가구, 전선연결부 등으로 이용되고 각각은 녹는 온도가 달라서, 그물질이 녹았는지 여부를 기준으로 물질 위치에서 화염의 온도를 알 수 있다. 특히 유리의 경우는 균열이 생기는 온도(250℃)와 연화되는 온도(650~750℃), 녹아 흐르는 온도(850℃)가 서로 달라 화재 후 유리의 변형상태를 관찰하여 화재 시 창문에 유리 형태를 추론할 수 있다.

또한 철의 경우는 녹는 온도가 매우 높아 일반 화재 시 화염으로 녹기 어려워 전기적 발열에 의하거나 용접 등으로 가능함을 상기한다면 용융흔의 해석도 주변 연소를 설명하는 정보로 매우 유용하게 활용될 수 있다.

⑨ 전기합선혼

    a. 전기합선혼의 구별

      여러 가지 책에서 합선의 용융 형태에 대하여 나름의 특징을 기술하고 있지만, 합선된 망울의 형태나 조직으로 합선이 일어난 원인을 찾는다는 것은 매우 어려운 일이며, 각종 장비의 도움이나 지식을 요한다.

      합선은 충전된 도체가 절연이 파괴되면서 거의 무부하 상태로 접촉되는 것으로 접촉부에서 고열에 의한 도체의 용융이 생기는 것이다. 전기합선혼의 가장 큰 특징은 용융 끝단이 매끈한 구형을 이루고 녹지 않은 전선 부분과는 뚜렷한 경계를 이루고 용융부 내부는 모두 녹아 있는 상태이다.

    b. 전기합선의 의미

      화재현장에서 전기합선이 가지는 의미는 활성 상태에서 그 전선이 연소되었다는 것으로 보통의 경우 화재가 발생하면 얼마 지나지 않아 차단기가 작동되어 화재가 난 수용가는 물론 이웃집의 배선까지 전기가 단절되게 된다.

      따라서 전기합선혼이 발견되는 지점은 적어도 차단기의 차단 이전에 화염이 있었던 부분으로 초기 발화의 정보가 되거나 경우에 따라서는 합선혼 부분 바로 이웃에 발화원이 존재하거나 합선 자체가 발화로 이어진 경우도 있다. 이와 같이 전기합선혼은 배선 계통이나 부하 계통에 따라서 많은 의미를 달리하므로 화재현장에서 이들의 파악 없이 거두절미하고 합선 부분을 잘라 화재 원인이나 발화지점에 관한 정보를 얻으려는 것은 과학적 타당성이 결여되는 것이고, 화재원인 조사에 전혀 도움이 되지 않는다. 발견된 용융부분이 합선혼인지 외부화염에 녹은 것인지의 관심 이전에 배선의 용도와 차단기, 부하 기기와 어떻게 연결되는지 구성하여 합선일 경우에는 어떤 의미를 가지는지를 따져볼 일이다.

4) 발굴과 복원

① 발굴의 의미

    현장 관찰을 통해 압축된 부위를 발굴하는 단계로 '발굴 없는 현장조사는 화재조사가 아니라 화재구경이다'라는 말이 있듯이 발굴 및 복원단계는 발화원인을 규명하고 발화원인으로부터 가연물에 착화되는 연소경로를 명확히 할 수 있는 유일한 방법이며, 객관성과 증거보존 유지에 가장 필요한 수단이다.

    발굴은 대부분 화재현장에서 연소와 낙하, 퇴적 등으로 인해 묻혀있는 초기 연소 정보를 나타내 보이는 것을 목적으로 하는 화재조사 단계의 매우 중요한 부분이며, 발굴을 통해 바닥에 남아있는 흔적 등을 복원하는 작업이 이루어진다.

    복원은 발굴된 낙하물이나 도괴물을 연소 전 또는 연소 중의 위치로 재구성하여 발화부위에서 확산되는 연소경로를 관찰하는 것이다. 따라서 발굴이 잘 되어야 복원이 성공적으로 수행될 수 있음을 명심하여야 하며, 화재로 인해 소실된 물건들이 대다수이므로 100%의 복원은 사실상 불가능하다. 때문에 불확실한 복원은 연소경로 이해에 혼란을 가져올 수 있으므로 주의한다.

② 발굴 방법
  a. 위에서 조사한 목격 상황이나, 여러 가지 연소 특성, 전기적 특이점 등을 바탕으로 출화부나 발화부가 결정되면 이를 기준으로 필요한 발굴 범위를 선택한다.
  b. 각 단계별로 사진촬영을 하면서 퇴적된 위층부터 낙하물을 차례로 걷어 내면서 연소 상황을 해석해 보고 연소 상황에 부합되지 않거나 정밀검사가 필요한 물건, 복원에 필요한 물건 등은 주위 바닥에 비닐 등을 깔아 그 위에 배열 보관하고, 기둥, 가구 등 고정물로서 확인이 용이한 물건은 옮기지 않는다.
  c. 초기 상황에 낙하되어 바닥의 초기연소와 관련성이 있는 물건(액자, 거울, 천장 전등)은 고정물에 준하는 방법으로 처리한다.
  d. 발화부에 근접할수록 삽 등의 대형 공구 사용을 자제하고 섬세한 공구나 손을 이용하여 발굴한다.
  e. 발굴 중 찾고자 하는 목적물이 있을 경우 세심하게 주의를 기울이고 토양이나 재 등은 재검이 가능한 곳에 모아둔다.
  f. 바닥면의 연소상황이나 발굴 물건의 육안검사를 위해 빗자루로 쓸거나 경우에 따라 물을 이용해 씻어낸다. 물을 이용할 때는 인화물질 채취 등의 작업이 완료된 경우에 시행하고 관찰을 위해 물기를 헝겊 등으로 제거한다.

③ 복원
  a. 복원은 발굴된 낙하물이나 도괴물을 연소 전 또는 연소 중 위치로 명확히 재구성하여 발화부의 연소 거동을 관찰하는 것이다. 따라서 발굴이 잘 되어야 복원이 성공적으로 수행될 수 있음은 당연하다.
  b. 복원은 어차피 100% 이루어지는 것은 불가능하므로, 확실한 부분에 대해서만 복원을 진행한다. 불확실한 부분에 대해 임의로 복원을 진행하면 연소의 진행과 정도에 대한 왜곡된 정보로 작용하여 화재의 분석 및 해석에 혼란을 야기할 수 있다.
  c. 소실되었으나 식별이 가능한 경계 부분 복원은 대용재료를 사용하여 고이거나 연결하여 복원하고, 최종적으로 복원 상황을 관계자에게 확인시킨다.

5) 증거물 확보

연소 형상과 배선 특이점 검자, 발굴 등을 통해 취득된 것 중 직접 증거가 되는 물건과 감정이 필요한 물건을 수집하여 분류, 목록에 기입하고 수집 위치와 수집의 이유, 감정의뢰 사유 등을 명기하여 후속 처리한다. 증거물이나 감정물 중 인화물질 자체나 인화물질 검사가 필요한 물건은 밀봉하여 기밀을 유지시켜 보관한다.

6) 발화지점 결정

현장 전체관찰과 관계자의 진술 청취 및 질문, 연소 확산과정의 역추적을 통해 발화 부위 즉 발화가 시작된 장소가 확인되면 이의 증명을 위한 증거를 확보해야 한다. 발화부의 화재가 처음 발생한 장소의 3차원적 부위로서 화재가 시작되어 진화될 때까지 가장 오래 타는 경우가 많아 소훼 정도가 가장 심한 것이 일반적이나 가연물의 조건에 따라 다를 수 있으므로 유의하여야 한다. 발화부위에서 증거확보를 위해서는 화재 발생시점에 고정된 집기 및 시설이 연소된 것과 연소 이후 도괴 변형되면서 합쳐 진 연소물에 대하여 제자리를 찾게 하여 발화 후 연소확대 진행과정과 경로 등을 연소 이론에 바탕을 둔 실험적 근거와 현장 임장 전 사전조사 정보 등이 합치되는지를 판단 하여 결정하여야 한다. 정확한 발화부위를 찾아낸다면 현장의 화재조사는 성공한 것 으로 볼 수 있다.

① 발화부

전체 관찰과 관계자의 질문, 연소 확대 과정의 역추적을 통해 출화부를 좁히고 출화부 경계 내의 발화 장소가 확인되면 이의 증명을 위한 증거를 확보해야 한다. 이후의 과정이 발굴과 복원으로 이루어지는 것이다. 발화부는 화재가 처음 발새한 장소의 입체적 부위로서 화재가 시작되어 진화될 때까지 가장 오래 타는 경우가 많아서 소훼 정도가 가장 심한 것이 일반적이다.

다만, 짧은 시간에 심하게 탈 수 있는 인화물질 또는 이연성 물질의 응집이 있었던 경우나 소화 후 잔불 제거 미비로 전체 연소시간과 별도로 오래 타는 경우 이와 같은 연소특징을 남길 수 있으므로 이들의 구분 또한 조사자의 책임이다. 발화부의 확인을 위한 증거 확보를 위해서는 화재 발생시점에 고정 시설이 연소된 것과 연소 이후 도괴 변형되면서 합쳐진 연소물에 대하여 제자리를 찾게 하여 발화 후 연소 확대 진행과정 과 경로 등을 연소 이론에 바탕을 둔 실험적 근거와 현장 임장 전 사전 조사 정보 등이 합치되는 지를 판단하여 결정하여야 한다. 정확한 발화부를 찾아낸다면 현자의 화재조사는 성공한 것으로 볼 수 있다.

발화부에서의 불씨는 그 부분의 고정 시설물 이외에 인위적 행위나 현장에 남지 않을 수 있는 순시적 불씨 등 확인할 수 없는 불씨가 대단히 많다.

발화부에서 당장 발화원이 남아있지 않다고 조급해하며 무리한 추론을 하는 것보다 발화부의 판단이 옳았는지와 발화부에 발화원이 왜 남지 않았는지에 대한 합리적 해석에 비중을 두고 기타 발화원에 대한 수사가 필요한 상황이면 발화원에 대한 판단을 유보하고 주변 수사를 통해 다른 가능성을 포기하지 않는 것도 중요하다.

② 출화부 추정 5원칙

　a. 주염, 주연흔 : 고온의 화열이 가진 수분이 상대적으로 저온인 표면과 만나 응결하면서 표면에 남는 흔적, 이를 통해 연소의 방향성을 유추

　b. 도괴방향법 : 발화물건의 기둥 등은 발화부의 방향으로 도괴한다는 점에 착안

　c. 연소의 상승성 : 화염은 상향 방향으로 빠르게 상승하고, 측방, 하방으로는 상대적은 느린 화재의 확산성 때문에 V자 패턴을 보임

　d. 탄화심도 : 탄화심도는 발화부에 가까울수록 탄화의 시간이 길어 심도가 깊게 형성, 수열, 변색, 박리흔, 목재의 균열흔은 발화부에 가까울수록 잘고 가늘어지는 현상(세연화)

　e. 완소흔(700~800℃), 강소흔(900℃), 열소흔(1,100℃)

③ 출화부

출화부는 발화부에서 시작한 화염이 지속적 연소를 진행하다가 공기의 소통이나 개구부를 통하여 왕성한 연소를 개시하는 부분이다. 따라서 발화부에 인접하고 이에 연속하는 면에 빠르고 왕성하게 성장된 화염의 흐름이 식별된다면 동부분이 곧 출화부로서 발화부의 근거에 중요한 기준이 될 수 있다.

④ 발화부의 판별기준

발화부로 판별된 부분에서 발화시 전체 연소 형상을 설명하는데 연소 형상이나 증거 구성에 무리가 없어야 한다.

발화부로부터 주변으로의 연소확대가 초기 연소의 특징에 부합되어야 한다.

연소 경로의 판정이 구조에 의한 공기의 유동이나 가연물의 분포, 시간 지속에 의한 연소 정도 등에 합리성을 가져야 한다.

7) 발화원인의 결정

발화원인과 관련된 물증은 반드시 발화부위 내에 조내하여야 하며, 발화원인을 판단할 때에는 다음과 같은 주의가 요구된다.

① 주의 및 요구사항

1. 발화원인으로 추정되는 물건에 인접한 가연물이 착화되는 경과에 무리한 추론이 없어야한다. 예를 들어 바닥에 양초가 있다고 하여 양초가 놓여있던 주변 바닥면이 연소되지 않음에도 불구하고 양초를 발화원인으로 지목하는 것은 우연에 근거를 둔 추론이라 할 것이다.

2. 과학적 타당성이 있어야 한다. 전선의 합선흔적이 존재한다고 하여, 합선에 의한 전기화재로 판명하여서는 안 될 것이다. 합선에 의해 화재가 발생하려면 절연피복을 손상할만한 물리적인 외력이 존재하여야 하므로 합선에 기인한 물리적인 외력을 밝히는 작업이 선행되어야 할 것이다.

3. 발화 가능성에 모순이 없어야 한다. 과거 유사한 화재사건에서 밝혀진 원인을 예를 들어 원인을 추론하는 것은 절대 금물이다.

4. 다른 발화의 가능성에 대한 배제가 충분히 이루어져야 할 것이다. 특히 방화의 경우 대부분 흔적이 남지 않으므로 충분한 검토와 가능성에 대한 배제가 이루어져야할 것이다.

② 전기적 요인
• 통전입증
• 누전, 합선, 과열

③ 기구적 요인
• 가스기구(가스렌지, 휴대용 가스렌지 등)
• 가정용 주방기구
• 조명기구
• 공장 기계

④ 자연적 요인
• 재료 황린과 같은 인화성 물질
• 구조 비닐하우스(내부 가열 시 낮은 내구성)

⑤ 인위적 요인
- 의지나 목적에 의한 직접 착화행위
- 원치 않는 실수나 부주의
- 기구나 시설을 이용한 실화 위장

2.4. 조사자의 자격 및 자세

1) 자격
- 자연과학에 대한 이해 정도가 높아 현장에 나타난 현상에 대해 분석할 수 있는 능력
- 화재현장 전반에 걸쳐 풍부한 지식과 경험을 갖춘 자
- 화재조사에 관한 전문교육 이수자
- 보편타당한 논리와 사고를 가진 자
- 철저하고 꼼꼼하며, 집중력이 높아 조사에 임하기에 적합한 자

2) 자세
- 현장조사자의 뚜렷한 목적의식
- 과학적 지식 적용을 위한 부단한 의지와 설득력 있는 결론 도출을 위한 노력
- 과학 기술의 진보와 생활양식의 변화에 민감하게 대응할 수 있는 사람
- 공공업무의 중요성과 사명감이 투철

3) 조사 시 유의사항
- 연소흔적으로부터 발화원에서 출화된 사실을 상황증거에 의하여 증명하여야 한다.
- 객관적 연소상황과 배치되는 독단적 견해를 고집하지 않는다.
- 우연성에 근거를 둔 추론은 금물이며, 시공간에 독립적인 사실 확인에 노력한다.
- 경험에 따른 선입관으로 예단, 편견을 갖는 것은 금물이다.
- 이해관계인의 목격 상황은 사실 입증에 신중을 기화되, 수사방향과 불일치되는 목격 상황도 간과하지 않는다.
- 목격된 사실에 현장을 합리화시키지 말고, 현장 상황이 목격내용과 일치하는지 유의한다.

- 화재 원인 규명은 현장조사, 수사, 감정 등의 결과 종합에서 이루어진다는 생각으로 일부의 근거로 무리한 추론에 이르지 않는다.
- 화재현장은 다른 이유로 다른 사람이 조사할 경우 염두에 두고 현장 보전에 최선을 다한다.

2.5. 화재현장의 보존

- 소화 및 인명구조를 최우선으로 한다.
- 출입자를 통제(특히 화재 관련자 및 고물상)하고, 조사상 필요한 구역을 설정한다.
- 화재의 피해물건 등을 남아있는 처음 상태 그대로 보존하여야 화재 원인 조사에 유리하다.
- 진화 전후의 현장 상황이 그대로 보존되도록 한다.
- 전기 및 가스와 관련된 안전점검을 시행한다(기록유지)
- 초기 현장을 사진으로 남기며, 위치를 명확히 표시하고 촬영하여 남겨둔다.
- 목격자 및 화재 관련자의 진술을 확보한다.

2.6. 화재현장의 위험 요소와 안전수칙

화재현장에서 조사 및 감식활동 중에 사상을 입는 경우는 다반사다. 사실, 화염이 완전히 진압된 이후의 상황이라 안전할 것이라는 인식을 바탕으로 둔다면 이러한 위험은 납득이 잘되지 않을 것이다.

하지만, 화열보다 더 위협적인 요인이 현장에 존재한다면, 그것은 바로 미세한 분진과 유독가스의 잔량이라 할 수 있다. 이렇듯 눈에 보이지 않는 미세한 입자와 유독가스들은 화재가 진압된 뒤에도 장시간 현장에 잔류하여 조사자들의 건강을 크게 해치는 요인이 된다. 때문에 화재감식 요원들은 호흡기 질환에 노출될 수밖에 없는 환경에 놓여있는 것이다.

또한, 화재의 발생이나 폭발로 인해 구조적으로 취약해진 구조물은 물리적으로 큰 위험요소이다. 화재가 진압되었다 하더라도, 이후에 지붕이나 벽이 붕괴되거나, 깨진

유리창이나 파손된 물질들이 곳곳에 산재해 있어 자칫 감식활동에 열중하다 주의를 소홀히 해 사상을 다할 여지가 있다. 이 외에도, 통전유무를 반드시 살펴, 감전의 위험을 차단하고, 잔류가스의 존재 여부를 반드시 확인하고 조사에 임해야 하겠다. 마지막으로 현장의 보이지 않는 위험에 피해를 입게 되더라도 빠른 시간 내에 도움을 받을 수 있도록 현장에서는 독단적인 행동은 지양하고 내부에서는 극도의 주의를 요한다.

2.6.1. 안전수칙

① 독단적인 행동은 지양한다(2인 1조로 활동).
② 화재가 완전히 진압된 것이 확인된 이후 현장으로 진입한다.
③ 현장조사는 특별한 사유가 없는 한 주간에만 실시하는 것을 원칙으로 한다.
④ 안전을 위한 최소한의 기본 장비(안전모, 안전화, 장갑, 마스크 등)은 항상 휴대하고 진입 전 반드시 착용한다. 또한, 화재현장은 단전된 상태가 기본이므로, 조명을 휴대하여 시야 확보 및 감식에 유리하도록 한다.
⑤ 극심한 육체적 피로를 유발하는 발굴작업 등을 시행할 때는 휴식을 병행하며 체력적 안배를 고려한다.
⑥ 현장 진입 전 통전유무와 잔류유독가스의 존재, 구조물의 안전성 등을 충분히 검토한다.
⑦ 조사 및 감식 활동 중에 입을 수 있는 부상에 대비하여 기본적인 구급 장비는 구비하여 위급 시 적절히 사용할 수 있도록 한다.
⑧ 장갑, 마스크와 같은 장비는 1회 사용 후 폐기하여 오염방지에 유의한다.
⑨ 바닥에 소화수가 고여있는 경우, 미끄러짐 등의 안전사고 예방을 위해 배수 후 진입하도록 한다.
⑩ 확인되지 않은 오염물질이 존재한다면, 물질의 위험 여부 확인 전에는 손으로 직접 만지거나 냄새를 직접 맡는 등의 행동은 지양한다.
⑪ 낙하우려가 있는 잔해는 위에서부터 제거하여 작업 중 낙하에 의한 위험에 노출되지 않도록 각별히 주의한다.
⑫ 안전성이 보장되지 않는 기울어지거나 흔들리는 물체 위로 올라가는 행동은 피한다.
⑬ 현장 보존과 발굴을 위해 탄화된 물건이나 퇴적물이 적재되어 있는 공간은 밟지 않도록 피하여 보행하도록 한다.
⑭ 높은 곳에 위치한 물체의 제거는 보안(保眼)을 위해 보안경 착용이 필수다.
⑮ 수분이 존재하는 곳의 전기기기 및 스위치를 직접 조작하는 것은 절대 지양하며, 필요 시 검전기 등을 이용하여 통전 여부를 확인 후 감식한다.
⑯ 2층 이상의 현장인 경우, 추락 위험 여부를 파악하고 움직인다.
⑰ 항상 안전성에 대한 평가가 선행된 후 감식에 임하여야 한다.

2.7. 과학수사요원이 현장을 관찰하거나 감식할 때 가져야 할 자세[126]

① 현장은 증거의 보고라는 신념을 견지하라. 현장에는 많은 수사 자료들이 있다. 이는 경험에 비추어 당연하다. 수사단서가 아니라고 생각한 것이 나중에 단서가 되기도 한다. 그런 것들을 모두 고려한다면, 현장은 증거의 보고, 수사단서의 보고이다.

일반적으로 화재현장의 증거는 쉽게 발견하기 어렵다. 다른 현장과는 다르게 화염에 의해 모든 것이 소실되기 때문이다. UC 버클리의 폴 커크 박사는 1974년 저서에서 이렇게 말했다. '물적 증거는 어디에나 존재하며 위증하지 않는다. 단지 사람이 그것을 보지 못하고 이해하지 못하며 그 가치를 떨어뜨릴 뿐이다[127].'

② 냉정하고 침착한 관찰과 감식을 하라. 현장감식은 두 번의 기회가 없다. 물론 중요현장을 1차 감식 후 보존했다가 다시 하기도 한다. 그러나 사건에 대한 판단은 최초의 관찰과 감식에서 정해진다. 잔혹한 범죄현장의 경우에 적합한 조언이기도 하다.

③ 선입견을 피하고 객관적인 관찰하라. 피해자의 신고내용, 최초 출동한 지구대 직원과의 전화통화 내용, 자신의 과거 경험 등에 사로잡히면 선입견에 의한 현장감식이다. 시체 주변 유류물에 대해 선입견을 갖지 말고 원점에서 생각하는 방법, 남들이 생각하는 것과 반대로 생각하기 등을 해봐야 한다.

④ 순서에 따라 빠짐없는 관찰과 감식이 중요하다. 현장에 있는 요원들이 무분별하게 관찰하거나 감식하면 중요한 자료를 빠뜨릴 수 있다. 체크리스트를 갖추고 하나씩 점검하면서 진행하면 실수를 줄일 수 있다.

⑤ 광범위한 관찰과 감식을 해야한다. 유류품이나 그밖에 수사단서가 될만한 것들이 시체가 있는 현장에만 있는 것은 아니다. 현장에서 멀리 떨어진 곳에도 사건과 연관시킬 수 있는 수사 자료들이 있을 수 있다. 눈을 크게 뜨고 멀리 볼 줄 알아야한다.

⑥ 치밀한 관찰을 반복해야 한다. 순서에 따라 빠짐없이 보았다고 해도, 사람의 일인지라 빠트릴 수 있다. 그러므로 반복 관찰해야 한다. 한번 관찰해서 볼 수 없었던 것을 2, 3회 되풀이해서 보면서 발견한 사례들이 많다. 충분한 자료를 발견할 수 없었거나 명확한 판단이 되지 않으면 실망하지 말고 계속 반복해서 세밀하게 관찰해야 한다. "현장 100회"란 말은 여기에 기인한다.

⑦ 관찰하거나 감식할 때는 과학수사 장비를 활용하라. 단지 오관의 작용만으로는 충분한 결과를 얻기 힘들다. 각종 관원과 장비를 활용해서 작은 단서 하나라도 찾고 이를 통해 추리할 수 있어야 한다.

---

126) 출처 : 2014 과학수사 특별교육 - 경찰의 과학화는 CSI로 말한다. 경찰청.
127) 출처 : 한국의 CSI 표창원

⑧ 전 주의력을 집중한 관찰을 해야 한다. 관찰에 임할 때에 관찰해야 할 대상에 주의력을 집중하지 않으면 안 된다. 빠트리는 건 부주의에서 일어나는 일이다. 심신을 가다듬고 관찰에 임하고 상황에 따라 부주의가 발생할 우려가 있을 때에는 특히 주의하여 잘못이 없도록 해야 한다. 관찰과 감식에 임할 때만큼은 불필요한 대화도 삼가야 한다.

⑨ 모순과 합리적이지 못한 점의 발견에 노력하는 관찰이 되어야 한다. 현장에서 부자연스러운 점, 중력의 작용에 배치되는 형태, 있어야 할 위치에 있지 않은 물건 등을 찾아 그 원인을 규명하기 위해 노력해야 한다. 이는 사건 판단에 있어 중요한 역할을 한다.

⑩ 현장에서 관찰되는 것 중 특이한 물건이나 표식이 있는지 찾아본다. 흔치 않은 물건으로 의외로 사건해결의 단서가 되는 경우가 있다.

어려운 난관에 부딪힐 때마다 원칙으로 돌아가라는 말을 항상 상기하고, 전문가, 경험이 많은 선배의 의견에 귀를 기울이도록 한다. 또한, 학습과 연구를 꾸준히 해야 한다. 국민들은 경찰의 과학화를 CSI로 알려진 과학수사의 수준으로 판단한다. 과학화는 하루아침에 달성되는 것이 아니다. 경찰에서 과학이라는 옷을 걸치고 있으려면 공부해야한다. 각자 자신의 분야에서 최고의 경지에 이르도록 최선의 노력해야한다.

3 경찰의 화재감식

3.1. 화재감식의 법적 근거

• 형사소송법 제199조 (수사와 필요한 조사)

수사에 관하여서는 그 목적을 달성하기 위하여 필요한 조사를 할 수 있다. 다만, 강제처분은 이 법률에 특별한 규정이 있는 경우에 한하며, 필요한 최소한도의 범위 안에서만 하여야 한다. 감식활동은 범죄현장에 유류되어 있는 유, 무형의 증거를 수집하여 혐의를 입증하는 것으로 수사의 목적을 달성하기 위한 조사활동에 포함된다.

3.2. 증거물 수집의 법적근거

• 형사소송법 제308조의 2(위법수집증거의 배제)
• 범죄수사규칙 제154조(임의 제출물 등의 압수에 관한 규정의 준용)
• 과학수사 기본규칙 등

범죄현장에서 수집된 증거물은 첨단장비와 전문가에 의해 분석되고, 그 결과를 수사에서는 범죄사실을 증명하고, 법정에서는 증거의 증거능력과 신뢰성을 다투는 공소유지를 위한 증거자료로 활용되며, 피의자는 방어권 보장을 위한 기능으로 사용되기 때문에 증거물은 수집부터 법정제출까지 적법한 절차에 따르는 것은 물론 투명성과 무결성이 보장되어야 한다.

구분	유형	법 조항
원칙	압수 · 수색 · 검증 등 강제처분은 영장에 의하여 실시하여야 한다.	헌법 제12조1항,3항 형소법 제215조
예외 (형소법 제216조 ~제218조)	체포현장에서 압수 · 수색 · 검증	형소법 제216조1항, 제220조 범죄수사규칙 제124조
	구속영장 집행 시 압수 · 수색 · 검증	형소법 제216조2항, 제220조 범죄수사규칙 제124조
	범행 중 또는 범행직후 장소에서 긴급을 요하여 판사의 영장을 받을 수 없을 때	형소법 제216조3항, 제220조 범죄수사규칙 제124조
	긴급체포된 자가 소유 · 소지 또는 보관하는 물건에 대해 긴급을 요하는 경우	형소법 제217조1항, 제220조 범죄수사규칙 제124조

	피의자 기타 인의 유류한 물건	형소법 제218조, 제218조의 2 범죄수사규칙 제125조
	소유자·소지자 또는 보관자가 임의로 제출한 물건	

3.3. 강제절차의 증거수집

구분	유형	법조항
원칙	압수·수색·검증 등 강제처분은 영장에 의하여 실시하여야한다.	헌법 제12조1항,3항 형소법 제215조
예외 (형소법 제216조 ~제218조)	체포현장에서 압수·수색·검증	형소법 제216조1항, 제220조 범죄수사규칙 제124조
	구속영장 집행 시 압수·수색·검증	형소법 제216조2항, 제220조 범지수사규칙 제124주
	범행 중 또는 범행직후 장소에서 긴급을 요하여 판사의 영장을 받을 수 없을 때	형소법 제216조3항, 제220조 범죄수사규칙 제124조
	긴급체포된 자가 소유·소지 또는 보관하는 물건에 대해 긴급을 요하는 경우	형소법 제217조1항, 제220조 범죄수사규칙 제124조
	피의자 기타인의 유류한 물건	형소법 제218조, 제218조의 2 범죄수사규칙 제125조
	소유자·소지자 또는 보관자가 임의로 제출한 물건	

원칙적으로 압수, 수색, 검증 등 가제처분 시 영장에 의하도록 명문화 하고 있다. (헌법 제12조 1항, 3항, 형소법 제215조)

그러나 영장에 의한 체포, 현행범인체포, 구속영장 집행 시 범행 전·후 현장, 긴급 체포 시 판사의 영장을 받을 수 없이 긴급을 요하는 경우에는 예외적으로 영장 없이 압수 수색, 검증을 할 수 있다. 여기에서 말하는 범죄현장은 강제절차에 의한 압수·수색·검증이 이루어지는 범죄현장을 말하는 것이다.

3.4. 임의절차 증거 수집

피해자 등의 관계자 동의에 의한 범죄현장 증거 수집은 임의수사 절차에 해당하며, 수집된 증거물은 관계자의 동의를 얻어 임의제출 받고 증거물 목록을 작성 교부하고, 압수조서 및 압수목록을 작성하여 수사기록에 편철하면 된다.

4 소방의 화재감식

소방의 화재조사는 소방법에 근거한 화재 원인과 화재로 인한 손해의 조사(소방기관에서 행하는 통상의 화재조사)와 화재에 동반되는 인명의 사망, 부상 및 재물의 손실 등 피해액수를 산정하는 조사이며, 경찰기관에서 행하는 수사와는 성격이 다르고 화재 예방을 중심으로 하는 소방행정을 효율적으로 추진하기 위한 자료 수집을 그 목적으로 하고 단순한 조사뿐만 아니라, 인적 혹은 물적인 요인 등 화재 예방의 시책과 조치의 성과를 검토하여 시정개선을 꾀하기 위한 것이다.

따라서 화재 조사의 목적은 다음과 같다.
- 화재에 의한 피해를 알리고 유사화재의 방지와 피해의 경감
- 출화 원인을 규명하고 예방행정의 자료로 활용
- 화재확대 및 연소원인을 규명하여 예방 및 진압대책 상의 자료로 활용
- 사상자의 발생 원인과 방화관리상황 등을 규명하여 인명구조 및 안전대책의 자료로 활용
- 화재의 발생상황, 원인, 손해상황 등을 통계화하여 널리 소방정보를 수집하고 행정시책의 자료로 활용

소방 법령상에 있어서는 화재진화 직후 화재조사를 하게 되어 있어 화재의 성격상 경찰기관과의 연대가 필요하고, 경찰기관이 행하는 방화, 실화의 범죄수사에 대한 협력을 규정하고 있다.

4.1. 소방 화재조사의 법적근거

소방기본법 (제5장 화재의 조사)
제29조 (화재의 원인 및 피해 조사)
① 국민안전처장관, 소방본부장 또는 소방서장은 화재가 발생하였을 때에는 화재의 원인 및 피해 등에 대한 조사(이하 "화재조사"라 한다)를 하여야 한다. [개정 2014. 11. 19 제12844호(정부조직법)]
② 제1항에 따른 화재조사의 방법 및 전담조사반의 운영과 화재조사자의 자격 등 화재조사에 필요한 사항은 총리령으로 정한다. [개정 2013. 3. 23 제11690호(정부조직법), 2014. 11. 19 제12844호(정부조직법)] [전문개정 2011. 5. 30] [[시행일 2011. 12. 1.]]
제29조의 관련 규정 화재조사관 자격시험에 관한 규정(국민안전처훈령 제167호 2016. 02. 19)[소관부처 : 국민안전처]

제30조 (출입·조사 등) 벌칙규정과태료

① 국민안전처장관, 소방본부장 또는 소방서장은 화재조사를 하기 위하여 필요하면 관계인에게 보고 또는 자료 제출을 명하거나 관계 공무원으로 하여금 관계 장소에 출입하여 화재의 원인과 피해의 상황을 조사하거나 관계인에게 질문하게 할 수 있다. [개정 2014. 11. 19. 제12844호(정부조직법)]

② 제1항에 따라 화재조사를 하는 관계 공무원은 그 권한을 표시하는 증표를 지니고 이를 관계인에게 보여 주어야 한다.

③ 제1항에 따라 화재조사를 하는 관계 공무원은 관계인의 정당한 업무를 방해하거나 화재조사를 수행하면서 알게 된 비밀을 다른 사람에게 누설하여서는 아니 된다. [전문개정 2011. 5. 30] [[시행일 2011. 12. 1.]]

제31조 (수사기관에 체포된 사람에 대한 조사)

국민안전처장관, 소방본부장 또는 소방서장은 수사기관이 방화(放火) 또는 실화(失火)의 혐의가 있어서 이미 피의자를 체포하였거나 증거물을 압수하였을 때에 화재조사를 위하여 필요한 경우에는 수사에 지장을 주지 아니하는 범위에서 그 피의자 또는 압수된 증거물에 대한 조사를 할 수 있다. 이 경우 수사기관은 국민안전처장관, 소방본부장 또는 소방서장의 신속한 화재조사를 위하여 특별한 사유가 없으면 조사에 협조하여야 한다. [개정 2014. 11. 19. 제12844호(정부조직법)] [전문개정 2011. 5. 30] [[시행일 2011. 12. 1]]

제32조 (소방공무원과 국가경찰공무원의 협력 등)

① 소방공무원과 국가경찰공무원은 화재조사를 할 때에 서로 협력하여야 한다.

② 소방본부장이나 소방서장은 화재조사 결과 방화 또는 실화의 혐의가 있다고 인정하면 지체 없이 관할 경찰서장에게 그 사실을 알리고 필요한 증거를 수집·보존하여 그 범죄수사에 협력하여야 한다. [전문개정 2011. 5. 30] [[시행일 2011. 12. 1.]]

제33조 (소방기관과 관계 보험회사의 협력)

소방본부, 소방서 등 소방기관과 관계 보험회사는 화재가 발생한 경우 그 원인 및 피해상황을 조사할 때 필요한 사항에 대하여 서로 협력하여야 한다. [전문개정 2011. 5. 30] [[시행일 2011. 12. 1.]]

5 화재감식의 방향

1) 방화 및 중대과실 사건의 화재감식

위 목적과 같이 소방기관의 화재조사 목적은 행정적인 업무를 목적으로 하고 있고, 경찰기관의 화재조사는 범죄수사의 목적으로 감식이 시행되고 있는 바, 사법기관의 화재감식은 형사소송법 제199조 "수사와 필요한 조사"에 충족하는 감식행위를 할 수 있으나, 행정업무의 목적이 있는 소방기관의 화재조사는 형사소송법 제308조의 2 "위법 증거의 배제"에 위배될 뿐 아니라, '증거물은 수집부터 법정제출까지 적법한 절차에 따르는 것은 물론 투명성과 무결성이 보장되어야 한다'라는 조항을 충족하기에는 부족하므로 수사기관이 경찰기관에서는 "위법수집증거의 배제"원칙에 어긋나지 않도록 화재 현장의 출입자 통제 등에 만전을 기해야 할 것이다.

2) 일반화재 사건의 화재감식

화재의 원인이 방화 또는 중대한 실수가 아닌 일반화재의 경우, 대부분 행정업무를 위해 감식과 조사가 시행되고 있으며, 화재의 특성상 범죄에 기인하였다고 할 만한 대부분의 흔적이 소훼되기 때문에 발화 초기에는 일반화재로 접근하였으나, 감식 중에 일반범죄와 연관되었거나, 형법에 저촉되는 중대한 과실이 인정되는 증거가 발견될 수 있으므로 경찰기관에서 우선적으로 감식을 시행하여 이와 같은 사실을 밝혀야 하므로, 화재현장에 최초 출동하는 경찰관은 일반화재와 범죄와 연관된 화재의 구분을 초기에 판단하여야 한다.

그러기 위해서는 많은 경험과 전문지식을 가진 전문가가 판단하여야 하므로 경찰기관의 체계적인 대처가 요구된다.

3) 행정기관이 先 감식을 시행한 경우의 화재 수사

소방기본법 제29조 "화재원인 및 피해조사"에 의거 경찰기관에서 사건을 판단하기 이전에 소방기관에서 감식을 완료한 경우, 현장조사 중 발굴 및 복원 등을 통해 현장이 훼손되어 범죄와 관련된 증거물이 발견되어 형사책임을 확인하기 위한 수사가 필요하다 하더라도, 수사기관에서는 현장에서 수거된 물건(범죄와 관련된 물건)의 "위법증거의 배제" 원칙에 따른 추가적인 수사활동이 요구된다. 범죄와 관련된 물건의 발견 경위를 확인할 수 있는 법적인 근거와 경위에 대해 수사를 통해 투명성과 무결성 보장에 대해 입증하는 절차가 필요하다.

6 화재현장의 증거물 종류 및 수집 요령

6.1. 증거물의 종류

화재현장의 증거물은 크게 나눠서 형태를 식별이 가능한 유형(有形)의 증거물과 연소패턴 및 그을음의 부착 흔적 등을 나타내는 무형(無形)의 증거물로 나눌 수 있다.

6.1.1. 유형(有形)의 증거물 종류 및 수집 요령

1) 유형(有形)의 증거물 종류

유형의 증거물이란 형태의 식별이 가능한 증거물을 말하며, 그 종류는 전기기기, 전기 배선, 전기적 용융흔, 가스기기 · 배관, 탄화된 냄비 등 여러 가지 형태로 현장에서 관찰되고, 대부분 화재로 손상되어 있거나 손상되기 쉬우므로, 수집 시 상당한 주의가 요구된다.

2) 유형의 증거물 수집 요령

유형의 증거물의 경우 대부분 전기적인 발열 형상이나 특이점 형태를 식별하는 것이 중요하므로, 전기기기의 경우 반드시 통전(通電)상태가 입증될 수 있도록 수집하여야 한다.

예를 들어 전기 콘센트에 연결된 전기기기에서 발화가 의심되어 감정기관에 감정의뢰를 위해 수집할 경우 통전 상태가 입증될 수 있도록 전기기기에서 배선이 연결된 통로 전부를 촬영 · 수거해야 한다.

특히, 멀티 콘센트에 전기기기가 병렬로 연결된 경우 모든 기기의 검사가 이루어질 수 있도록 수집을 하거나, 현장에서 검사를 완료 후 배제하여야 한다.

가스기기의 경우 전기기기와 마찬가지로 가스의 공급상태가 입증될 수 있도록 촬영 또는 수거되어야 한다. 가스배관의 경우 벽면에 고정되어 있어 수거가 불가능하므로, 사진으로 공급경로가 입증되어야 할 것이다.

6.1.2. 무형(無形)의 증거물 종류 및 수집요령

1) 무형의 증거물 종류

무형(無形)의 증거물이란 형태의 식별이 불가능한 증거물을 말하며, 그 종류는 출입문 및 벽면에서 연소의 방향을 추적할 수 있는 연소 패턴, 발화부위에서 관찰되는 상승 연소패턴('V' 또는 'U'자 패턴), 인화성 액체에 의한 고유의 연소패턴, 관계인의 진술과 상이한 흔적 등 수집이 불가능한 것이 대부분이므로, 성실한 사진촬영이 최선이라 할 수 있다.

특히, 잔류된 인화성 액체 가연물의 수집은 극히 미량이 남아있으므로 신중을 기하여 수집하여야 하고, 대부분의 인화성 액체의 경우 상온에서도 쉽게 기화되어 멸실될 수 있는 가능성이 있으므로 완전 밀봉 및 저온 보관과 신속한 감정이 요구된다.

2) 인화성액체 가연물 수집 요령

인화성 액체 가연물이 착화 매개물로 사용된 현장의 경우 대부분 소실될 수 있으나, 뿌려지는 과정에 틈새로 스며들거나, 다공성 물질에 흡습 되어 잔류될 수 있으므로, 수집 시 상당한 주의가 요구된다.

진화 초기 소화수 위에 기름기가 관찰된다거나, 감식 중 석유류 물질의 취향이 감지되는 현장에는 반드시 인화성 액체 가연물이 남아있을 만한 물건이나, 거즈를 이용 바닥에 잔류된 액체를 흡습하여 수거한 후 감정의뢰 하여야 하며, 탄화된 주변에 석유 화학물질이 있는 경우 비교 샘플로 채취하여 별도로 밀봉 후 수거한다.

이때 작업 중 착용하고 있건 장갑 등을 새 장갑으로 교체 착용한 후 수거해야 하며, 수거에 사용된 장갑은 수거물과 동봉하여 밀봉 수거한다.

수거하는 과정을 사진 및 동영상을 이용 기록하고, 수거물은 기화되지 않도록 완전 밀봉 후 냉장고 등을 활용하여 저온 상태로 보관하고, 신속히 감정 의뢰하여야 한다.

감정물을 보관하는 용기는 철재 캔을 사용하여야 하나, 캔이 없는 경우 지퍼 팩을 수 겹으로 사용하여 잔류된 액체가 기화되어 멸실되는 것을 최소화하여야 한다.

7 화재사의 정의

화재사라 함은 "화재시 발생하는 복사, 대류, 전도에 의한 열전달 및 화염의 접촉 등으로 인한 화상과 더불어 유독가스에 의한 흡입 및 산소결핍에 의한 질식 등이 합병 되어 사망하는 것"을 말한다. 화재현장에서 발견되는 시신의 경우 형태를 알아볼 수 없는 경우가 대부분이고, 사망 원인이 불분명하므로, 반드시 부검을 통해 사망원인을 규명하여야 한다.

특히, 형태가 심하게 훼손된 경우 인적사항 확인을 위해 지문을 채취하거나, 유전자 등을 비교분석하여 인적사항을 밝히는데 신중을 기하여야 한다.

7.1. 시신 수습 시 유의사항

7.1.1. 발견위치의 확인

화재로 인해 사망한 시신이 현장에 발견될 경우 반드시 발견위치와 형태를 정밀하게 촬영하여 발화지점과 시신의 취치의 인과관계를 입증하여야 한다.

예를 들어 화재로 인해 뜨거운 열기와 매연에 본능적으로 반응하여 출입구나 개구부, 물이 있는 화장실 등으로 이동 중에 사망하는 것이 대부분이나, 화재의 중심부위에서 거동한 흔적이 없이 전신이 소훼된 채 발견되거나, 주변의 연소흔적보다 시신의 연소 정도가 심하게 확인되는 등의 형태가 발견된다면 일반적인 화재사로 보아서는 안 되며, 강력사건의 준해서 사건을 처리하여야 한다.

7.1.2. 시신 및 유류물의 수습요령

1) 소사체 수습요령

화재의 정도가 심하여 시신이 소훼될 경우 관절이 이탈되거나, 인체에서 발생하는 동물성 유지분에 의해 신체가 이탈될 수 있으므로, 시신 주변을 면밀히 관찰하여 신체 전부를 수거하여야 하며, 수습 당시에 완전히 수습되지 않았다면, 정밀 감식 시 시신이 발견되었던 장소 주변을 정밀 수색, 수습하여 신체 일부라도 멸실되지 않도록 최선을 다하여야 한다.

2) 유류물 수거 요령

소사체의 수습 시 변사자가 착의하고 있던 의류는 반드시 수거해야 하며, 인화성액체 등 화학적 증거가 잔류되어 있을 수 있으므로 반드시 밀봉 · 저온 보관하여야 한다.

특히, 신체 전부 또는 일부가 소훼된 경우 바닥과 밀착된 의류는 연소되지 않는 것이 대부분이므로 조심스럽게 형태 및 수열 정도를 구분할 수 있도록 촬영 후 수거하여 밀봉하여야 한다.

3) 소사체 관찰 요령

화재현장에 발견된 시신은 진화 후의 상태를 관찰하는 것이지 화재 진행 중 상황의 변화는 알 수가 없다. 그러므로 시신의 형태 등을 관찰하여 변사자가 불에 대해 어떻게 반응하고 대응하였는지 유추하여 화재 진행 중의 상황을 합리적이고 이성적으로 추론하여야 한다.

이러한 유추는 객관적인 근거에 의해야 하며, 모순된 점이 없도록 하여야 한다. 예를 들어 변사자가 화재가 발생한 지역을 밟고 다녔다면 발바닥에 화상이나 그을음이 묻어 있어야 하며, 손으로 불을 끄는 행위를 하였다면 손과 안면 부위에 화상이 발견되어야 하는 등의 흔적이 나타날 것이다.

특히 화재현장의 열기 층이 형성된 후, 열기층을 뚫고 대피한 피해자가 있다면, 피해자의 신체에는 열기층과 일치하는 화상 부위가 관찰되어야 하고, 이를 근거로 관계인 진술의 진위 여부를 판단하는 척도로 활용할 수 있다.

그러므로 화재현장에서 발견되는 연소패턴 만큼이나 중요한 것이 소사체의 형태이고, 화상부위이므로 소사체 관찰을 게을리하지 말아야 한다.

8 감식결과서 작성

8.1. 수사서류의 종류

1) 협의의 수사서류

협의의 수사서류란, 수사기관이 범죄수사에 관하여 당해 사건의 유죄판결을 받을 목적으로 공소의 제기 및 유지를 위한 서류를 말하며, 수사기관이 스스로 작성한 서류와 수사기관 이외의 자가 작성한 서류로, 수사기관이 수집한 서류 중 내용적 의미만으로 증거로되는 보통의 수서서류를 가리킨다.

2) 광의의 수사서류

광의의 수사서류는 협의의 수사서류를 포함하는 모든 서류를 의미하며, 범죄혐의가 내사 종결하는 서류 또는 수사행정에 관한 서류 등 수사에 관하여 작성한 모든 서류를 가리켜 광의의 수사서류라 한다.

8.2. 수사서류의 작성근거

형사소송법

제57조(공무원의 서류)

① 공무원이 작성하는 서류에는 법률에 다른 규정이 없는 때에는 작성 연월일과 소속공무소를 기재하고 기명날인 또는 서명하여야 한다. 〈개정 2007. 6. 1.〉 ②서류에는 간인하거나 이에 준하는 조치를 하여야 한다. 〈개정 1995. 12. 29.〉 ③ 삭제 〈2007. 6. 1.〉

제58조(공무원의 서류)

① 공무원이 서류를 작성함에는 문자를 변개하지 못한다. ②삽입, 삭제 또는 난외기재를 할 때에는 이 기재한 곳에 날인하고 그 자수를 기재하여야 한다. 단, 삭제한 부분은 해득할 수 있도록 자체를 존치하여야 한다.

제59조(비공무원의 서류)

공무원 아닌 자가 작성하는 서류에는 연월일을 기재하고 기명날인하여야 한다. 인장이 없으면 지장으로 한다.

범죄수사규칙

제4절 수사서류

제22조(수사서류의 작성)

① 경찰관이 범죄수사에 사용하는 문서와 장부는 별표 2, 서식은 별지 제1호 서식부터 제232호 서식까지와 같다. ② 경찰관이 수사서류를 작성할 때에는 다음 각 호의 사항에 주의하여야 한다. 1. 일상용어로 평이한 문구를 사용 2. 복잡한 사항은 항목을 나누어 기재 3. 사투리, 약어, 은어 등을 사용하는 경우에는 그대로 기재한 다음에 괄호를 하고 적당한 설명을 붙임 4. 외국어 또는 학술용어에는 그 다음에 괄호를 하고 간단한 설명을 붙임 5. 지명, 인명 등으로서 읽기 어려울 때 또는 특이한 칭호가 있을 때에는 그 다음에 괄호를 하고 음을 기재

제23조(기명날인 또는 서명 등)

① 수사서류에는 작성연월일, 소속관서와 계급을 기재하고 기명날인 또는 서명하여야 한다. ② 날인은 문자 등 형태를 알아볼 수 있도록 하여야 한다. ③ 수사서류에는 매장마다 간인한다. ④ 수사서류의 여백이나 공백에는 사선을 긋고 날인한다. ⑤ 피의자 신문조서(별지 서식 제26호부터 제32호)와 진술조서(별지 서식 제33호부터 제39호)는 진술자로 하여금 간인한 후 기명날인 또는 서명하게 한다. 다만, 진술자가 기명날인 또는 서명을 할 수 없거나 이를 거부할 경우, 그 사유를 조서말미에 기재하여야 한다.

⑥ 인장이 없으면 날인 대신 무인하게 할 수 있다.

제24조(통역과 번역의 경우의 조치)

① 경찰관은 수사상 필요에 의하여 학식 경험있는 자 그 밖의 적당한 자에게 통역을 위촉하여 그 협조를 얻어서 조사하였을 때에는 피의자신문조서나 진술조서에 그 취지와 통역을 통하여 열람하게 하거나 읽어주었다는 취지를 기재하고 통역인의 기명날인 또는 서명을 받아야 한다. ② 경찰관은 수사상 필요에 의하여 학식, 경험있는 자 그 밖의 적당한 자에게 피의자 그 밖의 관계자가

제출한 서면 그 밖의 수사자료인 서면을 번역하게 하였을 때에는 그 번역문을 기재한 서면에 번역인의 기명날인을 받아야 한다.

제25조(서류의 대서)

경찰관은 문맹 등 부득이한 이유로 서류를 대서하였을 경우에는 대서한 내용이 본인의 의사와 다름이 없는가를 확인한 후 대서의 이유를 기재하고 본인과 함께 기명날인 또는 서명하여야 한다.

제26조(문자의 삽입ㆍ삭제)

① 경찰관은 수사서류를 작성할 때에는 임의로 문자를 고쳐서는 아니되며, 다음 각호와 같이 고친 내용을 알 수 있도록 하여야 한다.

1. 문자를 삭제할 때에는 삭제할 문자에 두 줄의 선을 긋고 날인하며 그 왼쪽 여백에 "몇 자 삭제"라고 기재하되 삭제한 부분을 해독할 수 있도록 자체를 존치하여야 함
2. 문자를 삽입할 때에는 그 개소를 명시하여 행의 상부에 삽입할 문자를 기입하고 그 부분에 날인하여야 하며 그 왼쪽 여백에 "몇 자 추가"라고 기재
3. 1행 중에 2개소 이상 문자를 삭제 또는 삽입하였을 때에는 각 자수를 합하여 "몇 자 삭제" 또는 "몇 자 추가"라고 기재
4. 여백에 기재할 때에는 기재한 곳에 날인하고 그 난외에 "몇자 추가"라고 기재

② 피의자 신문조서(별지 서식 제26호부터 제32호)나 진술조서(별지 서식 제33호부터 제39호)인 경우 문자를 삽입 또는 삭제하였을 때에는 난외에 "몇 자 추가" 또는 "몇 자 삭제"라고 기재하고 그곳에 진술자로 하여금 날인 또는 무인하게 하여야 한다. ③ 전항의 경우에 진술자가 외국인인 때에는 그 날인을 생략할 수 있다.

8.3. 수사서류 내용상의 원칙

1) 범죄사실 증명 중심의 원칙
- 범죄사실 증명에 필요한 것을 우선 선별

2) 수사자료획득 선행의 원칙
- 피의자 자백 등에 대비해 자료 등을 선행하여 작성

3) 사실을 그대로 기재
- 직무의욕에 앞서 객관성을 잃지 않을 것

4) 요점을 망라
- 수사의 모든 것을 기재하되, 요점을 놓쳐서는 안됨

5) 간명하게 기재
- 권위적인 문장의 사용은 지양하고 간명하게 서술

8.4. 수사서류 기술상의 원칙

1) 원칙
- 남이 읽는다는 것을 전제로 쉽게 작성

2) 수사행위 마다 작성
- 인간의 기억은 한계가 있으므로 수사의 모든 내용을 빠짐없이 기재

3) 우리말 사용
- 우리말로 옮기기 어려운 경우 제외

4) 통일된 호칭 사용
- 경어체를 사용하되, 적절한 호칭을 통일하여 사용

5) 문자를 정확하고 명료하게 기재
- 자필인 경우 능숙하지 않더라도 가독성이 높도록 작성

6) 기재 시의 유의점
- 오탈자 및 띄어쓰기에 유의 및 일상용어 사용

7) 숫자 등 기재 방법에 유의
- 숫자를 사용할 때는 정확하고 보기 쉽게 작성하여 능률을 높이고, 가로쓰기가 원칙

8.5. 경찰관이 작성하는 수사서류 유의사항

- 작성 년, 월, 일을 기재할 것
- 작성자의 소속관서 및 계급을 기재할 것
- 작성자의 서명 날인을 할 것

- 매 장마다 간인을 할 것
- 여백이나 공백에는 사선을 긋고 날인할 것
- 문자를 개·변조하지 말 것
- 기타 행정 서식에 준하여 작성

8.6. 화재감식 결과서 작성 시 유의사항

화재감식 결과서는 화재 수사의 기초가 되는 자료이므로, 최대한 자세하게 표현하여 결과서를 보는 이로 하여금 어떠한 의구심을 갖지 않도록 하여야 하며, 발화부위의 추론과 발화원인 논단에 있어서는 검증된 자료와 학술지의 인용 및 실험자료 등을 근거로 작성하여야 하며, 주관적인 판단에 의한 추론은 지양하여야 한다.

발화원인을 판단하기 위해서는 막연한 추측이나, 주변인들의 진술에 의존하여 결론을 맺는 것은 금물이며, 발화원인의 존재는 반드시 발화부위 내에서 유추·판단되어야 하고, 감식을 통해 얻은 자료를 토대로 수사가 제대로 이루어질 수 있도록 수사의 방향제시가 이뤄져야 할 것이다.

8.7. 화재감식 결과서 구성

1) 감식결과서
- 사전수사 내용 및 감식당시 현장 상황 등 기재
- 현장 상황의 기술적인 검토
- 발화부위의 추론 및 발화원인, 발화 개연성 추론 및 수사방향제시

2) 현장 요도
- 사건 현장 주변 및 내부 평면도, 집기배치도, 입체도, 소훼 정도 등을 알기 쉽게 표시

3) 사진기록
- 사건 현장 주변 상황, 건물의 구조, 연소 패턴 등을 알기 쉽게 설명
- 사건 현장의 외부에서 내부로, 좌에서 우로, 전체에서 근전, 특이사항 등을 구분하여 표시
- 감정물 수거 사항 등을 객관적으로 표시

화재감식 결과보고서

○ ○ ○ 경 찰 서(관서명)

수 신 ○ ○ ○ 경 찰 서 장

참 조 형 사 과 장

제 목 화재사건 현장감식 결과회시

2000.00.00. 00:00경 시울 00구 00동 00-00 '00'에서 발견된 화재사건과 관련위

1. **임장일시 및 장소**(임장일시 및 장소를 구체적으로 기재)

2. **임장자**(현장조사를 위한 임장자와 합동조사자의 소속 계급 성명을 정확히 기재)

3. **사건개요**(발생개요 기재)

4. **감정물 채취현황**(수거된 감정물 의 발견위치, 감정기관, 감정사항을 기재)

5. **감식결과**

　가. **현장상황**(목격자, 피해자 등 사전 수사내용 감식에 필요한 내용을 구체적으로 기재, 건물구조, 위치, 출입문 상황, 내부의 연소흔적 등을 구체적이고 객관적으로 별첨 사진기록을 설명하며 기재)

　나. **검 토**(현장상황에 대한 기술적 해석, 발화부위 및 발화원인의 추론적 근거 제시)

　다. **감식소견**(감식 내용의 종합의견과 향후 수사방향 제시)

6. **첨부**(사진기록 및 현장요도 등 첨부되는 서류 명시)

2000. 00. 00. (작성일자)

○○ (지방)경찰청 ○○ 경찰서 ○○과

계급　　　성명　　　(인)

[양식 8 - 1] 화재감식 결과보고서 양식

8.8. (경찰청) 과학수사 기본규칙

[시행 2014.12.24.] [경찰청훈령 제750호, 2014.12.24., 일부개정]

경찰청(과학수사센터), 02 - 3150 - 1750

제1장 총칙

제1조 (목적) 이 규칙은 과학수사 활동의 구체적인 방법과 절차, 증거물의 관리·보관 등 필요한 사항을 정함으로써 사건 해결과 법정 증거능력 확보 및 국민의 인권 보장에 기여함을 목적으로 한다.

제2조 (적용 범위) 경찰의 과학수사 업무에 대하여 다른 법령 및 규칙에 특별한 규정이 있는 경우를 제외하고는 이 규칙이 정하는 바에 따른다.

제3조 (용어의 정의) 이 규칙에서 사용하는 용어의 정의는 다음과 같다.

1. "과학수사"란, 법의학, 생물학, 화학, 물리학, 독물학, 혈청학 등 자연과학 및 범죄학, 심리학, 사회학, 철학, 논리학 등 사회과학적 지식과 과학기구 및 시설을 이용하는 체계적이며 합리적인 수사를 말한다.

2. "현장감식"이란, 범죄현장에 임하여 현장 및 변사체의 상황과 유류된 여러 자료를 통하여 현장을 재구성하고 증거자료를 수집하는 활동을 말한다.

3. "과학수사요원"이란, 경찰청 및 각급 경찰관서의 과학수사 업무 담당부서에 소속되어 과학수사 관련 증거자료 수집, 분석, 감정 등에 종사하는 사람을 말한다.

4. "과학적범죄분석시스템(SCAS)"이란, 체계적인 범죄분석자료의 관리를 통한 효율적 수사지원을 위하여 범죄 개별항목 등을 입력·분석하고, 현장 데이터·장비·과학수사요원 현황 등을 효율적으로 관리하고자 구축한 전산 시스템을 말한다.

5. "미세증거"란, 범죄현장 또는 사건 관계자의 신체에 유류되어 있는 작은 증거물을 의미하는 용어로, 주로 섬유, 페인트, 유리, 토양, 먼지, 연소 잔류물, 총기발사 잔사, 유류분 등을 말한다.

6. "검시조사관(檢視調査官)"이란, 변사자 또는 변사의 의심이 있는 시체 및 그 주변 환경을 종합적으로 조사하여 범죄 관련성을 판단하기 위하여, 생물학·해부학·병리학 등 전문 지식을 갖추고 과학수사 기능에 배치된 변사체 검시요원을 말한다. 〈2014.12.24. 개정〉

7. "증거물 연계성"이란, 과학수사 활동을 통해 획득한 증거물이 법정 증거능력을 확보할 수 있도록 채취부터 감정, 송치까지의 매 단계에서 증거물별 이력이 관리되는 것을 말한다.

8. "지문감정"이란, 지문의 문형, 특징(점, 단선, 접합, 도형 등) 그 밖에 지문에 나타난 모든 정보를 이용, 분석·비교·확인·검증하여 동일지문 여부를 판정하는 것을 말한다.

9. "지문검색시스템(AFIS)"이란, 주민등록증발급신청서, 외국인지문원지 및 수사자료표를 이미지 형태로 전산입력하여 필요시 단말기에 현출시켜 지문을 열람·대조 확인할 수 있는 시스템을 말한다.

10. "족·윤적 감정"이란, 현장에 유류된 발자국·타이어자국 등 흔적 정보를 족·윤적감정 시스템의 데이터베이스와 비교하여 동일 여부를 판정, 수사 자료로 활용하는 것을 말한다.

11. "디엔에이 감정"이란, 현장에 유류된 타액, 혈흔 등 생체 정보를 디엔에이신원확인 정보데이터베이스와 비교하여 동일 여부를 판정, 수사 자료로 활용하는 것을 말한다.

12. "음성분석"이란, 유·무선 통신장비 또는 범죄현장기록 등을 통해 유류된 음성 정보를 용의자의 음성정보와 비교하여 동일 여부를 판정, 수사 자료로 활용하는 것을 말한다.

제4조 (과학수사 원칙)

① 과학수사는 연역법, 귀납법 등 추론 기법을 활용한 과학적 방법을 통해 결론을 도출하여야 한다.

② 과학수사는 선입견이나 편견에 치우침 없이 객관적으로 사실을 확인하여야 한다.

③ 과학수사를 실시할 때에는 세부사항에 유의하는 동시에, 과학수사 결과 획득한 증거자료가 법정에서 증거능력을 갖출 수 있도록 증거물 연계성을 준수하여야 한다.

④ 과학수사요원은 현장감식 및 감정결과 등 수사상 비밀을 누설하여서는 아니 된다.

⑤ 과학수사요원은 교육훈련으로 습득한 기법과 장비 사용에 능숙하여야 하며, 통상적으로 널리 인정되는 과학적 기법과 장비를 활용하여야 한다.

⑥ 경찰청장은 과학수사 활동 시 안전을 위하여 필요한 조치를 강구하여야 한다.

⑦ 과학수사요원은 다음 각 호의 사항을 준수하여야 한다.

　　1. 국민의 자유와 권리를 존중하고, 「형사소송법」 등 관계 법령을 준수한다.

　　2. 과학적 진실만을 추구한다.

　　3. 명성을 추구하지 아니하며 맡은 바 직책에 충실한다.

　　4. 최고의 감식·감정을 위하여 시간과 수고를 아끼지 않는다.

　　5. 과학수사의 선도자로서 전문성 향상을 위하여 노력한다.

　　6. 청렴성과 도덕성을 갖춘다.

제5조 (전문가 활용)

① 과학수사센터장은 과학수사 기법, 표준업무처리절차 개발 등 선진화를 위하여 분야별 전문가 연구모임을 구성하여 운영할 수 있다.

② 과학수사센터장은 과학수사 정책 등에 대한 자문을 구하기 위하여 필요한 경우 자문위원회를 구성·운영할 수 있다.

③ 전문가 활용과 관련하여 필요한 세부 사항은 경찰청장이 정한다.

제2장 현장감식

제6조 (현장감식 절차) 현장감식은 다음 각 호의 순서에 따라 효율적으로 실시한다.

1. 현장 임장, 보존 및 판단

   현장에 도착한 과학수사요원은 최초 도착한 경찰관(이하 '초동 경찰관'이라 한다)의 설명을 청취하고, 현장의 위험성, 현장통제, 피해자 생존 여부와 사건의 종류, 기타 현장상황을 종합적으로 판단하여 현장감식에 필요한 과학수사 인력, 장비, 전문기법 적용 여부를 결정한다.

2. 현장 관찰

   과학수사요원은 본격적인 기록과 증거채취 전에 범행과 직·간접적으로 연관되어 있는 유·무형 증거자료를 수집하기 위해 현장에 있는 물체의 존재 및 상태를 관찰하여야 한다.

3. 현장 기록

   과학수사요원은 현장 관찰, 증거자료 수집 등 현장에서 행하는 과학수사 활동을 시간 순서대로 감식 기록, 상황도, 사진 촬영, 동영상 촬영 등을 통해 기록하여야 한다.

4. 증거물 검색

   과학수사요원은 과학적 기법과 장비를 활용하여 범죄현장에 남아 있는 다양한 형태의 증거물을 빠짐없이 검색하여야 한다.

5. 증거물 채취

   과학수사요원은 지문, 족적, 미세증거, 디엔에이 감식시료 등 모든 증거물을 적절한 순서에 따라 채취하여야 한다.

6. 감정과 분석

   과학수사요원은 채취한 증거물을 다양한 기법을 활용하여 감정하고 분석한다.

7. 결과보고서 작성

   현장감식 실시 후 과학수사요원은 과학적범죄분석시스템(SCAS)을 통하여 「범죄수사규칙」 별지 제204호서식에 따른 현장감식결과보고서를 작성한다.

제1절 현장 임장

제7조 (현장 임장의 원칙)

① 과학수사요원은 다음 각 호의 경우 지체 없이 사건 현장에 임장하여야 한다.

   1. 수사본부가 설치되거나 설치될 것이 예상되는 중요 사건
   2. 담당 부서에서 과학수사요원의 현장 임장을 요청하는 사건
   3. 그 밖에 과학수사요원이 임장할 필요가 있다고 인정되는 사건

② 과학수사요원의 현장 임장 시 소속 상관에게 보고하여야 하며, 사건에 따라 비노출 감식이 필요한 경우 사복을 착용할 수 있다.

③ 현장은 과학수사요원 2인 이상이 동시에 임장하여야 한다. 다만, 근무인원 등 상황에 따라 불가피한 경우에는 그러하지 않을 수 있다.

④ 과학수사요원은 필요시 상급관청 또는 국립과학수사연구원 등 관련기관에 협조를 요청할 수 있다.

제8조 (부상자 구호 등) 초동 경찰관 및 과학수사요원은 현장 임장 시 부상자의 구호가 필요한 때에는 지체 없이 구호 조치를 취하되, 구호 과정에서 현장 훼손을 최소화하여야 한다.

제9조 (사건현장 인계)

① 현장감식이 필요한 사건 발생 시 과학수사요원은 현장 임장 후 초동 경찰관으로부터 현장에 출입한 자의 성명, 전화번호, 주소(소속), 출입 일시 등 현장에 대한 종합적인 상황을 인계받아야 한다.

② 현장이 변경되었거나 훼손된 부분이 있을 경우 과학수사요원은 최초 발견자, 신고자, 구조대원, 초동 경찰관 등에게 질문하여 면밀히 확인하여야 한다.

제10조 (현장보존 시 유의사항) 초동 경찰관 및 과학수사요원은 범죄현장이 훼손되지 않도록 다음 각 호의 사항에 유의하여야 한다.

1. 경찰통제선 안으로 출입할 필요가 없는 사람의 출입을 제한하고, 현장책임자의 통제에 의하여 현장자료 등이 훼손되지 않도록 한다.

2. 현장접근 시 보호장구 등을 착용하고 통행판 등을 이용하여 현장에 들어간다.

3. 쓰레기를 버리거나 담배를 피우는 행위 및 화장실 사용 등 현장을 훼손하는 행위를 하지 않는다.

4. 다른 절차에 앞서 현장사진 및 동영상을 촬영하고, 촬영 이후에 현장 자료를 채취한다.

5. 그 밖에 수사 과정에서 현장을 훼손할 수 있는 행위를 최소화한다.

제2절 현장 관찰

제11조 (현장 관찰시 유의사항) 과학수사요원은 현장 관찰 시 「범죄수사규칙」 제162조제1항 각 호의 사항을 고려하는 동시에 다음 각 호의 사항에 유의하여야 한다.

1. 냉정하고 침착하게 행동한다.

2. 예단이나 선입감에 의하지 말고, 면밀하고 객관적으로 관찰한다.

3. 가능한 한 관찰범위를 광범위하게 설정한다.

4. 외곽으로부터 중심부로 관찰한다.

5. 현장 상황과 맞지 않는 모순점 발견에 노력한다.

6. 제3자에 의한 현장변경 여부를 확인한다.

제3절 현장 기록

제12조 (감식 기록) 과학수사요원은 범죄현장의 임장부터 현장감식 종료 시까지 활동 사항을 다음 각 호에 따라 시간 순서대로 작성하여야 한다. 다만, 사건의 경중에 따라 작성하는 세부내용은 다를 수 있다.

1. 현장 도착 시각 및 기상상태

2. 현장상황

3. 증거자료 수집 진행 경과

4. 감식종료 시각

5. 기타 특이사항

제13조 (현장 상황도) 과학수사요원은 필요한 경우 사건현장을 일목요연하게 표현할 수 있도록 다음 각 호에 따라 평면도 등으로 현장 상황도를 작성할 수 있다.

1. 방위각과 사건현장 주변의 상황을 자세하게 표시한다.

2. 범죄현장의 크기와 증거물의 위치를 알 수 있도록 실측하여 평면도를 작성하고 현장감식 시 부여한 번호표를 기록하여 상세한 설명을 덧붙인다.

3. 시체 상처의 위치, 형태 등은 신체도를 이용하여 작성한다.

제14조 (현장사진 및 동영상 촬영) 과학수사요원은 현장의 기록·보존을 위해 범죄현장에서 범죄와 관련 있는 사람, 물건, 그 밖의 상황이 포함된 현장을 별표 1과 같이 촬영하여야 한다. 다만, 사건의 내용에 따라 촬영할 필요가 없다고 판단될 때에는 촬영을 생략할 수 있다.

제15조 (현장 기록의 작성 및 관리)

① 현장사진 등 기록물은 제6조제7호에 따른 현장감식결과보고서와 함께 과학적범죄분석 시스템(SCAS) 등에 입력한다.

② 과학수사요원은 현장사진 등 기록물이 훼손되지 않도록 관리하여야 한다.

제4절 증거물 채취

제16조 (증거물 채취 원칙) 증거물은 최대한 원형상태를 유지하여 각 증거물의 특성에 맞는 최적의 방법으로 채취한다. 이 때 증거물 연계성 준수를 고려하여야 한다.

제17조 (증거물 채취 대상) 과학수사요원이 채취하여야 하는 증거물은 다음 각 호와 같다.

1. 지문, 혈액, 타액, 정액, 모발 등 개인 식별을 위해 채취되는 생물학적 증거물

2. 유리, 페인트조각, 토양, 고무, 섬유 등 미세증거물

3. 족적, 윤적, 공구혼 등 물리학적 증거물

4. 손상 등 시체에 대한 법의학적 증거물

5. 사진, 동영상자료 등 영상 증거물

6. 그 밖에 범죄현장의 재구성을 위하여 필요하다고 인정되는 증거물

제18조 (증거물 채취 시 주의사항) 증거물을 채취할 때에는 다음 각 호의 사항을 고려하여 가장 효과적인 방법을 사용하여야 한다.

1. 증거수집 장소와 폐기물 처리장소를 구분하고, 현장 출입자가 있는 경우 당사자의 동의를 받아 채취한 디엔에이 감식시료를 추후 대조 증거로 활용할 수 있다.

2. 증거물의 수집단계에서는 현장 참여자들에 의하여 오염되지 않도록 최대한 주의하여야 한다.

3. 현장에서 증거물과 직접 접촉이 있었던 일회용 수집 도구는 모두 폐기하고, 이후 재사

용을 금지하여야 한다. 다만 지속적으로 사용하는 도구에 대해서는 소독을 실시하여 증거물 교차오염을 방지하여야 한다.

제19조 (증거물 포장)

① 채취한 증거물은 오염·손상·분실을 방지하기 위하여 봉투·용기·상자 등 증거물의 특성에 맞는 용구를 선택하여 증거물 종류, 채취 일시·장소, 채취자 등을 기재한 후 원형이 훼손되지 않도록 포장한다.

② 증거물 포장 시에는 별표 2의 주의사항에 유의하여야 하며, 증거물의 포장이 불가능한 경우에는 적절한 대책을 마련하여야 한다.

제5절 변사체 검시

제20조 (변사체 검시)

① 사법경찰관 또는 「범죄수사규칙」 제32조제3항에 따라 검시에 참여한 검시조사관은 변사체를 조사하고 필요한 자료를 채취한다. 이 때 참여한 검시조사관은 「범죄수사규칙」 별시 제205호서식에 따른 변사사조사결과보고시를 직성하여 사건 담당 경찰관에게 제공하여야 한다. 〈2014. 12. 24. 개정〉

② 사법경찰관 또는 검시조사관은 변사체 개인식별을 위하여 지문을 채취하며, 부패 등으로 인하여 지문 채취가 곤란할 때에는 디엔에이 감식시료, 치아, 유골 등 자료를 채취하여 감정기관에 의뢰하여야 한다. 〈2014. 12. 24. 개정〉

제21조 (검시의 방법) 검시 단계에서의 유의사항은 별표 3에 따른다.

제3장 증거물 관리 및 보관

제22조 (증거물 관리의 원칙)

① 증거물은 채취부터 감정, 송치 단계까지 증거물 연계성을 준수하여 증거물의 객관적 가치가 훼손되지 않도록 한다.

② 지문, 족적, 혈흔 등 훼손이나 멸실의 우려가 있는 증거물은 특히 그 보존에 유의하여야 한다.

③ 증거물의 이동, 변경, 파손 등 원상의 변경을 요하는 검증을 하거나 감정을 의뢰할 때에는 반드시 사진이나 동영상을 촬영하는 등 변경 전의 형상을 알 수 있도록 조치를 취하여야 한다.

제23조 (보관 대상 증거물) 범죄사건의 증거물로 보관하여야 할 대상은 경찰관 또는 검시조사관이 현장에서 채취한 제17조의 증거물 중 다음 각 호의 사유로 보관이 필요한 증거물을 말한다. 〈2014. 12. 24. 개정〉

1. 미해결 사건의 증거물
2. 공소시효가 도래하지 않은 증거물
3. 그 밖에 계속 보관이 필요하다고 판단되는 증거물

제24조 (증거물보관실 운용)

① 증거물보관실은 증거물을 저장할 수 있는 공간으로 항온·항습·냉동·냉장 등 증거물에 따라 최적의 방법으로 관리한다.

② 증거물관리실의 종합적인 관리를 위해 과학수사요원 중에서 정·부책임자를 지정하고, 출입 시 출입자 명부를 작성하여야 한다.

③ 증거물의 입·출고 내역 등은 「경찰 정보통신 운영규칙」에 따라 전용 시스템을 통해 관리하는 것을 원칙으로 하며, 운영부서의 장은 전산자료의 보호대책을 마련하여야 한다.

④ 증거물보관실 책임자는 주기적으로 점검을 실시하여 정전, 화재, 보안 사고 방지 등 증거물보관실 관리에 노력을 기울여야 한다.

제25조 (증거물보관실 이용) 증거물의 입·출고 및 인계 절차 등 구체적 이용 방법은 별표 4에 따른다.

제4장 전문 과학수사 기법 및 감정

제26조 (목적 및 유의사항)

① 과학수사요원은 범죄사건 등 수사에 필요한 경우, 현장감식과 병행하여 전문 과학수사 기법을 활용할 수 있다.

② 과학수사요원은 현장에서 채취한 증거물을 수사 자료로 활용하기 위하여 감정을 실시할 수 있다.

③ 제27조부터 제35조까지의 전문 과학수사기법 및 제36조부터 제38조까지의 과학수사 감정은 전문교육 이수 등 관련 자격을 갖춘 전문요원이 실시하여야 한다.

제1절 전문 과학수사 기법

제27조 (화재감식)

① 화재현장에 유류된 증거를 분석하여 발화점, 발화 원인, 확산 과정 및 방화의 경우 방화자 등을 규명하기 위하여 화재감식을 실시할 수 있다.

② 화재감식은 범죄 관련성을 염두에 두고 과학적인 방법으로 실시하여야 한다.

③ 관할경찰서에 화재감식 전문요원이 없는 경우 인접 경찰서 또는 관할지방청에 소속된 화재감식 전문요원의 지원을 받아 실시할 수 있다.

④ 화재감식은 발화원인 조사를 중점으로 실시하며 필요한 경우 피해발생 원인, 확산 원인 등에 대하여 조사할 수 있다.

⑤ 화재감식 원인 분석을 위해 기구 및 시설에 대하여 분해검사 및 관련 실험을 실시할 수 있으며, 전문지식과 경험이 필요한 경우 민·관 관련기관에 자문을 요청하거나 감정을 위촉할 수 있다

⑥ 화재감식을 실시하였을 경우 별지 제1호서식에 따라 화재감식 결과보고서를 작성하여 사건 담당 경찰관에게 회보하여야 한다.

제28조 (혈흔형태분석)

① 혈흔이 관찰되는 사건현장에서 일어난 일련의 행위를 시간 순서대로 재구성하기 위하여 혈흔의 위치, 크기, 모양 등을 면밀히 관찰하여 혈흔형태분석을 실시할 수 있다.

② 혈흔형태분석을 실시할 경우 별지 제2호서식에 따라 혈흔형태분석 보고서를 작성하여 사건 기록에 첨부하여야 한다.

③ 사건현장에서 직접 혈흔형태분석을 할 수 없을 경우, 향후 혈흔형태분석을 대비하여 사건현장의 혈흔에 대해 면밀하게 사진 촬영하여 보관·관리하여야 한다.

제29조 (범죄분석)

① 살인, 강도, 강간, 방화 등 강력사건, 미제사건, 연쇄사건, 그 밖에 분석이 필요하다고 판단되는 사건에 대하여 범죄분석을 실시할 수 있다.

② 범죄분석은 범죄현장 분석, 범죄 심리·행동 분석, 범죄자 면담 등을 통하여 체계적 수사자료를 구축하고, 수사 방향 제시, 사건 간 연관성 파악, 범인 검거, 신문 전략 제시 등을 통하여 강력범죄 수사를 지원하는 것을 말한다.

③ 범죄분석을 실시하였을 경우, 별지 제3호서식의 발생사건 분석보고서 또는 별지 제4호서식의 피의자면담 결과보고서를 작성하여 사건 담당 경찰관에게 회보하여야 하며, 범죄분석 자료의 체계적 관리 및 공유를 위해 과학적범죄분석시스템(SCAS)에 입력하여야 한다.

④ 범죄분석요원은 2개 지방청 이상의 합동 분석이 필요한 경우, 경찰청 과학수사센터에 광역권 범죄분석팀 편성을 요청하여 운영할 수 있다.

제30조 (폴리그래프 검사)

① 사건과 관련하여 피검사자의 심리상태에 따른 호흡, 혈압 및 맥박, 피부전기저항, 뇌파 등 생체 현상을 측정하여 진술의 진위 여부를 판단하기 위하여 폴리그래프 검사를 실시할 수 있다.

② 폴리그래프 검사는 피의자 및 중요 수사대상자에 대한 진술의 진위확인 등을 위하여 수사의 지원·보조수단으로 실시할 수 있다.

③ 폴리그래프 검사는 외부 소음 그 밖에 자극의 영향이 없고 녹음 및 녹화시설이 갖추어진 장소에서 실시하여야 한다.

④ 폴리그래프 검사는 다음 각 호의 어느 하나에 해당하는 경우에만 실시할 수 있다.

  1. 진술의 진위 확인
  2. 사건의 단서 및 증거 수집
  3. 상반되는 진술의 비교 확인
  4. 진술의 입증

⑤ 폴리그래프 검사관은 피검사자가 동의할 경우에만 폴리그래프 검사를 실시할 수 있으며, 피검사자가 검사에 부적합하다고 판단되는 경우에는 검사를 하여서는 아니 된다.

⑥ 폴리그래프 검사를 실시한 경우에는 별지 제5호서식에 따라 폴리그래프 검사 결과서를 작성하여 사건 담당 경찰관에게 회보하여야 한다.

제31조 (법최면)

① 최면기법을 활용하여 사건 관련 피해자나 목격자 등의 기억을 되살림으로써 사건의 단서 또는 증거를 수집하고 수사를 지원하기 위하여 법최면을 실시할 수 있다.

② 법최면은 외부 소음 등 자극의 영향이 없고 녹음 및 녹화시설이 갖추어진 장소에서 실시하여야 한다.

③ 법최면은 수사목적상 적합하다고 판단되는 경우에 한하여, 피최면자가 동의할 경우에만 실시하여야 한다. 다만, 피의자나 용의자를 대상으로 실시하여서는 아니 된다.

④ 법최면을 실시하였을 경우 별지 제6호서식에 따라 법최면수사 결과서를 작성하여 사건 담당 경찰관에게 회보하여야 한다.

제32조 (영상분석)

① 범죄수사와 관련된 CCTV 등 영상물에서 영상보정 작업을 통해 인물, 문자, 물체 등의 식별, 동일인 여부 판별, 그 밖에 범죄수사 단서 제공을 위하여 필요한 사항에 대하여 영상분석을 실시할 수 있다.

② 영상분석은 영상분석프로그램 등을 이용하고, 별지 제7호서식에 따라 영상분석 결과서를 작성하여 사건 담당 경찰관에게 회보하여야 한다.

제33조 (진술분석)

① 수사대상자의 자필진술서 및 진술녹화 자료를 과학적 기법으로 분석하여 진술 의도를 파악하고 진술의 진위여부를 평가하는 등 신문전략에 도움을 주기 위하여 진술분석을 실시할 수 있다.

② 진술분석을 위하여 사건 발생 직후 대상자의 자필 진술서 및 영상 녹화자료를 확보하여야 한다.

③ 진술분석을 실시하였을 경우 별지 제8호서식에 따라 진술분석 의견서를 작성하여 사건 담당 경찰관에게 회보하여야 한다.

제34조 (체취증거 활용)

① 범인의 추적, 실종자 · 시체 수색, 마약 등 목적물 발견, 용의자 체취와 유류품 냄새의 동일성 식별, 용의자 구별을 위해 체취증거를 활용할 수 있다.

② 체취증거는 임무를 수행하기 위한 전문 훈련을 받고 지정된 견(이하 "체취견"이라 한다) 등을 활용할 수 있으며, 이를 운영하기 위한 전문요원을 둔다.

③ 체취견 등을 수사에 활용하였을 때에는 별지 제9호서식에 따라 결과보고서를 작성하여 보관 · 관리하여야 한다.

제35조 (몽타주 작성)

① 사건과 관련하여 용의자가 특정되지 않았을 경우 목격자 등의 진술을 토대로 사건

관련 용의자의 얼굴, 신체 모습 등을 묘사한 몽타주를 작성하여 용의자 수배 및 탐문에 활용할 수 있다.

② 몽타주 작성 시 목격자의 기억을 돕기 위해 법최면을 병행하여 실시할 수 있다.

③ 몽타주를 작성하였을 경우에는 별지 제10호서식에 따라 몽타주 작성 결과서를 사건 담당 경찰관에게 회보하여야 한다.

제2절 과학수사 감정

제36조 (지문 감정)

① 범죄현장 등에서 채취한 지문 또는 신원불상자의 신원확인을 위해 지문 감정이 필요할 경우 경찰청 및 각급 경찰관서에서 지문 감정을 할 수 있다.

② 의뢰된 지문에 대해서는 지문검색시스템(AFIS) 등의 지문 자료와 대조하여 감정하고, 감정결과는 공문 또는 별지 제11호서식에 따른 감정서를 이용하여 회보하여야 한다.

제37조 (족·윤적 감정)

① 범죄현장에서 채취된 족·윤적에 대해 감정이 필요할 경우 경찰청 및 각급 경찰관서에서 족·윤적 감정을 할 수 있다.

② 족·윤적 감정은 족·윤적감정시스템 등을 이용하여 실시하고 별지 제12호서식에 따른 감정서를 회보하여야 한다.

③ 경찰청장과 지방경찰청장은 족·윤적 감정업무를 위해 정기적으로 신발, 타이어 등 문양자료를 수집하여 족·윤적감정시스템에 입력·관리하여야 한다.

제38조 (그 밖의 과학수사 감정) 경찰청 및 각급 경찰관서는 수사목적으로 활용하기 위하여 다음 각 호의 증거자료에 대하여 첨단 과학수사 장비를 활용하여 감정을 실시할 수 있다.

1. 디엔에이 증거물
2. 미세증거물
3. 음성분석 자료
4. 수사 지원을 위한 그 밖의 증거자료

제3절 과학수사 전산시스템 이용 등

제39조 (과학수사 전산시스템의 이용) 본 규칙에 따른 과학수사 활동의 효율적 운영 및 과학수사 자료의 보관·관리를 위하여 별표 5의 과학수사 전산시스템을 이용할 수 있다. 다만 시스템을 이용하는 것이 곤란한 경우 예외로 한다.

제40조 (세부 운영지침) 이 규칙의 시행을 위하여 필요한 세부 사항은 경찰청장이 따로 정한다.

제41조 (유효기간) 이 규칙은 「훈령·예규 등의 발령 및 관리에 관한 규정」(대통령훈령 제248호)에 따라 이 규칙을 발령한 후의 법령이나 현실 여건의 변화 등을 검토하여야 하는 2016년 8월 31일까지 효력을 가진다.

chapter

8

화재조사 관련 법률

1 개요

화재는 그 특성상 규모를 예측하기 힘든 위험성을 내포하고 있고, 당사자에게 인명 혹은 큰 재산상의 피해를 야기한다. 따라서 이에 상응하는 책임이 뒤따르기 마련이다.

화재조사 관련 법률은 우선, 책임소재에 따라 민·형사상 책임으로 분류하는 형법과 민법이 있고, 화재 조사 및 감식에 권한의 행사에 대한 법적 근거인 형사소송법, 소방기본법이 있으며, 제조물의 하자로 인한 피해보상 구제를 위해 마련된 제조물 책임법 등이 있다. 단일 화재 사건이라도 적용될 수 있는 법률은 다양하고 적용범위가 다를 수 있다.

결국, 이러한 법률의 궁극적 목표는 화재 발생 시 조사와 감식에 법적 권한을 부여하고, 책임소재를 명확히 하며, 형벌권 구현과 권리구제 등 적법한 집행이 이루어지도록 하는데 그 의미가 있으며 나아가 방화 및 화재를 예방하고 관련 정책을 수립하기 위한 일련의 장치로서의 역할이다.

[표 8 - 1] 화재관련 법률

민·형사상 책임과 절차	소방기본법 및 소방 관련 규정	기타 법률
• 형법 • 형사소송법 • 민법	• 소방기본법 • 소방관련규정	• 제조물 책임법 • 실화책임에 관한 법률 • 국가배상법 • 화재로 인한 재해 보상과 보험가입에 관한 법률

화재조사 업무의 주요기관은 소방기본법과 소방 관련 규정에 의거 소방기관으로 볼 수 있으나 화재 원인이 실화인지 방화인지 여부와 관련하여 범죄수사의 주체인 경찰이 사실상의 주요기관으로 업무를 수행하고 있다. 그리고 화재 원인 규명이라는 원천적 의문 앞에 화재조사를 진행하는 부분은 소방과 경찰이 상당 부분 유사하다. 다만, 화재현장에서의 감식과 조사활동에 있어 원인 도출에 미치는 영향은 경찰의 비중이 사실상 절대적이다.

그러나 소방은 화재현장에 가장 먼저 출동하여 초기상황에 대해 인지하고 있고 진압작업을 수행하면서 많은 정보를 습득한다. 또한, 화재에 관한 전문적 지식을 갖추고 있어 신뢰성이 다분하기 때문에 경찰과 소방의 긴밀한 협조는 대단히 중요하다.

  그 외에도 전기·가스 안전공사와 같은 공기업, 보험회사, 민간회사, 기타 조사자들이 존재하지만 이들은 화재조사에 대해 명시되어 있는 법적인 권한은 없다.

  그렇지만, 전기와 가스는 일상에 사용되는 필수 에너지원으로 사용되고 있고 이로 인해 발생하는 화재도 많이 일어나고 있다. 따라서 전기안전공사는 전기가 공급되는 경로에서 옥내사용의 경계인 계량기 이전의 설비에 대한 안전과 관리를 담당하며 가스안전공사도 마찬가지로 가스 설비와 관련된 사고예방 활동은 의무이다. 결국, 각 공사는 화재조사를 통한 원인 규명과 책임소재를 가리는 과정에서 회사의 영리를 추구하고자 하는 경향이 있다. 또한, PIA 민간조사자 제도의 도입을 목전에 두고 있는 현시점에서 민간의 화재조사 범위의 확대와 전문성의 제고도 예상할 수 있다.

  보험회사의 경우는 최근 증가추세에 있는 보험사기와 관련한 방화 범죄에 대한 화재조사에 중점을 두고 있다. 이를 통해 보험회사 및 가입자의 보험액 손실을 막고 적정한 보상이 이루어질 수 있도록 노력한다.

  제조물 책임법이 시행되면서 기업에서 생산된 제품에 의한 화재 발생은 책임이 따르기 때문에 그와 관련하여 제품하자를 정확히 조사하고자 하는 차원에서 화재조사가 이루어진다. 이를 통해 제조물에 대한 책임 보상과 제품 개선을 도모한다.

  화재현장은 과학의 보고로서 다양한 학문적 적용이 가능하며 연구가 필요하다. 따라서 이러한 목적 달성을 위해 연구를 수행할 수도 있다.

  이렇듯, 화재 발생에 따른 화재조사는 다양한 기관과 이익, 행정적·법률적 역할이 상충되는 복잡·미묘한 부분이 있다. 하지만, 화재 원인을 감식하는 목적에 있어 가장 중요한 기관인 경찰이 책임감과 사명감을 가지고 성실히 역할을 수행해야 한다는 점은 분명하다.

2 형사소송법

2.1. 범죄수사절차

2.1.1. 수사의 개념

1) 수사의 의의

일반적으로 수사란 형사 사건에 관하여 공소제기 여부를 결정하기 위하여 또는 공소제기를 하고 이를 유지·수행하기 위한 준비로서 범죄사실을 조사하고 범인 및 증거를 발견·수집·보전하는 수사기관의 일련의 활동을 말한다. 수사는 형사 사건에 관하여 범죄의 혐의 유무를 명백히 하기 위한 활동으로, 민사사건에 관하여는 수사활동에 개입하지 않는다(민사사건 불개입의 원칙).

① 수사는 수사기관의 활동이다.
② 수사는 수사기관의 주관적 혐의에 의해서 개시된다. 따라서 수사개시 이전의 활동, 예컨대 내사, 불심검문, 변사체의 검시 등은 수사가 아니다.
③ 수사는 주로 공소가 제기되기 전까지 행하여진다.
④ 수사는 공소제기 여부를 결정함을 목적으로 한다.

2) 형식적 의미의 수사와 실질적 의미의 수사

① 형식적 의미의 수사 : 수사과정에서 어떠한 수단과 방법을 선택할 것인가 하는 절차적 측면에서의 수사(주로 형사소송법에 규정)를 말한다.
② 범인은 누구인가, 범행의 수단과 방법은 무엇인가 등과 같이 목적 또는 내용에 관한 실체적 측면에서의 수사를 말한다.

2.1.2 범죄수사의 목적

1) 피의사건 진상파악
2) 기소·불기소의 결정
3) 공소의 제기 및 유지
4) 유죄판결
5) 형사소송법의 목적 실현

2.1.3. 수사의 기본이념 및 원칙

1) 수사의 기본이념

① **실체적 진실의 발견** : 실체적 진실주의는 수사절차뿐만 아니라 형사절차 전체를 일관하는 기본이념이다.

② **기본적 인권의 보장** : 수사과정에서 필연적으로 신체의 자유 등 국민의 여러 가지 기본권 제약에 대해 수사절차상 인권의 유린이 없도록 임의수사 원칙을 견지하고 강제처분은 법에 특별한 규정이 있는 경우에만 예외적으로 허용하고 있다.

2) 수사 지도원리(수사활동 규율 기본원리)

① 실체적 진실주의
② 적정절차의 원리
③ 무죄추정의 법리
④ 필요최소한도의 원리

3) 범죄수사의 기본원칙

① 임의 수사의 원칙
② 수사비례의 원칙(상당성의 원칙, 최소침해의 원칙)
③ 수사비공개의 원칙
④ **자기부죄강요금지의 원칙** : 누구든지 형사상 자기에게 불리한 진술을 강요당하지 아니한다.
    (현행 형사소송법에 규정된 피의자의 진술거부권).
⑤ 강제수사법정주의
⑥ 영장주의 원칙

4) 범죄수사상의 준수원칙

수사의 한계를 명백히 함으로써 국민의 인권보장에 기여하기 위한 원칙으로 수사기관이 수사행위 시에 준수해야할 원칙을 말한다.

① **선증후포의 원칙** : 증거 수집 후 범인을 체포하여야 한다는 원칙으로 체포 시 임의수사 우선의 원칙
② 법령준수의 원칙
③ 민사관계불간섭의 원칙
④ 종합수사의 원칙

5) 범죄수사의 3대 원칙(3S)

① **신속착수의 원칙**(Speedy Initiation) : 모든 수사는 가급적 신속히 착수하여 범죄증거가 인멸되기 전에 수행·종결하여야 한다.

② **현장보존의 원칙**(Scene Preservation) : 범죄 현장은 '증거의 보고'이기 때문에 범죄현장의 철저한 보존과 관찰이 요구된다. 또한 현장보존은 수사의 승패와 직결되는 중요한 부분이다.

③ **공중협력의 원칙**(Support by the Public) : '사회는 증거의 바다', 즉 범죄의 흔적은 목격자나 전문가의 기억에 오래 남는 것이므로 수사관은 사건 수사시는 물론이고 평소에도 공중의 적극적인 협력을 얻기위해 노력해야 한다. 수사기관의 힘만으로는 신속·정확한 사건 해결이 어려운 경우가 많기 때문이다.

2.1.4. 수사의 전개과정

1) 범죄수사의 단계

① **수사의 진행과정**

단서입수 → 수사착수 → 현장관찰 → 수사방침수립 → 수사실행→ 사람과 물건 등의 조치·조사 → 송치

② **수사의 단서** : 수사의 단서는 수사기관이 범죄를 인지하여 수사를 개시하는 자료로서, 현행범인 체포, 변사자 검시, 불심검문, 풍문, 고소, 고발, 자수, 피해신고, 진정, 탄원, 언론보도 등이 이에 해당한다.

2) 범죄수사 단계

① **내사** : 수사의 전 단계로 수사의 착수이고 수사개시는 아니다. 조사할 가치가 있는 사안에 대해 진상을 밝히기 위해 입건하지 않고 조사하는 단계이다. 조사결과 혐의가 포착될 경우 입건하여 다음 단계로 수사를 진행하고 무혐의거나 입건의 필요성이 없을 시에는 내사 종결한다.

② **입건** : 수사기관이 사건을 수리하여 개시함을 입건이라 표현한다. 실무상으로는 수사기관에 비치된 사건접수부에 사건을 기재하고 사건번호를 부여하는 단계를 말한다.

③ **수사의 실행** : 형사소송법 등 법령을 준수하여 수사를 실행하고 각 수사관의 의견을 종합하여 수사방침을 정한다. 또한, 수사의 실행방법에 있어 합리적이고 의견을 종합하여 유기적으로 활용해야 한다.

④ **사건의 송치** : 진상이 파악되고 적용할 법령, 처리 의견을 제시할 수 있을 정도가 되면 사건을 검찰청에 송치한다(검찰청에 송치하게 되면 경찰에서의 수사는 일단 종결).

⑤ **송치 후의 수사** : 검사의 보강 수사 지시가 있을 경우 추가적인 수사활동을 전개한다.

⑥ **수사의 종결** : 법적으로 수사의 주재자는 검사이고 종결의 권한도 검사만이 가능하다. 다만, 즉결심판에 처할 사건은 경찰서장이 수사종결권자이다.

2.2. 수사기관

2.2.1. 수사기관의 의의

수사기관이란 법률상 범죄수사의 권한이 인정된 국가기관을 의미하며 현행법상 수사기관에는 검사와 사법경찰관리가 있다.

2.2.2. 수사기관의 종류

1) 검사

검사는 검찰권을 행사하는 국가기관으로서 기소독점주의에 따라 소추기관이면서 수사기관으로서 범죄수사 시 사법경찰관리에 대한 지휘권을 갖는 수사의 주재자이다.

2) 사법경찰관리

사법경찰관리는 수사의 주재자인 검사를 보조하여 수사의 직무를 행하는 경찰관리로서 일반사법경찰관리와 특별사법경찰관리가 있다.

제196조(사법경찰관리)
① 수사관, 경무관, 총경, 경정, 경감, 경위는 사법경찰관으로서 모든 수사에 관하여 검사의 지휘를 받는다.
② 사법경찰관은 범죄의 혐의가 있다고 인식하는 때에는 범인, 범죄사실과 증거에 관하여 수사를 개시·진행하여야 한다.
③ 사법경찰관리는 검사의 지휘가 있는 때에는 이에 따라야 한다. 검사의 지휘에 관한 구체적 사항은 대통령령으로 정한다.
④ 사법경찰관은 범죄를 수사한 때에는 관계 서류와 증거물을 지체 없이 검사에게 송부하여야 한다.
⑤ 경사, 경장, 순경은 사법경찰리로서 수사의 보조를 하여야 한다. ⑥ 제1항 또는 제5항에 규정한 자 이외에 법률로써 사법경찰관리를 정할 수 있다. [전문개정 2011.7.18.]
제197조(특별사법경찰관리)
삼림, 해사, 전매, 세무, 군수사기관 기타 특별한 사항에 관하여 사법경찰관리의 직무를 행할 자와 그 직무의 범위는 법률로써 정한다.

2.3. 임의수사 강제수사

2.3.1. 형사소송법 규정

제199조(수사와 필요한 조사)
① 수사에 관하여는 그 목적을 달성하기 위하여 필요한 조사를 할 수 있다. 다만, 강제처분은 이 법률에 특별한 규정이 있는 경우에 한하며, 필요한 최소한도의 범위 안에서만 하여야 한다 (임의수사의 원칙).

[표 8 - 2] 임의수사와 강제수사

구분	의의	종류
임의수사	강제력을 행사하지 않고 상대방의 동의나 승낙을 얻어 수사하는 방법	참고인조사 피의자 신문 임의제출물의 압수 사실조회 피의자나 참고인에 대한 출석요구 감정, 통역, 번역 실황조사 촉탁수사
강제수사	상대방의 의사 여하를 불문하고 강제적인 수사방법	체포영장에 의한 체포 현행범인의 체포 압수 · 수색 · 검증 수사상의 감정유치 긴급체포 피의자의 구속 증인신문 기타 증거보전의 청구

2.3.2. 임의수사

1) 출석요구

수사기관은 수사상 필요한 때에는 피의자나 참고인에 대하여 진술을 듣기 위하여 출석을 요구할 수 있다. 피의자나 참고인은 출석의무가 없으므로 출석을 거부할 수 있고 조사 도중 퇴실할 수도 있다.

2) 피의자신문

수사기관이 형사피의자를 신문한 후 피의자의 진술을 구하는 수사절차를 말한다. 이는 직접 증거를 수집할 수 있고 피의자에게 유리한 진술의 기회를 제공한다.

3) 참고인 조사

수사기관은 필요한 경우에 피의자 아닌 자의 출석을 요구하여 진술을 들을 수 있으며, 이를 참고인이라 한다.

4) 임의증거제출물의 압수

증거물 또는 몰수가 예상되는 물건의 점유를 취득하는 강제처분을 압수라고 한다. 검사, 사법경찰관은 피의자 기타인의 유류한 물건이나 소유자, 소지자 또는 보관자가 임의로 제출한 물건을 영장없이 압수할 수 있다(형소법 제218조).

5) 실황조사

실황조사서란 강제력을 사용하지 않고, 범죄현장 기타 범죄 관련 장소·물건·신체 등의 존재 상태를 오관의 작용으로 실험·경험·인식한 사실을 명확히 하는 수사 활동으로 그 결과를 기재한 서면이다.(범죄수사규칙 제135조), 실무상 검증과 다를 바가 없으나 강제력이 사용되지 않는 다는 점에서 분명한 차이가 있다.

2.3.3. 강제수사

1) 강제수사

강제수사는 상대방의 의사 여하를 불문하고 강제로 수사하는 방법으로 필연적으로 인권침해를 수반하게 되므로 해당 법령에 정한 절차와 요건에 대한 철저한 준수가 요구된다.

2) 강제수사 종류

① **영장에 의한 체포** : 피의자가 죄를 범하였다고 의심할만한 상당한 이유가 있고, 정당한 이유 없이 출석요구에 응하지 아니하거나 응하지 아니할 우려가 있는 때에는 검사는 관할 지방법원판사에게 청구하여 체포영장을 발부받아 피의자를 체포할 수 있고, 사법경찰관은 검사에게 신청하여 검사의 청구로 관할지방법원판사의 체포영장을 발부 받아 피의자를 체포할 수 있다.

② **현행범 체포** : 범죄의 실행 중, 실행 직후인 자로서 누구든지 영장없이 체포할 수 있다.

③ **긴급체포** : 검사 또는 사법경찰관은 피의자가 사형·무기 또는 장기 3년 이상의 징역이나 금고에 해당하는 죄를 범하였다고 의심할 만한 상당한 이유가 있고, 1. 피의자가 증거를 인멸할 염려가 있는 때, 2. 피의자가 도망하거나 도망할 우려가 있는 때에 해당하는 사유가 있는 경우에 긴급을 요하여 지방법원판사의 체포영장을 받을 수 없는 때에는

그 사유를 알리고 영장없이 피의자를 체포할 수 있다. 이 경우 긴급을 요한다는 것은 피의자를 우연히 발견한 경우 등과 같이 체포영장을 받을 시간적 여유가 없는 때를 말한다.

④ **구속** : 피의자가 죄를 범하였다고 의심할만한 상당한 이유가 있고 1. 피의자기 일정한 주거가 없는 때, 2. 피의자가 증거를 인멸할 염려가 있는 때, 3. 피의자가 도망하거나 도망할 염려가 있는 때에 해당하는 사유가 있을 때에는 검사는 관할지방법원판사에게 청구하여 구속영장을 받아 피의자를 구속할 수 있고 사법경찰관은 검사에게 신청하여 검사의 청구로 관할지방법원판사의 구속영장을 받아 피의자를 구속할 수 있다.

⑤ **압수 · 수색 · 검증** : 검사는 범죄수사에 필요한 때에는 피의자가 죄를 범하였다고 의심할 만한 정황이 있고 해당 사건과 관계가 있다고 인정할 수 있는 것에 한정하여 지방법원

판사에게 청구하여 발부받은 영장에 의하여 압수, 수색 또는 검증을 할 수 있다.

⑥ **증인심문의 청구** : 참고인 조사는 임의수사이고, 참고인은 출석과 진술의 의무가 없다. 그러나 수사단계 또는 제1회 공판기일 전에 범죄수사에 없어서는 안 될 사실을 안다고 명백히 인정되는 자가 참고인으로 출석 또는 진술을 거부할 경우에 검사가 제1회 공판기일 전에 한하여 판사에게 그에 대한 증인신문을 청구할 수 있다(형소법 제221조의2).

⑦ **수사상의 감정유치** : 피의자의 정신 또는 신체를 감정하기 위하여 검사의 청구로 판사가 발부한 감정유치장에 의하여 일정한 기간 피의자를 병원 기타 장소에 유치하는 처분
이다.

⑧ **수사상의 증거보전** : 수사절차에서 판사가 증거조사 또는 증인 신문을 하여 그 결과를 보전하는 것을 의미한다. 공판기일에서 정상적인 증거조사가 있을 때까지 기다려서는 증거방법 사용이 불가능하거나 곤란한 경우 또는 참고인이 출석이나 진술을 거부하거나 공판정에서 다른 진술을 할 염려가 있는 경우에 수사절차에서도 증거보전을 할 수 있게 한 제도이다.

3 형법

3.1. 개요

3.1.1. 방화와 실화죄

1) 방화와 실화죄의 의의

 방화죄는 고의로 불을 놓아 현주건조물, 공용건조물, 일반건조물 또는 일반 물건을 소훼하는 것을 내용으로 하는 공공위험죄를 말한다. 실화죄도 불에 의한 공공위험죄라는 점에서 방화죄와 본질이 같다. 다만, 과실로 화재를 발생하게 했다는 점에서 차이가 있을 뿐이다. 실화죄는 방화죄에 비하여 발생 건수가 압도적으로 많고, 예측 불가능한 피해를 일으키기에는 대단히 위험한 범죄이다.

 한편, 형법은 진화를 방해하거나, 폭발성 있는 물건을 파열하거나 가스 등의 공작물을 손괴하는 것도 방화죄에 준하여 처벌하고 있다. 따라서 넓은 의미의 방화죄는 이러한 준방화죄가 포함된다.

2) 방화죄의 보호법익

 (1) 견해의 대립 방화죄의 본질, 즉 그 보호법익이 무엇인가에 대하여는 학설의 대립이 있다.
   ① **공공위험죄설** : 방화죄의 보호법익은 공공의 안전과 평온이라는 사회적 법익이며, 재산죄와는 관계가 없다는 견해이다.
   ② **이중성격설** : 방화죄는 공공의 안전이라는 사회적 이익을 보호하기 위한 범죄이지만 부차적으로는 개인의 재산, 즉 소유권도 보호법익으로 한다는 이중의 성격을 가지고 있다고 본다(판례·통설).
   ③ **이원설** : 방화죄는 공공의 안전을 보호법익으로 하는 공공위험죄이지만 타인소유의 건조물 또는 물건에 대한 방화죄는 손괴죄에 대한 가중적 구성요건이라는 견해
      이다(독일의 통설).
 (2) 보호의 정도
    위험범은 보호의 정도에 따라 추상적 위험점과 구체적 위험점으로 구별된다.
   ① **추상적 위험범** : 법익침해나 구체적 위험 발생과 같은 결과를 요하지 않고, 일반적으로 위험한 행위 방법 자체로서 성립하는 범죄이다(거동범). 추상적 위험은

구성요건요소가 아니므로 고의의 인식대상이 아니다.

② **구체적 위험범** : 구체적인 경우에 공공의 위험이라는 결과가 발생해야 성립하는 범죄이다(결과범). 공공의 위험 발생은 구성요건요소이므로 고의의 인식대상이 된다.

추상적 위험범	구체적 위험범
현주건조물 등 방화죄(제164조) 공용건조물 등 방화죄(제165조) 타인소유의 일반건조물 등 방화죄(제166조 제1항) 이들에 대한 실화죄(170조 제1항) 공공용의 가스·전기 등 공급방해죄(제173조 제2항)	자기소유일반건조물 등 방화죄(166조 제 2항) 일반물건방화죄(제167조) 이들에 대한 실화죄(제170조 제2항) 폭발성물건파열죄(제172조 제1항) 가스·전기 등 공급방해죄(173조 제1항) 가스·전기 등 방류죄(172조 제2항)

3.1.2. 방화죄의 본질과 구성요건적 체계

1) 공공 위험죄의 본질

(1) 공공위험의 의의와 기준

공고의 위험이란 불특정 또는 다수의 생명·신체·재산에 대한 침해의 가능성을 의미하며, 이를 판단함에서는 구체적 사정을 고려하여 경험상 결과가 발생할 가능성이 있는가를 객관적·사후적으로 일반인이 심리적으로 공공의 위험이 있다고 느끼고 있는지를 판단하여야 한다.

(2) 방화죄와 피해자의 승낙

통설은 방화죄가 공공위험죄인 동시에 재산죄의 성격을 가진다는 이유로 현주건조물방화의 경우에도 거주자의 동의가 있으면 타인소유 일반건조물 방화죄(제166조 제1항)가 되고, 타인 물건에 대한 방화는 소유자의 동의가 있으면 자기물건방화죄(167조 제2항)로 처벌받는다고 해석하고 있다.

(3) 방화죄와 위험의 고의

방화죄에 있어서 공공의 위험에 대한 고의가 있을 것을 요하는가에 대한 여부는 보호법익에 대한 보호 정도에 따라 다르다.

(4) 방화죄의 죄수

한 개의 방화 행위로 수 개의 건조물을 소훼한 때에도 한 개의 방화죄가 성립할

따름이다. 건조물이 수인의 소유에 속한 때에도 같다.

2) 구성요건의 체계

형법상 방화와 실화의 죄는 방화죄와 준방화죄 및 실화죄로 나눌 수 있다. 방화죄의 구성요건은 일반 물건방화죄(제167조)이며, 현주건조물 등 방화죄(제164조), 공용건조물 등 방화죄(제165조) 및 일반건조물 등 방화죄(제166조)는 이에 대한 가중적 구성요건이다. 준방화죄에는 진화방해죄(제169조), 폭발성물건파열되(제172조), 가스ㆍ전기 등 공급 방해죄(제173조 제1항), 가스ㆍ전기 등 방류죄(172조 제2항)가 있다.

3.1.3. 방화죄의 기수시기

방화죄는 소훼의 결과가 발생함으로써 기수가 된다. 그러나 구체적으로 어느 정도의 손괴가 소훼로 되느냐에 대해서는 견해가 대립한다.

1) 독립연소설

방화죄의 기시기에 대하여 불이 매개물을 떠나 목적물에 독립하여 연소할 수 있는 상태에 이르렀을 때 방화죄는 기수가 된다는 견해(판례)

2) 효용상실설

화력에 의하여 목적물의 중요 부분이 소실되어 그 효용이 상실된 때에 기수가 된다고 한다(다수설).

3) 중요 부분 연소개시설

목적물의 중요 부분에 연소가 개시되었을 때 방화죄는 기수가 된다는 견해

4) 일부손괴설

목적물의 일부분의 손괴가 있을 때에 기수가 된다는 견해이다.

3.2. 방화죄

3.2.1. 현주건조물 등 방화죄

제164조(현주건조물 등 방화)
① 불을 놓아 사람이 주거로 사용하거나 사람이 현존하는 건조물, 기차, 전차, 자동차, 선박, 항공기 또는 광갱을 소훼한 자는 무기 또는 3년 이상의 징역에 처한다.
② 제1항의 죄를 범하여 사람을 상해에 이르게 한 때에는 무기 또는 5년 이상의 징역에 처한다. 사망에 이르게 한 때에는 사형, 무기 또는 7년이상의 징역에 처한다. [전문개정 1995. 12. 29.]

1) 의의

본죄는 불을 놓아 사람이 주거로 사용하거나 사람이 현존하는 건조물 등을 소훼함으로써 성립하는 추상적 위험범이다. [128]

2) 객관적 구성요건

(1) 행위의 객체 : 사람이 주거로 사용하거나 사람이 현존하는 건조물 · 기차 · 전차 · 자동차 · 선박 · 항공기 또는 광갱이다.

① 사람이 주거로 사용하거나 현존에 대한 의미

가. 사람 : 여기서 사람이란 범인 이외의 모든 자연인을 말한다. 따라서 범인이 혼자 사는 집에 방화한 경우 일반건조물방화죄가 성립한다. *타인소유의 일반건조물 등 방화죄(제166조 제1항)

범인의 가족, 동거자, 친족도 공범이 아닌 이상 여기의 사람에 포함된다. 처와 함께 사는 집에 방화한 경우에 본죄가 성립한다.

나. 주거사용 : 사람이 주거로 사용한다는 것은 행위자 이외의 사람이 일상생활의 장소로 사용한다는 것을 의미하며, 사실상 주거로 사용하고 있는 것을 요한다. 주거란 사람이 일상생활을 영위하기 위하여 점거하는 장소이면 족하고, 반드시 기와침식(起臥寢食)에 사용하는 장소일 필요는 없다. 건조물은 반드시 주거용으로 건조된 것일 필요는 없다. 토굴, 천막, 주거용 차량 등도 건조물이다. 따라서 사실상 주거에 사용되는 주택인 한 행위 시에 주거자가 현존하지 않는 경우도 본죄가 성립한다.

일부분이 주거로 사용되는 경우 그 전체가 현주건조물이 된다. 예컨대, 경찰서 건물을 숙직실로 사용하는 경우 경찰서 전체가 주거가 된다. 또한, 주거의 사용에 계속성을 요하지 않는다.

---

128) 제164조(현주건조물 등에의 방화)

다. 사람의 현존 : '사람이 현존하는'이란 건조물 등의 내부에 범인 이외의 사람이 존재하는 것을 말하며 사람이 현존하는 때에는 주거에 사용될 것을 요하지 않는다. 건조물의 일부에 사람이 현존하면 전체가 현주건조물이 된다. 사람의 현존은 일시적·계속성을 불문한다.

② **건조물 · 기차 · 전차 · 자동차 · 항공기 · 선박 · 광갱** : 건조물이란 가옥 기타 이에 준하는 공작물로서 토지에 정착하여 내부에 사람이 출입할 수 있는 것을 말한다. 건조물은 반드시 주거용일 필요는 없고, 사람이 현존할 수 있는 것이면 그 구조·재료·규모 여하는 불문한다. 토막굴이나 방갈로·천막 등도 여기에 해당할 수 있으나, 가옥과 접속되지 않은 축사나 천막은 건조물이 아니다.

(2) 행위

① **방화** : 불을 놓아 목적물을 소훼하는 것이다. 발화 내지 점화가 있어야 한다(통설·판례). 목적물을 소훼하기 위하여 불을 놓는 일체의 행위를 말하며, 방화의 방법에는 제한이 없다. 직접 목적물에 방화하건 매개물을 이용하여 방화하건 불문하며, 목적물에 불이 옮겨 붙지 않아도 실해의 착수가 인정된다. 또한 부작위에 의한 방화도 가능하다. 소화 의무가 있는 자가 소화할 수 있음에도 불구하고, 그대로 방치한 경우 부작위에 의한 방화죄가 성립한다.

② **소훼** : 화력에 의한 목적물의 손괴를 말한다.

③ **방화죄의 착수시기** : 발화 또는 점화 시(통설·판례)

판례

[1] 매개물을 통한 점화에 의하여 건조물을 소훼함을 내용으로 하는 형태의 방화죄의 경우에, 범인이 그 매개물에 불을 켜서 붙였거나 또는 범인의 행위로 인하여 매개물에 불이 붙게 됨으로써 연소작용이 계속될 수 있는 상태에 이르렀다면, 그것이 곧바로 진화되는 등의 사정으로 인하여 목적물인 건조물 자체에는 불이 옮겨 붙지 못하였다고 하더라도, 방화죄의 실행의 착수가 있었다고 보아야 할 것이고, 구체적인 사건에 있어서 이러한 실행의 착수가 있었는지 여부는 범행 당시 피고인의 의사 내지 인식, 범행의 방법과 태양, 범행 현장 및 주변의 상황, 매개물의 종류와 성질 등의 제반 사정을 종합적으로 고려하여 판단하여야 한다.

[2] 피고인이 방화의 의사로 뿌린 휘발유가 인화성이 강한 상태로 주택주변과 피해자의 몸에 적지 않게 살포되어 있는 사정을 알면서도 라이터를 켜 불꽃을 일으킴으로써 피해자의 몸에 불이 붙은 경우, 비록 외부적 사정에 의하여 불이 방화 목적물인 주택 자체에 옮겨 붙지는 아니하였다 하더라도 현존건조물방화죄의 실행의 착수가 있었다고 봄이 상당하다고 한 사례. 대법원 2002. 03. 26 선고 2001도6641 판결 [현존건조물방화치상] [공2002. 5. 15. (154), 1047]

④ **방화죄의 기수시기** : 소훼의 결과가 발생함으로써 방화죄는 기수가 된다. 그러나 구체적으로 어느 정도의 손괴가 소훼로 되느냐에 대해서는 견해가 대립한다. 다수설은 효용상실설이나 판례는 독립연소설을 취하고 있다.

3) 주관적 구성요건

불을 놓아 주거에 사용하거나 사람이 현존하는 건조물 등을 소훼한다는 점에 대한 고의가 필요하다. 그러나 본죄는 추상적 위험범이므로 행위자에게 위험의 고의가 있을 필요는 없다.

4) 죄수 및 타 죄와의 관계

(1) 죄수
① **1개의 방화행위로 수 개의 현주건조물을 소훼한 경우** : 1개의 현주건조물방화죄가 성립한다.
② **1개의 방화 행위로 현주건조물과 비현주건조물을 소훼한 경우** : 가장 중한 현주건조물에 대한 현주건조물방화죄가 성립한다.
③ **현주건조물을 소훼할 목적으로 인접한 비현주건조물에 방화하였으나 연소되지 않은 경우** : 현주건조물방화죄의 미수가 되고, 비현주건조물에 대한 방화는 이에 흡수된다. 예컨대, A는 B의 집에 방화할 목적으로 B의 집에 인접한 C의 일반건조물에 방화하였는데, C의 건조물은 실은 C가 살지 않는 빈집이었다. 빈집만 전부 타버린 경우 A의 죄책은 현주건조물방화의 미수범이다.

(2) 타 죄와의 관계
① **내란죄와의 관계** : 내란의 실행으로 방화한 경우 방화죄는 내란죄에 흡수된다.
② **사체손괴죄와의 관계** : 건조물 내에서 사람을 살해한 후 죄적인멸의사로 방화한 경우 방화죄와 사체손괴죄의 경합범이 된다.
③ **사기죄와의 관계** : 보험금을 편취할 목적으로 건조물에 방화하여 보험금을 수령한 경우 방화죄의 사기죄의 경합범이 된다(실행의 착수시기는 보험금지급청구 시).

5) 현주건조물 등 방화치사상죄

(1) 의의 : 현조건조물 등 방화의 죄를 범하여 사람을 사상에 이르게 하였을 때에 성립하는 결과적 가중범이다.
(2) 구성요건
① **기본범죄** : 현주건조물 등 방화죄이다. 기수 · 미수를 불문한다.
② **중한결과** : 사람을 상해 또는 사망에 이르게 하는 것이다. 따라서 사상의 결과에

대하여 인과관계가 있고, 결과를 예견할 수 있었을 것을 요한다. 불을 피하여 뛰어내리다가 결과가 발생한 경우도 포함하며, 소사·질식사는 물론 붕괴되는 건조물에 압사·화재로 인한 쇼크사를 불문한다.

다만, 피해자가 진화작업에 열중하다가 화상을 입은 경우는 제외한다.

③ **주관적 구성요건** : 기본범죄에 대한 고의와 사상의 결과에 대한 고의·과실이 있어야한다. 본 죄는 중한 결과에 대하여 과실이 있는 경우 뿐만아니라, 고의가 있는 때에도 성립하는 부진정결과적 가중범이다. 사상의 결과에 대해 고의 있는 경우에 본죄와 살인죄 또는 상해죄의 상상적 경합이 된다.

(3) 사례

① **A가 B를 구타하여 실신시킨 후, 그 건물에 방화하여 B를 소사시킨 경우** : 현주건조물방화치사죄와 살인죄의 상상적 경합설(다수설)과 현주건조물방화치사죄설(판례)이 대립한다.

② **A가 B의 가옥에 불을 놓고 집에서 빠져 나오려는 B를 막아 불에 타서 숨지게 한 경우** : 현주건조물방화죄와 살인죄의 실체적 경합이다. (*대법원 1983.1.18. 선고 82도2341 판결 [살인·현주건조물등에의방화·군무이탈][집31(1)형,21;공1983.3.15.(700)463])

③ **존속을 살해할 목적으로 현주건조물에 방화하여 사망에 이르게 한 경우** : 존속살해죄와 현주건조물방화치사죄의 상상적 경합이다. (대법원 1996. 4. 26. 선고 96도485 판결 [존속살인·살인·현주건조물방화치사][공1996.6.15.(12),1782])

④ **재물을 강취한 후 살해목적으로 현주건조물에 방화하여 사망케 한 경우** : 강도살인죄와 현주건조물방화치사죄의 상상적 경합이다. (대법원 1998. 12. 8. 선고 98도3416 판결 [강도살인·현주건조물방화치사·도로교통법위반][공1999.1.15.(74),181])

⑤ **부부싸움 후 자기집 주위에 휘발유를 뿌리고 말리던 이웃주민에게 화상을 입힌 경우** : 현존건조물방화치상죄가 성립한다. (대법원 2002. 3. 26. 선고 2001도6641 판결 [현존건조물방화치상][공2002.5.15.(154),1047])

3.2.2. 공용건조물 등 방화죄

제165조(공용건조물 등에의 방화)
불을 놓아 공용 또는 공익에 공하는 건조물, 기차, 전차, 자동차, 선박, 항공기 또는 광갱을 소훼한 자는 무기 또는 3년 이상의 징역에 처한다.

1) 의의

불을 놓아 공용 또는 공익에 공하는 건조물 기차·전차·자동차·선박·항공기 또는 는 광갱을 소훼함으로써 성립하는 추상적 위험범이다. (제165조)

2) 구성요건

(1) 공용·공익에 사용 : 공용에 공한다는 의미는 국가 또는 공공단체의 이익을 위하여 사용된다는 것이고, 공익에 공한다는 것의 의미는 공중의 이익을 위해 사용된다는 것을 말한다. 사람의 주거에 사용되지 않고 사람이 현존하지 않음과 아울러 그 용도가 공용에 국한된다는 점에서 현주건조물방화죄의 객체와 다르다.

(2) 사람주거·사람현존 : 공용·공익에 속하는 건조물이더라도 사람의 주거에 사용하거나 사람이 현존하면 현주건조물 등 방화죄에 해당한다.

3.2.3. 일반건조물 등 방화죄

제166조(일반건조물 등에의 방화)
① 불을 놓아 전2조에 기재한 이외의 건조물, 기차, 전차, 자동차, 선박, 항공기 또는 광갱을 소훼한 자는 2년 이상의 유기징역에 처한다.
② 자기소유에 속하는 제1항의 물건을 소훼하여 공공의 위험을 발생하게 한 자는 7년 이하의 징역 또는 1천만원 이하의 벌금에 처한다. ⟨개정 1995.12.29.⟩
*제174조(미수범) 제164조제1항, 제165조, 제166조제1항, 제172조제1항, 제172조의2제1항, 제173조제1항과 제2항의 미수범은 처벌한다. [전문개정 1995.12.29.]
*제176조(타인의 권리대상이 된 자기의 물건)
자기의 소유에 속하는 물건이라도 압류 기타 강제처분을 받거나 타인의 권리 또는 보험의 목적물이 된 때에는 본장의 규정의 적용에 있어서 타인의 물건으로 간주한다.

1) 의의

불을 놓아 사람의 주거에 사용되거나 사람이 현존하지 않고 공용 또는 공익에 공하지 않는 일반건조물을 소훼한 때에 성립하는 범죄이다(제166조). 건조물 등의 소유권이 타인에게 속한 때에는 추상적 위험범임에 반하여(제166조 제1항), 자기소유인 때에는 구체적 위험범으로 공공의 위험이 발생할 경우에 한하여 본죄가 성립한다(제166조 제2항).

2) 구성요건

(1) 객체 : 사람이 주거로 사용하거나 사람이 현존하지 않고, 또한 공용·공익에 공하지 않는 건조물·기차·전차·자동차·선박·항공기·광갱이다.

(2) 타인소유 일반건조물방화죄(제166조 제1항)

① **타인소유** : 건조물 등이 타인소유에 속하는 경우이다.

② **타인소유로 간주되는 경우** : 자기의 소유에 속하는 물건이라도 압류 기타 강제처분
(예: 국세징수법에 의한 체납처분, 강제경매절차에서의 압류, 형사소송에 의한 몰

수물건의 압류)을 받거나 타인의 권리(저당권, 전세권, 질권, 임차권) 또는 보험의 목적물이 된 때에는 타인의 물건으로 간주한다(제176조).

(3) 자기소유 일반건조물방화죄(제166조 제2항)

　① **자기소유** : 건조물 등이 자기소유에 속하는 경우로, 범인소유 이외에 공범자의 소유도 포함된다.

　② **자기소유로 간주되는 경우** : 타인소유에 속하는 경우라도 소유권자의 동의가 있는 경우 및 무주물인 경우도 자기소유물에 준한다.

　③ **공공의 위험** : 불특정 또는 다수인의 생명·신체·재산을 침해할 가능성을 의미한다.

(4) 행위 : 불을 놓아 소훼하는 것이다. 자기소유물인 경우 공공의 위험이 발생하여야 한다.

(5) 고의 : 제1항의 경우 공공의 위험을 인식할 필요가 없으나(추상적 위험범), 제2항의 경우에는 인식해야 한다(구체적 위험범).

3.2.4. 일반물건 방화죄

제167조(일반물건에의 방화)
① 불을 놓아 전3조에 기재한 이외의 물건을 소훼하여 공공의 위험을 발생하게 한 자는 1년 이상 10년 이하의 징역에 처한다.
② 제1항의 물건이 자기의 소유에 속한 때에는 3년 이하의 징역 또는 700만원 이하의 벌금에 처한다.
〈개정 1995. 12. 29.〉

1) 의의

본죄는 불을 놓아 제 164조 내지 제166조에 기재된 이외의 물건을 소훼하여 공공의 위험을 발생하게 함으로써 성립하는 구체적 위험범이다. 불을 놓아 본죄의 객체인 물건을 소훼한 때에도 공공의 위험이 발생하지 않는 때에는 본죄가 성립하지 않는다.

2) 객체

본죄의 객체는 제164조 내지 제166조에 기재된 이외의 일체의 물건으로, 자기소유·타인소유를 불문한다.

3) 공고의 위험

미수범 처벌규정이 없기 때문에 목적물을 소훼하더라도 공고의 위험이 발생하지 않은 때에는 본죄는 성립하지 않고 타인 소유의 물건인 때에 한하여 손괴죄가 성립한다.

3.2.5. 연소죄

제168조(연소)
① 제166조 제2항 또는 전조 제2항의 죄를 범하여 제164조, 제165조 또는 제166조제1항에 기재한 물건에 연소한 때에는 1년 이상 10년 이하의 징역에 처한다.
② 전조 제2항의 죄를 범하여 전조 제1항에 기재한 물건에 연소한 때에는 5년 이하의 징역에 처한다.

1) 의의

본죄는 자기소유 건조물 또는 물건에 대한 방화가 확대되어 타인의 소유물에 연소한 경우를 처벌하기 위한 자기소유물에 대한 방화죄의 결과적 가중범이다(제166조)

2) 연소

연소란 행위자가 예견할 수 없었던 물체에 불이 이전되어 소훼하게 하는 것을 말한다. 행위자가 자기소유 건조물 또는 자기소유 일반 물건에 방화한 불길이 행위자의 예상을 뛰어넘어 예견하지 못했던 타인소유 건조물(제166조 제1항), 현주건조물(제164조), 공용·공익건조물(제165조)이나 타인소유 일반물건(제167조 제1항)에 옮겨 붙어 소훼하는 것을 말한다.

3) 범죄의 성립

연소죄는 자기소유물의 방화에 대한 결과적 가중범이나, 기본범죄가 기수에 이르러야만 성립할 수 있다. 자기소유물에 대한 방화죄의 미수를 처벌하는 규정은 없기 때문이다.

3.2.6. 방화예비·음모죄

제175조(예비, 음모)
제164조제1항, 제165조, 제166조제1항, 제172조제1항, 제172조의2제1항, 제173조제1항과 제2항의 죄를 범할 목적으로 예비 또는 음모한 자는 5년 이하의 징역에 처한다. 단 그 목적한 죄의 실행에 이르기 전에 자수한 때에는 형을 감경 또는 면제한다. 〈개정 1995. 12. 29.〉

1) 의의

현주건조물 등 방화죄, 공용건조물 등 방화죄, 타인소유의 일반건조물 등 방화죄와 폭발성물건파열죄, 가스·전기 등 방류죄 또는 가스·전기 등 공급방해죄를 범할 목적으로 예비·음모함으로써 성립한다(제175조).

2) 예비

예비란 실행의 착수 이전의 준비를 말한다. 점화하기 위하여 방화 재료를 쌓아 올리거나, 목적물에 기름을 붓는 등의 행위가 여기에 해당한다.

3.3. 준방화죄

3.3.1. 진화방해죄

제169조(진화방해)
화재에 있어서 진화용의 시설 또는 물건을 은닉 또는 손괴하거나 기타 방법으로 진화를 방해한 자는 10년 이하의 징역에 처한다.

1) 의의

화재가 일어난 경우에 진화용의 시설 또는 물건을 은닉 또는 손괴하거나 기타의 방법으로 진화를 방해함으로써 성립하는 범죄이다.(제169조) 보호법익은 사회공공의 안전이다. 보호의 정도는 추상적 위험범이다.

2) 객관적 구성요건

(1) 행위 상황 : 화재에 있어서는 행위정황으로서 객관적 구성요건의 표지이다. 화재에 있어서란 이미 화재가 발생한 경우 뿐만 아니라 화재가 발생하고 있는 경우를 포함하며, 화재의 원인도 불문한다.

(2) 행위의 객체 : 진화용의 시설 또는 물건이다. 소화활동에 사용되는 기구로서 소화기, 화재경보기, 소화전을 말한다. 진화용 시설 또는 물건이 타인의 소유이건 자기의 소유이건 불문한다.

(3) 행위

① **의의** : 은닉 또는 손괴하거나 기타의 방법으로 진화를 방해하는 것이다.

② **은닉** : 시설이나 물건의 발견을 불가능 또는 곤란하게 하는 행위를 말한다.

③ **손괴** : 손괴는 물질적 훼손에 의하여 효용을 해하는 일체의 행위이다.

④ **기타의 방법** : 기타의 방법에 의하여 진화를 방해하는 것에는 소방차를 못 가게 하거나 소방관을 폭행 · 협박하는 경우도 포함된다. 진화 방해의 현실적 결과 발생(화재의 확대)을 요하지 않는 위험범이다. 그리고 미수범 처벌규정도 없다.

⑤ **작위** : 진화방해는 부작위에 의하여도 행할 수 있다. 부작위에 의한 진화방해는 진화할 법률상 의무 있는 자의 진화방해로서 작위의무는 화기관리자로서 소화의미

이다. 소방관·경찰관 등 진화의무 있는 자가 화재보고를 하지 않아서 진화를 방해하는 경우와 같은 부작위에 의한 진화방해도 가능하다.

a. 부작위에 의한 방화와 부작위에 의한 진화방해

구분	성립시기	행위태양
부작위에 의한 방화	화재 전후 불문	화기관리자로서 소화의무에 반하여 화재를 이용하여 소훼하게 하는 것
부작위에 의한 진화방해	화재 시	소화활동에 종사해야 할 보증인적 지위에 있는 자가 진화를 방해하는 것

b. 공무원의 진화협력요구에 불응하는 것은 부작위에 의한 진화방해가 아니라 「경범죄처벌법 제3조 제1항 제29호(공무원의 원조불응)」위반이 된다.

(4) 시기 : 화재진화에 방해가 될 만한 행위가 있으면 기수가 되며(추상적 위험범), 현실적인 진화방해의 결과는 요하지 않는다.

3) 주관적 구성요건

본죄의 성립을 위하여 행위자는 화재라는 행위 상황을 인식하고 진화를 방해한다는 사실에 대한 고의가 있어야 한다.

3.3.2. 폭발성물건파열죄

제172조(폭발성물건파열)
① 보일러, 고압가스 기타 폭발성있는 물건을 파열시켜 사람의 생명, 신체 또는 재산에 대하여 위험을 발생시킨 자는 1년 이상의 유기징역에 처한다.
② 제1항의 죄를 범하여 사람을 상해에 이르게 한 때에는 무기 또는 3년 이상의 징역에 처한다. 사망에 이르게 한 때에는 무기 또는 5년 이상의 징역에 처한다. [전문개정 1995. 12. 29.]

1) 의의

보일러, 고압가스 기타 폭발성이 있는 물건을 파열시켜 사람의 생명·신체 또는 재산에 대하여 위험을 발생시킴으로써 성립하는 구체적 위험범이다. (제172조 제1항)

2) 구성요건

(1) 발성 물건 : 폭발성 있는 물건이란 급격하게 파열하여 물건을 파기하는 성질을 가진 물질을 말하며, 보일러 고압가스는 그 예사에 불과하다. 그러나 총포는 여기의 폭발성 물건이라 할 수 없다.

(2) 열 : 파열이란 물체의 급속한 팽창력을 이용하여 폭발에 이르게 하는 것이다.

(3) 생명·신체·재산의 위험발생 : 본죄가 성립하기 위하여는 폭발성 물건의 파열로 사람

의 생명·신체·재산에 대해 구체적 위험이 발생해야 한다.

3) 폭발성물건파열치사상죄

폭발성물건파열치사상죄는 보일러, 고압가스 기타 폭발성 물건을 파열하게 하여 사람을 사상에 이르게 함으로써 성립하는 범죄이다(제172조 제2항). 폭발성물건파열죄에 대한 결과적 가중범이다.

3.3.3. 가스·전기 등 방류죄

제172조의2(가스·전기등 방류)
① 가스, 전기, 증기 또는 방사선이나 방사성 물질을 방출, 유출 또는 살포시켜 사람의 생명, 신체 또는 재산에 대하여 위험을 발생시킨 자는 1년 이상 10년 이하의 징역에 처한다.
② 제1항의 죄를 범하여 사람을 상해에 이르게 한 때에는 무기 또는 3년 이상의 징역에 처한다. 사망에 이르게 한 때에는 무기 또는 5년 이상의 징역에 처한다. [본조신설 1995.12.29.]

1) 의의

가스·전기·증기 또는 방사선이나 방사성 물질을 방출·유출 또는 살포시켜 사람의 생명·신체 재산에 대하여 위험을 발생하게 함으로써 성립하는 구체적 위험범이다.

2) 구성요건

방사선이란 전자파 또는 입자선 중 직접 또는 간접적으로 공기를 전이하는 능력을 가진 것을 말하며(원자력법 제2조 제7호), 방사성 물질이란 핵연료 물질 사용 후 핵연료·방사성·동위원소 및 원자핵분열생성물을 말한다(동조 제5호).

3) 가스·전기 등 방류치사상죄

가스·전기 등 방류치사상죄는 가스·전기·증기 또는 방사선이나 방사성 물질을 유출, 방출 또는 살포시켜 사람을 사상에 이르게 함으로써 성립하는 결과적 가중범이다(제172조의2 제2항)

3.3.4. 가스·전기 등 공급방해죄

제173조(가스·전기등 공급방해)
① 가스, 전기 또는 증기의 공작물을 손괴 또는 제거하거나 기타 방법으로 가스, 전기 또는 증기의 공급이나 사용을 방해하여 공공의 위험을 발생하게 한 자는 1년 이상 10년 이하의 징역에 처한다. <개정 1995.12.29.>

② 공공용의 가스, 전기 또는 증기의 공작물을 손괴 또는 제거하거나 기타 방법으로 가스, 전기 또는 증기의 공급이나 사용을 방해한 자도 전항의 형과 같다. 〈개정 1995.12.29.〉
③ 제1항 또는 제2항의 죄를 범하여 사람을 상해에 이르게 한 때에는 2년 이상의 유기징역에 처한다. 사망에 이르게 한 때에는 무기 또는 3년이상의 징역에 처한다. 〈개정 1995.12.29.〉

1) 의의

가스·전기 또는 증기의 공작물을 손괴·제거하거나 기타 방법으로 그 공급이나 사용을 방해함으로써 성립하는 범죄이다.

2) 성격

제1항(개인용)은 구체적 위험범이며, 제2항(공공)은 추상적 위험범이다. 제3항은 진정 결과적 가중범이다.

3.4. 실화죄

3.4.1. 단순실화죄

제170조(실화)
① 과실로 인하여 제164조 또는 제165조에 기재한 물건 또는 타인의 소유에 속하는 제166조에 기재한 물건을 소훼한 자는 1천500만원 이하의 벌금에 처한다. 〈개정 1995.12.29.〉
② 과실로 인하여 자기의 소유에 속하는 제166조 또는 제167조에 기재한 물건을 소훼하여 공공의 위험을 발생하게 한 자도 전항의 형과 같다.

1) 의의

과실로 제164조, 제165조에 기재한 물건 또는 타인의 소유에 속한 제166조의 물건을 소훼하거나, 과실로 자기의 소유에 속하는 제166조 또는 167조에 기재한 물건을 소훼하여 공공의 위험을 발생하게 한 때에 성립하는 범죄이다. (제170조)

2) 성격

제1항의 죄는 과실로 현주건조물, 공용건조물, 타인소유 일반건조물을 소훼시킨 경우로서 추상적 위험범이다. 제2항의 죄는 과실로 일반건물, 자기소유 일반 건조물을 소훼시킨 경우로서 구체적 위험범이다.

3) 자기소유에 속하는 물건의 의미

형법 제170조 제2항에서 말하는 '자기의 소유에 속하는 제166조 또는 제167조에 기재한 물건'이란 자기의 소유에 속하는 제 166조에 기재한 물건 또는 자기의 소유에 속하든, 타인의 소유에 속하든 불문하고 제167조에 기재한 물건'을 의미하는 것이라고 해석하여야하며, 관련조문을 전체적·종합적으로 해석하는 방법일 것이고, 이렇게 해석한다고 하더라도 그것이 법규정의 가능한 의미를 벗어나 법형성이나 법창조행위에 이른 것이라고는 할 수 없어 죄형법정주의의 원칙상 금지되는 유추해석이나 확장해석에 해당한다고 볼 수는 없을 것이다.

*대법원 1994. 12. 20. 자 94모32 전원합의체 결정 [공소기각결정에대한재항고] [집42(2)형,529;공1995. 1. 15. (984),538]

3.4.2. 업무상 실화·중실화죄

제171조(업무상실화, 중실화)
업무상과실 또는 중대한 과실로 인하여 제170조의 죄를 범한 자는 3년 이하의 금고 또는 2천만원 이하의 벌금에 처한다. 〈개정 1995. 12. 29. 〉

1) 의의

업무상 과실 또는 중과실로 인하여 실화죄를 범한 경우에 형을 가중한다. 즉, 업무상 실화는 업무자의 예견의무로 인하여 책임이 가중되는 경우이고, 중실화는 과실이라는 불법이 가중되는 경우이다.

2) 내용

(1) 업무 : 그 직무상 화재 발생의 개연성이 많은 업무를 말한다. 여기서 업무란 주유소와 같이 화재의 위험이 수반되는 업무, 화기·전기를 다루는 사람과 같이 화재를 일으키지 않도록 특별히 주의해야 할 업무 및 화재 방지를 내용으로 하는 업무가 포함된다. 판례는 업무상 실화죄에 있어서의 업무에는 그 직무상 화재의 원인이 된 화기를 직접 취급하는 것에 그치지 않고 화재의 발견 방지 등의 의무가 지워진 경우를 포함한다.[129]

(2) 중과실 : 중대한 과실이란 부주의의 정도가 큰 과실, 즉 조금만 주의하였더라면 결과를 발생을 야기하지 않았을 것인데도 그 주의를 게을리 하여 이를 인식하지 못한 경우이다.

---

129) *대법원 1983.5.10. 선고 82도2279 판결. ([업무상실화][공1983.7.1.(707),983])

1. 형법 제171조가 정하는 중실화는 행위자가 극히 작은 주의를 함으로써 결과발생을 예견할 수 있었는데도 부주의로 이를 예견하지 못하는 경우를 말한다.

   대법원 1988. 8. 23. 선고 88도855 판결 [중실화][공1988. 10. 1. (833), 1243]

2. 성냥불이 꺼진 것을 확인하지 아니한 채 플라스틱 휴지통에 던진 것이 중대한 과실에 해당한다고 본 사례.

   대법원 1993. 7. 27. 선고 93도135 판결 [중과실치사, 중실화] [공1993. 10. 1. (953), 2471]

3. 연탄아궁이로부터 80센티미터 떨어진 곳에 쌓아둔 스폰지요, 솜 등이 연탄아궁이 쪽으로 넘어지면서 화재현장에 의한 화재가 발생한 경우라고 하더라도 그 스폰지요, 솜 등을 쌓아두는 방법이나 상태 등에 관하여 아주 작은 주의만 기울였더라면 스폰지요나 솜 등이 넘어지고 또 그로 인하여 화재가 발생할 것을 예견하여 회피할 수 있었음에도 불구하고 부주의로 이를 예견하지 못하고 스폰지와 솜 등을 쉽게 넘어질 수 있는 상태로 쌓아둔 채 방치하였기 때문에 화재가 발생한 것으로 판단되어야만, "중대한 과실"로 인하여 화재가 발생한 것으로 볼 수 있다.

   대법원 1989. 1. 17. 선고 88도643 판결 [중실화][공1989. 3. 1. (843), 323]

3.4.3. 과실 폭발성물건파열죄, 업무상 과실·중과실 폭발성물건파열죄

제173조의2 (과실폭발성물건파열등)
① 과실로 제172조제1항, 제172조의2제1항, 제173조제1항과 제2항의 죄를 범한 자는 5년 이하의 금고 또는 1천500만원 이하의 벌금에 처한다.
② 업무상과실 또는 중대한 과실로 제1항의 죄를 범한 자는 7년 이하의 금고 또는 2천만원 이하의 벌금에 처한다. [본조신설 1995. 12. 29.]

본죄는 과실로 폭발성물건파열죄, 가스·전기 등 방류죄, 가스·전기 등 공급방해죄를 범하으로써 성립하는 범죄이다. 업무상 과실 또는 중과실 폭발성물건 등 파열되는 과실 폭발성물건등파열죄에 대한 결과적 가중범이다.

3.5. 화재범죄와 손괴죄

3.5.1. 개설

1) 손괴죄의 의의

형법 상 손괴죄는 타인의 재물, 문서 또는 전자기록 등 특수매체기록을 손괴 또는 은닉 기타의 방법으로 그 효용을 해하는 것을 내용으로 하는 범죄를 말한다(제366조). 재산죄 중 재말만을 객체로 하는 순수한 재물죄이며, 재물죄이면서도 불법영득의사를 요하지 않는다(훼기[130]죄). 손괴죄는 강도죄와 함께 친족상도례의 규정이 적용되지 않는다.

2) 구성요건 체계

재물(문서)손괴죄(제366조)와 공익건조물파괴죄(제367조)가 기본적 구성요건이며, 양죄의 가중적 구성요건으로는 중손괴죄(제368조)와 특수손괴죄(제369조)가 있다. 특별구성요건으로서 경계침범죄(제370조)를 규정하고 있다.

3) 보호법익

손괴죄는 재물손괴죄와 공익건조물파괴죄 및 경계침범죄의 세가지 독립된 구성요건으로 되어 있는데, 그 보호법익도 달리한다. 즉, 일반적인 보호법익은 재물의 본래적인 보존상태이고, 재물손괴죄의 보호법익은 소유권의 이용가치 또는 기능으로서의 소유권이며(다수설), 공익건조물파괴죄의 보호법익은 공익에 공하는 건조물의 유지에 대한 일반의 이익, 즉 공익건조물의 장애 없는 이용가능성이고, 경계침범죄의 보호법익은 토지에 대한 권리와 중요한 관계를 가진 토지경계의 명확성이다(주로 토지경계의 식별기능, 부수적으로 토지소유권의 이용가치), 보호법익의 보호 정도는 침해범이다.

3.5.2. 재물(문서)손괴죄

제366조(재물손괴등)
타인의 재물, 문서 또는 전자기록등 특수매체기록을 손괴 또는 은닉 기타 방법으로 기 효용을 해한 자는 3년이하의 징역 또는 700만원 이하의 벌금에 처한다. 〈개정 1995.12.29.〉
*제371조(미수범) 제366조, 제367조와 제369조의 미수범은 처벌한다

---

130) 훼기: <법률> [같은 말] 문서 손괴죄(다른 사람의 문서를 권한 없이 손상하거나 없앰으로써 성립하는 범죄)

1) 의의

타인의 재물, 문서 또는 전자기록 등 특수매체기록을 손괴 또는 은닉 기타의 방법으로 그 효용을 해함으로써 성립하는 범죄이다(제366조).

2) 객관적 구성요건

(1) 행위의 객체 : 타인소유의 재물, 문서 또는 전자기록 등 특수매체기록이다.

① **재물** : 재물은 유체물 및 관리할 수 있는 동력을 포함한다. 동산·부동산을 불문하며 동물도 재물에 포함된다. 재물은 경제적 가치 내지 교환가치를 가질 것을 요하지 않는다. 사체는 본죄의 객체가 아니고 제161조 사체 등 손괴죄의 객체이다. 공익전조물을 파괴에 이르지 않고 손괴에 그치면 공익건조물 파괴죄가 아닌 본죄에 해당한다. 공용물은 파괴의 경우에는 공용물파괴죄(제141조 제2항), 손괴의 경우에는 공용 서류(물건)무효죄(제141조제1항)가 성립하므로 손괴죄의 객체가 아니다.

② **문서** : 문서란 형법 제141조 제1항의 공용서류에 해당하지 않는 모든 서류를 말한다. 사문서·공문서를 불문하고, 편지·도화·유가증권을 포함한다. 공용서류에 해당하는 때에는 본죄의 객체가 되지 않는다.

③ **특수매체기록**

a. 의의 : 전자기록 등 특수매체기록[131]은 사람의 지각에 의하여 인식될 수 없는 방식에 의하여 작성되어 컴퓨터 등 정보처리장치에 의한 정보처리를 위하여 제공된 기록을 말한다.

④ **타인성** : 재물, 문서 또는 전자기록 등 특수매체기록은 타인의 소유에 속하여야 한다. 여기서 타인이란 개인뿐만 아니라 국가·법인·법인격 없는 단체를 포함하며, 타인의 소유란 타인의 단독소유 또는 공동소유에 속하는 것을 말한다. 타인이 권리목적이된 재물·문서를 손괴해도 본죄는 성립하지 않고 권리행사방해죄(제323조)나 공무상 보관물무효죄(제142조)가 성립한다. 재물, 문서 또는 전자기록 등 특수매체기록은 타인의 소유에 속하면 족하므로 그것을 누가 점유하고 있는가는 문제되지 않는다. 문서의 경우에는 타인소유이면 문서의 작명의인이 누구인가도 문제되지 않는다. 타인에게 교무한 자기명의의 영수증 또는 약속어음을 찢어 버리는 경우에는 문서 손괴죄가 성립한다. 문서 내용의 진위도 본죄의 성립에 영향이 없다. 채무자가 작성·교부한 자기명의의 차용증서를 우연히 채권자부터 반환받아 임의로 차용금액을 고쳐 쓴 경우에는 문서손괴죄가 성립하고, 문서변조죄는 성립하지 않는다.

---

131) 특수매체기록 : 특수매체기록이란 일전한 데이터에 대한 전자기록이나 과학기록을 말한다. 담고 있는 매체물이 본죄의 객체가 아니라 매체물이 담고 있는 데이터의 기록 자1月체가 본죄의 객체이다. 마이크로필름기록은 단순한 문자의 축소 내지 그 기계적 확대에 의한 재생에 불과하므로 문서의 일종이다.

(2) 행위 : 본죄의 행위는 손괴 또는 은닉 기타의 방법으로 그 효용을 해하는 것이다.

① **손괴** : 손괴란 재물 또는 문서 자체에 직접 유형력을 행사하여 그 본래의 효용을 감소시켜 그 이용가능성을 침해하는 것을 말한다. 손괴의 개념은 물체침해설에서 기능방해설로, 다시 보존상태변경설로 발전하였다. 반드시 영구적임을 요하지 않고 일시적이라도 무방하다. 반드시 중요 부분을 훼손할 필요는 없고, 간단히 수리할 수 있는 경미한 정도도 포함된다. 특수매체기록의 경우에는 기록 그 자체의 소거·변경 이외에 기록매체물의 파손도 손괴에 해당한다.

② **은닉** : 은닉이란 재물 또는 문서의 소재를 불분명하게 하여 그 발견을 곤란 또는 불가능하게 함으로써 그 재물 또는 문서의 효용을 해하는 것을 말한다. 친구 집에 놀러 갔다가 자기가 써 준 차용증서를 발견하고 친구 몰래 보이지 않는 곳에 놓아 둔 경우를 들 수 있다. 물체 자체의 상태변화를 가져오는 것이 아니라는 점에서 손괴와 구별된다. 본죄가 되느냐 절도죄가 되느냐는 불법영득의사의 유무에 의해 구별된다.

③ **기타 방법** : 기타의 방법은 손괴 또는 은닉 이외의 방법으로 재물, 문서 또는 전자기록 등 특수매체기록의 효용을 해하는 일체의 행위를 말하며, 여기에는 물질적 훼손 뿐만 아니라, 사실상 또는 감정상 그 물건 본래의 용도에 사용할 수 없게 하는 일체의 행위를 포함한다.

3) 주관적 구성요건

본죄가 성립하기 위하여는 주관적 구성요건으로 고의를 요한다. 본죄의 고의는 타인의 재물 또는 문서의 이용가치의 전부 또는 일부를 침해한다는 인식을 내용으로 한다. 그러나 불법영득의사나 이득의 의사는 요하지 않는다.

4) 타 죄와의 관계

(1) 문서변조죄와의 관계 : 사문서의 작성권자가 내용을 고치는 것은 문서변조죄를 구성하지 아니하므로, 문서의 작성권자가 타인 소유 문서의 내용을 정정하거나, 작성권자의 동의를 받아 새로운 사실을 기입한 때에는 문서손괴죄가 성립한다. 문서변조는 문서의 효용과 그 내용을 부분적으로 변경하는 것임에 대하여, 문서의 손괴는 그 효용의 전부 또는 일부를 없애는 것이다.

구분	문서변조죄	문서손괴죄
객체	타인 명의의 문서	타인소유의 문서
행위	1. 타인 명의 문서의 효력과 내용을 변경 2. 타인 명의 타인소유의 문서를 변경(법조경합)	1. 타인이 소유하고 있는 자기명의의 문서 내용을 변경 2. 연명문서의 명의자 중 한 사람의 서명을 말소하는 것 3. 문서효용의 전부 또는 일부를 멸각시키는 것

(2) 죄수

① **증거인멸죄와의 관계** : 증거인멸이 동시에 재물손괴가 되는 경우에는 증거인멸죄와 손괴죄의 상상적 경합이 된다.

② **비밀침해죄와의 관계** : 편지를 개봉한 후 이를 은닉하면 비밀침해죄와 손괴죄의 상상적 경합이된다.

3.5.3. 공익전조물파괴죄

제367조(공익건조물파괴)
공익에 공하는 건조물을 파괴한 자는 10년 이하의 징역 또는 2천만 원 이하의 벌금에 처한다.
〈개정 1995. 12. 29. 〉
*제371조(미수범) 제366조, 제367조와 제369조의 미수범은 처벌한다.

1) 의의

공익에 공하는 건조물을 파괴함으로써 성립하는 범죄이다(제376조) 본죄의 보호법익은 공익에 공하는 건조물의 유지에 대한 일반의 이익, 즉 공공의 이익이다.

2) 행위의 객체

공익에 공하는 건조물이다. 건조물이란 사람이 내부에 출입할 수 있는 것이어야 하며, 제방, 교량, 철도, 전주, 기념비, 분묘 등은 본죄의 건조물이 아니다.

공익건조물이라고 하기 위하여는 그 건조물이 공공의 이익에 관한 것이라는 사용목적과 함께 일반인이 쉽게 접근할 수 있는 것이 아니면 안된다. 법원도서관은 공용건조물이긴하나, 일반인의 사용이 제한되므로 공익건조물이 아니고 공용물파괴죄(제141조)의 객체가 된다.

건조물이 국가 또는 공공단체의 소유일 것을 요하지 않으며 사인의 소유라도 좋다. 타인의 소유일 것도 요하지 않는다. 본죄는 공공의 이익을 보호하기 위한 죄로서 건조물이 자기의 소유라도 본죄가 성립한다. 다만, 공무소에서 사용되는 건조물은 형법 제141조의 공용물파괴죄의 적용을 받으므로 여기서 제외된다.

3) 행위

파괴하는 것이다. 파괴한 건조물의 중요부분을 손괴하는 것, 즉 건조물의 전부 또는 일부를 용도에 따라 사용할 수 없게 하는 것을 말한다. 파괴의 방법은 묻지 않는다. 파괴에 이르지 않으면 재물손괴죄가 된다. 방화에 의한 때에는 공익건조물방화죄(제165조)가 되므로 본죄는 성립하지 않는다.

3.5.4. 가중직 구성요건

1) 중손괴죄 · 손괴치사상죄

제368조(중손괴)
① 전2조의 죄를 범하여 사람의 생명 또는 신체에 대하여 위험을 발생하게 한 때에는 1년 이상 10년 이하의 징역에 처한다.
② 제366조 또는 제367조의 죄를 범하여 사람을 상해에 이르게 한 때에는 1년 이상의 유기징역에 처한다. 사망에 이르게 한 때에는 3년 이상의 유기징역에 처한다. 〈개정 1995. 12. 29.〉

(1) 의의
재물손괴죄와 공익건조물파괴죄의 부진정결과적 가중범이다. 손괴의 죄를 범하여 사람의 생명 또는 신체에 대한 구체적 위험이 발생하여야 성립하는 구체적 위험범이다.
(2) 성격
중손괴죄와 손괴치사상죄의 성격에 대하여 다수설은 재물손괴죄와 공익건조물손괴죄의 결과적 가중범으로 보나, 소수설은 중손죄죄와 손괴치사상죄 중 손괴치사상죄만 결과적 가중범으로 본다.
(3) 특수손괴죄

제369조(특수손괴)
① 단체 또는 다중의 위력을 보이거나 위험한 물건을 휴대하여 제366조의 죄를 범한 때에는 5년 이하의 징역 또는 1천만 원 이하의 벌금에 처한다. 〈개정 1995. 12. 29.〉
②제1항의 방법으로 제367조의 죄를 범한 때에는 1년 이상의 유기징역 또는 2천만원 이하의 벌금에 처한다. 〈개정 1995. 12. 29.〉
*제371조(미수범) 제366조, 제367조와 제369조의 미수범은 처벌한다.

3.6. 경범죄처벌법상 책임

3.6.1. 화재범죄 관련 경범죄의 종류와 처벌

1) 경범죄의 종류

다음의 어느 하나에 해당하는 사람은 10만 원 이하의 벌금, 구류 또는 과료의 형으로 처벌한다.

(1) 위험한 불씨 사용 : 충분한 주의를 하지 아니하고 건조물, 수풀, 그 밖에 불붙기 쉬운 물건 가까이에서 불을 피우거나 휘발유 또는 그 밖에 불이 옮아붙기 쉬운 물건 가까이에서 불씨를 사용한 사람

(2) 공무원 원조불응 : 눈·비·바람·해일·지진 등으로 인한 재해, 화재·교통사고·범죄, 그 밖의 급작스러운 사고가 발생하였을 때에 현장에 있으면서도 정당한 이유 없이 관계 공무원 또는 이를 돕는 사람의 현장출입에 관한 지시에 따르지 아니하거나 공무원이 도움을 요청하여도 도움을 주지 아니한 사람

2) 교사·방조

제3조(경범죄의 종류)의 죄를 짓도록 시키거나 도와준 사람은 죄를 지은 사람에 준하여 벌한다.

3) 형의 면제와 병과

제3조에 따라 사람을 벌할 때에는 그 사정과 형편을 헤아려서 그 형을 면제하거나 구류와 과료를 함께 과(科)할 수 있다.

3.6.2. 경범죄 처벌의 특례

1) 정의

① "범칙행위"란 제3조제1항 각 호 및 제2항 각 호의 어느 하나에 해당하는 위반행위를 말하며, 그 구체적인 범위는 대통령령으로 정한다.

② "범칙자"란 범칙행위를 한 사람으로서 다음 각 호의 어느 하나에 해당하지 아니하는 사람을 말한다.

1. 범칙행위를 상습적으로 하는 사람
2. 죄를 지은 동기나 수단 및 결과를 헤아려볼 때 구류처분을 하는 것이 적절하다고 인정되는 사람
3. 피해자가 있는 행위를 한 사람
4. 18세 미만인 사람

③ "범칙금"이란 범칙자가 제7조에 따른 통고처분에 따라 국고 또는 제주특별자치도의 금고에 납부하여야 할 금전을 말한다.

근거법조문	범칙행위	범칙금액
법 제3조 제1항 제22호 (위험한 불씨의 사용)	충분한 주의를 하지 아니하고 건조물, 수풀, 그 밖에 불붙기 쉬운 물건 가까이에서 불을 피우거나 휘발유 또는 그 밖에 불이 옮아붙기 쉬운 물건 가까이에서 불씨를 사용하는 경우	8만원
법 제3조 제1항 제29호 (공무원 원조불응)	눈·비·바람·해일·지진 등으로 인한 재해, 화재·교통사고·범죄, 그 밖의 급작스러운 사고가 발생하였을 때에 현장에 있으면서도 정당한 이유 없이 관계 공무원 또는 이를 돕는 사람의 현장출입에 관한 지시에 따르지 아니하거나 공무원이 도움을 요청하여도 도움을 주지 아니하는 경우	5만원

2) 통고처분

(1) 경찰서장, 해양경비안전서장, 제주특별자치도지사 또는 철도특별사법경찰대장은 범칙자로 인정되는 사람에 대하여 그 이유를 명백히 나타낸 서면으로 범칙금을 부과하고 이를 납부할 것을 통고할 수 있다. 다만, 다음 각 호의 어느 하나에 해당하는 사람에게는 통고하지 아니한다. 〈개정 2014.11.19.〉

① 통고처분서 받기를 거부한 사람
② 주거 또는 신원이 확실하지 아니한 사람
③ 그 밖에 통고처분을 하기가 매우 어려운 사람

4 민법

4.1. 불법행위의 의의 및 성질

1) 불법행위의 의의

불법행위는 공의 또는 과실로 인하여 타인에게 손해를 가하는 위법한 행위를 말하며, 이 경우 가해자는 피해자에 대해 그 손해를 배상할 책임을 지게 된다(제750조). 이러한 불법행위는 법률 규정에 의한 채권의 발생원인이 된다.

2) 불법행위의 성질

불법행위는 위법행위라는 점에서 채무불이행과 그 성질을 같이하고, 법률규정에 의한 채권의 발생 원인이라는 점에서 사무관리나 부당이득과 그 성질이 같다. 또한 이러한 불법행위를 규율하고 있는 규정의 특징으로서는 규정의 포괄성에 따른 구체적 타당성의 존중, 손해의 공평한 분배, 특별법의 발달(예: '실화책임에 관한 법률' '자동차손해배상보장법' '국가배상법')을 들 수 있다.

3) 민사상 불법행위책임과 형사책임의 관계

구분	형사책임	민사책임
처벌의 범위(고의·과실)	고의범만을 처벌하는 것이 원칙, 과실범은 예외적으로 처벌	고의 행위와 과실 행위를 구별하지 않고 동일하게 평가
결과 발생여부	결과가 발생하지 않은 미수범도 처벌 가능	결과 내지 손해가 발생하지 않은 미수는 고려하지 않음
책임(형벌의)의 목적	고의·과실에 대한 응보	손해의 공평한 분담

4) 불법행위책임과 채무불이행 책임

- **양 책임의 경합** : 양 책임은 각각 그 요건과 효과가 서로 다르므로 별개의 청구권으로서 그 경합이 인정된다(통설·판례).

4.2. 일반불법행위

> 제750조(불법행위의 내용)
> 고의 또는 과실로 인한 위법행위로 타인에게 손해를 가한 자는 그 손해를 배상할 책임이 있다.

4.2.1. 가해자의 고의 또는 과실이 있을 것

1) 고의 · 과실 의의

고의란 손해가 발생하리라는 것을 인식하면서 위법 행위를 하는 경우를 말하고, 과실이란 손해 발생을 예견할 수 있었음에도 부주의로 이를 예견하지 못하고 위법행위를 하는 것을 말한다. 형사책임과는 달리 현행 민법에서는 양자 간에 경중의 차이가 없다.

2) 불법행위에 있어서의 과실

(1) 추상적 과실 : 보통인을 기준으로 하여 사회에서 통상 요구되는 일반적 주의를 게을리하는 경우를 말한다. 민법은 주로 이 의무를 선량한 관리자의 주의로 표현하고 있다.
(2) 구체적 과실 : 개개의 행위자를 기준으로 하여 그의 평상시의 주의를 게을리 하는 경우를 말한다. 민법은 이를 '자기재산과 동일한 주의' 내지 '고유재산과 동일한 주의'등으로 표현하고 있다.

2) 경과실, 중과실

(1) 경과실 : 보통의 주의를 게을리한 경우를 말한다. 민사책임의 성립에 있어서의 과실은 일반적으로 이러한 경과실을 의미한다.
(2) 중과실 : 행위자의 지위 · 직업 등에 비추어 현저하게 주의를 게을리한 경우를 말한다. 민법은 이를 '중대한 과실'로 표현하고 있다.

3) 고의 과실의 입증책임

원칙적으로 원인 피해자(채권자)가 가해자의 고의 · 과실을 입증하여야 한다. 그러나 판례에 의하면 일정한 경우(예 환경오염사고, 제조물책임, 의료사고) 등에는 가해자의 과실이 추정된다고 한다.

4.2.2. 실화책임에 관한 법률

[시행 2009.5.8.] [법률 제9648호, 2009.5.8., 전부개정]
법무부(법무심의관실), 02-2110-3164~5

1) 목적

이 법은 실화(失火)의 특수성을 고려하여 실화자에게 중대한 과실이 없는 경우 그 손해배상액의 경감(輕減)에 관한 「민법」 제765조의 특례를 정함을 목적으로 한다.

> **민법 제765조**(배상액의 경감청구)
> ① 본장의 규정에 의한 배상의무자는 그 손해가 고의 또는 중대한 과실에 의한 것이 아니고 그 배상으로 인하여 배상자의 생계에 중대한 영향을 미치게 될 경우에는 법원에 그 배상액의 경감을 청구할 수 있다.
> ② 법원은 전항의 청구가 있는 때에는 채권자 및 채무자의 경제상태와 손해의 원인 등을 참작하여 배상액을 경감할 수 있다.

2) 적용범위

이 법은 실화로 인하여 화재가 발생한 경우 연소(延燒)로 인한 부분에 대한 손해배상청구에 한하여 적용한다.

3) 손해배상액의 경감

(1) 손해배상액의 경감 : 실화가 중대한 과실로 인한 것이 아닌 경우 그로 인한 손해의 배상의무자(이하 "배상의무자"라 한다)는 법원에 손해배상액의 경감을 청구할 수 있다.

(2) 손해배상액 경감의 결정 : 법원은 제1항의 청구가 있을 경우에는 다음 각 호의 사정을 고려하여 그 손해배상액을 경감할 수 있다.

   1. 화재의 원인과 규모

   2. 피해의 대상과 정도

   3. 연소(延燒) 및 피해 확대의 원인

   4. 피해 확대를 방지하기 위한 실화자의 노력

   5. 배상의무자 및 피해자의 경제상태

   6. 그 밖에 손해배상액을 결정할 때 고려할 사정

실화책임에 관한 법률과 관련된 판례

1. a. 실화책임에관한법률은 실화자에게 중대한 과실이 없는 한 불법행위상의 손해배상책임의 부담을 시키지 아니한다는데 불과하고, 채무불이행상의 손해배상청구의 경우에는 그 적용이 없다. 대법원 1987. 12. 8. 선고 87다카898 판결

   [손해배상][집35(3)민,300;공1988. 2. 1. (817),264]

2. b. 실화책임에관한법률에서 말하는 '중대한 과실'이라 함은 통상인에게 요구되는 정도의 상당한 주의를 하지 않더라도 약간의 주의를 한다면 손쉽게 위법 유해한 결과를 예견할 수 있는 경우임에도 만연히 이를 간과함과 같은 거의 고의에 가까운 현저한 주의를 결여한 상태를 말한다. 대법원 1995. 10. 13. 선고 94다36506 판결

   [손해배상(기)][공1995. 12. 1. (1005),3759]

3. [1] 실화책임에관한법률은 실화로 인하여 일단 화재가 발생한 경우에는 부근 가옥 기타 물건에 연소함으로써 그 피해가 예상 외로 확대되어 실화자의 책임이 과다하게 되는 점을 고려하여 그 책임을 제한함으로써 실화자를 지나치게 가혹한 부담으로부터 구제하고자 하는 데 그 입법 취지가 있고, 이러한 입법 취지에 비추어 이 법률은 발화점과 불가분의 일체를 이루는 물건의 소실, 즉 직접 화재에는 적용되지 아니하고, 그로부터 연소한 부분에만 적용되는 것으로 해석함이 상당하다.

   [2] 화재를 진압하기 위하여 화재현장에 출동하여 진화활동을 하는 소방공무원들의 경우, 일단 화재가 발생한 다음 그 현장에 임하게 되므로, 그 진화과정에서의 잘못으로 말미암아 다시 제2차적인 화재가 발생하게 되었다고 하더라도, 이는 통상의 실화와는 달리 이미 발생한 화재로 인한 피해를 막으려는 과정에서 발생한 것이고, 소방공무원들의 화재진압활동은 국가나 지방자치단체의 공권력적 활동의 성격을 가지는 한편 화재를 당한 국민 개개인의 재산과 생명을 보호하기 위한 측면도 가지고 있으며, 또한 소방공무원들은 그 직책상 화재진압에 전문적인 식견과 기술을 지닌 사람들로서 고도의 주의의무를 과함이 상당한 반면에 자신의 신체적 위험을 무릅쓰고 화재진압에 임하게 된다는 점 등을 종합해 보면, 소방공무원들이 화재를 진압하는 과정에서의 행위에 대하여도 그 과실의 경중을 따지는 기준에 관하여 소방공무원의 특수성을 고려함은 별문제로 하고, 실화책임에관한법률이 적용된다고 보는 것이 타당하고, 따라서 화재진압 과정에서 소방공무원의 잘못으로 인하여 제2차적인 화재가 발생하여 손해가 발생하였다고 하더라도, 해당 소방공무원에게 중과실이 인정되지 않는다면, 소방공무원 자신이나 그 사용자인 지방자치단체는 그로 인한 민사상의 손해배상책임을 지지 않는다고 보아야 할 것이다.

   [3] 소방공무원이 화재진압과정에서 미처 모든 불씨를 제거하지 못하여 3시간여 경과 후 1차 화재 발생지점과 칸막이로 분리된 다른 곳에서 2차 화재가 발생한 사안에서 소방공무원들에게 실화책임에관한법률을 적용하여 그 손해배상책임을 부정한 사례. 대법원 2002. 12. 10. 선고 2001다9298 판결 [손해배상(기)][공2003. 2. 1. (171),324]

5 소방기본법

[시행 2016.4.28.] [법률 제13916호, 2016.1.27., 일부개정]

국민안전처(소방정책과), 02-2100-0826

제1장 총칙 <개정 2011.5.30.>

제1조(목적)

이 법은 화재를 예방·경계하거나 진압하고 화재, 재난·재해, 그 밖의 위급한 상황에서의 구조·구급 활동 등을 통하여 국민의 생명·신체 및 재산을 보호함으로써 공공의 안녕 및 질서 유지와 복리증진에 이바지함을 목적으로 한다.[전문개정 2011.5.30.]

제3조(소방기관의 설치 등)

① 시·도의 화재 예방·경계·진압 및 조사, 소방안전교육·홍보와 화재, 재난·재해, 그 밖의 위급한 상황에서의 구조·구급 등의 업무(이하 "소방업무"라 한다)를 수행하는 소방기관의 설치에 필요한 사항은 대통령령으로 정한다. <개정 2015.7.24.>

② 소방업무를 수행하는 소방본부장 또는 소방서장은 그 소재지를 관할하는 특별시장·광역시장·특별자치시장·도지사 또는 특별자치도지사(이하 "시·도지사"라 한다)의 지휘와 감독을 받는다. <개정 2014.12.30.>[전문개정 2011.5.30.]

제2장 소방장비 및 소방용수시설 등

제8조(소방력의 기준 등)

① 소방기관이 소방업무를 수행하는 데에 필요한 인력과 장비 등[이하 "소방력"(消防力)이라 한다]에 관한 기준은 총리령으로 정한다. <개정 2013.3.23., 2014.11.19.>

② 시·도지사는 제1항에 따른 소방력의 기준에 따라 관할구역의 소방력을 확충하기 위하여 필요한 계획을 수립하여 시행하여야 한다.

③ 소방자동차 등 소방장비의 분류·표준화와 그 관리 등에 필요한 사항은 총리령으로 정한다. <개정 2013.3.23., 2014.11.19.>[전문개정 2011.5.30.]

제11조(소방업무의 응원)

① 소방본부장이나 소방서장은 소방활동을 할 때에 긴급한 경우에는 이웃한 소방본부장 또는 소방서장에게 소방업무의 응원(應援)을 요청할 수 있다.

② 제1항에 따라 소방업무의 응원 요청을 받은 소방본부장 또는 소방서장은 정당한 사유 없이 그 요청을 거절하여서는 아니 된다.

③ 제1항에 따라 소방업무의 응원을 위하여 파견된 소방대원은 응원을 요청한 소방본부

장 또는 소방서장의 지휘에 따라야 한다.

④ 시·도지사는 제1항에 따라 소방업무의 응원을 요청하는 경우를 대비하여 출동 대상지역 및 규모와 필요한 경비의 부담 등에 관하여 필요한 사항을 총리령으로 정하는 바에 따라 이웃하는 시·도지사와 협의하여 미리 규약(規約)으로 정하여야 한다. 〈개정 2013.3.23., 2014.11.19.〉[전문개정 2011.5.30.]

제11조의2(소방력의 동원)

① 국민안전처장관은 해당 시·도의 소방력만으로는 소방활동을 효율적으로 수행하기 어려운 화재, 재난·재해, 그 밖의 구조·구급이 필요한 상황이 발생하거나 특별히 국가적 차원에서 소방활동을 수행할 필요가 인정될 때에는 각 시·도지사에게 총리령으로 정하는 바에 따라 소방력을 동원할 것을 요청할 수 있다. 〈개정 2013.3.23., 2014.11.19.〉

② 제1항에 따라 동원 요청을 받은 시·도지사는 정당한 사유 없이 요청을 거절하여서는 아니 된다.

③ 국민안전처장관은 시·도지사에게 제1항에 따라 동원된 소방력을 화재, 재난·재해 등이 발생한 지역에 지원·파견하여 줄 것을 요청하거나 필요한 경우 직접 소방대를 편성하여 화재진압 및 인명구조 등 소방에 필요한 활동을 하게 할 수 있다. 〈개정 2014.11.19.〉

④ 제1항에 따라 동원된 소방대원이 다른 시·도에 파견·지원되어 소방활동을 수행할 때에는 특별한 사정이 없으면 화재, 재난·재해 등이 발생한 지역을 관할하는 소방본부장 또는 소방서장의 지휘에 따라야 한다. 다만, 국민안전처장관이 직접 소방대를 편성하여 소방활동을 하게 하는 경우에는 국민안전처장관의 지휘에 따라야 한다. 〈개정 2014.11.19.〉

⑤ 제3항 및 제4항에 따른 소방활동을 수행하는 과정에서 발생하는 경비 부담에 관한 사항, 제3항 및 제4항에 따라 소방활동을 수행한 민간 소방 인력이 사망하거나 부상을 입었을 경우의 보상주체·보상기준 등에 관한 사항, 그 밖에 동원된 소방력의 운용과 관련하여 필요한 사항은 대통령령으로 정한다.[본조신설 2011.5.30.]

제3장 화재의 예방과 경계(警戒)

제12조(화재의 예방조치 등)

① 소방본부장이나 소방서장은 화재의 예방상 위험하다고 인정되는 행위를 하는 사람이나 소화(消火) 활동에 지장이 있다고 인정되는 물건의 소유자·관리자 또는 점유자에게 다음 각 호의 명령을 할 수 있다.

  1. 불장난, 모닥불, 흡연, 화기(火氣) 취급, 그 밖에 화재예방상 위험하다고 인정되는 행위의 금지 또는 제한

  2. 타고 남은 불 또는 화기가 있을 우려가 있는 재의 처리

3. 함부로 버려두거나 그냥 둔 위험물, 그 밖에 불에 탈 수 있는 물건을 옮기거나 치우게 하는 등의 조치

② 소방본부장이나 소방서장은 제1항제3호에 해당하는 경우로서 그 위험물 또는 물건의 소유자·관리자 또는 점유자의 주소와 성명을 알 수 없어서 필요한 명령을 할 수 없을 때에는 소속 공무원으로 하여금 그 위험물 또는 물건을 옮기거나 치우게 할 수 있다.

③ 소방본부장이나 소방서장은 제2항에 따라 옮기거나 치운 위험물 또는 물건을 보관하여야 한다.

④ 소방본부장이나 소방서장은 제3항에 따라 위험물 또는 물건을 보관하는 경우에는 그 날부터 14일 동안 소방본부 또는 소방서의 게시판에 그 사실을 공고하여야 한다.

⑤ 제3항에 따라 소방본부장이나 소방서장이 보관하는 위험물 또는 물건의 보관기간 및 보관기간 경과 후 처리 등에 대하여는 대통령령으로 정한다. [전문개정 2011. 5. 30.]

제13조(화재경계지구의 지정 등)

① 시·도지사는 다음 각 호의 어느 하나에 해당하는 지역 중 화재가 발생할 우려가 높거나 화재가 발생하는 경우 그로 인하여 피해가 클 것으로 예상되는 지역을 화재경계지구(火災警戒地區)로 지정할 수 있다. 〈개정 2016. 1. 27.〉

1. 시장지역
2. 공장·창고가 밀집한 지역
3. 목조건물이 밀집한 지역
4. 위험물의 저장 및 처리 시설이 밀집한 지역
5. 석유화학제품을 생산하는 공장이 있는 지역
6. 「산업입지 및 개발에 관한 법률」 제2조제8호에 따른 산업단지
7. 소방시설·소방용수시설 또는 소방출동로가 없는 지역
8. 그 밖에 제1호부터 제7호까지에 준하는 지역으로서 국민안전처장관·소방본부장 또는 소방서장이 화재경계지구로 지정할 필요가 있다고 인정하는 지역

제14조(화재에 관한 위험경보)

소방본부장이나 소방서장은 「기상법」 제13조제1항에 따른 이상기상(異常氣象)의 예보 또는 특보가 있을 때에는 화재에 관한 경보를 발령하고 그에 따른 조치를 할 수 있다.

제15조(불을 사용하는 설비 등의 관리와 특수가연물의 저장·취급)

① 보일러, 난로, 건조설비, 가스·전기시설, 그 밖에 화재 발생 우려가 있는 설비 또는 기구 등의 위치·구조 및 관리와 화재 예방을 위하여 불을 사용할 때 지켜야 하는 사항은 대통령령으로 정한다.

② 화재가 발생하는 경우 불길이 빠르게 번지는 고무류·면화류·석탄 및 목탄 등 대통령령으로 정하는 특수가연물(特殊可燃物)의 저장 및 취급 기준은 대통령령으로 정한다. [전문개정 2011. 5. 30.]

제4장 소방활동 등 <개정 2011.3.8.>

제16조(소방활동)

① 국민안전처장관, 소방본부장 또는 소방서장은 화재, 재난·재해, 그 밖의 위급한 상황이 발생하였을 때에는 소방대를 현장에 신속하게 출동시켜 화재진압과 인명구조·구급 등 소방에 필요한 활동을 하게 하여야 한다. <개정 2014.11.19.>

② 누구든지 정당한 사유 없이 제1항에 따라 출동한 소방대의 화재진압 및 인명구조·구급 등 소방활동을 방해하여서는 아니 된다. [전문개정 2011.5.30.]

제16조의2(소방지원활동)

① 국민안전처장관·소방본부장 또는 소방서장은 공공의 안녕질서 유지 또는 복리증진을 위하여 필요한 경우 소방활동 외에 다음 각 호의 활동(이하 "소방지원활동"이라 한다)을 하게 할 수 있다. <개정 2013.3.23., 2014.11.19.>

1. 산불에 대한 예방·진압 등 지원활동
2. 자연재해에 따른 급수·배수 및 제설 등 지원활동
3. 집회·공연 등 각종 행사 시 사고에 대비한 근접대기 등 지원활동
4. 화재, 재난·재해로 인한 피해복구 지원활동
5. 삭제 <2015.7.24.>
6. 그 밖에 총리령으로 정하는 활동

② 소방지원활동은 제16조의 소방활동 수행에 지장을 주지 아니하는 범위에서 할 수 있다.

③ 유관기관·단체 등의 요청에 따른 소방지원활동에 드는 비용은 지원요청을 한 유관기관·단체 등에게 부담하게 할 수 있다. 다만, 부담금액 및 부담방법에 관하여는 지원요청을 한 유관기관·단체 등과 협의하여 결정한다. [본조신설 2011.3.8.]

제19조(화재 등의 통지)

① 화재 현장 또는 구조·구급이 필요한 사고 현장을 발견한 사람은 그 현장의 상황을 소방본부, 소방서 또는 관계 행정기관에 지체 없이 알려야 한다.

② 다음 각 호의 어느 하나에 해당하는 지역 또는 장소에서 화재로 오인할 만한 우려가 있는 불을 피우거나 연막(煙幕) 소독을 하려는 자는 시·도의 조례로 정하는 바에 따라 관할 소방본부장 또는 소방서장에게 신고하여야 한다.

1. 시장지역
2. 공장·창고가 밀집한 지역
3. 목조건물이 밀집한 지역
4. 위험물의 저장 및 처리시설이 밀집한 지역
5. 석유화학제품을 생산하는 공장이 있는 지역
6. 그 밖에 시·도의 조례로 정하는 지역 또는 장소 [전문개정 2011.5.30.]

제20조(관계인의 소방활동)

관계인은 소방대상물에 화재, 재난·재해, 그 밖의 위급한 상황이 발생한 경우에는 소방대가 현장에 도착할 때까지 경보를 울리거나 대피를 유도하는 등의 방법으로 사람을 구출하는 조치 또는 불을 끄거나 불이 번지지 아니하도록 필요한 조치를 하여야 한다.[전문개정 2011.5.30.]

제21조(소방자동차의 우선 통행 등)

① 모든 차와 사람은 소방자동차(지휘를 위한 자동차와 구조·구급차를 포함한다. 이하 같다)가 화재진압 및 구조·구급 활동을 위하여 출동을 할 때에는 이를 방해하여서는 아니 된다.

② 소방자동차의 우선 통행에 관하여는 「도로교통법」에서 정하는 바에 따른다.

③ 소방자동차가 화재진압 및 구조·구급 활동을 위하여 출동하거나 훈련을 위하여 필요할 때에는 사이렌을 사용할 수 있다.[전문개정 2011.5.30.]

제22조(소방대의 긴급통행)

소방대는 화재, 재난·재해, 그 밖의 위급한 상황이 발생한 현장에 신속하게 출동하기 위하여 긴급할 때에는 일반적인 통행에 쓰이지 아니하는 도로·빈터 또는 물 위로 통행할 수 있다.[전문개정 2011.5.30.]

제23조(소방활동구역의 설정)

① 소방대장은 화재, 재난·재해, 그 밖의 위급한 상황이 발생한 현장에 소방활동구역을 정하여 소방활동에 필요한 사람으로서 대통령령으로 정하는 사람 외에는 그 구역에 출입하는 것을 제한할 수 있다.

② 경찰공무원은 소방대가 제1항에 따른 소방활동구역에 있지 아니하거나 소방대장의 요청이 있을 때에는 제1항에 따른 조치를 할 수 있다.[전문개정 2011.5.30.]

제24조(소방활동 종사 명령)

① 소방본부장, 소방서장 또는 소방대장은 화재, 재난·재해, 그 밖의 위급한 상황이 발생한 현장에서 소방활동을 위하여 필요할 때에는 그 관할구역에 사는 사람 또는 그 현장에 있는 사람으로 하여금 사람을 구출하는 일 또는 불을 끄거나 불이 번지지 아니하도록 하는 일을 하게 할 수 있다. 이 경우 소방본부장, 소방서장 또는 소방대장은 소방활동에 필요한 보호장구를 지급하는 등 안전을 위한 조치를 하여야 한다.

② 시·도지사는 제1항 전단에 따라 소방활동에 종사한 사람이 그로 인하여 사망하거나 부상을 입은 경우에는 보상하여야 한다.

③ 제1항에 따른 명령에 따라 소방활동에 종사한 사람은 시·도지사로부터 소방활동의 비용을 지급받을 수 있다. 다만, 다음 각 호의 어느 하나에 해당하는 사람의 경우에는 그러하지 아니하다.

  1. 소방대상물에 화재, 재난·재해, 그 밖의 위급한 상황이 발생한 경우 그 관계인

2. 고의 또는 과실로 화재 또는 구조·구급 활동이 필요한 상황을 발생시킨 사람

3. 화재 또는 구조·구급 현장에서 물건을 가져간 사람[전문개정 2011.5.30.]

제25조(강제처분 등)

① 소방본부장, 소방서장 또는 소방대장은 사람을 구출하거나 불이 번지는 것을 막기 위하여 필요할 때에는 화재가 발생하거나 불이 번질 우려가 있는 소방대상물 및 토지를 일시적으로 사용하거나 그 사용의 제한 또는 소방활동에 필요한 처분을 할 수 있다.

② 소방본부장, 소방서장 또는 소방대장은 사람을 구출하거나 불이 번지는 것을 막기 위하여 긴급하다고 인정할 때에는 제1항에 따른 소방대상물 또는 토지 외의 소방대상물과 토지에 대하여 제1항에 따른 처분을 할 수 있다.

③ 소방본부장, 소방서장 또는 소방대장은 소방활동을 위하여 긴급하게 출동할 때에는 소방자동차의 통행과 소방활동에 방해가 되는 주차 또는 정차된 차량 및 물건 등을 제거하거나 이동시킬 수 있다.

④ 시·도지사는 제2항 또는 제3항에 따른 처분으로 인하여 손실을 입은 자가 있는 경우에는 그 손실을 보상하여야 한다. 다만, 제3항에 해당하는 경우로서 법령을 위반하여 소방자동차의 통행과 소방활동에 방해가 된 경우에는 그러하지 아니하다. [전문개정 2011.5.30.]

제26조(피난 명령)

① 소방본부장, 소방서장 또는 소방대장은 화재, 재난·재해, 그 밖의 위급한 상황이 발생하여 사람의 생명을 위험하게 할 것으로 인정할 때에는 일정한 구역을 지정하여 그 구역에 있는 사람에게 그 구역 밖으로 피난할 것을 명할 수 있다.

② 소방본부장, 소방서장 또는 소방대장은 제1항에 따른 명령을 할 때 필요하면 관할 경찰서장 또는 자치경찰단장에게 협조를 요청할 수 있다. [전문개정 2011.5.30.]

제27조(위험시설 등에 대한 긴급조치)

① 소방본부장, 소방서장 또는 소방대장은 화재 진압 등 소방활동을 위하여 필요할 때에는 소방용수 외에 댐·저수지 또는 수영장 등의 물을 사용하거나 수도(水道)의 개폐장치 등을 조작할 수 있다.

② 소방본부장, 소방서장 또는 소방대장은 화재 발생을 막거나 폭발 등으로 화재가 확대되는 것을 막기 위하여 가스·전기 또는 유류 등의 시설에 대하여 위험물질의 공급을 차단하는 등 필요한 조치를 할 수 있다.

③ 시·도지사는 제1항 및 제2항에 따른 조치로 인하여 손실을 입은 자가 있으면 그 손실을 보상하여야 한다. [전문개정 2011.5.30.]

제5장 화재의 조사

제29조(화재의 원인 및 피해 조사)

① 국민안전처장관, 소방본부장 또는 소방서장은 화재가 발생하였을 때에는 화재의 원인 및 피해 등에 대한 조사(이하 "화재조사"라 한다)를 하여야 한다. 〈개정 2014.11.19.〉

② 제1항에 따른 화재조사의 방법 및 전담조사반의 운영과 화재조사자의 자격 등 화재조사에 필요한 사항은 총리령으로 정한다. 〈개정 2013.3.23., 2014.11.19.〉[전문개정 2011.5.30.]

제30조(출입·조사 등)

① 국민안전처장관, 소방본부장 또는 소방서장은 화재조사를 하기 위하여 필요하면 관계인에게 보고 또는 자료 제출을 명하거나 관계 공무원으로 하여금 관계 장소에 출입하여 화재의 원인과 피해의 상황을 조사하거나 관계인에게 질문하게 할 수 있다. 〈개정 2014.11.19.〉

② 제1항에 따라 화재조사를 하는 관계 공무원은 그 권한을 표시하는 증표를 지니고 이를 관계인에게 보여 주어야 한다.

③ 제1항에 따라 화재조사를 하는 관계 공무원은 관계인의 정당한 업무를 방해하거나 화재조사를 수행하면서 알게 된 비밀을 다른 사람에게 누설하여서는 아니 된다.[전문개정 2011.5.30.]

제31조(수사기관에 체포된 사람에 대한 조사)

국민안전처장관, 소방본부장 또는 소방서장은 수사기관이 방화(放火) 또는 실화(失火)의 혐의가 있어서 이미 피의자를 체포하였거나 증거물을 압수하였을 때에 화재조사를 위하여 필요한 경우에는 수사에 지장을 주지 아니하는 범위에서 그 피의자 또는 압수된 증거물에 대한 조사를 할 수 있다. 이 경우 수사기관은 국민안전처장관, 소방본부장 또는 소방서장의 신속한 화재조사를 위하여 특별한 사유가 없으면 조사에 협조하여야 한다. 〈개정 2014.11.19.〉 [전문개정 2011.5.30.]

제32조(소방공무원과 국가경찰공무원의 협력 등)

① 소방공무원과 국가경찰공무원은 화재조사를 할 때에 서로 협력하여야 한다.

② 소방본부장이나 소방서장은 화재조사 결과 방화 또는 실화의 혐의가 있다고 인정하면 지체 없이 관할 경찰서장에게 그 사실을 알리고 필요한 증거를 수집·보존하여 그 범죄수사에 협력하여야 한다.[전문개정 2011.5.30.]

제33조(소방기관과 관계 보험회사의 협력)

소방본부, 소방서 등 소방기관과 관계 보험회사는 화재가 발생한 경우 그 원인 및 피해상황을 조사할 때 필요한 사항에 대하여 서로 협력하여야 한다.[전문개정 2011.5.30.]

제7장의2 소방산업의 육성·진흥 및 지원 등 <신설 2008.1.17.>

제39조의3(국가의 책무)

국가는 소방산업(소방용 기계·기구의 제조, 연구·개발 및 판매 등에 관한 일련의 산업을 말한다. 이하 같다)의 육성·진흥을 위하여 필요한 계획의 수립 등 행정상·재정상의 지원시책을 마련하여야 한다.[전문개정 2011.5.30.]

제39조의6(소방기술의 연구·개발사업 수행)

① 국가는 국민의 생명과 재산을 보호하기 위하여 다음 각 호의 어느 하나에 해당하는 기관이나 단체로 하여금 소방기술의 연구·개발사업을 수행하게 할 수 있다. <개정 2016.3.22.>

　1. 국공립 연구기관

　2. 「과학기술분야 정부출연연구기관 등의 설립·운영 및 육성에 관한 법률」에 따라 설립된 연구기관

　3. 「특정연구기관 육성법」 제2조에 따른 특정연구기관

　4. 「고등교육법」에 따른 대학·산업대학·전문대학 및 기술대학

　5. 「민법」이나 다른 법률에 따라 설립된 소방기술 분야의 법인인 연구기관 또는 법인 부설 연구소

　6. 「기초연구진흥 및 기술개발지원에 관한 법률」 제14조의2제1항에 따라 인정받은 기업부설연구소

　7. 「소방산업의 진흥에 관한 법률」 제14조에 따른 한국소방산업기술원

　8. 그 밖에 대통령령으로 정하는 소방에 관한 기술개발 및 연구를 수행하는 기관·협회

② 국가가 제1항에 따른 기관이나 단체로 하여금 소방기술의 연구·개발사업을 수행하게 하는 경우에는 필요한 경비를 지원하여야 한다.[전문개정 2011.5.30.][시행일 : 2016.9.23.]

제39조의7(소방기술 및 소방산업의 국제화사업)

① 국가는 소방기술 및 소방산업의 국제경쟁력과 국제적 통용성을 높이는 데에 필요한 기반 조성을 촉진하기 위한 시책을 마련하여야 한다.

② 국민안전처장관은 소방기술 및 소방산업의 국제경쟁력과 국제적 통용성을 높이기 위하여 다음 각 호의 사업을 추진하여야 한다. <개정 2014.11.19.>

　1. 소방기술 및 소방산업의 국제 협력을 위한 조사·연구

　2. 소방기술 및 소방산업에 관한 국제 전시회, 국제 학술회의 개최 등 국제 교류

　3. 소방기술 및 소방산업의 국외시장 개척

　4. 그 밖에 소방기술 및 소방산업의 국제경쟁력과 국제적 통용성을 높이기 위하여 필요하다고 인정하는 사업[전문개정 2011.5.30.]

제8장 한국소방안전협회 <개정 2008.6.5.>

제40조(한국소방안전협회의 설립 등)

① 소방기술과 안전관리기술의 향상 및 홍보, 그 밖의 교육·훈련 등 행정기관이 위탁하는 업무의 수행과 소방업계의 건전한 발전 및 소방 관계 종사자의 기술 향상을 위하여 한국소방안전협회(이하 "협회"라 한다)를 설립한다.

② 제1항에 따라 설립되는 협회는 법인으로 한다.

③ 협회에 관하여 이 법에 규정된 것을 제외하고는 「민법」 중 사단법인에 관한 규정을 준용한다. [전문개정 2011.5.30.]

제41조(협회의 업무)

협회는 다음 각 호의 업무를 수행한다.

1. 소방기술과 안전관리에 관한 교육 및 조사·연구

2. 소방기술과 안전관리에 관한 각종 간행물 발간

3. 화재 예방과 안전관리의식 고취를 위한 대국민 홍보

4. 소방업무에 관하여 행정기관이 위탁하는 업무

5. 그 밖에 회원의 복리 증진 등 정관으로 정하는 사항[전문개정 2011.5.30.]

제42조(회원의 자격)

협회의 회원은 다음 각 호의 사람으로 한다. <개정 2011.8.4.>

1. 「소방시설 설치·유지 및 안전관리에 관한 법률」, 「소방시설공사업법」 또는 「위험물안전관리법」에 따라 등록을 하거나 허가를 받은 사람으로서 회원이 되려는 사람

2. 「소방시설 설치·유지 및 안전관리에 관한 법률」, 「소방시설공사업법」 또는 「위험물안전관리법」에 따라 소방안전관리자, 소방기술자 또는 위험물안전관리자로 선임되거나 채용된 사람으로서 회원이 되려는 사람

3. 그 밖에 소방에 관한 학식과 경험이 풍부한 사람으로서 대통령령으로 정하는 사람 가운데 회원이 되려는 사람[전문개정 2011.5.30.]

6 제조물 책임법

[시행 2013.5.22.] [법률 제11813호, 2013.5.22., 일부개정]
공정거래위원회(소비자안전정보과), 044-200-4419
법무부(상사법무과), 02-2110-3167

제1조(목적)

이 법은 제조물의 결함으로 발생한 손해에 대한 제조업자 등의 손해배상책임을 규정함으로써 피해자 보호를 도모하고 국민생활의 안전 향상과 국민경제의 건전한 발전에 이바지함을 목적으로 한다.[전문개정 2013.5.22.]

제2조(정의)

이 법에서 사용하는 용어의 뜻은 다음과 같다.

1. "제조물"이란 제조되거나 가공된 동산(다른 동산이나 부동산의 일부를 구성하는 경우를 포함한다)을 말한다.
2. "결함"이란 해당 제조물에 다음 각 목의 어느 하나에 해당하는 제조상·설계상 또는 표시상의 결함이 있거나 그 밖에 통상적으로 기대할 수 있는 안전성이 결여되어 있는 것을 말한다.

   a. "제조상의 결함"이란 제조업자가 제조물에 대하여 제조상·가공상의 주의의무를 이행하였는지에 관계없이 제조물이 원래 의도한 설계와 다르게 제조·가공됨으로써 안전하지 못하게 된 경우를 말한다.

   b. "설계상의 결함"이란 제조업자가 합리적인 대체설계(代替設計)를 채용하였더라면 피해나 위험을 줄이거나 피할 수 있었음에도 대체설계를 채용하지 아니하여 해당 제조물이 안전하지 못하게 된 경우를 말한다.

   c. "표시상의 결함"이란 제조업자가 합리적인 설명·지시·경고 또는 그 밖의 표시를 하였더라면 해당 제조물에 의하여 발생할 수 있는 피해나 위험을 줄이거나 피할 수 있었음에도 이를 하지 아니한 경우를 말한다.

3. "제조업자"란 다음 각 목의 자를 말한다.

   a. 제조물의 제조·가공 또는 수입을 업(業)으로 하는 자

   b. 제조물에 성명·상호·상표 또는 그 밖에 식별(識別) 가능한 기호 등을 사용하여 자신을 가목의 자로 표시한 자 또는 가목의 자로 오인(誤認)하게 할 수 있는 표시를 한 자[전문개정 2013.5.22.]

제3조(제조물 책임)

① 제조업자는 제조물의 결함으로 생명·신체 또는 재산에 손해(그 제조물에 대하여만 발생한 손해는 제외한다)를 입은 자에게 그 손해를 배상하여야 한다.

② 제조물의 제조업자를 알 수 없는 경우에 그 제조물을 영리 목적으로 판매·대여 등의 방법으로 공급한 자는 제조물의 제조업자 또는 제조물을 자신에게 공급한 자를 알거나 알 수 있었음에도 불구하고 상당한 기간 내에 그 제조업자나 공급한 자를 피해자 또는 그 법정대리인에게 고지(告知)하지 아니한 경우에는 제1항에 따른 손해를 배상하여야 한다. [전문개정 2013.5.22.]

판례

1. 제조물의 상품적합성 결여로 인하여 제조물 자체에 손해가 발생한 경우, 제조물 책임의 대상인지 여부(소극)

   [1] 이른바 제조물책임이란 제조물에 통상적으로 기대되는 안전성을 결여한 결함으로 인하여 생명, 신체나 제조물 그 자체 외의 다른 재산에 손해가 발생한 경우에 제조업자 등에게 지우는 손해배상책임이고, 제조물에 상품적합성이 결여되어 제조물 그 자체에 발생한 손해는 제조물책임이론의 적용 대상이 아니다. 대법원 1999. 2. 5. 선고 97다26593 판결[손해배상(기)][공1999. 3. 15. (78), 434]

2. 제조물 상품적합성 결여로 인하여 제조물 자체에 손해가 발생한 경우, 제조물책임의 적용대상이 아니고 하자담보책임으로 구성하여야 한다는 판례

   [2] 제조물책임이란 제조물에 통상적으로 기대되는 안전성을 결여한 결함으로 인하여 생명·신체나 제조물 그 자체 외의 다른 재산에 손해가 발생한 경우에 제조업자 등에게 지우는 손해배상책임이고, 제조물에 상품적합성이 결여되어 제조물 그 자체에 발생한 손해는 제조물책임의 적용 대상이 아니므로, 하자담보책임으로서 그 배상을 구하여야 한다. 대법원 2000. 7. 28. 선고 98다35525 판결 [구상금][공2000. 10. 1. (115), 1923]

3. 제조물책임에 있어 설계상의 결함 여부 판단기준

   [1] 일반적으로 제조물을 만들어 판매하는 자는 제조물의 구조, 품질, 성능 등에 있어서 현재의 기술 수준과 경제성 등에 비추어 기대가능한 범위 내의 안전성을 갖춘 제품을 제조하여야 하고, 이러한 안전성을 갖추지 못한 결함으로 인하여 그 사용자에게 손해가 발생한 경우에는 불법행위로 인한 배상책임을 부담하게 되는 것인바, 그와 같은 결함 중 주로 제조자가 합리적인 대체설계를 채용하였더라면 피해나 위험을 줄이거나 피할 수 있었음에도 대체설계를 채용하지 아니하여 제조물이 안전하지 못하게 된 경우를 말하는 소위 설계상의 결함이 있는지 여부는 제품의 특성 및 용도, 제조물에 대한 사용자의 기대와 내용, 예상되는 위험의 내용, 위험에 대한 사용자의 인식, 사용자에 의한 위험회피의 가능성, 대체설계의 가능성 및 경제적 비용, 채택된 설계와 대체설계의 상대적 장단점 등의 여러 사정을 종합적으로 고려하여 사회통념에 비추어 판단하여야 한다.

   [2] 제조물에 대한 제조상 내지 설계상의 결함이 인정되지 아니하는 경우라 할지라도,

제조업자 등이 합리적인 설명, 지시, 경고 기타의 표시를 하였더라면 당해 제조물에 의하여 발생될 수 있는 피해나 위험을 줄이거나 피할 수 있었음에도 이를 하지 아니한 때에는 그와 같은 표시상의 결함(지시·경고상의 결함)에 대하여도 불법행위로 인한 책임이 인정될 수 있고, 그와 같은 결함이 존재하는지 여부에 대한 판단을 함에 있어서는 제조물의 특성, 통상 사용되는 사용형태, 제조물에 대한 사용자의 기대의 내용, 예상되는 위험의 내용, 위험에 대한 사용자의 인식 및 사용자에 의한 위험회피의 가능성 등의 여러 사정을 종합적으로 고려하여 사회통념에 비추어 판단하여야 한다. 대법원 2003. 9. 5. 선고 2002다17333 판결 [손해배상(기)][공2003.10.15.(188),2012]

제4조(면책사유)

① 제3조에 따라 손해배상책임을 지는 자가 다음 각 호의 어느 하나에 해당하는 사실을 입증한 경우에는 이 법에 따른 손해배상책임을 면(免)한다.

1. 제조업자가 해당 제조물을 공급하지 아니하였다는 사실

2. 제조업자가 해당 제조물을 공급한 당시의 과학·기술 수준으로는 결함의 존재를 발견할 수 없었다는 사실

3. 제조물의 결함이 제조업자가 해당 제조물을 공급한 당시의 법령에서 정하는 기준을 준수함으로써 발생하였다는 사실

4. 원재료나 부품의 경우에는 그 원재료나 부품을 사용한 제조물 제조업자의 설계 또는 제작에 관한 지시로 인하여 결함이 발생하였다는 사실

② 제3조에 따라 손해배상책임을 지는 자가 제조물을 공급한 후에 그 제조물에 결함이 존재한다는 사실을 알거나 알 수 있었음에도 그 결함으로 인한 손해의 발생을 방지하기 위한 적절한 조치를 하지 아니한 경우에는 제1항제2호부터 제4호까지의 규정에 따른 면책을 주장할 수 없다.[전문개정 2013.5.22.]

제5조(연대책임)

동일한 손해에 대하여 배상할 책임이 있는 자가 2인 이상인 경우에는 연대하여 그 손해를 배상할 책임이 있다.[전문개정 2013.5.22.]

제6조(면책특약의 제한)

이 법에 따른 손해배상책임을 배제하거나 제한하는 특약(特約)은 무효로 한다. 다만, 자신의 영업에 이용하기 위하여 제조물을 공급받은 자가 자신의 영업용 재산에 발생한 손해에 관하여 그와 같은 특약을 체결한 경우에는 그러하지 아니하다.[전문개정 2013.5.22.]

제7조(소멸시효 등)

① 이 법에 따른 손해배상의 청구권은 피해자 또는 그 법정대리인이 다음 각 호의 사항을 모두 알게 된 날부터 3년간 행사하지 아니하면 시효의 완성으로 소멸한다.

1. 손해

2. 제3조에 따라 손해배상책임을 지는 자

② 이 법에 따른 손해배상의 청구권은 제조업자가 손해를 발생시킨 제조물을 공급한 날부터 10년 이내에 행사하여야 한다. 다만, 신체에 누적되어 사람의 건강을 해치는 물질에 의하여 발생한 손해 또는 일정한 잠복기간(潛伏期間)이 지난 후에 증상이 나타나는 손해에 대하여는 그 손해가 발생한 날부터 기산(起算)한다. [전문개정 2013.5.22.]

제8조(「민법」의 적용)

제조물의 결함으로 인한 손해배상책임에 관하여 이 법에 규정된 것을 제외하고는 「민법」에 따른다. [전문개정 2013.5.22.]

7 실화책임에 관한 법률

실화책임에 관한 법률

[시행 2009.5.8.] [법률 제9648호, 2009.5.8., 전부개정] 공포법령보기

법무부(법무심의관실), 02-2110-3164~5

1. 목적

제1조(목적)

이 법은 실화(失火)의 특수성을 고려하여 실화자에게 중대한 과실이 없는 경우 그 손해배상액의 경감(輕減)에 관한 「민법」 제765조의 특례를 정함을 목적으로 한다.

민법 제765조(배상액의 경감청구)

① 본장의 규정에 의한 배상의무자는 그 손해가 고의 또는 중대한 과실에 의한 것이 아니고 그 배상으로 인하여 배상자의 생계에 중대한 영향을 미치게 될 경우에는 법원에 그 배상액의 경감을 청구할 수 있다.

② 법원은 전항의 청구가 있는 때에는 채권자 및 채무자의 경제상태와 손해의 원인 등을 참작하여 배상액을 경감할 수 있다.

2. 적용범위

제2조(적용범위)

이 법은 실화로 인하여 화재가 발생한 경우 연소(延燒)로 인한 부분에 대한 손해배상청구에 한하여 적용한다.

3. 손해배상액의 경감

제3조(손해배상액의 경감)

① 실화가 중대한 과실로 인한 것이 아닌 경우 그로 인한 손해의 배상의무자(이하 "배상의무자"라 한다)는 법원에 손해배상액의 경감을 청구할 수 있다.

② 법원은 제1항의 청구가 있을 경우에는 다음 각 호의 사정을 고려하여 그 손해배상액을 경감할 수 있다.

1. 화재의 원인과 규모
2. 피해의 대상과 정도
3. 연소(延燒) 및 피해 확대의 원인
4. 피해 확대를 방지하기 위한 실화자의 노력
5. 배상의무자 및 피해자의 경제상태
6. 그 밖에 손해배상액을 결정할 때 고려할 사정

8 국가배상법

[시행 2009.10.21.] [법률 제9803호, 2009.10.21., 일부개정]
법무부(국가송무과), 02-2110-3202~3

제1조(목적)

이 법은 국가나 지방자치단체의 손해배상(損害賠償)의 책임과 배상절차를 규정함을 목적으로 한다. [전문개정 2008.3.14.]

제2조(배상책임)

① 국가나 지방자치단체는 공무원 또는 공무를 위탁받은 사인(이하 "공무원"이라 한다)이 직무를 집행하면서 고의 또는 과실로 법령을 위반하여 타인에게 손해를 입히거나, 「자동차손해배상 보장법」에 따라 손해배상의 책임이 있을 때에는 이 법에 따라 그 손해를 배상하여야 한다. 다만, 군인·군무원·경찰공무원 또는 향토예비군대원이 전투·훈련 등 직무 집행과 관련하여 전사(戰死)·순직(殉職)하거나 공상(公傷)을 입은 경우에 본인이나 그 유족이 다른 법령에 따라 재해보상금·유족연금·상이연금 등의 보상을 지급받을 수 있을 때에는 이 법 및 「민법」에 따른 손해배상을 청구할 수 없다. 〈개정 2009.10.21.〉

② 제1항 본문의 경우에 공무원에게 고의 또는 중대한 과실이 있으면 국가나 지방자치단체는 그 공무원에게 구상(求償)할 수 있다.[전문개정 2008.3.14.]

제3조(배상기준)

① 제2조제1항을 적용할 때 타인을 사망하게 한 경우(타인의 신체에 해를 입혀 그로 인하여 사망하게 한 경우를 포함한다) 피해자의 상속인(이하 "유족"이라 한다)에게 다음 각 호의 기준에 따라 배상한다.
   1. 사망 당시(신체에 해를 입고 그로 인하여 사망한 경우에는 신체에 해를 입은 당시를 말한다)의 월급액이나 월실수입액(月實收入額) 또는 평균임금에 장래의 취업가능기간
      을 곱한 금액의 유족배상(遺族賠償)
   2. 대통령령으로 정하는 장례비
② 제2조제1항을 적용할 때 타인의 신체에 해를 입힌 경우에는 피해자에게 다음 각 호의 기준에 따라 배상한다.
   1. 필요한 요양을 하거나 이를 대신할 요양비
   2. 제1호의 요양으로 인하여 월급액이나 월실수입액 또는 평균임금의 수입에 손실이 있는 경우에는 요양기간 중 그 손실액의 휴업배상(休業賠償)

3. 피해자가 완치 후 신체에 장해(障害)가 있는 경우에는 그 장해로 인한 노동력 상실 정도에 따라 피해를 입은 당시의 월급액이나 월실수입액 또는 평균임금에 장래의 취업가능기간을 곱한 금액의 장해배상(障害賠償)

③ 제2조제1항을 적용할 때 타인의 물건을 멸실·훼손한 경우에는 피해자에게 다음 각 호의 기준에 따라 배상한다.

1. 피해를 입은 당시의 그 물건의 교환가액 또는 필요한 수리를 하거나 이를 대신할 수리비

2. 제1호의 수리로 인하여 수입에 손실이 있는 경우에는 수리기간 중 그 손실액의 휴업배상

④ 생명·신체에 대한 침해와 물건의 멸실·훼손으로 인한 손해 외의 손해는 불법행위와 상당한 인과관계가 있는 범위에서 배상한다.

⑤ 사망하거나 신체의 해를 입은 피해자의 직계존속(直系尊屬)·직계비속(直系卑屬) 및 배우자, 신체의 해나 그 밖의 해를 입은 피해자에게는 대통령령으로 정하는 기준 내에서 피해자의 사회적 지위, 과실(過失)의 정도, 생계 상태, 손해배상액 등을 고려하여 그 정신적 고통에 대한 위자료를 배상하여야 한다.

⑥ 제1항제1호 및 제2항제3호에 따른 취업가능기간과 장해의 등급 및 노동력 상실률은 대통령령으로 정한다.

⑦ 제1항부터 제3항까지의 규정에 따른 월급액이나 월실수입액 또는 평균임금 등은 피해자의 주소지를 관할하는 세무서장 또는 시장·군수·구청장(자치구의 구청장을 말한다)과 피해자의 근무처의 장의 증명이나 그 밖의 공신력 있는 증명에 의하고, 이를 증명할 수 없을 때에는 대통령령으로 정하는 바에 따른다. [전문개정 2008.3.14.]

제3조의2(공제액)

① 제2조제1항을 적용할 때 피해자가 손해를 입은 동시에 이익을 얻은 경우에는 손해배상액에서 그 이익에 상당하는 금액을 빼야 한다.

② 제3조제1항의 유족배상과 같은 조 제2항의 장해배상 및 장래에 필요한 요양비 등을 한꺼번에 신청하는 경우에는 중간이자를 빼야 한다.

③ 제2항의 중간이자를 빼는 방식은 대통령령으로 정한다. [전문개정 2008.3.14.]

제4조(양도 등 금지)

생명·신체의 침해로 인한 국가배상을 받을 권리는 양도하거나 압류하지 못한다.

제5조(공공시설 등의 하자로 인한 책임)

① 도로·하천, 그 밖의 공공의 영조물(營造物)의 설치나 관리에 하자(瑕疵)가 있기 때문에 타인에게 손해를 발생하게 하였을 때에는 국가나 지방자치단체는 그 손해를 배상하여야 한다. 이 경우 제2조제1항 단서, 제3조 및 제3조의2를 준용한다.

② 제1항을 적용할 때 손해의 원인에 대하여 책임을 질 자가 따로 있으면 국가나 지방자치단체는 그 자에게 구상할 수 있다.

제6조(비용부담자 등의 책임)

① 제2조·제3조 및 제5조에 따라 국가나 지방자치단체가 손해를 배상할 책임이 있는 경우에 공무원의 선임·감독 또는 영조물의 설치·관리를 맡은 자와 공무원의 봉급·급여, 그 밖의 비용 또는 영조물의 설치·관리 비용을 부담하는 자가 동일하지 아니하면 그 비용을 부담하는 자도 손해를 배상하여야 한다.

② 제1항의 경우에 손해를 배상한 자는 내부관계에서 그 손해를 배상할 책임이 있는 자에게 구상할 수 있다.

제7조(외국인에 대한 책임)

이 법은 외국인이 피해자인 경우에는 해당 국가와 상호 보증이 있을 때에만 적용한다.

제8조(다른 법률과의 관계)

국가나 지방자치단체의 손해배상 책임에 관하여는 이 법에 규정된 사항 외에는 「민법」에 따른다. 다만, 「민법」 외의 법률에 다른 규정이 있을 때에는 그 규정에 따른다.

제9조(소송과 배상신청의 관계)

이 법에 따른 손해배상의 소송은 배상심의회(이하 "심의회"라 한다)에 배상신청을 하지 아니하고도 제기할 수 있다.

제10조(배상심의회)

① 국가나 지방자치단체에 대한 배상신청사건을 심의하기 위하여 법무부에 본부심의회를 둔다. 다만, 군인이나 군무원이 타인에게 입힌 손해에 대한 배상신청사건을 심의하기 위하여 국방부에 특별심의회를 둔다.

② 본부심의회와 특별심의회는 대통령령으로 정하는 바에 따라 지구심의회(地區審議會)를 둔다.

③ 본부심의회와 특별심의회와 지구심의회는 법무부장관의 지휘를 받아야 한다.

④ 각 심의회에는 위원장을 두며, 위원장은 심의회의 업무를 총괄하고 심의회를 대표한다.

⑤ 각 심의회의 관할·구성·운영과 그 밖에 필요한 사항은 대통령령으로 정한다.

제11조(각급 심의회의 권한)

① 본부심의회와 특별심의회는 다음 각 호의 사항을 심의·처리한다.

    1. 제13조제6항에 따라 지구심의회로부터 송부받은 사건

    2. 제15조의2에 따른 재심신청사건

    3. 그 밖에 법령에 따라 그 소관에 속하는 사항

② 각 지구심의회는 그 관할에 속하는 국가나 지방자치단체에 대한 배상신청사건을 심의·처리한다. [전문개정 2008.3.14.]

제12조(배상신청)

① 이 법에 따라 배상금을 지급받으려는 자는 그 주소지·소재지 또는 배상원인 발생지를 관할하는 지구심의회에 배상신청을 하여야 한다.

② 손해배상의 원인을 발생하게 한 공무원의 소속 기관의 장은 피해자나 유족을 위하여 제1항의 신청을 권장하여야 한다.

③ 심의회의 위원장은 배상신청이 부적법하지만 보정(補正)할 수 있다고 인정하는 경우에는 상당한 기간을 정하여 보정을 요구하여야 한다.

④ 제3항에 따른 보정을 하였을 때에는 처음부터 적법하게 배상신청을 한 것으로 본다.

⑤ 제3항에 따른 보정기간은 제13조제1항에 따른 배상결정 기간에 산입하지 아니한다.

[전문개정 2008.3.14.]

제13조(심의와 결정)

① 지구심의회는 배상신청을 받으면 지체 없이 증인신문(證人訊問)·감정(鑑定)·검증(檢證) 등 증거조사를 한 후 그 심의를 거쳐 4주일 이내에 배상금 지급결정, 기각결정 또는 각하결정(이하 "배상결정"이라 한다)을 하여야 한다.

② 지구심의회는 긴급한 사유가 있다고 인정할 때에는 제3조제1항제2호, 같은 조 제2항제1호 및 같은 조 제3항제1호에 따른 장례비·요양비 및 수리비의 일부를 사전에 지급하도록 결정할 수 있다. 사전에 지급을 한 경우에는 배상결정 후 배상금을 지급할 때에 그 금액을 빼야 한다.

③ 제2항 전단에 따른 사전 지급의 기준·방법 및 절차 등에 관하여 필요한 사항은 대통령령으로 정한다.

④ 제2항에도 불구하고 지구심의회의 회의를 소집할 시간적 여유가 없거나 그 밖의 부득이한 사유가 있으면 지구심의회의 위원장은 직권으로 사전 지급을 결정할 수 있다. 이 경우 위원장은 지구심의회에 그 사실을 보고하고 추인(追認)을 받아야 하며, 지구심의회의 추인을 받지 못하면 그 결정은 효력을 잃는다.

⑤ 심의회는 제3조와 제3조의2의 기준에 따라 배상금 지급을 심의·결정하여야 한다.

⑥ 지구심의회는 배상신청사건을 심의한 결과 그 사건이 다음 각 호의 어느 하나에 해당한다고 인정되면 지체 없이 사건기록에 심의 결과를 첨부하여 본부심의회나 특별심의회에 송부하여야 한다.

  1. 배상금의 개산액(槪算額)이 대통령령으로 정하는 금액 이상인 사건

  2. 그 밖에 대통령령으로 본부심의회나 특별심의회에서 심의·결정하도록 한 사건

⑦ 본부심의회나 특별심의회는 제6항에 따라 사건기록을 송부받으면 4주일 이내에 배상결정을 하여야 한다.

⑧ 심의회는 다음 각 호의 어느 하나에 해당하면 배상신청을 각하(却下)한다.

  1. 신청인이 이전에 동일한 신청원인으로 배상신청을 하여 배상금 지급(賠償金 支給)

또는 기각(棄却)의 결정을 받은 경우. 다만, 기각결정을 받은 신청인이 중요한 증거가 새로 발견되었음을 소명(疏明)하는 경우에는 그러하지 아니하다.

2. 신청인이 이전에 동일한 청구원인으로 이 법에 따른 손해배상의 소송을 제기하여 배상금지급 또는 기각의 확정판결을 받은 경우

3. 그 밖에 배상신청이 부적법하고 그 잘못된 부분을 보정할 수 없거나 제12조제3항에 따른 보정 요구에 응하지 아니한 경우 [전문개정 2008.3.14.]

제14조 (결정서의 송달)

① 심의회는 배상결정을 하면 그 결정을 한 날부터 1주일 이내에 그 결정정본(決定正本)을 신청인에게 송달하여야 한다.

② 제1항의 송달에 관하여는 「민사소송법」의 송달에 관한 규정을 준용한다.

제15조 (신청인의 동의와 배상금 지급)

① 배상결정을 받은 신청인은 지체 없이 그 결정에 대한 동의서를 첨부하여 국가나 지방자치단체에 배상금 지급을 청구하여야 한다.

② 배상금 지급에 관한 절차, 지급기관, 지급시기, 그 밖에 필요한 사항은 대통령령으로 정한다.

③ 배상결정을 받은 신청인이 배상금 지급을 청구하지 아니하거나 지방자치단체가 대통령령으로 정하는 기간 내에 배상금을 지급하지 아니하면 그 결정에 동의하지 아니한 것으로 본다.

제15조의2 (재심신청)

① 지구심의회에서 배상신청이 기각(일부기각된 경우를 포함한다) 또는 각하된 신청인은 결정정본이 송달된 날부터 2주일 이내에 그 심의회를 거쳐 본부심의회나 특별심의회에 재심(再審)을 신청할 수 있다.

② 재심신청을 받은 지구심의회는 1주일 이내에 배상신청기록 일체를 본부심의회나 특별심의회에 송부하여야 한다.

③ 본부심의회나 특별심의회는 제1항의 신청에 대하여 심의를 거쳐 4주일 이내에 다시 배상결정을 하여야 한다.

④ 본부심의회나 특별심의회는 배상신청을 각하한 지구심의회의 결정이 법령에 위반되면 사건을 그 지구심의회에 환송(還送)할 수 있다.

⑤ 본부심의회나 특별심의회는 배상신청이 각하된 신청인이 잘못된 부분을 보정하여 재심신청을 하면 사건을 해당 지구심의회에 환송할 수 있다.

⑥ 재심신청사건에 대한 본부심의회나 특별심의회의 배상결정에는 제14조와 제15조를 준용한다. [전문개정 2008.3.14.]

[시행 2014.11.19.] [법률 제12844호, 2014.11.19., 타법개정]
금융위원회(보험과), 02-2156-9834

제1조(목적)

이 법은 화재로 인한 인명 및 재산상의 손실을 예방하고 화재 발생 시 신속한 재해복구와 인명피해에 대한 적정한 보상을 하게 함으로써 국민생활의 안정에 이바지함을 목적으로 한다. [전문개정 2011.5.19.]

제2조(정의)

이 법에서 사용하는 용어의 뜻은 다음과 같다.

1. "손해보험회사"란 「보험업법」 제4조에 따른 화재보험업의 허가를 받은 자를 말한다.
2. "신체손해배상특약부화재보험"이란 화재로 인한 건물의 손해와 제4조제1항에 따른 손해배상책임을 담보하는 보험을 말한다.
3. "특수건물"이란 국유건물·공유건물·교육시설·백화점·시장·의료시설·흥행장·숙박업소·다중이용업소·운수시설·공장·공동주택과 그 밖에 여러 사람이 출입 또는 근무하거나 거주하는 건물로서 화재의 위험이나 건물의 면적 등을 고려하여 대통령령으로 정하는 건물을 말한다. [전문개정 2011.5.19.]

제3조(적용 지역)

이 법이 적용되는 지역은 대통령령으로 정한다. [전문개정 2011.5.19.]

제4조(특수건물 소유자의 손해배상책임)

① 특수건물의 소유자는 그 건물의 화재로 인하여 다른 사람이 사망하거나 부상을 입었을 때에는 과실이 없는 경우에도 제8조에 따른 보험금액의 범위에서 그 손해를 배상할 책임이 있다. 「실화책임에 관한 법률」에도 불구하고 특수건물 소유자에게 경과실(輕過失)이 있는 경우에도 또한 같다.

② 특수건물 소유자의 손해배상책임에 관하여는 이 법에서 규정하는 것 외에는 「민법」에 따른다. [전문개정 2011.5.19.]

제5조(보험 가입의 의무)

① 특수건물의 소유자는 제4조제1항에 따른 손해배상책임을 이행하기 위하여 그 건물에 대하여 손해보험회사가 운영하는 신체손해배상특약부화재보험(이하 "특약부화재보험"이라 한다)에 가입하여야 한다. 다만, 종업원에 대하여 「산업재해보상보험법」에 따른 산업재해보상보험에 가입하고 있는 경우에는 그 종업원에 대한 제4조제1항에 따른 손해배상책임을 담보하는 보험에 가입하지 아니할 수 있다.

② 특수건물의 소유자는 특약부화재보험에 부가하여 풍재(風災), 수재(水災) 또는 건물의 무너짐 등으로 인한 손해를 담보하는 보험에 가입할 수 있다.

③ 손해보험회사는 제1항과 제2항에 따른 보험계약의 체결을 거절하지 못한다.

④ 특수건물의 소유자는 그 건물이 준공검사에 합격된 날 또는 그 소유권을 취득한 날부터 30일 내에 특약부화재보험에 가입하여야 한다.

⑤ 특수건물의 소유자는 제4항의 특약부화재보험계약을 매년 갱신하여야 한다. [전문개정 2011.5.19.]

제6조(외국인 등의 소유 건물에 대한 특례)

특수건물 중 다음 각 호의 어느 하나에 해당하는 건물에 대하여는 제4조와 제5조를 적용하지 아니한다.

1. 대한민국에 파견된 외국의 대사·공사(公使) 또는 그 밖에 이에 준하는 사절(使節)이 소유하는 건물

2. 대한민국에 파견된 국제연합의 기관 및 그 직원(외국인만 해당한다)이 소유하는 건물

3. 대한민국에 주둔하는 외국 군대가 소유하는 건물

4. 군사용 건물과 외국인 소유 건물로서 대통령령으로 정하는 건물

제7조(보험 가입의 촉진)

① 금융위원회는 제5조에 따른 보험의 가입 의무자가 그 보험에 가입하지 아니한 경우에는 관계 행정기관에 대하여 가입 의무자에 대한 인가·허가의 취소, 영업의 정지, 건물 사용의 제한 등 필요한 조치를 할 것을 요청할 수 있다.

② 제1항에 따른 요청을 받은 행정기관은 정당한 이유가 없으면 요청에 따라야 한다. [전문개정 2011.5.19.]

제8조(보험금액)

① 제5조에 따라 가입하는 보험의 보험금액은 다음 각 호의 구분에 따른다.

　　1. 화재보험 : 특수건물의 시가(時價)에 해당하는 금액

　　2. 신체손해배상책임보험 중 사망의 경우 : 피해자 1명당 50만원 이상으로서 대통령령으로 정하는 금액

　　3. 신체손해배상책임보험 중 부상의 경우 : 피해자 1명당 사망자에 대한 보험금액의 범위에서 대통령령으로 정하는 금액

② 제1항제1호에 따른 시가의 결정에 관한 기준은 총리령으로 정한다.

제9조(보험금액의 청구)

제4조제1항에 따른 손해배상책임이 발생하였을 때에는 피해자는 대통령령으로 정하는 바에 따라 손해보험회사에 대하여 제8조에 따른 보험금의 지급을 청구할 수 있다.

제10조(압류의 금지)

이 법에 따른 보험금 청구권 중 신체손해배상책임보험의 청구권은 압류할 수 없다.

제11조(한국화재보험협회의 설립)

손해보험회사는 대통령령으로 정하는 바에 따라 금융위원회의 허가를 받아 화재예방 및 소화시설에 대한 안전점검과 이에 관한 연구·계몽 등을 그 업무로 하는 한국화재보험협회(이하 "협회"라 한다)를 설립하여야 한다.

제12조(법인격)

① 협회는 사단법인으로 한다.

② 협회에 관하여 이 법에서 규정한 것을 제외하고는 「민법」 중 사단법인에 관한 규정을 준용한다. 　[전문개정 2011.5.19.]

제13조(명칭 사용의 제한)

이 법에 따른 협회가 아닌 자는 한국화재보험협회 또는 이와 유사한 명칭을 사용하지 못한다.

제14조(출연)

손해보험회사는 대통령령으로 정하는 바에 따라 협회의 설립과 운영에 필요한 비용을 출연하여야 한다.

제15조(업무)

협회는 다음 각 호의 업무를 한다.

1. 화재예방 및 소화시설에 대한 안전점검
2. 화재보험에 있어서의 소화설비(消火設備)에 따른 보험요율의 할인등급에 대한 사정(査定)
3. 화재예방과 소화시설에 관한 자료의 조사·연구 및 계몽
4. 행정기관이나 그 밖의 관계 기관에 화재예방에 관한 건의
5. 그 밖에 금융위원회의 인가를 받은 업무 　[전문개정 2011.5.19.]

제16조(안전점검)

① 협회는 보험계약을 체결할 때 또는 보험계약을 갱신할 때마다 해당 특수건물의 화재예방 및 소화시설의 안전점검을 하여야 한다. 다만, 다음 각 호의 어느 하나에 해당하는 특수건물에 대하여는 대통령령으로 정하는 바에 따라 일정 기간 안전점검을 하지 아니할 수 있다.

　1. 안전점검 결과 총리령으로 정하는 화재위험도지수(「보험업법」 제176조에 따른 보험요율 산출기관이 정한 화재위험도지수를 말한다)가 낮은 특수건물

　2. 「고압가스 안전관리법」 제13조의2제1항에 따라 안전성향상계획을 작성하는 건물로서 총리령으로 정하는 위험도가 낮은 특수건물

　3. 「산업안전보건법」 제49조의2제1항에 따라 공정안전보고서를 작성하는 건물로서 총리령으로 정하는 위험도가 낮은 특수건물

② 협회는 필요하다고 인정할 때에는 특약부화재보험에 가입한 특수건물에 대하여 화재예방 및 소화시설의 안전점검을 할 수 있다. 이 경우 제1항 단서를 준용한다.

③ 특수건물의 소유자는 정당한 이유가 없으면 제1항과 제2항에 따른 안전점검에 응하여

야 한다.

④ 특수건물의 소유자가 제1항이나 제2항에 따른 안전점검에 응하지 아니하면 협회는 소방관서의 장에게 그에 대한 안전점검을 요청할 수 있다.

⑤ 협회는 제1항과 제2항에 따른 안전점검을 할 때에 어떠한 명목의 비용도 받을 수 없다.

⑥ 제1항과 제2항에 따른 안전점검은 대통령령으로 정하는 바에 따른다.

제17조(개선 건의)

협회는 제16조에 따른 안전점검 결과 필요하다고 인정할 때에는 관계 행정기관에 그 방화시설의 개선에 필요한 조치를 하여 줄 것을 건의하여야 한다.

제18조(소화기기의 기증 등)

① 협회는 정관으로 정하는 바에 따라 행정기관이나 그 밖의 관계 기관에 소화기기를 기증하거나 특수건물의 소유자에게 소화설비 개량에 필요한 자금을 대여할 수 있다.

② 손해보험회사나 협회는 정관으로 정하는 바에 따라 소화기기의 제조 공장을 설립하거나 소화기기를 제조하는 자에게 필요한 자금을 대여할 수 있다.

제19조(업무계획)

① 협회는 사업연도마다 업무계획을 작성하여 해당 연도가 시작되기 전에 금융위원회에 제출하여야 한다.

② 금융위원회는 제1항에 따른 업무계획을 받으면 국민안전처장관에게 통지하여야 한다. 〈개정 2014.11.19.〉

③ 제1항의 업무계획을 변경할 때에도 제1항과 제2항을 준용한다.

제20조(임원)

①「보험업법」제13조에 따라 보험회사의 임원으로 선임될 수 없는 사람은 협회의 임원이 될 수 없다.

② 협회의 일상 업무에 종사하는 임원이 다른 업무에 종사하려면 금융위원회의 승인을 받아야 한다.

③ 금융위원회는 협회의 임원이 다음 각 호의 어느 하나에 해당하면 그 해임을 명할 수 있다.

  1. 이 법 또는 이 법에 따른 명령이나 정관을 위반한 경우

  2. 형사사건으로 유죄판결을 받은 경우

  3. 파산선고를 받은 경우

  4. 공익을 해치는 행위를 한 경우

  5. 심신의 장애로 인하여 직무 수행이 곤란하게 된 경우

  6. 제1항에 해당하는 사유가 발생하거나 선임 당시 그에 해당하는 사람이었음이 판명된 경우 [전문개정 2011.5.19.]

제21조(감독)

① 금융위원회는 협회를 효율적으로 운영하기 위하여 필요하다고 인정할 때에는 협회의 정관 또는 업무 방법의 변경을 명하거나 감독상 필요한 명령을 할 수 있다.

② 국민안전처장관은 제15조에 따른 협회의 업무 중 같은 조 제1호 및 제3호의 업무에 관하여 감독상 필요한 명령을 할 수 있다.   〈개정 2014.11.19.〉

제22조(보고와 검사)

① 금융위원회는 필요하다고 인정할 때에는 정기적으로 또는 수시로 협회에 대하여 그 업무에 관한 보고서의 제출을 명하거나, 「금융위원회의 설치 등에 관한 법률」 제24조에 따른 금융감독원의 장으로 하여금 협회의 업무상황 또는 장부·서류나 그 밖에 필요한 물건을 검사하게 할 수 있다.

② 국민안전처장관이 제15조제1호 및 제3호의 협회 업무에 관하여 필요하다고 인정할 때에도 제1항을 준용한다.   〈개정 2014.11.19.〉

③ 제1항과 제2항에 따른 검사를 하는 사람은 그 권한을 표시하는 증표를 지니고 이를 관계인에게 보여 주어야 한다.   [전문개정 2011.5.19.]

제23조(벌칙)

제5조제1항을 위반하여 특약부화재보험에 가입하지 아니한 자는 500만원 이하의 벌금에 처한다. [전문개정 2011.5.19.]

제24조(과태료)

제13조를 위반하여 한국화재보험협회 또는 이와 유사한 명칭을 사용한 자에게는 300만원 이하의 과태료를 부과한다.   [전문개정 2011.5.19.]

10 범죄피해자 관련 권리와 지원제도

10.1. 개요

경찰은 방화를 포함한 강력범죄 피해자에 대한 회복을 위해 다방면의 지원 제도를 운영하고 있으며, 범죄 피해자의 권리가 침해되지 않도록 노력하고 있다.

10.2. 범죄 피해자의 권리

① 신뢰관계인 동석 신청권

피해자가 수사기관 조사 및 법원 증인 신문 시 현저히 불안·긴장을 느낄 우려가 있는 경우 신뢰관계자와 동석이 가능

② 고소권, 항고권, 재정신청권

피해자는 고소할 수 있고, 검사의 불기소 처분에 불복하는 고소인은 관할 고검에 항고(처분통지 받은 날로부터 30일 이내) 및 관할 고법에 재정신청 가능

③ 재판절차 의견진술권, 심리비공개 신청권

피해자는 재판절차에 증인으로 출석하여 사건에 관한 의견을 진술할 수 있고, 사생활·신변보호 필요성 등 정당한 사유가 있으면 심리 비공개 신청 가능

④ 형사 절차상 정보제공 요청권

피해자는 수사결과 및 공판진행사항, 가해자의 법집행·보호관찰집행 상황 등 정보를 제공받을 수 있음

⑤ 소송기록의 열람·등사 신청권

피해자는 필요한 경우 소송 중인 사건의 공판기록의 열람 또는 등사를 법원에 신청 가능

10.3. 피해자 지원제도

10.3.1. 경제적 지원제도

1) 범죄피해자구조금제도

생명 또는 신체를 해하는 범죄로 인하여 사망, 장해, 중상해를 입은 피해자에게 국가가 구조금을 지급하는 제도

① 지원대상
사망한 범죄피해자의 유족, 범죄로 인해 장해 혹은 중상해를 입은 피해자
② 지원요건
구조피해자가 피해의 전부 또는 일부를 배상받지 못하는 경우
자신 또는 타인의 형사 사건의 수사 또는 재판에서 고소·고발 등 수사단서를 제공하거나
진술·증언 또는 자료제출을 하다가 구조피해자가 된 경우
③ 지원내용
  a. 유족구조금 : 피해자가 사망한 경우 피해자의 사망 당시 피해자의 수입에 의하여
    생계를 유지하고 있던 유족에게 지급
  b. 장해·중상해 구조금 : 범죄로 인하여 중대한 신체 상해를 당한 사람으로 신체
    장애등급 기준상 1급 내지 10급의 장해 또는 중상해에 해당
④ 지원절차
주소지·거주지 또는 범죄 발생지를 관할하는 지방검찰청 종합민원실에 신정 ⇒ 범죄피
해구조심의회의 심의 미지급 여부 결정 ⇒ 지원
⑤ 신청기간
범죄피해를 안 날로부터 3년, 발생일로부터 10년 안에 신청

2) 긴급복지 지원제도

갑작스러운 위기상황으로 생계유지가 곤란한 위기가구를 신속하게 지원함으로써
조기에 위기상황에서 벗어날 수 있도록 지원하는 제도

① 지원대상 및 지원요건
갑작스러운 위기상황에 처했으며 소득·재산 기준을 충족하는 자
  a. 위기상황 : 주소득자의 사망 및 구금기설 수용·중한 질병·가정폭력·학대·화재·
    실직 등
  b. 소득 : 4인 기준 245만 원 이하
  c. 재산 : 대도시 기준 1억 3,500만 원 이하, 금융재산 300만 원 이하
② 지원내용
  a. 생계지원 : 식료품비·의복비 등 생계유지에 필요한 비용 또는 현물 지원
  b. 의료지원 : 각종 검사 및 치료 등 의료서비스 지원
  c. 주거지원 : 국가·지자체 소유 임시거소 제공 또는 타인 소유의 임시거소 제공
  d. 복지시설 이용 지원 : 사회복지시설 입소 또는 이용서비스 제공
  e. 교육지원 : 초·중·고등학생의 수업료, 입학금 등 필요한 비용 지원
  f. 기타지원 : 연료비, 그밖에 위기상황 극복에 필요한 비용 또는 현물 지원

③ 지원절차

구술 또는 서면으로 시장·군수·구청장에 요청 ⇒ 현장확인 ⇒ 자치단체장 지원결정 ⇒ 긴급지원심의위원회의 심의 ⇒ 지원

3) 무료법률구조제도

경제적으로 어렵거나 법을 잘 몰라 법의 보호를 충분히 받지 못하는 국민이 적법한 절차에 의하여 정당한 권리를 보호받을 수 있도록 돕기 위해 설립된 법률복지기관인 '대한법률구조공단'에서 법률상담과 무료소송대리 등의 법률서비스를 지원하는 제도

① 지원대상 및 지원요건

월평균 수입 260만 원 이하의 국민 및 국내 거주 외국인, 가정폭력·성폭력 피해자, 학교 폭력 피해학생, 범죄피해자, 기타 생활이 어렵고 법을 몰라 혼자서는 법률문제를 처리할 수 없는 국민 및 국내거주 외국인

② 지원내용

무료법률상담, 소송서류 무료작성, 민사·가사 사건 등 소송대리, 형사사건 무료변호, 준법계몽 활동 등

③ 신청절차

가까운 공단 사무실 내방하여 상담 후 신청서류 제출 ⇒ 사실조사 착수 ⇒ 소송구조여부 결정 ⇒ 소속 변호사나 공익법무관이 소송 수행

4) 스마일 센터를 통한 심리치료 지원 제도

범죄피해자 및 그 가족 등에게 심리치료 서비스를 제공하여 정상적인 생활로의 복귀를 지원하는 제도

① 지원대상 및 지원요건

살인·강도·강간·방화·상해·기타 강력범죄로 인하여 정신적 충격을 받고 일상적인 생활이 어려워 심리치료가 필요하다고 판단되는 사람

② 지원내용

강력범죄 피해자들에 대하여 임상심리전문가 등에 의한 체계적인 심리상담 및 진단평가, 심리치료 등을 실시하여 범죄 후유증으로부터 회복을 지원

③ 지원절차

스마일센터에 지원 요청(피해자 본인·범죄피해자지원센터·검찰·경찰·법원) ⇒ 접수 ⇒ 접수 사례회의 ⇒ 지원

④ 관련시설

전국 스마일센터(서울·부산·인천·광주·대전·대구)

5) CARE(피해자심리전문요원)제도

강력사건 발생 시 초기에 현장 출동, 범죄피해자에게 전문적인 심리평가·상담활동을 통해 범죄 후유증에서 벗어날 수 있도록 지원하는 제도

① 지원대상 및 지원요건

살인·강도·성폭력 등 강력범죄 사건 피해자와 가족 등

② 지원내용

강력범죄 사건 등 발생 시 초기 현장 출동 및 위기 개입을 통해 피해자의 심리안정 유도, 심리평가·상담 등을 통한 사후 관리로 피해자의 심적 외상(Trauma), 외상 후 스트레스장애(PTSD) 등 피해 예방, 피해자에게 적절한 지원방안을 모색하여 각종 정보제공 및 유형별 피해자 지원기관 연계.

③ 지원절차

각 경찰서 피해자전담경찰관[132] 또는 각 지방경찰청 청문감사담당관실(피해자보호팀)에 지원 요청

④ 관련시설

경찰청 피해자보호담당관실, 16개 지방경찰청 청문감사담당관실(피해자보호팀)

6) 기타 지원제도

주거지 내 범죄 발생으로 추가 피해가 우려되거나 방화 등 피해로 당장 거주할 곳이 없는 범죄피해자에게 임시숙소를 지원하는 제도

① 지원대상 및 지원요건

살인·강도·방화 등 강력사건 피해자와 가족, 전문보호기관(여성긴급전화 1366 등) 연계가 곤란한 가정폭력 피해자, 기타 범죄피해자 중 임시숙소가 긴급히 필요하다고 판단되는 자 등

② 지원내용

경찰관서에서 안전성, 건전성 등 주변 환경 등을 고려하여 피해자가 임시 거처할 숙박업소를 미리 선정 후 범죄 피해 발생 시 임시숙소 제공, 단기간(1일~5일)의 숙박비용 지원

---

132) 피해자전담경찰관, 피해자심리전문요원 : 경찰은 강력범죄 피해자들의 권리보호와 신속한 피해회복 및 지원을 위해 「피해자전담경찰관」과 전문 심리평가·상담활동을 전담하는 피해자심리전문요원(CARE)」을 운영하고 있고, 전국 각 경찰서 청문감사관실에 배치되어 주요 강력범죄 발생 초기 위기개입으로 피해자의 신속한 회복과 지원활동을 전개하는 경찰관으로서 피해자의 조력자 역할을 하고 있다.

③ 지원절차

범죄피해자의 신청(사건 조사 시 담당 경찰관 또는 피해자전담경찰관이 제도 안내) ⇒ 심사권자가 필요성 판단 후 승인 ⇒ 임시숙소 연계 ⇒ 임시숙소로 비용 지급

④ 관련시설

피해자 보호를 위하여 비공개

7) 의사상자 예우 및 지원제도

직무와는 상관없이 타인의 생명·신체 또는 재산을 구하다가 사망하거나 부상을 입은 사람, 그 유족 또는 가족에 대하여 국가유공자 수준의 혜택을 부여하는 제도

① 지원대상 및 지원요건

의사자 유족 및 의상자와 그 가족, 의사자 유족 보상금의 경우, 유족 중 우선순위자

*우선 순위자가 2인 이상일 경우 같은 금액으로 나누어 지급

② 지원내용

보상금 지급·의료급여·교육보호·장제보호·취업보호·국립묘지 안장(이장) 및 민간 시민 수상과의 연계 등의 지원 및 예우

③ 지원절차

사자 유족 또는 의상자와 그 가족이 지자체(시·군·구)에 신청 ⇒ 자치단체 ⇒ 시·도지사를 거쳐 보건복지부 장관에게 청구 ⇒ 보건복지부 의사상자 심의위원회의 심사 및 결정

④ 신청기간

의사상자 인정 결과를 통보 받은 날부터 3년 이내

10.4. 피해자지원 주요단체

1) 범죄피해자지원센터

범죄피해자 보호·지원을 주된 목적으로 설립된 비영리법인으로서 범죄피해자에게 각종 지원을 제공

① 지원대상 및 지원요건

범죄로 인하여 신체·정신·재산상 피해를 입은 피해자, 배우자(사실혼 포함), 직계친족 및 형제자매

② 지원내용

심리치료·의료비·장례비·생계비 등 경제적 지원, 구조금 제도 신청·안내 등 정보제공 및 법률지원, 사건현장정리 비용

③ 지원절차

사건 담당 경찰관 또는 피해자전담경찰관, 검찰 등 수사기관을 통해 지원을 의뢰하거나, 피해자가 직접 범죄피해자지원센터에 방문·상담 신청

10.5. 서울지방경찰청에서 운영 중인 범죄 피해자 지원

① 임시 거주 지원 : 주거지 내 범죄 발생으로 추가 피해가 우려되거나 방화 등 피해로 당장 거주할 곳이 없는 범죄 피해자에게 임시숙소를 지원
② 범죄피해자 긴급보호센터 : 긴급한 보호가 필요한 피해자에 대한 신속한 신변보호[133]를 위해 경찰단계에서 즉시 보호할 수 있는 긴급 피난처를 구축·제공
③ 스마일센터 : 강력범죄피해자에게 심리 치료 및 임시 주거 제공을 통한 단기 쉼터를 지원
④ 생계비 의료비 지원 : 국민건강보험공단과 연계하여 의료비 지원
⑤ 범죄피해자지원센터 : 구조금, 생계비, 의료비, 주거지원, 범죄현장 청소 등의 지원
⑥ 한국피해자지원협회 : 심리상담, 법률상단, 의료비, 생계비 지원
⑦ 시·군·구청 사회복지과 : 경제적 취약계층 생계비 지원
⑧ 법률지원 : 대한법률구조공단을 통한 법률상담, 소송지원, 범죄피해자지원센터의 법정 모니터링 제공
⑨ 사건의 진행 : 형사사법포털 언제든 나의 사건처리 과정을 조회 가능
⑩ 검찰청 피해자 지원실 : 사건처분결과 통지 외 공판개시, 재판결과, 구금상황, 출소 및 보호관찰 집행상황을 통지 가능

---

133) 신변보호 : 범죄피해를 입고 신변의 위협을 느끼는 경우에는 경찰관에게 요청하면 신변보호를 지원

색인

Chapter_1. 연소이론

Chapter_2. 화재이론

Chapter_3. 화재 감식의 시작

Chapter_4. 화재패턴의 이해

Chapter_6. 방화

Chapter_7.
화재감식관련 과학수사 실무

Chapter_8. 화재조사 관련 법률